「ケミカル ビジネス エキスパート」養成講座

改訂2版

養成講座

田島慶三 著

新「化学産業」入門

CBE

Chemical Business Expert

化学工業日報社

改訂2版刊行にあたって

　本書の初版は2010年4月に刊行されました。化学工業日報社から毎年刊行される「ケミカルビジネス情報MAP」の入門編として、化学会社、化学商社のフレッシュマンに最低限の商品知識、情報入手法、関連法規を自習していただくことを狙いとしています。この10年で、フレッシュマンばかりでなく、化学会社、化学商社のベテランの方々にも活用していただき、役に立ったとの反響をいただきました。

　改訂二版では、統計、需給動向、関連法規を最新情報に更新するとともに、第1部に化学物質の名前に関する章を新設し、また第2部第4章に再生医療等製品、第5章にオートケミカル製品に関する節を加え、さらに第2部全体にわたって最新の商品情報、商品知識に改めました。このため、全体のページ数が増加しすぎたので、「化学産業とユーザー産業」の部を思い切って削除しました。

　医薬品医療機器法（旧・薬事法）、食品衛生法（食品用器具・容器包装の合成樹脂ポジティブリスト制）、化学物質審査規制法、輸出貿易管理令・外国為替令をはじめとして、化学産業に関連する法規の改訂が多く行われており、改訂二版作業において、更新すべき事項が予想外に多く、作業が予定よりかなり遅れてしまいました。

　一方、2020年の世界及び日本経済は、思いがけないコロナ禍により縮小を余儀なくされ、非常に特異な統計数値になることは確実です。2019年数値（貿易統計、生産動態統計 化学工業統計編など）または2018年数値（工業統計、薬事工業生産動態統計など）まで改訂二版によってカバーでき、作業が遅れながらも、このタイミングで刊行できたことは幸いであったと実感しています。

　最後に、原稿が予定より大幅に遅れたにも関わらず、辛抱強くお待ち頂き、また資料探し等にご協力いただいた化学工業日報社出版担当の増井靖氏、山川彰子氏に厚くお礼を申し上げます。

　2021年4月

田島　慶三

改訂にあたって（2014年）

　本書は、4年前に化学会社、化学商社のフレッシュマンのための自習書として刊行されました。多くのフレッシュマンのお役に立っているとの声とともに、化学会社や商社の役員、医薬品会社研究所長など、多方面のベテランの方々からも大変に参考になったとのお言葉を直接いただくことが多くあり、筆者としては予想外の反響に驚くとともに、うれしく思っています。

　　その一方で、かなりベテランの方々からも難しいという声をいただいています。しかし、それはそれぞれの方が仕事にされている分野以外の部分を読んだ感想でした。仕事にされている分野に関しては、楽に読めた、しかし参考になる新たな発見があったという感想もいただいています。その意味で、本書は入門書として1回きりの読み捨てにせず、まずざっと読んでいただいたあと、ご自分が当面担当される部分だけはじっくり読んでいただき、仕事に慣れてこられたら、さらに関連ある分野や周辺分野を読み進めていただきたいと思います。また、百科事典的に利用できるところもあると思います。

　今回の改訂にあたっては、内容を減らして平易にするよりも、より盛り沢山にする方向で作業を進めました。本書がフレッシュマンの方々の成長とともに、長くお役に立つことを期待しています。

　　　2014年10月

　　　　　　　　　　　　　　　　　　　　　　　　　　田島　慶三

は　じ　め　に（2010年）

　本書は1985年から2008年まで化学工業日報社から毎年刊行された「ケミカルビジネスガイド」の延長線上に企画されました。「ケミカルビジネスガイド」の前半部、化学産業全体の輪郭や動向をコンパクトなページ数でつかむ部分を主に本書に収録し、後半部、化学関係の企業・団体・関連官庁等のディレクトリー、化学産業用語解説、データ集については、別途「ケミカルビジネス情報MAP」として刊行されているので本書からは割愛しました。

　「ケミカルビジネスガイド」は、化学工業日報社の多くのベテラン記者が分担して執筆しましたが、本書は筆者がひとりで書き上げました。第1部・化学産業のとらえ方や第2部・化学産業内の業種のくくり方をはじめ、多くの点で筆者の考え方や主張が盛り込まれています。この点の責任はすべて筆者にあることをあらかじめ述べておきます。

　本書は化学会社や商社に入社し、これから化学業界で働いてエキスパートになろうという方を対象に書かれています。学校時代の文系、理系を問わず、ケミカルビジネスの場で最低限知っておくべきと考えることを書きました。文系出身の方でも、本書に書いてある程度の化学知識は修得して欲しいと思います。理系出身の方は、産業界に飛び込んだからには、大学研究室で身に付けた専門分野の知識だけにこだわることなく、まず幅広く世界をみるようにしていただきたいと思います。

　筆者は、大学院修士課程を終了後、15年ほどサービス産業のひとつである中央官庁で働き、40歳前に化学会社に中途採用で入社し、2008年秋に定年退職しました。化学会社では最初は工場でプラント建設・試運転に従事し、その後本社のいくつかの職種を経験しました。大学や大学院を卒業後、すぐに化学会社や商社に就職した人に比べて、別の世界で社会人として育った経験を持っていたので、40歳前に化学会社に転職した際には、ケミカルビジネスの特徴をより冷静に、客観的にとらえることができたと思います。その経験を踏まえて、本書を書くことができました。

どのような業種、職種で働くにしても、まずその分野の基本事項をしっかり身に付けることが肝要と思います。基本事項とは、その業種、職種に特有の用語、商品知識、仕事の仕組み、決まりごと、歴史などと、それらの情報の入手先、入手方法です。これに加えて、その業種、職種で活動しているキーマンを知ることも重要です。本書ではヒトまで書くことはできませんが、ケミカルビジネスに入るにあたって基本となる商品知識と歴史の流れをしっかり説明するように心がけました。現在立っている位置は、あくまでも歴史の流れのなかにあり、それを踏まえて次の行動、対応を考えなければなりません。このため、本書では、多くの資料にあたりながら、かなり長期のトレンドがわかるような図表を作成するとともに、歴史的な経緯を詳しく書きこみました。

　商品知識は雑多で、体系立ったものではありません。しかし、化学産業で実務を行い、さまざまな現象、場面に対応していくには、このような雑多な化学の商品知識が必要です。化学という学問自体が物理学に比べて雑多な面がありますが、化学産業も同様です。機械産業で働く人と仕事をしてみると、この点はすぐに気がつきます。考え方、発想法が違います。したがって、化学産業の入口では、多少我慢して、多くの商品知識を本書のような入門書で仕入れてください。

　筆者は団塊世代に属しますが、筆者が大学に入学する少し前から、工学部においてさえもアカデミック志向が強まり、産業界で生まれる実学を著しく軽視するようになったと思います。産業界で生まれる課題や新発見よりも、アカデミア内で生産される課題を追求し、アカデミア内だけで解決することで満足するようになりました。近年、産学連携が叫ばれ、大学の先生が企業と接触するようになりました。しかし、それは企業活動の一部である研究開発活動のほんの一端に触れているにすぎません。かつての大学の大御所といわれる先生方は、研究活動ばかりでなく、もっと幅広く企業と接触されていました。現在の大学の先生は、理学系はもちろん、工学系、農学系、薬学系であっても、グローバルに活動している日本の化学企業の全体像をほとんど知らないと思います。

　最近は、工学部卒業なのに化学工学をしっかり身に付けてこない学生が多

いので、産業界では困っています。ある有名大学の理学部化学科では高分子化学の講義がまったく行われていないと聞いて、筆者は耳を疑ったことがあります。そのような教育を受けた卒業生が、化学会社や商社に就職すると出会う世界の違いに非常に戸惑うのではないかと思います。現代の化学産業を理解するには、高分子化学はもちろんのこと、高分子の成形加工の基本までも教えることが必要と思いますが、高分子の成形加工を研究しているような大学は、日本に数校数える程度です。

このように現在の大学で行われている化学教育と産業界の期待していることに大きな差異が生まれ、卒業して産業界に入る学生・院生が個人的に大いに苦労しているのが実情と思います。本書が、そのようなフレッシュマンのお役に立ち、早く実学・実業の世界で羽ばたいていただくことを援助できれば幸いです。それが、筆者にとっても長らく働くことができた化学産業へのご恩返しになると思っています。

最後に、本書の出版に当たり、企画・編集をご担当いただいた化学工業日報社出版事業部 安永俊一氏に厚くお礼申し上げます。

2010年4月

田島　慶三

目　　次

第1部　化学産業の概要

1．化学産業とは

化学産業の定義

　化学産業は、化学反応を活用して製品をつくる産業とよくいわれます。日本の統計の基本となる日本標準産業分類でも、「化学工業」を「化学的処理を主な製造過程とする事業所及びこれらの化学的処理によって得られた物質の混合、又は最終処理を行う事業所のうち他の中分類に特掲されないもの」と定義しています。しかし、本書では化学反応のみならず、化学知識を活用して化学製品を製造する産業を広く化学産業ととらえることにしています。日本標準産業分類の中分類でいえば、「化学工業」ばかりでなく、プラスチック成形加工を行う「プラスチック製品製造業」とゴム成形加工を行う「ゴム製品製造業」の三つを合わせて化学産業と呼んでいます。

　近年、医薬品工業が発展拡大し、しかも医薬品会社が医薬品事業以外の事業から撤退して医薬品事業に集中する傾向が強まっていることから、医薬品工業を化学産業とは別の産業ととらえる動きがあります。国の統計でも研究開発活動をとらえる科学技術研究調査（総務省統計局）では、医薬品工業を化学工業、プラスチック製品製造業、ゴム製品製造業と同格に並べて扱っています。新聞、雑誌などで見かける産業分析でも、医薬品工業を化学工業と別立てすることが多くなりました。しかし、筆者はそのような産業のとらえ方に反対であり、本書は医薬品工業を化学産業の一業種とする立場をとっています。

　一方、鉄鋼業、非鉄金属（銅、アルミニウム、亜鉛など）製造業も化学反

1

応を使って製品をつくる工業です。おもに酸化物や硫化物を原料にし、還元反応を利用して金属をつくっています。1970年代までは日本でも化学会社がアルミニウム精錬業の中核メンバーでした。金属精錬業は、化学産業に限りなく近い産業ですが、化学産業の発足以前からの歴史のある産業であり、独自の産業としての道を歩んできたので、本書では別の産業として扱っています。しかし、現代の産業のコメといわれるシリコンの大手メーカーには、いわゆる化学会社が数社あります。ガス状のケイ素化合物を分解して薄膜シリコンをつくるような場合には、伝統的な金属精錬技術でなく、化学反応とみるべきで産業の区別が難しいところです。

　また、ガラス、セメント、陶磁器などの窯業も化学産業との区別が難しい産業です。窯業は無機化学反応を使って製品をつくる産業であり、多くの化学会社が窯業を行っています。超伝導（超電導）材料をはじめとしてファインセラミックス分野は、化学会社にとって魅力的な分野です。しかし、窯業も伝統的な産業区分にしたがって、本書では化学産業には含めていません。

　近年、石油精製業も、原油を蒸留して分離するだけでなく、触媒を使って石油の分解・改質を行うことが重要になりました。この結果、ベンゼンやキシレンのような芳香族炭化水素の主要な供給者は、石油化学会社でなく、石油精製会社になっています。しかし、本書では石油精製業を化学産業とは別の産業としています。

化学産業の位置

　化学産業の定義はこのくらいにして、化学産業の出荷額、付加価値額の推移をみることによって、日本の産業、特に製造業のなかでの化学産業の位置づけと化学産業内の業種の変化をとらえてみましょう。このような産業別の大きな動きは、内閣府の『国民経済計算年報』と経済産業省の『工業統計』で把握できます。

　出荷額は、事業所（工場、本社、支店）から出荷されたすべての製品の出荷金額合計です。産業は単独で成り立っているわけではなく、ある産業の製品が別の産業の材料や部品になって、別の産業の製品に変わっていきます。化学産業の製品でも、医薬品の多くは医療産業というサービス産業の材料として使われ、治療というサービスに変わります。肥料や農薬は、農業に使われ、

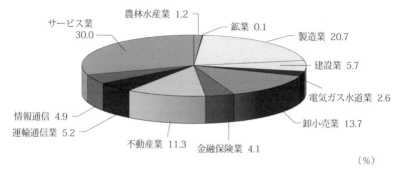

資料：内閣府『2018年度国民経済計算年報』

【第1－1図】産業別ＧＤＰ構成比（2018年、名目）

農作物という製品に変わります。このためある事業の出荷額から、購入した原材料・部品金額を差し引いた付加価値額をモノサシとしてみる方が、出荷額自体をみるよりも産業の実態を正確に把握できます。付加価値額を国全体に積み上げて計算した結果がGDP（国内総生産）です。

　第1－1図に示すとおり、2018年産業別の国内総生産のなかで製造業は20％程度にすぎません。建設業や電気ガス水道業を加えた第2次産業としても30％弱にすぎません。一方、農林水産業や鉱業はもっと少なく、たった1.3％にすぎません。国内総生産の実に7割以上を第3次産業が生み出しています。しかし、日本経済は、食糧、原油、原材料、最近では衣服などの第2次産業製品まで海外から購入しなければ成り立たなくなっています。そのための外貨を稼いでくる主体が製造業の輸出と海外投資収益です。

　次に製造業の内訳の推移を第1－1図と同じく付加価値額ベースでみたのが**第1－2図**です。繊維産業やその他産業が縮小する一方で機械産業特に輸送機械産業が伸びていることがわかります。しかし、1950年から1970年、1970年から1990年には付加価値額が、34倍、5倍と伸びたのに対して、1990年から2010年には逆に25％も減少しています。この間に輸送機械産業は8％、食品産業は7％伸びましたが、他の産業はすべて縮小しました。化学産業はマイナス9％ですが、繊維産業はマイナス75％、その他産業はマイナス46％、鉄鋼・非鉄・金属製品産業はマイナス37％、電子電機産業はマイナス29％、一般機械・精密機械産業はマイナス28％と軒並み大幅な

3

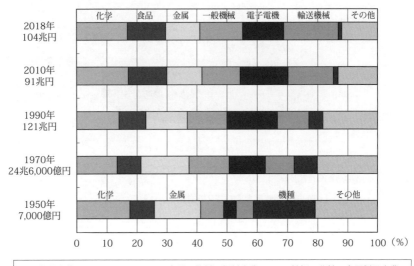

〔注〕化学産業＝化学工業＋プラスチック製品製造業＋ゴム製品製造業＋化学/炭素繊維製造業、
　　　食品・飲料・飼料産業＝食品製造業＋飲料・たばこ・飼料製造業
　　　鉄鋼・非鉄・金属製品産業＝鉄鋼業、非鉄金属製造業＋金属製品製造業、
　　　一般機械・精密機械産業＝汎用機械製造業＋生産機械製造業＋業務用機械製造業
　　　電子電機産業＝電気機械器具製造業＋情報通信機械器具製造業＋電子部品・デバイス製造業
　　　輸送機器具産業＝輸送用機械器具製造業、
　　　繊維・衣料産業＝繊維工業、衣料製造業－化学/炭素繊維製造業
　　　その他産業＝紙パルプ、印刷、窯業、石油精製、木材、家具、皮革、その他
　　　化学繊維製造業は、1950年－90年までは化学工業に含まれ、2010年－17年は繊維工業に
　　　含まれるものを修正。

資料：経済産業省『工業統計』2018年概要版

【第1－2図】製造業の産業別付加価値額構成比推移

縮小でした。2018年は2010年に対して15％伸びましたが、1990年レベ
ルに戻っていません。最近の40年間、日本の製造業は空洞化し、特に中小
企業や産地性の強い製造業が大幅に縮小したことがわかります。日本の輸出
を支えてきた機械産業が、2008年金融大不況で大きく落ち込んだ後、回復
がはかばかしくなく、日本経済の構造が変わったことが明らかです。特に電
子電機産業、さらにその中でも情報通信機械工業（テレビ、ビデオ、電話、

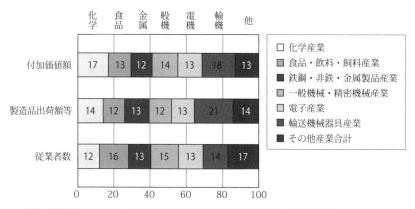

〔注〕産業分類は、第１－２図と同じ。ただしその他産業に繊維・衣料を合計。

資料：経済産業省『工業統計』概要版

【第１－３図】製造業の産業別構成比（2018年）

コンピュータ）の衰退が目立ちます。

　2018年の製造業内の産業別構成比を付加価値額のほか、出荷額、従業員数でみると、**第１－３図**に示すように、化学産業は、従業員数が少ない割には付加価値額が大きな産業であることがわかります。ちょうど食品産業と逆の関係になります。

化学産業内の変遷

　歴史的にみると、化学産業は、製造業の内訳が大きく変化してきたなかで、常に安定して上位に位置してきました。これは、その時々のリーディング産業が必要とした化学製品を提供することによって達成されてきました。農業主体の時代には化学肥料を、繊維産業主体の時代には酸アルカリ、染料や繊維素材であるレーヨン・合成繊維を、家電産業が主体の時代には合成樹脂製品を、そして現在の自動車産業主体の時代には、広く高分子製品（合成樹脂製品、ゴム製品、塗料、接着剤）を提供してきました。最近では高齢化にともなって第３次産業のなかの医療産業が大きな産業になるとともに、化学産業の中では医薬品工業が大きなウエイトを占めるようになってきました。**第１－４図**には1950年から20年ごとの化学産業の中の業種の移り替わりを付加価値額でとらえて示しています。1950年に化学産業の付加価値額のな

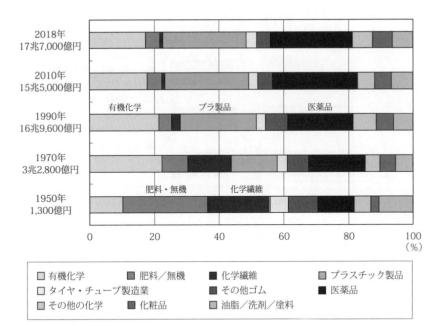

〔注〕 有機化学：有機化学薬品・合成樹脂・合成ゴム・合成染料、
　　　肥料／無機：化学肥料・酸アルカリ・無機薬品、
　　　油脂／洗剤／塗料：油脂化学製品・界面活性剤・合成洗剤・塗料・印刷インキ、
　　　その他化学：火薬、農薬、写真材料、試薬、香料
　　　2010年、2018年の化学繊維には炭素繊維を含む
　資料：経済産業省『工業統計』、2018年は概要版

【第1－4図】化学産業内の業種別付加価値額構成比推移

　かで大きなウエイトをもっていたのは、硫安を中核製品とする化学肥料工業
とレーヨンを中核製品とする化学繊維工業でした。プラスチック製品製造業
は1％にも満たない状況でした。それから20年経過した1970年には化学
肥料・無機化学工業のウエイトが大きく低下する一方、石油化学工業を中心
とした有機化学工業とプラスチック製品製造業が大きくなりました。化学繊
維工業の主製品は、この間にレーヨンから合成繊維に変わりましたが、化学
産業内の構成比は低下しました。1990年になると、化学繊維と肥料・無機
化学の縮小がますます進む一方で、プラスチック製品製造業と医薬品工業が
大きな割合を占めるようになりました。1990年から2010年の間は、1970
年から1990年へのトレンドが少し延長された程度でしたが、**第1－5図**に
示すように1990年時点で化学産業の主要三業種（有機化学工業、プラスチ

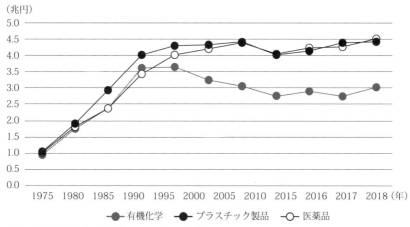

（兆円）

資料：経済産業省『工業統計』、2018年は概要版

【第1－5図】化学産業の主要3業種付加価値額推移

ック製品製造業、医薬品工業）のうち、有機化学工業の付加価値額が減少に転じ、2010年にはプラスチック製品製造業、医薬品工業の約7割の規模にまで縮小しました。2010年から2018年の間は、あまり大きな変化はありません。構造変化が起きなかった原因は次項で述べます。

化学製品の貿易

化学製品（統計の都合上、化学繊維は除く）の貿易は、2000年以降大きく変化してきました。**第1－1表**、**第1－2表**には化学製品の輸出額、輸入額の推移を示します。また**第1－6図**には化学製品の貿易収支を示します。高度成長時代以来、日本の化学製品の貿易は、医薬品と化粧品の貿易赤字を、それ以外の化学製品の貿易黒字が帳消しにして、化学製品トータルとしては、それなりの黒字を計上してきました。1980年代に化学肥料工業が国際競争力を失って肥料/無機薬品が貿易赤字に転落しましたが、1990年代から2005年頃までは、近隣アジア諸国の石油化学製品需要の急速な増加に対応して有機薬品、プラスチック及び合成ゴム、それらの成形加工製品の貿易黒字が急増したため、化学製品トータルの貿易黒字も第1－6図に示すように急増しました。ところが、第1－2表に示すように2000年頃から医薬品

【第1−1表】化学製品輸出額の推移　（単位：億円）

	1990年	1995年	2000年	2005年	2010年	2015年	2019年
有機薬品	8,966	10,975	12,550	19,539	19,842	23,259	21,378
肥料／無機薬品	1,864	1,704	2,322	3,230	3,901	4,176	6,716
プラスチック及び合成ゴム	4,961	6,436	7,985	11,047	13,155	15,039	15,001
プラスチック製品	2,997	3,469	5,023	9,509	14,540	14,770	14,937
ゴム製品	5,176	4,967	5,660	8,139	9,162	9,834	8,825
医薬品	1,267	1,729	2,944	3,677	3,787	4,623	7,331
化粧品類	839	838	1,292	1,820	2,479	3,676	8,176
塗料	552	690	1,289	1,916	2,455	2,926	3,295
写真感光材料	4,034	3,929	4,289	5,161	4,105	4,766	5,276
その他化学製品	3,119	4,265	7,076	11,141	13,429	14,493	16,199
化学製品輸出合計	33,775	39,004	50,428	75,180	86,855	97,562	107,134

〔注〕有機薬品には石炭系芳香族炭化水素、合成染料を含み、プラスチック、合成ゴムを含まない。
　　ゴム製品には天然ゴムを原料とする製品も含む。
　　プラスチックは品目コード3901から3914、プラスチック製品は3915から3926の合計。
　　統計の都合上、化学繊維（長繊維、短繊維）を含まない
資料：財務省『貿易統計・概況品別表』

【第1−2表】化学製品輸入額の推移　（単位：億円）

	1990年	1995年	2000年	2005年	2010年	2015年	2019年
有機薬品	8,012	7,730	8,698	13,630	14,361	17,283	17,703
肥料／無機薬品	2,317	2,330	2,857	4,718	5,982	7,520	8,150
プラスチック及び合成ゴム	1,910	1,608	2,495	3,923	4,942	6,880	7,527
プラスチック製品	1,640	2,234	3,826	5,903	6,628	10,288	10,557
ゴム製品	1,075	953	985	1,620	1,808	2,803	2,849
医薬品	4,106	4,615	5,149	9,060	15,226	29,241	30,919
化粧品類	1,051	1,410	1,944	2,909	3,087	4,213	4,928
塗料	236	230	265	389	467	517	489
写真感光材料	741	764	792	351	344	306	299
その他化学製品	3,347	3,322	4,803	6,031	6,976	8,777	8,807
化学製品輸入合計	24,434	25,196	31,814	48,532	59,820	87,829	92,228

〔注〕品目区分は第1-1表と同じ。無機薬品には、原子力発電等の原料となる放射性元素を含まない。
資料：財務省『貿易統計・概況品別表』

の輸入が急激に増加し、その貿易赤字額も急増しました。化学製品輸入額全体に占める医薬品輸入額の割合も、2000年に16％であったのが、2015年には33％にまで上昇しました。また近隣アジア諸国の石油化学工業国産化

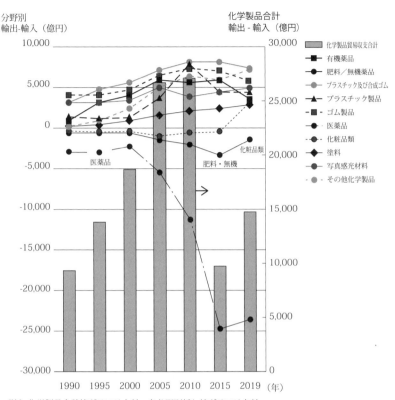

〔注〕化学製品合計棒グラフは右軸、各分野別折れ線グラフは左軸
資料：財務省『貿易統計』

【第1-6図】化学製品の分野別貿易収支推移

と、この地域への日本の化学会社の海外投資が進んだために、第1-6図に
示すように有機薬品、プラスチック及び合成ゴム、プラスチック製品の貿易
黒字も2010年で頭打ちとなり、2010年代には減少に転じました。このため、
2010年代には化学製品トータルの貿易黒字は2010年の半分以下に減少し
ました。長年貿易赤字を続けてきた化粧品類（貿易統計概況品目509）が、
2016年に貿易黒字に転じ、それ以後急速に黒字額が増大していることは注
目されます。近隣アジア諸国からの来日訪問者が増加し、日本の化粧品の良
さを知ったおかげで、これら諸国への輸出が増加しました。
　　第1-3表、第1-4表には化学製品の地域別輸出額、輸入額を、また**第**

【第1－3表】化学製品の地域別輸出額推移

(単位：億円)

		1990年	2000年	2010年	2019年
		輸出額	輸出額	輸出額	輸出額
	韓国台湾	7,155	11,433	24,580	24,569
	中国香港マカオ	2,918	8,122	23,349	32,329
	東南アジア	4,354	6,949	10,570	14,370
	南アジア	634	666	1,259	2,525
	中東	1,044	784	1,779	1,379
	その他アジア	130	50	72	118
アジア		16,234	28,005	61,609	75,290
大洋州		1,070	844	1,194	1,165
	西欧	7,259	8,409	9,676	11,305
	中東欧ロシア	607	192	841	1,557
欧州		7,866	8,601	10,517	12,862
	北米	7,252	10,583	10,198	14,909
	中南米	815	1,973	2,667	2,207
米州		8,066	12,556	12,865	17,116
アフリカ		539	422	669	701
世界計		33,775	50,428	86,855	107,134

資料：財務省『貿易統計』

1－7図には地域別貿易収支を示します。西欧に対する大きな貿易赤字の主体は医薬品と化粧品、近隣アジア諸国に対する貿易黒字の主体は、有機薬品、プラスチック及び合成ゴム、プラスチック製品です。

　医薬品の貿易推移をみると、**第1－8図**に示すように輸出単価は2000年まで上昇しました。その一方で輸入単価が低下して両者の差がなくなり、日本の医薬品工業も欧米にようやく追いついたと思われました。1990年代後半には輸入額の停滞、輸出額増加によって長年の貿易赤字の解消も近いと期待されました。しかし、2000年代、2010年代に輸出単価が低迷する一方、輸入単価は急上昇し、2015年には輸入単価が輸出単価の2.5倍に達しました。医薬品の貿易統計コードが時代の変化に追いついておらず、2018年時点で輸入金額の半分が「その他のその他」の2項目が占めるため、統計としての意味をなさなくなっていますが、高額輸入品は、バイオ医薬品、とりわけ第2世代のバイオ医薬品である抗体医薬品が大宗を占めていると推定され

【第1−4表】化学製品の地域別輸入額推移

(単位：億円)

		1990年	2000年	2010年	2019年
		輸入額	輸入額	輸入額	輸入額
	韓国台湾	1,812	3,126	5,430	8,942
	中国香港マカオ	1,110	2,786	10,903	16,575
	東南アジア	1,297	2,791	6,418	11,561
	南アジア	57	138	462	1,465
	中東	847	529	656	880
	その他アジア	1	3	10	5
アジア		5,123	9,371	23,878	39,428
大洋州		317	479	603	675
	西欧	9,882	12,568	21,767	31,856
	中東欧ロシア	200	146	387	748
欧州		10,082	12,715	22,154	32,604
	北米	7,960	8,402	11,026	15,787
	中南米	851	792	2,041	3,614
米州		8,811	9,195	13,067	19,401
アフリカ		100	54	117	120
世界計		24,434	31,814	59,820	92,228

資料：財務省『貿易統計』

ます。医薬品貿易赤字急増の大きな要因は、第2世代バイオ医薬品の開発・国産化の遅れです。2014年秋から日本発の抗体医薬品「商品名オプジーボ(慣用名ニボルマブ)」の発売が開始され、2018年ノーベル生理学・医学賞を本庶祐さんが受賞されたように、2010年代後半にようやく日本の医薬品工業も第2世代バイオ医薬品の開発に追いついてきました。この結果、2010年代後半には医薬品輸出単価が上昇するとともに、15年間停滞していた輸出額も増加に転じました。

　これだけの医薬品の貿易赤字の増加がなければ、化学産業の2018年付加価値額は1990年レベルをはるかに超えていたと推定されます。1990年代以後、日本の化学産業、とりわけ医薬品工業は、国内需要の変化(高齢化による医薬品需要の増大)と新しい技術展開(特にライフサイエンス・バイオテクノロジー)に立遅れたために、日本の化学産業は構造変化が進まず、停滞したと考えられます。

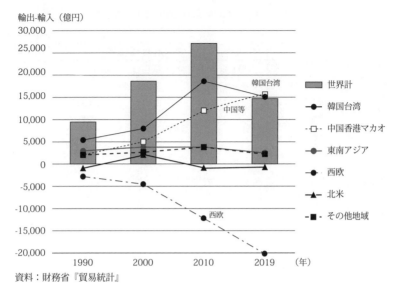

輸出-輸入（億円）

資料：財務省『貿易統計』

【第1－7図】化学製品の地域別貿易収支推移

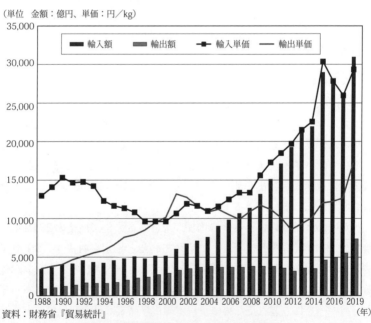

（単位　金額：億円、単価：円／kg）

資料：財務省『貿易統計』

【第1－8図】医薬品の輸出入額と単価の推移

2. 化学産業の特徴

　現代の日本の化学産業の特徴としては、消費財よりも中間投入財を主体としていること、産業内取引が大きいこと、事業の拡散と集中・専門化の流れが交錯しながらも専門化の流れが強まり、総合店というよりも専門店の寄せ集め構造になっていること、研究集約型産業に変わったこと、市場のグローバル化が進展しグローバル経営が進みつつあることが挙げられます。

中間投入財

　商品は使われ方によって投資財、中間投入財、消費財に大きく分けられます。投資財は機械設備のような耐久資本財です。消費財は他の財をつくるために使われることなく消費者によって使われきってしまう商品です。加工食品、衣料品などが典型的な消費財です。中間投入財は他の財をつくるための原材料として使われる商品です。

　化学製品には一般用医薬品、家庭用洗剤、紙おむつ、歯磨き、化粧品のような消費財もあります。しかし、中間投入財の方が圧倒的に多くあります。化学産業のなかでも最終製品といわれる医療用医薬品は医療サービス業で使われます。印刷インキはその多くが印刷業で使われます。塗料、接着剤は、建設業、自動車製造業、木材加工業などで大量に使われます。もちろん塗料も、接着剤も、タイヤも、印刷インキも、一部は消費者に直接購入されて消費財になることもありますが、大部分は中間投入財として他の産業で使われています。化学産業のなかでも基礎化学品とか、中間化学品といわれる商品は、ほとんどすべてが化学産業内や他の産業で消費される中間投入財です。

　商学部や経済学部の卒業生は学校でマーケティングを習ってきたと思います。しかし、化学製品のマーケティングは、学校で教えられる消費者相手のものではなく、企業相手のものが多いことに注意してください。

産業内取引

　現代の化学産業は産業内取引が多い産業です。石油化学基礎製品（エチレ

ン、ベンゼンなど)、酸・アルカリ (硫酸、か性ソーダなど)、アンモニア、塩素などは、一部は化学産業以外の産業でも使われます。例えばか性ソーダ、塩素は紙・パルプ製造業が大量に使っています。

　しかし、これらの基礎化学品の大部分は、化学産業内で使われて、有機化学品、無機化学品、溶剤、化学肥料、界面活性剤、合成樹脂 (粉や粒状)、合成ゴム、合成繊維、医薬品原薬、農薬原体、合成染料、顔料などの中間化学品をつくるために使われます。中間化学品の一部は同様に他の産業にも使われますが、大部分は合成樹脂成形加工品、ゴム成形加工品、医薬品製剤、農薬製剤、塗料、印刷インキ、接着剤、合成洗剤、化粧品、化成肥料・複合肥料などの最終化学品をつくるために使われます。このように、化学産業は、産業内取引が大きな産業です。

拡散と集中

　化学会社は、化学知識という共通基盤をもっています。産業内取引をしている場合に、しばしば売り側 (川下) や買い側 (川上) の事業に共通基盤技術を使って乗り出していこうという姿勢が現れます。化学反応では副反応を伴うことが多く、副生品の有効利用を図る必要もしばしば生じます。このため化学産業は事業の拡散傾向があるといえます。かつて芋づる経営と悪口をいわれながらも事業を拡大して伸びた化学会社があります。

　このような事業の拡散傾向は、化学産業が化ける産業である原動力にもなっています。時代の変化に伴って生まれてくる新分野には、常に様々な分野から多くの化学会社が新規参入し、激しい競争を繰り広げてきました。最近の例では、1980年代に多くの分野から新規参入があった電子情報材料を挙げることができます。

　一方、化学会社を運営していくためには、この拡散傾向を自由にさせては経営資源が分散し、放漫経営になりかねません。このため化学会社は自社の**事業ドメイン** (活動領域) を常に明確にし、社内に浸透させておくことが肝要です。他方、会社を取り巻く環境の変化と新規に生まれてくる需要に対して、どのタイミングで手綱をどのように緩めるか、あるいは積極的に別の事業ドメインへの展開を図るかという判断、戦略が必要になります。事業ドメインの見直し、変更が時々必要となります。

　しかし、いくら化学知識という共通基盤があるからといって、化学産業内の業種ごとに当然必要とされるプラスアルファの特殊知識があります。医薬品なら医学・生物学、化学肥料ならば農学の知識が必要であることはすぐに思いつきます。さらに販売方法、販売ルートも業種ごとに異なります。歴史的に形成された独特の販売方法、販売ルートもあります。中期的には特許権も大きな参入障壁になります。このような参入障壁は、事業の専門化、集中化を促します。

　化学産業の歴史をみると、事業の拡散の時期と集中の時期が何回も繰り返されてきました。様々な高分子化学製品、有機合成農薬、抗生物質医薬品などが欧米から紹介された第２次世界大戦直後は、事業の拡散の時期でした。自社で行ってきた本業以外の事業に多くの会社が新規参入しました。当然失敗した会社もあれば、成功した会社もありました。

　1980年代のハイテクブーム時期も、高度成長が終了し、本業が成熟化してきたことを背景とした事業の拡散の時期でした。戦後直後のような欧米モデルがもはやなかったので、その成否は1990年代後半から2000年代前半にようやく明らかになりました。ゼロから新事業を生み出すには、非常に長期にわたる開発期間が必要になったからです。

　一方、1990年代から始まったグローバル競争によって、集中の時期が約30年間続きました。企業競争の場である市場が、成熟した日本から一挙に世界にひろがり、しかも高成長する新興国から新たな競争企業が続々と誕生・成長しています。このため日本の化学会社は自社の強みのある分野への集中、専門化を図りながら、グローバル化を進めて、地域的な横の広がりによる成長を求めてきました。

　2020年代は、長らく続いたグローバル経営の見直しに伴って、事業の拡散による新しい成長を求める時期になると予想されます。すでに世の中ではAI(人工知能)、IoT（モノのインターネット）、DX(デジタルトランスフォーメーション)などによる第４次産業革命が盛んに唱えられています。化学産業にとっては、1980年代の第３次産業革命（情報革命）に対応して新たに生み出した電子情報材料を進化・深化させる程度しか関係せず、縁遠い話と思われるかも知れません。しかし、そうではありません。

　バイオテクノロジー分野の技術革新（iPS細胞など）が大きく進展してお

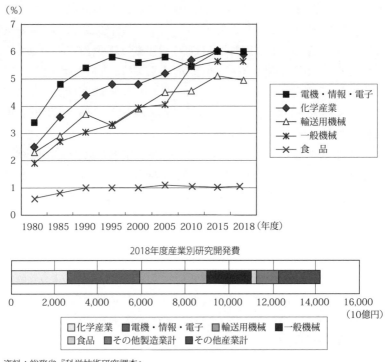

資料：総務省『科学技術研究調査』

【第1-9図】主要産業の研究開発費の対売上高推移

り、その産業化こそが日本の化学産業の大きな成長機会と考えられます。今まで日本の化学産業は、バイオテクノロジーを医薬品工業だけに関係するものと狭く考えがちでした。しかし、医薬品工業以外の化学産業も、バイオテクノロジーを活用して医療機器、再生医療など医薬品以外の医療産業に貢献できる素地を十分に持っています。世界の中でもっとも早く高齢社会に突入し、医療需要が高まっている日本において、日本の化学産業がもっとも活躍できる位置にいると言えましょう。日本の化学産業は脱皮して、**第1-4図**に示した業種別構造を意図的に大きく変えるべき時期に来ています。

研究集約型産業

化学産業は**第1-9図**に示すように日本の産業のなかでも、電子電機産業、

16

【第1－5表】技術貿易額の推移　　　　　（単位：億円）

年度	技術輸出対価受取額			技術輸入対価支払額		
	全産業	製造業	化学工業	全産業	製造業	化学工業
1971	272	224	69	11,345	1,321	265
1975	666	589	261	1,691	1,649	271
1980	1,596	1,333	320	2,395	2,332	393
1985	2,342	2,056	382	2,932	2,886	374
1990	3,394	3,207	582	3,719	3,683	540
1995	5,621	5,564	721	3,917	3,883	662
2000	10,579	10,479	1,305	4,433	4,230	652
2005	20,283	19,918	3,108	7,037	5,973	958
2010	24,366	23,767	4,320	5,301	4,538	742
2011	23,852	23,164	4,175	4,148	3,531	528
2012	27,210	26,451	4,392	4,486	3,817	725
2013	33,952	33,132	5,937	5,777	4,496	968
2014	36,603	35,824	6,194	5,130	4,363	1,229
2015	39,498	38,626	6,533	6,026	4,945	1,990
2016	35,719	34,778	5,801	4,529	3,656	1,637
2017	38,844	38,209	8,102	6,298	4,773	2,301
2018	38,711	38,227	8,004	5,910	4,348	1,947

〔注〕化学工業には、2005年以後、医薬品、プラスチック製品製造業、ゴム製品製造業を含む。
2000年度以前は、狭義の化学工業と医薬品工業の合計
資料：総務省『科学技術研究調査』

自動車産業と並んで大きな研究開発費を使っている産業です。売上高に対する研究開発費の比率でも上位に属します。

　しかし、昔からこうだったわけではありません。第2次世界大戦中の情報空白期間に欧米では化学、化学技術が飛躍的に進展しました。漏れ聞こえる情報を頼りに日本でも技術開発が行われましたが、物資不足のために工業化に成功した例は少数でした。このため戦後は欧米からの技術導入による新技術の工業化時代が長く続きました。**第1－5表**に示すとおり技術貿易でも赤字でした。

　1970年代にようやく欧米技術水準に到達するとともに、第2次世界大戦中に生まれた革新的な技術群が成熟したことにも気付きました。このため1980年代からは技術導入よりも技術開発に化学会社は力を入れるようになりました。その方法は、大学やベンチャーに頼るのでなく、自社内研究開発によりました。社内の研究者数も一挙に増加しました。このような急激な増

加は1990年代なかばで終了しましたが、その後も化学会社の研究開発費は高いレベルを維持しています。

　自社内研究開発は1990年代から目に見える成果を挙げてきました。化学産業の機能化がいわれ、多くの分野で機能化学製品が生まれ、これが日本の化学産業の強みとなりました。長らく欧米からの技術導入や医薬品原薬の輸入に依存してきた医薬品工業も、欧米に輸出できる医薬品を開発できるようになりました。技術力だけでなく技術開発力でも欧米化学会社に追いつくレベルに到達したことから、1990年代にグローバル化時代が到来するとともに、海外投資によってグローバル経営に移っていく化学会社も生まれました。このため第1－5表に示すように技術貿易の赤字から大幅な黒字に転換しました。

グローバル経営

　グローバル経営は、1980年代に電子電機産業や自動車産業の大手企業

【第1－6表】主要業種別海外生産比率の推移

（年度：%）

	1995年	2000年	2005年	2010年	2015年	2017年	2018年	2018年現地法人売上高（兆円）
製造業計	8.3	11.8	16.7	18.1	25.3	25.4	25.1	138.6
食料品	2.6	2.7	4.2	5.0	12.2	11.4	10.7	5.5
化学	7.7	11.8	14.8	17.4	19.4	20.1	19.8	10.5
鉄鋼	8.4	14.0	9.6	11.2	14.0	19.3	20.8	4.5
非鉄金属	6.3	9.4	10.2	14.7	18.8	20.7	21.5	3.3
はん用機械	7.5	10.8	13.1	28.3	33.8	31.9	29.2	3.1
生産用機械				11.1	15.7	15.9	14.7	4.6
電気機械	14.4	18.0	11.0	11.8	17.3	16.3	15.3	5.7
情報通信機械				34.9	28.4	29.4	29.3	27.8	12.8
輸送機械	17.1	23.7	37.0	39.2	48.8	47.2	46.9	70.1

〔注1〕　海外生産比率＝現地法人売上高／（現地法人売上高＋国内法人売上高）×100
[注2]化学は、狭義の化学工業。プラスチック製品、ゴム製品製造業はその他製造業に含まれる。
[注3]1995、2000、2005年度は汎用機械・生産用機械・業務用機械を合わせた一般機械、また
　　　1995、2000、2005年度は電気機械、情報通信機械を合わせた電気機械の数値
資料：経済産業省「海外事業活動基本調査」

が大規模な海外投資を行うようになってから注目されるようになりました。2000年代前半には国内産業の空洞化が心配されるまでになってきました。しかし、この懸念は自動車産業が再び輸出を増やしたこと、電子電機産業が構造変化し、機械組立から電子部品・デバイス中心になったことにより、一応は払拭されました。しかし、すでに述べたように地方、中小企業を中心とした繊維産業、その他多くの産業が、継続的に続く円高により急激に縮小し、多くの地方経済が疲弊した状態になりました。近年は、地方都市の寂れた駅前通りが各所でみられます。

　現在の日本の外貨獲得という面では、商品貿易が赤字になる一方で海外投資収益が増加しています。経済構造全体が円高とグローバル化によって大きく変わりました。**第1－6表**に2017年度の海外現地法人売上高が大きな業種について、海外生産比率の推移を示します。自動車を中心とした輸送機械、テレビ、ビデオ、パソコン、半導体を中心とした情報通信機械の現地法人売上高と海外生産比率が飛び抜けて高いために、製造業全体の海外生産比率が2018年度で25％と高目になっています。化学産業は、この2業種に次いで海外現地法人の売上高、海外生産比率の高い業種と言えます。

　化学産業の海外投資は、日本の製造業のなかでは最も早く、1960年代に合成繊維会社がアジア（韓国、台湾、香港、タイ、インドネシア、マレーシアなど）と南米（ブラジルなど）を中心に行いました。当時、繊維産業によって経済発展軌道に乗り始めた発展途上国が、次の産業として合成繊維を国産化しようとする動きへの対応でした。まだ国際的に海外投資に対する自由化のルールも決められておらず、各国政府が自国企業育成のために海外投資に対して厳しく介入したため、この早期の海外投資は現地の工業化には貢献したものの、企業の投資活動としては大部分が失敗に終わりました。現在の韓国、台湾の大手化学会社には、この時代に日本との合弁会社として成長を始めた会社がいくつもあります。

　化学産業の海外投資の第2期は、1970年代の二度にわたる石油危機時です。資源確保のために産油・資源国の要望を日本政府が受け入れ、大規模な石油化学プロジェクトに対する政府支援が行われました。しかし、これも少数の例外を除けば、化学会社の立場からみれば満足すべき投資収益は得られなかったと思います。中東地域での戦争によって完全な失敗に終わった案件

もありました。その一方で政府とは関係なく、自社の強みを生かした海外生産や販売拠点つくりのための海外投資が、塩化ビニル樹脂や写真フィルムで始まりました。これが現在のグローバル経営につながっていきます。

　1980年代後半からは円高や貿易摩擦回避のために、自動車、電子電機会社による大規模な海外投資が始まりました。現地で操業を始めた日系機械会社への原材料供給を目的とした化学会社の海外投資も始まりました。1990年代からは成長する市場を求めて、アジア、中国、さらに最近はインドなどへの海外投資が行われるようになり、化学会社のグローバル経営が本格的に始まりました。研究開発力が向上した医薬品のトップクラスの会社では欧米への海外投資が、現地企業のM＆Aを含め活発に行われるようになりました。

　その一方で、2000年代にはアジア、中国などで化学産業が成長し、輸出競争力を強めてきたことから、合成繊維、合成染料、顔料などで輸入の急増や川下製品の輸入急増による国内需要の喪失といった状況が見られるようになりました。石油化学製品の輸出減少、輸入増加から、日本のエチレンプラント3基の停止が2014～5年に行われました。また医薬品工業では欧米大手企業が直接進出し、日本企業を買収して上位に外資系企業が並ぶようになりました。すでに述べたように、第2世代バイオ医薬品を中心に、医薬品輸入額が急増しています。このようにグローバル化の流れのなかで日本の化学産業は大きく変わってきました。

　一方、2010年代後半には反グローバル化やグローバル化を見直す動きも強まってきました。EU各国では、大量の移民、難民の流入によって国内労働環境が激変したばかりでなく、文化・社会構造の動揺にまで直面するようになりました。また米国では、中国製品の大量流入によって従来型の産業が大きく縮小したばかりでなく、世界の覇権をも近い将来奪われかねないとの危機感が高まってきました。製品供給を中国に大きく依存する危険性が、2020年の新型コロナウイルス禍によって、日本だけでなく世界各国で強く認識されました。

　日本の化学産業ばかりでなく、日本の産業は、1990年代からグローバル化を善として、ひたすら進めてきました。その結果は、グローバル企業の売上高・利益は増加したものの、日本のGDPは停滞し、1990年代には世界ランキングの1桁内であった一人当たりGDPにおいても、2010年代後半には

20位台から30位台に転落しました。アジアの中でも、すでにマカオ、シンガポール、香港に大きく水を開けられています。2020年代には化学産業についてもグローバル経営の見直しが迫られるでしょう。

3. 化学産業の歴史

　化学産業の概要を把握するために、化学産業の歴史を簡単に述べておきます。

酸アルカリ工業

　近代化学産業の誕生はイギリスの産業革命期です。産業革命によってイギリスは綿糸、綿織物を大量に生産できるようになりました。しかし、大きな生産ネックが綿織物の漂白工程でした。当時は灰洗いによるアルカリ処理、日光による漂白、酸敗させた牛乳による酸処理という作業が行われていました。これには長い時間と広い場所の両方が必要です。このような背景から18世紀なかばに鉛室法硫酸、18世紀後半にルブラン法ソーダ、ディーコン法による塩素（さらし粉原料）の製造技術がイギリスやフランスで開発されると、イギリスの綿織物産地（ランカシャー地方）近辺で酸アルカリの工業化が行われました。近代科学としての化学がラボアジェによって確立されるのは18世紀末です。それ以前に近代化学産業は誕生しました。

近代化学産業の発展

　19世紀に入ると欧州ではリービッヒやベルツェリウスらによって有機化学が発展します。19世紀なかばにイギリスのパーキンは、コールタールから得たアニリンを酸化して紫色の物質をつくり、世界最初の合成染料工業を始めました。しかし、合成染料工業の中心はその後ドイツに移り、多くの染料会社が生まれて大発展しました。近代科学としての有機化学がドイツで大きく開花し、産業技術の基盤となったからでした。これ以後化学産業は科学としての化学の発展と強く結びつくようになりました。ドイツの染料会社は19世紀後半には合成染料で培われた有機合成技術を使って合成医薬品にも展開します。

　一方、19世紀後半にアメリカではセルロイド（ニトロセルロース）が成形材料として開発され、工業化されました。セルロイドフィルムは写真フィルムにも使われ、写真がマニアだけのものから大衆のものになり、写真感光

材料工業も誕生しました。19世紀末にはニトロセルロースによるレーヨン（化学繊維）の工業化も行われました。20世紀はじめにはレーヨンはビスコース法によって大発展しました。

　すでに19世紀前半にイギリスのデービーやファラデーによって、学問としての電気化学は発展していました。それは、ボルタの電池をはじめとする電池からの電気によりました。しかし、電気化学工業が興るには19世紀後半にアメリカのエジソンによって電力工業が生まれることを待たなければなりませんでした。19世紀末には食塩水の電気分解によるか性ソーダ工業が欧米で始まりました。20世紀はじめには石灰と炭素（コークス）から電気炉でカーバイドをつくり、これに窒素を通じて石灰窒素をつくることが工業化されました。同じ頃、水力発電の豊富なノルウェーでは、電弧（アーク）によって空気中の窒素から硝酸カルシウム（ノルウェー硝石）の製造が始まりました。いずれも空気中の窒素を化学物質、特に化学肥料として利用する道を拓いた技術です。

日本の化学産業の誕生

　日本は19世紀なかばに開国し、欧米で発展し始めた近代化学産業を知りました。明治時代になると、最初に酸アルカリ技術の導入による工業化が図られます。ソーダ生産のために技術導入されたルブラン法は、欧州での工業化後、50年以上も経た古い技術でした。硫酸も鉛室法技術です。それでも初期の企業家は、工業化の規模に比べてあまりに小さな国内需要との落差に苦しみました。

　硫酸工業は、1880年代後半、輸入リン鉱石を原料に硫酸を反応させてつくる過リン酸石灰の製造によってようやく安定した国内需要を見出しました。過リン酸石灰の需要先は当時の日本の主力産業であった農業でした。リン酸肥料工業の誕生です。農業はその後1960年代まで日本の化学産業の大きな需要先として日本の化学産業を支えます。

　その一方で明治時代には塗料、石けん、化粧品、ゴム加工、マッチなどの最終化学品の工業化も着実に行われました。小規模な国内消費需要や軍・官（鉄道）需要が、生まれたばかりの日本の化学産業を支えました。

　しかし、関税自主権（自国産業保護のために関税率を決定する権利）をも

たない条約によって江戸時代末期に開国したために、欧米からの輸入化学品の圧力に日本の化学産業は明治時代を通じて苦しみ続けました。

　それでも徐々にではありましたが、大正時代になると、日本の化学産業は欧米の技術レベルを追いかけられる状況になってきました。19世紀末の電気化学工業勃興の情報は日本にも伝わり、20世紀早々には日本の大学を卒業した若手企業家、技術者たちによる工業化が始まりました。彼らは水力発電を活用して石灰窒素をつくり、さらにそれからアンモニアを経て硫酸アンモニウムをつくりました。硫安肥料です。また当時の新製品であったレーヨンは、欧米大手企業が技術秘匿するなかで、企業家精神にあふれた技術者による国産技術開発により、欧州での工業化から十数年遅れで工業化されました。大正時代には明治初期に比べて、欧米での最初の工業化から日本での工業化までの時間差がだいぶ縮小してきました。

空中窒素の固定化

　18世紀の産業革命以後、増大を続ける人口に対して、食糧増産が追いつかなくなって食糧危機が来るとの予測が欧米では重視されました。特に、資源量が限られるチリ硝石の採掘に大きく依存していた窒素肥料の不足が懸念されました。

　ノルウェー硝石や石灰窒素の製造には電力を大量に消費するのでコストが高いため、水素と空気中の窒素を直接反応させてアンモニアを合成することが、化学の大きな課題になっていました。研究は物理化学が発展した19世紀なかばから行われ、その結果、合成条件や触媒が解明されました。残る技術課題は、高温高圧の厳しい合成条件に耐える合成装置の材料開発でした。水素が鋼鉄のなかの炭素と反応し、鋼鉄中の炭素含有量を減少させて材料強度を低下させる水素脆性が大きな問題でした。これをドイツのBASF社が解決し、1913年にハーバー・ボッシュ法によるアンモニア直接合成の工業化が行われました。

　アンモニア合成は、単に人類の食糧危機を救っただけでなく、化学産業においても、高圧反応、固体触媒、化学プロセス工学などの重要な基盤技術を生み出しました。これは後に石油化学工業の基本的な技術になります。しかし、アンモニア合成の工業化の翌年から第1次世界大戦が始まりました。ア

ンモニア合成の工業化は、火薬・爆薬原料となる硝酸を空気から大量につくる道も開いたのです。

輸入途絶による日本化学産業の確立

欧州が戦場となった第1次世界大戦によって、大正時代の日本では欧州からの輸入化学品が突然途絶し、化学品市況が暴騰する事態になりました。このため、それまで輸入品によって工業化の機会を持つことができなかった多くの近代化学産業が一斉に日本で工業化されました。合成染料、合成医薬品、無機薬品、印刷インキ、アンモニア法ソーダなどです。すでに大戦直前に日本で工業化されていた電気分解によるか性ソーダ工業やレーヨン工業も成長しました。

第1次世界大戦後に欧米からの輸入品攻勢が再開され、日本の化学産業は大いに苦しみますが、基盤を確立したためにもはや潰れることはありませんでした。敗戦国ドイツの会社が化学技術の販売を積極的に行ったため、技術導入によりアンモニア合成の工業化が続々と行われ、レーヨン工業にも多くの会社が新規参入しました。また日本でも自動車用・自転車用タイヤ需要が高まったことから、ゴム加工業からタイヤ工業も生まれ、ゴム加工業も化学産業のなかで大きなウエイトを占めるようになりました。

現在の日本の主要な化学会社につながる会社が大正時代に多数生まれており、現在続々と創業100年を迎えています。

アメリカ石油化学工業の開始

アメリカでは20世紀に入って自動車の大量生産が始まりました。19世紀末に欧州で工業化された自動車は、まだ一部のマニアのための商品でした。アメリカでの大量生産によって、初めて大衆商品になりました。

自動車の大量生産においては、塗装工程が重要でした。乾性油（アマニ油など不飽和結合を含む天然の油脂）を使った塗装では、空気との酸化反応によって塗膜が形成されるために時間がかかります。これに対して、すでにニトロセルロースラッカーが開発されていました。アセトンはニトロセルロースラッカーのよい溶剤でしたが、木材乾留工業から副生する酢酸カルシウムから得ていたため大量生産ができなかったのです。

　スタンダードオイルは、原油からのガソリン収率を上げるために石油の分解を始めました。その際に大量の炭化水素ガスが発生します。1920年にこの副生ガスからイソプロピルアルコールの合成を工業化しました。イソプロピルアルコールを酸化してアセトンをつくることができます。こうして、自動車の大量生産とともに、アメリカの石油化学工業が始まりました。

　ほぼ同時期にアメリカではフェノール樹脂が工業化されました。合成樹脂工業の開始です。

昭和前期の日本化学産業

　フェノール樹脂工業は、アメリカで活躍していた高峰譲吉（消化酵素タカジアスターズの発明者、世界で最初に発見されたホルモンであるアドレナリンの発見者）の縁で、日本でもアメリカでの工業化から5年遅れで技術導入によって工業化されました。昭和前期の日本では、セルロイド、フェノール樹脂、合成染料などの有機化学工業が発展し、有機薬品工業への関心が高まりました。しかし、戦前の日本では石油製品は輸入を主体とし、原油精製工場が少なかったので、アメリカのような石油化学工業は誕生しませんでした。石炭を乾留してコークス（製鉄業の原料）を製造する際に副生するコールタールの蒸留からベンゼン、フェノールなどの芳香族化合物の生産、同じく石炭乾留で副生するガス（水素、一酸化炭素）を原料にしたメタノール、ホルマリンの生産が始まりました。合成アンモニアの出現によって化学肥料向け需要を失ったカーバイド工業は、アセチレン工業に転身を図り、アセトアルデヒド、合成酢酸、酢酸ビニル、塩化ビニルなどの生産が始まりました。

　このような有機薬品工業の基盤の上に、第2次世界大戦直前に塩化ビニル樹脂、酢酸ビニル樹脂などの合成樹脂工業が始まりました。また戦争中に、ナイロンなどの合成繊維、クロロプレンゴムやNBRなどアセチレン化学を基盤にした合成ゴムの研究も行われ、工業化技術が開発されました。しかし、戦争による物資不足や戦災によってこれらの新しい化学産業の芽は国産技術によって大きく開花することができないままに終わりました。

高分子化学工業の誕生

　1930年代に欧米では高分子化学が発展しました。セルロイド、ビスコー

ス、アセテートのような天然高分子を原料にした化学産業は19世紀末から始まっていました。またフェノール樹脂、アルキド樹脂、ユリア樹脂のような熱硬化性樹脂、酢酸ビニル樹脂のような熱可塑性樹脂、現在ではまったく使われなくなった世界最初の合成ゴム・ポリジメチルブタジエンも1910〜1920年代に続々と工業化されました。

しかし、高分子化学という学問体系が1930年代に確立するとともに、1930年代から1940年代前半には塩化ビニル樹脂、ポリスチレン、ポリアクリロニトリル、ポリエチレン、ポリウレタン、ポリアミド（ナイロン）、ケイ素樹脂・ゴム（シリコーン）、エポキシ樹脂、クロロプレンゴム、SBR、NBRなど、現在でも重要な高分子製品が一挙に開発され工業化されました。

特にデュポン社のナイロン（ポリアミドの一種）の開発・工業化の成功は、高分子化学の重要性だけでなく、会社内における基礎研究から応用研究、工業化研究を行うことの重要性、新製品のマーケティング手法の威力を広く世の中に示しました。またこの時代に農薬や抗生物質のような新しい化学製品が生まれ、工業化されました。

高分子化学の発展は、1950年代にポリエステル繊維・樹脂の開発、立体特異性重合の開発によるポリプロピレンやブタジエンゴムなどの開発、1960〜1970年代にスーパーエンジニアリングプラスチックの開発、1980〜2000年代に機能性高分子の開発へとつながっていきます。

戦後復興から高度成長

第2次世界大戦により日本の化学産業は設備、人材において壊滅的な状態に陥りました。敗戦後の復興は、当面の食糧危機を救うため化学肥料工業の復興から始まりました。大戦中に欧米で工業化された農薬や抗生物質のような新規医薬品の工業化もいち早く始まりました。それに続いて、戦争突入前に一度工業化された塩化ビニル樹脂、酢酸ビニル樹脂などの石炭化学工業、アセチレン化学工業も復活しました。ナイロンの工業化も行われ、戦後の高分子材料革命が始まります。

しかし、高分子材料革命は、新しい合成樹脂や合成ゴムを提供するだけでは始まりません。合成樹脂成形加工や合成ゴムの加工産業も並行して成長することが必要でした。特に戦前にはセルロイド以外ほとんど存在しなかった

熱可塑性樹脂を使った成形加工業が、戦後は、次々と需要に応えた成形加工品を開発・提供しながら一挙に大きな産業に成長していきました。それには技術導入や成形加工機械の輸入に頼るだけではなく、意欲あふれる企業家が、ユーザーや樹脂会社と共同で様々な試行錯誤をし、倒産の危機に耐えながら挑戦していったことを忘れてはなりません。

　第2次世界大戦後、世界のエネルギー情勢は、戦前とは全く変わりました。1930年代に中東で大規模な油田が発見され、中東原油が1950年代には欧州や日本に大量に輸出されて原油陸揚地で大規模な石油精製業が開始されるようになりました。18世紀産業革命以来の石炭から、石油へのエネルギー源転換が急速に進みました。日本でも1950年代にこの方向が明確になり、臨海埋立地に大規模な石油精製工場が建設されました。

　エネルギー産業の大転換の影響は、ただちに化学産業にも及びました。日本での石油化学工業の始まりです。1952年に新潟で産出する天然ガス（メタン主体）を原料とするメタノールの生産、続いて1957年にはアンモニア・尿素の生産が始まりました。茂原、秋田などの天然ガス産地もそれに続きました。1957年には石油精製工場の廃ガスを原料にしたケトンやイソプロピルアルコールの生産も始まりました。

　1958年には石油精製工場でつくられるナフサ（粗製ガソリン）を原料に、ナフサクラッカーによるエチレンなどの石油化学基礎製品、さらにエチレングリコールやポリエチレンなどの有機薬品、合成樹脂の生産が始まりました。石油化学コンビナートの始まりです。高分子材料革命が本格化します。

　臨海石油精製工場と石油化学コンビナートの出現は、日本の化学産業全体に大きな影響を与えました。コールタールやカーバイドを原料とした有機薬品工業はもちろん、石炭や水力発電・電気分解による水素を原料としてきたアンモニア工業は、原料を石油に転換するために石油化学コンビナートに移りました。また多くの有機薬品工業・合成樹脂工業分野で生産プロセスの転換も起こりました。

　高分子材料革命の波に乗るために石油化学コンビナート内で新規に合成樹脂事業を開始する企業も続出しました。主に石炭産地やその積出地、水力発電地域などに立地していた基礎化学品、有機薬品、アンモニア・化学肥料工場は、臨海部に移転しました。食塩水の電気分解によるか性ソーダ工業も、

か性ソーダよりも併産品である塩素需要（塩化ビニル樹脂、塩素系有機薬品）の伸びが強まり、水力発電地域での立地から塩素の需要先である石油化学コンビナート内に移りました。洗剤、塗料、接着剤などの最終化学製品工業でも、天然油脂を原料とする石けんや乾性油塗料などから、石油化学製品を活用した新製品に変わりました。石油化学化、高分子化による化学産業の高度成長は、1970年代なかばまで続きました。

先進国化学産業の成熟化

　戦後に爆発的に開花した新技術による化学産業も1970年代の石油危機頃から成熟化が明確になりました。日米欧先進国の化学産業の高度成長は終わり、化学会社は次の展開に苦慮するようになりました。日本の化学産業もこの頃には欧米技術水準に追いつき、欧米に輸出できる技術も生まれてきました。技術の成熟化とともに発展途上国への技術移転も容易になり、1970年代に韓国、台湾などのNIES、1980～1990年代にタイなどのASEANや中東産油国、2000年代に中国に石油化学コンビナートがつくられました。

　先進国の化学会社は、一つは自社の得意分野に集中しながらグローバル経営による成長を目指しました。もう一つは先進国の化学品需要の変化に対応して、製品の機能化を追求しました。先進国の高齢化の進展とともに、医療需要が高まり、医薬品工業が成長しました。バイオテクノロジーの発展も医薬品工業の新たな発展の原動力になりました。また、人口増加、人口の多い中進国の発展に対応した食糧需要の増加も化学産業の新需要を生み出しました。従来からの化学肥料、農薬に続いて、遺伝子組換え作物の誕生です。

　日本の化学産業では、医薬品工業の成長が続き、化学産業のなかで大きなウエイトを占めるようになりました。成長する市場を求めて、他の化学産業分野から医薬品工業への参入も行われました。欧米大手医薬品会社による日本の医薬品会社の買収も続々と行われるようになり、日本の医薬品会社のトップ10社の半分は外資系会社という状態になりました。日本市場も巻き込んだ医薬品工業のグローバル競争激化のために、日本の医薬品会社の再編成も行われました。

　その一方で、日本の競争力が強い自動車産業や電子・電気部品産業の新需要に対応した高性能樹脂、機能性高分子加工製品や電子情報材料などの新し

29

い機能性化学品分野も生まれ、2000年代になると企業業績に大きく貢献するようになりました。

　2008年秋に米国金融危機から始まった世界的な大不況により、2008年度下期から2009年度においては、日本ばかりでなく世界中で消費、さらに生産が急速に縮小する危機的な状態になりました。日本経済は2010年度に危機的状況を脱しましたが、民主党政権による経済政策の失敗・混乱、東日本大震災と福島原子力発電所事故が続いたために、製造業の空洞化が決定的となり、日本経済は新たな成長の方向が見えない状況に陥りました。日本の化学産業も同様です。特に第2次大戦後、長らく日本経済の牽引車となってきた電子電気産業が韓国・台湾・中国の追い上げによって国際競争力を失ったため、2010年代の日本経済の牽引車は自動車産業一本となりました。期待された情報産業などのサービス産業は、日本から世界に雄飛できるほどの牽引車には育ちませんでした。この30、40年、ひたすら機能性を追求してきた日本の化学産業も、日本国内に新たな成長の方向を見出し、その種を育てる地道な作業が必要な時代になっています。

4．化学物質の名前

商品名・商標名・ブランド

　化学会社や化学商社に入社された多くの方は、まず化学製品の名前、というよりも、その元になっている化学物質の名前に苦労されると思います。化粧品、洗剤、一般用医薬品、その他消費財化学製品については、ブランドを消費者に幅広く知ってもらうために多額の広告宣伝費をかけていることはご存じのとおりです。消費財化学製品ばかりでなく、中間財化学製品でも、医療用医薬品をはじめとしてブランドが重要な製品はたくさんあります。

　化学製品には、単一の化学物質からなる製品もあれば、多くの化学物質を混合、加工した製品もあります。化学物質には、商品名、慣用名（一般名）、体系名（IUPAC名）の三つがあります。商品名は、化学製品の名前と同様に、それを生産・販売している者が"勝手に"付けた名前です。守るべきブランド価値があれば、商標法に基づいて商標登録し、商標名とします。商品名・商標名は、ほとんどの産業に存在します。

慣用名（一般名）

　慣用名（一般名）は、その物質に関係する学界や業界関係者に共有されるようになった名前です。本書第2部以下で使われている多くの化学物質名は慣用名です。慣用名の多くは、その物質の最初の発見者・発明者や生産者が"勝手に"付けた名前が共有されて慣用名になります。ナイロンは米国デュポン社が発明・工業化し、1939年に発表した商品名でしたが、その後、広く使われるようになって、今では、この種の高分子の慣用名になっています。また、一部の慣用名には、江戸時代以前からその物質の呼称として広く使われてきた名前もあります。ジェネリック医薬品という言葉を聞いたことがあると思います。これは特許法による物質特許の有効期間が終了した医薬品のことです。お医者さんにジェネリック医薬品を希望すると、処方箋にジェネリック医薬品の名前が書かれると思います。これが慣用名です。慣用名は、英

語ではtriviai name、common name、generic nameなどと呼ばれます。

　英語の慣用名を日本語で表記する際に、次項で述べるIUPAC名の日本語表記規則（日本化学会制定）に従った表記（字訳）と英語の発音に従った表記（音訳）の2つが使われることがあるので注意して下さい。ethylene oxideは前者ならエチレンオキシド、後者ならエチレンオキサイド、poly(ethylene terephthalate)は前者ならポリエチレンテレフタラート、後者ならポリエチレンテレフタレートです。本書では原則として前者に従った日本語表記を使います（ただし、イソシアネートは後者）。

　なお、ブタン、ブタジエン、ベンゼンの日本語表記に慣れていると、英語圏の会議に参加した場合に外国人の発音が日本語表記のイメージとまったく異なるので面食らうことがあります。

　医薬品の一般名は、WHO医薬品国際一般名称委員会が命名する医薬品国際一般名称INN(International Nonproprietary Name)が世界共通に使われます。命名された名称は proposed INN として公開され、4ヶ月以内に異論がなければrecommended INN として公開されます。日本では、これを原則字訳した日本医薬品一般名称JAN (Japanese Accepted Names for Pharmaceuticals) が使われます。これらの手続きについては、厚生労働省医薬食品局審査管理課長通知（2006年3月31日）に詳細に決められています。

　化粧品の全成分表示における成分表示名称は、化粧品原料国際命名法INCI (International Nomenclature of Cosmetic Ingredient)が使われます。日本では、INCIが体系名でない場合には原則音訳して使います。（参考：日本化粧品工業連合会表示名称作成ガイドライン平成14年2月27日）

　農薬の一般名は、国際標準化機構ISOが推奨するISO一般名（ISOコモンネーム）が国際的に通用します。2,4-Dのような数字とアルファベットのISO一般名は日本語でもそのまま使いますが、英語名によるISO一般名は日本語では字訳します。

体系名（IUPAC名）

　グリセリン、エチルアルコール、エチレン、ポリエチレンなどの呼称は慣用名です。慣用名は便利ですが、多くの化学物質が発見・発明・工業化されるにつれて慣用名の数も多くなり、化学物質相互の関連性のない付け方の名

【第1－7表】代表的な石油化学基礎製品・有機薬品の慣用名と体系名

慣用名	体系名	
	PIN	GIN
メタン	メタン	—
エチレン	エテン	—
ブタジエン	ブタ-1,4-ジエン	—
ベンゼン	ベンゼン	—
パラキシレン	1,4-キシレン	—
スチレン	エテニルベンゼン	スチレン
エチルアルコール	エタノール	—
エチレングリコール	エタン-1,2-ジオール	エチレングリコール
フェノール	フェノール	—
エチレンオキシド	オキシラン	—
アセトン	プロパン-2-オン	アセトン
メチルエチルケトン	ブタン-2-オン	エチルメチルケトン
ε-カプロラクタム	アゼパン-2-オン	ヘキサノ-6-ラクタム
酢酸	酢酸	—
アクリル酸	プロパ-2-エン酸	アクリル酸
メタクリル酸	2-メチルプロパ-2-エン酸	メタクリル酸
オレイン酸	(9Z)-オクタデカ-9-エン酸	オレイン酸
テレフタル酸	ベンゼン-1,4-ジカルボン酸	テレフタル酸
無水フタル酸	2-ベンゾフラン-1,3-ジオン	無水フタル酸
アクリロニトリル	プロパ-2-エンニトリル	アクリロニトリル
ビスフェノールA	4,4'-（プロパン-2,2-ジイル）ジフェノール	—

前が多くなって覚えることも大変になりました。たとえば炭素数4の有機酸には、酪酸、イソ酪酸、コハク酸、イソコハク酸、リンゴ酸、マレイン酸、フマル酸などが知られています。これらは、物性、反応性が異なる化学物質なので、別々の名前が付けられています。しかし、慣用名が多くなると、新しい化学物質を発見・発明したと思っても、過去の論文・特許などを調べて新しい物質か否かを判定するだけでも容易ではありません。このような悩みは、近代科学としての化学を確立したラボアジェの時代から起こりました。これに対して、化学者は化学物質の組成・化学構造から体系的に名前をつける方法を長らく研究し、改良してきました。それが体系名です。現在では世

界各国の化学会の連合組織であるIUPAC(国際純正・応用化学連合)が体系名のつくり方（命名法）を検討し、発表しているので、体系名はIUPAC名とも呼ばれます。

　しかし、体系名のつくり方にもいくつもの方法があり、また化学物質から得られる情報量も濃淡さまざまです。このため体系名も一つに限定できるわけではなく、1物質1名称が論理的に実現できているわけではありません。しかも、複雑な化学構造の化学物質になると、体系名も非常に長くなることが多く、不便になります。現在では、化学物質を有機化合物、無機化合物、高分子化合物、生化学物質の4物質に大きく分けて、それぞれごとに命名法が決められて体系名がつくられています。この中で有機化合物については、命名法に関する最新勧告が2013年に行われました。1物質1名称を強く意識した優先IUPAC名（PIN）が導入され、PINを使うことが推奨されています。しかし、日本の多くの学会の論文投稿規定では、経過措置として、まだ2013年勧告以外を禁止してはいません。

　第1－7表にいくつかの代表的な石油化学基礎製品・有機薬品の慣用名と体系名（優先IUPAC名PIN、一般IUPAC名GIN）を示します。GINは2013年勧告以前の体系名として使うことが許されていた慣用名を含む体系名で、使うことは推奨されないが、まだ禁止もされていない名前です。

　無機化合物には、塩化ナトリウム（食塩）のような簡単な物質から、配位化合物や有機金属化合物のような複雑な化学構造をもつ物質まで存在するので、いくつかの体系名が認められています。

　高分子化合物とは、分子量が大きい分子で、小さな単位が多数回繰返される構造をもつ化合物です。高分子化合物には、高分子を構成する化学構造をベースとした構造基礎名と原料・製造方法などを加味した原料基礎名の二つの体系名のつくり方があります。構造基礎名の命名法は、理論的にも、また高分子構造を分析する実施面からもむずかしいので、化学産業では原料基礎名がよく使われています。

　生化学物質にも厳密な定義はありません。生物から得られる化学物質や生命活動のうえで重要な働きをしている化合物を漠然と呼んでいます。生化学物質は非常に複雑な化学構造をもつものが多いので、生化学物質の分野別に、基礎となる生化学物質の慣用名を決め、それから体系的に命名していく半体

系名の手法が採られています。

　なお、体系名による命名法の入門書として拙著「コンパクト化合物命名法入門」（2020年5月、東京化学同人）は、有機、無機、高分子、生化学物質の命名法を幅広くカバーし、しかもIUPAC2013年勧告を踏まえて書かれているので参考にして下さい。

CAS名、CAS番号

　米国化学会が運営している化学論文・特許の抄録誌ケミカルアブストラクツは、世界最大の化学物質情報のデータベースです。ケミカルアブストラクツでは、情報検索が重要なために1970年代からIUPAC命名法を基礎にしながらも独自の規則を追加して、1物質1名称となる体系名を独自に作成してきました。また、1物質1名称に加えて抄録順に整理番号を付けており、これがCAS番号です。番号自体に意味があるわけではありませんが、1物質1番号となるので、法規制の告示などで化学物質を特定する際などに便利に活用されています。

業種別にみる化学産業

1．基礎化学

1－1　石油化学基礎製品・有機薬品

　石油化学は石油・石油系ガス・天然ガスを原料とした化学産業です。石油化学の体系を**第2－1－1図**に示します。この程度の体系図は、文系、理系出身に関わらず、石油化学・有機薬品・高分子の業界で生きて行こうと考えているならば、すらすら書けるようになってください。実際には、このような体系全体を仕事にすることはなく、このなかの一部の製品周辺を担当することになると思います。しかし、全体の体系をつかんでいることは、今後、海外で大きな仕事をする機会にはとても重要です。さらに海外からの輸入攻勢などで日本の石油化学・有機薬品工業や自分が働いている工場の製品構成を大きく転換しなければならないときにもこのような大きな俯瞰図は必要になります。

　この体系のなかの一部の製品周辺を担当してみれば、この体系図が非常に大ざっぱなものであることがわかると思います。例えばエチレンオキシドEOから次の製品としてエチレングリコールEGしか書いていません。実際にはエチレングリコールを製造する際に、ジエチレングリコール、トリエチレングリコールが副生します。このほかエチレンオキシドは、アルキルフェノール、脂肪族アルコール、脂肪族アミン、脂肪酸などと反応させて様々なポリエトキシレートがつくられます。体系図には書いていませんが、エチレンオキシドの2番目に大きな用途です。こうしてつくられたポリエトキシレー

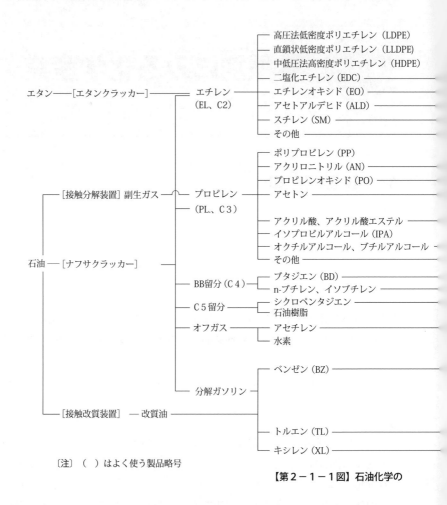

〔注〕　（ ）はよく使う製品略号

【第2−1−1図】石油化学の

　トは各種の非イオン界面活性剤として使われます。シャンプーや合成洗剤の
容器に付いている表示をじっくりみてください。ポリオキシエチレン何とか
とあったら、ポリエトキシレートのことです。
　そのほかにもエチレンオキシドからは、ポリエチレングリコールPEG、
エチレングリコールエーテル類（セロソルブ類）、モノエタノールアミン
MEA、ジエタノールアミンDEA、トリエタノールアミンTEA、エチレンイミン、
エチレンカーボネート、ポリアセタールPOM（ホルムアルデヒドのコモノ

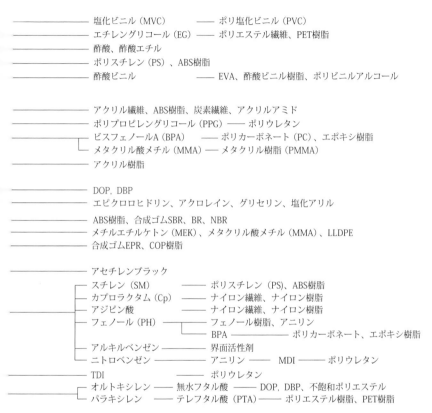

製品体系図

マーとして）、エピクロロヒドリンゴムECO（エピクロロヒドリンのコモノ
マーとして）などがつくられます。エチレンカーボネートは、いまやリチウ
ムイオン2次電池の溶媒として欠かせない重要品です。昔はエチレングリコ
ールからホスゲンを使ってつくられましたが、現在ではエチレンオキシドと
炭酸ガスからつくられます。2000年頃、旭化成がエチレンオキシドの高反
応性を使って、炭酸ガスとビスフェノールAからポリカーボネートPCを製
造する方法を開発しました。この反応ではエチレンオキシドは最終的にはエ

チレングリコールになります。ホスゲンを使わないPCの製造法として世界
から注目され、世界各国に技術輸出されて大型プラントが稼動しています。

　もっぱらエチレングリコールだけをつくろうとするプラントならば、大変
に危険なエチレンオキシドを精製し、貯蔵するような設計はせず、低濃度の
エチレンオキシドが生成したら直ちに水と反応させてエチレングリコールに
します。しかし、エチレングリコール以外のエチレンオキシドからの関連製
品（**誘導品**と呼びます）を製造するならば高濃度のエチレンオキシドを得て、
貯蔵するプラント、誘導品を製造するプラントもつくらなければなりません。
中東などで大規模にエチレングリコールだけをつくっている場合と先進国で
需要動向に対応しながらエチレンオキシドの様々な誘導品を展開していく場
合では、プラントも、工場運営も、営業も、研究開発も全く異なった活動が
必要になります。

　このように**第2-1-1図**は、文系の人にとっても石油化学・有機薬品の
ビジネスの入口にすぎない程度のものです。素人向けの説明図にすぎないの
です。プロになろうとするなら、実際にはこの裏には副生物や各種の誘導品
展開など、はるかに複雑なことが隠れていることまで考えて知識を広げてい
ってください。

　理系出身の人は、この体系図程度のことは反応式で書けることも必要です。
今の大学の講義では教えないでしょうが、昔ならば大学の工業化学の講義に
出てきた重要な反応もこの体系図にはたくさんあります。例えばアセトアル
デヒド製造のヘキストワッカー法、スチレン製造のエチルベンゼン法、アク
リロニトリル製造のソハイオ法（アンモオキシデーション法）、塩化ビニル
製造のオキシクロリネーション法、エチレンオキシド製造のSD法、オクチ
ルアルコール製造のオキソ法（オレフィンのヒドロホルミル化）、アセトン
とフェノールを同時に製造するクメン法、テレフタル酸をパラキシレンの直
接酸化で製造するアモコ法、プロピレンオキシドとスチレンあるいは*tert*-
ブチルアルコールを同時に製造するオキシラン法、ブタジエン製造の抽出蒸
留法（ゼオンプロセスなど）、カプロラクタム製造の各種方法（東レPNC法、
エニケム・アンモキシメーション法、住友化学気相ベックマン転位法など）
などは、歴史的にみて石油化学の発展に大きな貢献をした重要な反応です。
様々な触媒や反応プロセス、精製プロセスの宝庫です。化学技術者になろう

とするならば、現在主流になっている製造プロセスを知っているだけでなく、それが生まれてきた背景まで調べてみてください。そうすれば自分の仕事の将来の環境激変を見越して、次にどのような有機薬品や高分子の製造体系をつくっていかなければならないのか、そのためにはどのような製造プロセスが理想的なのかを考えることができるようになります。

用途からみた大まかな分類

石油化学基礎製品・有機薬品の製品数は膨大な数になるので、一つひとつの製品を説明することは紙面の都合からできません。大きく用途から分類してみると、**第２－１－１表**のようになります。

量の面で最大の用途は、**高分子原料**です。プラスチック（合成樹脂）、ゴム、合成繊維などは高分子からできています。高分子は、ある構造単位が繰り返された分子量が非常に大きな分子です。**ポリマー**とか、マクロモリキュールということもあります。構造単位となる原料として使われる石油化学基礎製品・有機薬品を**モノマー**と呼ぶこともあります。モノマーからポリマーになる反応（**重合反応**といいます）とか、ポリマーの種類などいろいろ説明しなければならないことはたくさんありますが、あとで述べます。

エチレンELからは直接に**ポリエチレン**PEがつくられます。PEだけで2019年に日本で生産されたエチレンの4割が消費されています。そのほか、エチレンから大量につくられる**スチレン**SM、**エチレングリコール**EG、**二塩化エチレン**EDCの三つの有機薬品は、**ポリスチレン**PS、**ABS樹脂**、**SBRゴム**、**PET樹脂**、**ポリエステル繊維**、**塩化ビニル樹脂**PVCなどの高分子を製造するために大部分が消費されます。ポリエチレンにこの三つの有機薬品を加えただけでも、2019年エチレン生産量の7割以上が高分子になったと計算されます。このように高分子原料の用途は非常に大きな割合を占めます。

プロピレンPLからも直接に**ポリプロピレン**PPがつくられます。2019年に日本で生産されたプロピレンの4割強がポリプロピレンになりました。このほかプロピレンからつくられる有機薬品**プロピレンオキシド**PO、**アクリロニトリル**AN、**アセトン**、**アクリル酸エステル**、**アクリルアミド**などからも高分子製品がつくられます。**ブタジエン**BDからも、**スチレンブタジエンゴム**SBRや**ブタジエンゴム**BR、**ABS樹脂**などの高分子がつくられます。

【第2-1-1表】石油化学基礎製品・有機薬品の用途別分類

高分子原料（モノマー）		
	二重結合	エチレン、プロピレン、ブタジエン、イソプレン、塩化ビニル、スチレン 酢酸ビニル、アクリロニトリル、アクリル酸、アクリル酸エステル、MMA テトラフルオロエチレン、塩化ビニリデン、シクロペンタジエン ノルボルネン、アクリルアミド
	環　状	エチレンオキシド、プロピレンオキシド、カプロラクタム、エピクロロヒドリン
	多官能基	アジピン酸、テレフタル酸、無水フタル酸、無水マレイン酸 エチレングリコール、プロピレングリコール、ヘキサメチレンジアミン ポリプロピレングリコール、ポリテトラメチレングリコール TDI、MDI、BPA、ビスマレイミド、ペンタエリトリトール
	その他	ホルムアルデヒド、フェノール

他の有機薬品原料（有機中間体）	
	ほとんどすべての有機薬品

有機溶剤	
	トルエン、キシレン、ベンゼン、ヘキサン、アセトン、IPA、DMF、THF ジオキサン、酢酸エチル、酢酸ブチル、MEK、MIBK、エタノール、メタノール パークロロエチレン、トリクロロエチレン、エチレンカーボネート

機能製品		
プラスチック添加剤		
	可塑剤（DOP、DBP）、安定剤、酸化防止剤、紫外線吸収剤 帯電防止剤、難燃剤、発泡剤、滑剤、防カビ剤	
有機ゴム薬品		
	加硫促進剤、老化防止剤、加硫剤、素練促進剤、粘着付与剤	
油脂・界面活性剤		
染料・有機顔料		
医薬品・化粧品		
香料・食品添加物		
農　薬		
火薬・爆薬	ニトログリセリン、TNT、RDX、HMX	
触媒・重合開始剤	有機金属、有機過酸化物	
オートケミカル	不凍液、ブレーキ液	
その他	石油添加剤、冷媒、熱媒、電解液	

　ベンゼンBZやキシレンXLは、それ自身だけで重合して高分子製品をつくるわけではありませんが、ベンゼンやキシレンからつくられる有機薬品（フェノールPH、ビスフェノールA・BPA、**カプロラクタム**、テレフタル酸PTA、**イソシアネート類**TDIやMDIなど）からは様々な高分子製品がつくら

れます。

　次に大量の用途は、他の有機薬品の原料となることです。この用途に使われる場合、**中間体**とか、**有機中間体**と呼ばれます。例えば**アセトアルデヒド**は、高分子原料にはならず、**酢酸、無水酢酸、ペンタエリトリトール、グリオキサール**などもっぱら他の有機薬品の原料になります。アセトアルデヒド自体でも防腐剤、還元剤などに使われることもありますが、アセトアルデヒド全体からみればごく少量にすぎません。典型的な有機中間体です。**二塩化エチレン、エチルベンゼン**は、ほとんどが**塩化ビニル、スチレン**になる中間体ですが、安定した化合物なので、この中間体で大量に取引されることもあります。

　第2－1－1図に示す各製品をつなぐ線は、高分子以外はほとんどが有機薬品になります。石化基礎製品同士（例えばエチレンとベンゼン）の反応によって有機薬品（例えばエチルベンゼンを経てスチレン）がつくられます。また石油化学基礎製品と酸素、塩素、水、アンモニアなどとの反応でも様々な有機薬品がつくられます。有機薬品が、お互いに、あるいは酸素などと反応してさらに多彩な有機薬品がつくられます。このように有機薬品は複雑な原料－製品のネットワークをつくりあげています。最終的に医薬品、農薬、染料に至る一連の有機薬品は、しばしば**医薬品中間体、農薬中間体、染料中間体**と呼ばれます。

　第3番目の大量の用途は**有機溶剤**です。身の回りにある有機溶剤を使った製品としては塗料があります。塗料は、有機溶剤と顔料と高分子からなります。このほか接着剤、マジックインキ、化粧品も有機溶剤のにおいがすることに気付かれると思います。

　有機溶剤は様々な産業の製造工程でも大量に使われます。合成繊維のアクリル繊維はポリアクリロニトリルを溶解する優秀な有機溶剤の開発によって発展しました。医薬品などの合成反応にも各種の有機溶剤が使われます。最近話題の**イオン液体**も巨大な有機陽イオンと無機陰イオンを組み合わせた特殊な溶剤です。このような溶媒のなかでしか起こりえない反応とか、このような溶媒にしか溶かせない物質があることが期待されています。溶け合わない溶剤同士を使って、巧妙に反応を進めることにも、溶剤は使われます。その代表例は、ポリカーボネートの重合に使われる**界面重縮合**です。

　機械組立加工産業でも有機溶剤は機械油の洗浄（**脱脂**といいます）に大量に使われています。半導体製造工程でもレジストの除去工程などで高純度な有機溶剤が使われます。ドライクリーニング産業では有機溶剤は不可欠です。リチウムイオン2次電池など最近の電池は、それ以前の水を使った電解液による電池と違って有機溶剤を使うことによって高電圧を得ることができるようになりました。

　石油化学基礎製品である**トルエン**は最大の有機溶剤です。キシレン、ベンゼン、**ヘキサン**なども有機溶剤に使われます。このほか大量に有機溶剤として使われている有機薬品としては、アルコール系製品では**イソプロピルアルコール**IPA、**エチルアルコール**（IUPAC名エタノール）、**メチルアルコール**（IUPAC名メタノール）、ケトン系製品では**アセトン**、**メチルエチルケトン**MEK、**メチルイソブチルケトン**MIBK、エーテル系製品では**テトラヒドロフラン**THF、**ジオキサン**、エステル系製品では**酢酸エチル**、**酢酸ブチル**、塩素系製品では**トリクロロエチレン**、**テトラクロロエチレン**（パークロロエチレン）などがあります。このほか特殊な性能をもった有機溶剤（**極性溶剤**、**極性溶媒**）として**ジメチルホルムアミド**DMF、**ジメチルスルホキシド**DMSO、**メチルピロリドン**、**エチレンカーボネート**、**アセトニトリル**などがあります。

　第4番目の用途が有機薬品のもつ性能、機能を生かした用途です。3番目の溶剤という用途はものを溶解するという機能を生かした用途ですが、これだけで大量になるので別にあげました。第4番目の用途に使われる有機薬品は、第2番目の用途である有機中間体を経てつくられる製品です。**第2－1－1**に示した用途一つひとつが、化学産業のなかで一つの分野・業種を形成するので、**ファイン・スペシャリティケミカル**に属する業種としてあとで述べます。

　ただし**プラスチック添加剤**の一つである**可塑剤**は、量が多くて通常ファイン・スペシャリティケミカルには加えません。そのなかでもDOP（ジオクチルフタレート、フタル酸ジ-2-エチルヘキシル）などの**フタル酸エステル**は、塩化ビニル樹脂をはじめ多くのプラスチックの可塑剤として使われています。可塑剤というのは、高分子と混合してプラスチック材料としての性能を変える揮発性の低い有機薬品です。可塑剤を加えない塩化ビニル樹脂は硬い材料になります。塩ビのパイプや波板を思い浮かべてください。30〜

40wt％程度の可塑剤を加えた塩化ビニル樹脂は、軟らかいプラスチックとして、フィルム、チューブ、ホース、合成皮革（レザー）などに使われます。本の表紙のコーティングにも軟質の塩化ビニル樹脂は使われましたが、可塑剤が移動して表紙同士がくっつく欠点があります。最近はポリプロピレンにほとんど代替されました。

有機化学の基礎知識

石油化学工業のみならず、広く化学産業を理解するためには、最低限の有機化学の基礎知識が必要なのでここで説明します。理系出身の方は読み飛ばしてください。

石油は炭素と水素からなる炭化水素という化合物の混合物です。炭化水素は炭素数1のメタン、炭素数2のエタン、炭素数3のプロパン、炭素数4のブタンまでは常温ではガスですが、それより炭素数が大きくなると常温で液体になります。液状炭化水素の混合物が石油です。ガソリンの性能としてオクタン価という言葉を聞いたことがあると思います。オクタンは炭素数8の炭化水素であり、炭素数8前後の石油がナフサやガソリンです。

さて、今後、石油化学基礎製品や有機薬品を説明する際にイソプロピルアルコールとか、パラキシレンのように異性体がたくさん現れるので、炭化水素を例にして異性体の説明もしておきます。炭素は手が四つ、水素は手が一つあるとすると、炭素数1のメタンの分子式はCH_4と書けます。炭素数2のエタンの分子式C_2H_6を構造式（分子式のような分子を構成する原子の数だけでなく、原子のつながり方まで示す方式）で書くとCH_3-CH_3と書けます。炭素数四つのブタンC_4H_{10}ではどうなるでしょうか。$CH_3-CH_2-CH_2-CH_3$のほかに炭素のつながりが分岐した構造も書けます。$CH_3-CH(CH_3)-CH_3$です。真ん中の炭素が四つの手のうち三つを他の炭素と結んでいる形です。なお、化学構造式で使うハイフンは半角が原則ですが、ここではわかりやすく全角で描いています。

分子式が同じでも別々の構造式で書くことができる物質は、別の化学物質になり、物理的性質や化学的性質が異なります。これを**異性体**と呼びます。ブタンの例では、炭素鎖が直列になっているものは*ノルマルブタン*（**n-**ブタン）と呼ばれ沸点はマイナス0.5℃です。炭素鎖が分岐しているものは*イソ*

ブタン（i-ブタン）で沸点はマイナス10.2℃です。沸点が違うので蒸留して分けることができます。実際に手で書いて試してみるとわかりますが、異性体の数は炭素数が増えると急激に増加します。

　炭素数6の炭化水素には、C_6H_{12}、C_6H_{10}、C_6H_6などの分子式の異なる物質があります。C_6H_{10}、C_6H_6には炭素の**不飽和結合**といって、炭素の4本の手のうち、炭素、炭素同士が2本、場合によっては3本の手でつながった結合があります。**不飽和結合の位置**の違いによっても異性体が生まれます。炭素のつながりが**環状**になることもあります。これに対して、炭素、炭素同士が1本で、環状にならないでつながった結合を**飽和結合**といいます。一般に不飽和結合や環状のつながりは飽和結合に比べて**反応性**に富みます。2重の不飽和結合は平面になるので**シス・トランス**という**立体異性体**も生まれます。さらに**エナンチオマー**（分子構造が鏡像の関係にあって重ね合わすことができない2つの分子）という立体異性体もあります。立体異性体は炭素の手が自由に方向を変えることができるわけでなく、一定の決まった方向しかとれないことに起因しますが、詳しい説明は省略します。3個以上の炭素からなる炭化水素には**環状結合**もありますが、安定した環は**5員環**と**6員環**です。環状結合にもすべて飽和結合でできているものと、不飽和結合を含むものがあります。以上の説明を踏まえると、C_6H_{12}には実に20個もの安定した異性体があります。炭素六つのつながりの図を描いて試してみてください。

　C_6H_6は不飽和結合でも大変に特殊です。炭素が六つ環状になってそれに一つずつ水素が手をつないだ形です。この環は炭素が六つとも平面に並ぶので正六角形をしていてとても安定です。いわゆる亀の甲の形です。この炭化水素は**ベンゼン**といいます。

　このような炭素6個の特殊な環状結合を持つ化合物を芳香族化合物と呼んでいます。芳香族化合物にも、環上の水素に置き換わった原子や**原子団（置換基**といいます）の並び方の違いによって異性体が生まれます。官能基二つの場合、**オルト**（二つが隣接して並ぶ1,2-置換）、**メタ**（二つが間一つおいて並ぶ1,3-置換）、**パラ**（二つが対角線に並ぶ1,4-置換）の3種類の異性体ができます。六角形を書いて試してみてください。この3種類しか書けません。数字は環を形成する炭素の位置番号です。

　異性体は有機薬品のような簡単な構造の有機化合物ばかりでなく、農薬、

医薬品のような複雑な構造の有機化合物ではますます重要になります。異性体によって性能や副作用が全く異なってくるからです。

　以上、炭化水素を中心に説明してきましたが、炭化水素の水素に置換基が置換して多彩な有機化合物が生成するという考え方によって有機化学は体系立てることができます。置換基とは、水H-OH、酸素O＝O、塩素Cl-Cl、炭酸HO-COOH、硫酸HO-SO$_2$OH、硝酸HO-NO$_2$、アンモニアNH$_3$などの片割れと考えてください。-OH、＝O、-O-、-Cl、-COOH、-SO$_2$OH、-NO$_2$、-NH$_2$などです。同様に炭化水素の片割れも置換基になります。たとえばメタンCH$_4$、エタンC$_2$H$_6$、エチレンC$_2$H$_4$、ベンゼンC$_6$H$_6$から-CH$_3$、-C$_2$H$_5$、-C$_2$H$_3$、-C$_6$H$_5$のような置換基ができます。炭化水素に置換基が置換すると、炭化水素の性質が大きく変わります。多くの炭化水素は、石油に代表されるように水に溶けず、酸性でも塩基性でもありません。-OHが置換すると水に溶けやすくなり、中性の物質が多いものの、酸性を示す物質もあります。-COOHや-SO$_2$OHが置換すると水に溶けやすく酸性になり、一方、-NH$_2$が置換すると塩基性になります。もちろん2つ以上の置換基が置換した有機化合物もたくさんあります。タンパク質を構成する**アミノ酸**は炭化水素内の同一炭素上の水素が-COOHと-NH$_2$に置換しています。デンプンやセルロースを構成する**ブドウ糖（グルコース）**は6つの炭素を持つ直鎖状炭化水素ヘキサンの一番端の炭素に＝Oが、その他5つの炭素の各々に-OHが置換した化合物です。

　また置換基同士で反応して、新しい置換基をもつ有機化合物が生まれます。たとえば-OHと-COOHをもつ有機化合物同士が反応して水が1分子脱離して-CO-O-という置換基をもつ化合物が生成します。これら化合物はエステルと呼ばれます。-NH$_2$と-COOHをもつ有機化合物同士が反応して水が1分子脱離して-CO-NH-という置換基をもつ化合物(アミド)が生成します。

　一方、環状炭化水素の炭素が酸素、窒素などに置換した有機化合物（**複素環式化合物**といいます）もあります。炭素3の環状炭化水素シクロプロパンの炭素一つが酸素に置換するとエチレンオキシド（第1部4.のIUPAC名オキシラン）、炭素数5の環状炭化水素シクロペンタンの炭素一つが酸素に置換するとテトラヒドロフラン（IUPAC名2,3,4,5-テトラヒドロフラン）、炭素数6の芳香族炭化水素ベンゼンの炭素一つが窒素に置換するとピリジンになります。

第2−1−2表に代表的な有機化合物を置換基別に分類して示します。ただし、二種類以上の置換基がある場合（5個の-OHと1個の＝Oのブドウ糖、1個ずつの-NH₂と-COOHのアミノ酸など）には、適宜、いずれかの分類に入れています。複素環式化合物の水素に置換する置換基もある場合（プロピレンオキシド、エピクロロヒドリン、N-メチルピロリドンなど）にはすべて複素環式化合物に分類しています。

脇道にそれますが、**炭化水素**と**炭水化物**を混同しないでください。炭水化物は、**セルロース、でんぷん、砂糖（ショ糖、スクロース）、ブドウ糖（グルコース）**などの化合物群です。分子式が炭素といくつかの水からなったように書けます。例えばブドウ糖は炭素6と水6を合わせた分子式で、砂糖は炭素12と水11を合わせた分子式に書けます。もちろん炭素と水から成っているわけではありません。炭素、水素、酸素から成る化合物です。$C_6H_{12}O_6$の炭水化物にはブドウ糖、果糖（フルクトース）、ガラクトースその他たくさんの異性体があります。ブドウ糖にはさらに**D体、L体**という異性体（エ

【第2−1−2表】代表的な有機化合物の置換基別分類

置換基	一般的な名前	代表的な有機化合物
	鎖状飽和炭化水素	メタン、エタン、プロパン、ブタン、ヘキサン、オクタン、ポリエチレン、ポリプロピレン
	環状飽和炭化水素	シクロヘキサン
	鎖状不飽和炭化水素	エチレン、プロピレン、ブチレン、ブタジエン、ポリブタジエン
	芳香族炭化水素	ベンゼン、トルエン、オルトキシレン、パラキシレン、クメン、ナフタレン、スチレン、エチルベンゼン
	環状不飽和炭化水素	シクロペンタジエン、シクロヘキセン、ジシクロペンタジエン
-F、-Cl、-Br	ハロゲン化物	塩化ビニル、二塩化エチレン、四フッ化エチレン、クロロベンゼン、テトラブロモビスフェノールA、パークロロエチレン、トリクロロエチレン、ポリ塩化ビニル
-NO₂	ニトロ化合物	ニトロベンゼン（1）、ニトログリセリン（3）、トリニトロトルエンTNT（3）
-OH1つ	1価アルコール	メタノール、エチルアルコール、イソプロピルアルコール、高級アルコール（ラウリルアルコールなど）
-OH複数	多価アルコール	エチレングリコール（2）、プロピレングリコール（2）、グリセリン（3）、ペンタエリトリトール（4）、ブドウ糖（グルコース）（5）、ポリビニルアルコール（多数）、デンプン（多数）

（第2－1－2表　続き）

芳香族に-OH	フェノール類	フェノール（1）、ビスフェノールA（2）、レゾルシン（2）
-O-	エーテル	ジエチルエーテル、ジメチルエーテルDME、メチル*tert*-ブチルエーテルMTBE、ポリプロピレングリコールPPG、アセトアルデヒドジエチルアセタール、ポリアセタール（ポリオキシメチレン）、ポリオキシエチレン、ポリフェニレンオキシド
＝O	ケトン、アルデヒド	ホルムアルデヒド、アセトアルデヒド、ベンズアルデヒド、アセトン、メチルエチルケトン、ＭＩＢＫ、シクロヘキサノン、キノン、アントラキノン
-COOH1つ	1価カルボン酸	ギ酸、酢酸、プロピオン酸、アクリル酸、メタクリル酸、安息香酸、オレイン酸、ステアリン酸、乳酸
-COOH複数	多価カルボン酸	シュウ酸（2）、マレイン酸（2）、アジピン酸（2）、コハク酸（2）、フタル酸（2）、テレフタル酸（2）、ピロメリット酸（4）
-CO-Cl	酸クロリド	アセチルクロリド、カルボニルジクロリド（ホスゲン）
-CO-O-	エステル	酢酸エチル、酢酸ビニル、アクリル酸エチル、メタクリル酸メチル、テレフタル酸ジメチル、ポリエチレンテレフタラート、ポリカーボネート
-SO$_2$OH	スルホン酸	アルキルベンゼンスルホン酸
-NH$_2$	アミン	アニリン（1）、アミノ酸（原則1）、エチレンジアミン（2）、ヘキサメチレンジアミン（2）
-CN	ニトリル	アクリロニトリル
-NCO	イソシアネート	TDI、MDI、HDI、イソホロンジイソシアネート
-CO-NH-	アミド	*N, N*-ジメチルホルムアミドDMF、*N, N*-ジメチルアセトアミド、ポリアミド、タンパク質（ポリペプチド）
-OCO-NH-	ウレタン	カルバミン酸エチル、ポリウレタン
	複素環式化合物	エチレンオキシド、プロピレンオキシド、エピクロロヒドリン、エチレンイミン、γ-ブチロラクトン、テトラヒドロフラン、無水マレイン酸、無水フタル酸、*N*-メチルピロリドン、*N*-フェニルマレイミド、スクシンイミド、プロピオンアルデヒドエチレンアセタール、エチレンカーボネート、ピリジン、ピリミジン、1*H*-ピロール、1*H*-イミダゾール、1,3-オキサアゾール、キノリン、プリン

〔注〕化合物に括弧数字が付してあるのは置換基の数

　ナンチオマー）がありますし、D体には、さらにα体、β体という異性体があります。これらは融点とか、偏光面の角度を変える**旋光度**（物理的性質の一つ）などが異なるので検出でき、分離して純品を得ることもできます。

貿易統計における石油化学基礎製品・有機薬品の分類

　第2−1−1表に石油化学基礎製品・有機薬品の用途別分類を示しました
が、統計では前項で説明した有機化学の基礎知識に基づいた分類をしていま
す。統計の基礎になる商品の分類としては、日本標準商品分類(第3部第5章)、
貿易統計コード（第3部第3章）がありますが、統計を使うだけでなく、商
品の輸出入実務を行う際にも使用する機会が多い貿易統計コードにおける石
油化学基礎製品・有機薬品の分類を説明します。

　石油化学基礎製品・有機薬品に関しては、輸出統計品目表も、輸入統計品
目表（実行関税率表）も、ほぼ同じ分類をしています。第29類有機化学品
がほぼ該当しますが、貿易統計の概況品目50101有機化合物では、少し異
なります。**第2−1−3表**に示すように、概況品目の有機化合物には、第
29類に属さない1520粗グリセリン、2207エタノール（濃度80%未満は
2208お酒）、変性アルコールが加わる一方、第29類のうち2936ビタミン
類、2937ホルモン等、2938グリコシド、2939アルカロイド、2941抗生
物質は除外し、概況品目の医薬品に加えています。しかし、これら以外の医
薬品原薬は第2−1−3表に例示しているアセチルサリチル酸やコエンザイ
ムQ10のように有機化合物に分類しています。もちろん、これら医薬品原
薬を製剤にした場合には、統計品目上、第30類の医療用品になります。同
様に第2−1−3表の代表的製品名を注意深くみていただくと気が付きます
が、農薬原体（PCP、ディルドリン、2,4,5-T等）、調製香料原料（メントール、
バニリン等）、食品添加物・飼料添加物（グルタミン酸ナトリウム、メチオ
ニン等）も概況品目の有機化合物に分類されます。その一方で、2706〜
2707石炭タールを原料としたベンゼン、ナフタレン、3204〜3205合成
染料、顔料は、概況品目50101有機化合物には入っていません。第1部第1
−1表化学製品輸出額、第1−2表化学製品輸入額を作成する際には、概況
品目50101に2706〜2707、3204〜3205を加えて有機薬品としています。

　第2−1−3表の概況品目50101有機化合物のうち、2901〜2935をじ
っくりとみていただくと、第2−1−2表の分類にほぼ沿っていることがわ
かると思います。貿易統計コードの有機化合物は有機化合物の置換基分類を
基本につくられています。ただし、第2−1−3表の注1に示すように「そ

の誘導体」と書かれた項目については、ハロゲン化誘導体、スルホン化誘導体(スルホン酸等の置換も含む)、ニトロ化誘導体、ニトロソ化誘導体があるので注意する必要があります。新規有機化合物を輸入しようとする際に、税関申告するためには輸入品目コードを判定しなければなりませんが、第２－１－３表を参考にしながら、税関ホームページにある輸出・輸入品目表の品

【第２－１－３表】石油化学基礎製品・有機薬品の貿易統計コード

概況品目コード	概況品目名	輸出品目コード	輸出品目名	代表的製品名
50101	有機化合物	1520	粗グリセリン	粗グリセリン
		2207	80％以上エタノール、変性アルコール	エチルアルコール
		2901～2904	炭化水素とその誘導体	エチレン、ベンゼン、塩化ビニル
		2905～2906	アルコールとその誘導体	メタノール、EG、グリセリン、メントール
		2907～2908	フェノール、フェノールアルコールとその誘導体	フェノール、ヒドロキノン、PCP
		2909～2911	エーテル、アルコールペルオキシド、エーテルペルオキシド、ケトンペルオキシド、エポキシドで三員環のもの、アセタール及びヘミアセタールとその誘導体	ジエチレングリコールモノアルキルエーテル、エチレンオキシド、ディルドリン
		2912～2913	アルデヒド官能化合物	ホルムアルデヒド、バニリン
		2914	ケトン官能化合物、キノン官能化合物	アセトン、コエンザイムQ10
		2915～2918	カルボン酸、その酸無水物、酸ハロゲン化物、酸過酸化物及び過酸とその誘導体	MMA、酢酸、無水酢酸、アクリル酸、アセチルサリチル酸、2,4,5-T
		2919～2920	非金属の無機酸のエステル、塩とその誘導体	リン酸エステル、メチルパラチオン
		2921～2929	窒素官能化合物	アニリン、グルタミン酸ナトリウム、サッカリン、アクリロニトリル、MDI、アゾ化合物
		2930～2935	オルガノインオルガニック化合物、複素環式化合物、核酸とその塩やスルホンアミド	メチオニン、THF、ピリジン、メラミン、ラクタム類、ラクトン類、スルホンアミド

（第2－1－3表　続き）

50101	有機化合物	2940	化学的に純粋な糖類（ショ糖、乳糖、麦芽糖、ブドウ糖及び果糖を除く。）並びに糖エーテル、糖エステル等	リボース、トレハロース
		2942	その他の有機化合物	
503	鉱物性タール及び粗製薬品	2706～2707	石炭等からのタール、その蒸留物、芳香族炭化水素	タール原料からのベンゼン、ナフタレン
50501	有機合成染料及びレーキ顔料	3204～3205	有機合成着色料、蛍光増白剤、レーキ顔料等	各種染料、各種顔料

〔注1〕「その誘導体」とは、ハロゲン化誘導体、スルホン化誘導体、ニトロ化誘導体、ニトロソ化誘導体
〔注2〕ショ糖、ブドウ糖、糖みつ等は1701～1703（調製食料品のうちの糖類）

目表を9桁のコードに当てはめて下さい。判定に迷う際には類注を参照して下さい。

石油の基礎知識

石油は炭素のつながりが、飽和結合の直鎖や分岐（パラフィン系石油）あるいは環状（ナフテン系石油）になった炭化水素や芳香族炭化水素（アロマ系石油）の混合物です。

ガソリンが炭素数5から10の炭化水素だけから成るとしても、異性体を考えるとガソリンは大変に多くの異なる炭化水素の混合物です。

ナフサというのは、沸点範囲がおおむね30℃から170℃程度の石油（留分）です。ガソリン、ナフサ、灯油、軽油、重油などの石油は、原油を蒸留塔で蒸留して温度範囲ごとに分けて取り出してきた製品です。したがって留分という言い方もよく使います。ナフサとガソリンは留分としては同じです。ガソリンとして必要な性能（オクタン価など）に合うようにナフサ留分を様々に調整した石油製品がガソリンです。このためナフサを粗製ガソリンと呼ぶこともあります。

直鎖飽和炭化水素では、炭素数5のノルマルペンタンの沸点が36℃、炭素数10のノルマルデカンの沸点が174℃になります。炭化水素異性体によって沸点が異なりますが、この例からナフサに含まれる炭素数の範囲がおおまかにつかめると思います。実際のナフサには、軽質とか、フルレンジとか

52

様々な種類があります。軽質ナフサというのは、沸点の低い留分を多く含んでおり、比重も軽くなります。ナフサの比重はおおまかに0.7ですが、軽質ナフサとか重質ナフサとかいう区別は、比重の下2桁のレベルでの話です。

　ナフサの定義が上記のような沸点範囲によって定められているので、原油を精製したもの以外でも定義に該当すればナフサとして扱われます。例えば原油や天然ガスを採掘する際に炭化水素のガスとともに、**コンデンセート**とか、**天然ガソリン**とか、**NGL**（**ナチュラルガスリキッド**）と呼ばれる液体炭化水素が得られます。これらも、沸点範囲などが合えばナフサとして取引されます。なお、NGLという用語は、欧米でも日本でも人によって様々な意味で使われているので注意してください。本書ではナフサ相当の天然ガソリンの意味で使っていますが、LPG分まで含めてNGLと呼ぶことも、場合によってはエタンまで含めてNGLと呼ぶ人もいます。

　かつての中東の報道写真などでは採掘井のそばに巨大な炎がしばしば写っていました。原油に比べて輸送しにくく、危険な、ガスや軽質石油分を燃やしていたのです。しかし近年ではそのような無駄はしません。これらもパイプで原油積出港近くにある処理装置に送ります。そこでガス分は液化し、液体炭化水素は簡単な精製装置によって少量含まれる重質分を除き、LNG、LPG、ナフサ（NGL）として大量に輸出されるようになりました。

　中東地域からアジア太平洋地域のナフサ価格は、この広大な地域での毎日の取引状況を反映した**シンガポール価格**が指標となっています。**現物取引**価格ばかりでなく、**先物取引**価格もあります。中東を出発したタンカーが日本に到着するのにおおむね20日かかります。先物取引により、この間の**価格ヘッジ**を行うことができます。半面、他の先物取引市場と同様に投機資金が入ってくる可能性もあります。

　日本でのナフサ価格の動きは、日本での取引状況を反映して日本経済新聞の商品面主要相場欄に**東京オープンスペックナフサ価格**として毎日掲載されています。東京オープンスペックナフサ価格は、理論的にはシンガポール指標に対して船賃と為替差だけ差異があります。仮に理論値から大きくかけ離れた差異が生まれれば、**裁定取引**が行われて解消されることになります。なお石油会社が行う輸入原油取引と違って、石油化学会社が行う輸入ナフサ取引は、**スポット取引**が主体で**長期取引**はそれほど多くありません。一方、国

内の石油精製会社から石油化学会社がナフサを購入する国産ナフサ取引については、長期取引がしばしば行われています。

　ナフサ価格はおおむね原油価格に連動して動きますが、最近は中国など石油化学新興国のナフサ需要の伸びが強いため、ナフサ価格は相対的に原油価格より高くなってきました。石油化学基礎製品価格も、有機薬品価格も、当然のことながらナフサ価格に連動して動きます。原油価格は政治的に不安定な中東情勢などによって、しばしば激しく上下動します。ナフサ市場は原油市場よりも小さいので、ナフサ価格は原油価格以上に激しく動きがちです。このため石油化学基礎製品はもちろん有機薬品、高分子の価格も乱高下します。

シェールガス・シェールオイル

　最近、シェールガスという言葉をよく聞くと思います。シェールは、頁岩（けつがん）と呼ばれる泥岩です。動植物が泥とともに堆積し、地下で圧力と温度がかかって生成します。動植物成分である有機物が炭化水素（石油や天然ガス）に変わり、泥岩を構成する微小な粒子のすき間に閉じ込められています。何らかの圧力や温度がかかってシェールから天然ガスや石油が移動し、たまたま地下の**ドーム状**になった**シール層**の下に貯まったのがガス田や油田です。今までの技術では、**ガス田**や**油田**からしか、天然ガスや石油を採取できなかったのです。

　ところが1990年代頃から地下深部にある**シェール層**を正確に探し出し、垂直に掘った後、シェール層に沿って横に掘り進むことができるようになりました。1本の垂直坑から何本もの水平坑がタコ足状につくられます。そしてシェール層に砂と少量の薬品（これがノウハウで、ポリアクリルアミド、希塩酸、殺藻剤を含むといわれます）を含む大量の水を高圧で送り込み、シェール層にひび割れをつくる**水圧破砕（フラクチャリング）**を行い、シェール層から天然ガス（**シェールガス**）、原油（**シェールオイル**）を取り出します。シェール以外にも、砂岩や石灰岩に閉じ込められた炭化水素を取り出すこともできるようになり、この場合は**タイトガス**、**タイトオイル**と呼ばれます。従来のガス田から得られる天然ガス（**在来型ガス**）に対して、シェールガス、タイトガスを総称して**非在来型ガス**と呼びます。

アメリカでは在来型天然ガスの生産量が1990年代にピークを迎え、それ以後減少したので、中東などからLNGを本格的に輸入するようになりました。しかし、非在来型天然ガスの生産量が急速に伸び、2017年にはアメリカ天然ガス生産量の6割を占めました。アメリカのLNG輸入が激減するとともに2016年からはLNG輸出も始まり、続いて多くのLNG輸出プロジェクトが動き始めています。

日本や北海の天然ガスは、炭素数1の炭化水素である**メタン**だけから成るといってよいのに対して、中東やアメリカの天然ガスには、メタンに加えて、3－6％の**エタン**（炭素数2）や**プロパン**（炭素数3）が含まれるので、これらを分離して石油化学原料にします。アメリカでは、非在来型天然ガスにも、在来型天然ガスと同様にエタンが含まれるのでシェールガス増産を背景に、2015年以後新たなエチレンプラントが続々と稼動を開始しています。

なお、シェール層は、アメリカ以外にも世界中に広く存在することが確認されています。特に中国の確認埋蔵量が大きく注目されています。

ナフサ分解

ナフサからエチレン以下の石油化学基礎化学品を得る設備を**エチレンプラント**といいます。エチレンプラントから得られる石油化学基礎製品のなかでもエチレン、プロピレンのようなガスは、大量に貯蔵したり、遠方に輸送したりすることが困難です。このためにエチレンプラントの周囲に**パイプライン**によって石油化学基礎製品を受け取り、有機薬品や高分子製品をつくる工場が集まり、一大工場群が生まれます。これを**コンビナート**（アメリカでは**コンプレックス**）と呼んでいます。コンビナートに集まる有機薬品工場や高分子工場ではパイプラインで原料を受けるだけでなく、エチレンプラントでつくられる水素、蒸気や自家発電の電力などの供給を受けたり、共同防災組織をつくったりして、コンビナートとして一体的な運営を行うことによりコンビナート全体としての省エネルギーや安全向上を図っています。石油化学コンビナートには、塩素や酸素、窒素などをパイプラインで供給するためにか性ソーダ工場、産業ガス工場が加わる場合もあります。さらに石油化学コンビナートが石油精製工場とパイプラインでつながってナフサや用役（**ユーティリティ**、自家発電や蒸気、用水、排水処理など）の供給を受ける石油精

製・石油化学コンビナートになっている場合もたくさんあります。

　ナフサをエチレンプラントのなかの**ナフサクラッカー**という設備で反応（約800℃での熱分解反応）させると、**第2−1−1図**に示すように多くの石油化学基礎製品（エチレン、プロピレン、BB留分、C5留分、オフガス、分解ガソリン）が同時に生成物として得られます。各製品の収率は原料となるナフサの種類（軽質〜重質）、ナフサクラッカーの運転方法（分解温度によって**ハイシビア、シビア、マイルド**）によって少し変動させることができます。おおむね**エチレン**が30〜33％、**プロピレン**が12〜17％、**BB留分**（**C4留分**）とC5留分が8〜11％、**分解ガソリン**が23〜25％程度の収率です。あとは**水素**2％、**メタン**12〜16％、**分解重油**3〜5％です。このほかに**エタン**が得られますが、これは再びナフサクラッカーの原料として投入されます。水素やメタンは工場内で用途がなければナフサクラッカーの熱源に使われます。もちろんエチレン以下の製品も炭化水素なので、余ってどうしようもなければいつでも熱源にすることは可能です。しかし、それは化学産業としては自殺行為です。

　一方、中東やアメリカではエタンを含む天然ガスが得られるので、エタンを分離し熱分解して、エチレンを得ています。この場合には、エチレンと水素のほかには石油化学基礎製品はほとんど得られません。一口に年産50万tのエチレンプラントといっても、エタン原料の場合とナフサ原料の場合では原料の処理量が3倍も違うので、熱分解・精製・製品貯蔵に要する設備費も、石油化学基礎製品から各種誘導品をつくる設備費もケタ違いに異なります。ナフサ分解によるエチレンプラントでは、石油化学コンビナートの運営方法も非常に複雑になります。

石油政策・租税政策との戦い

　戦後の日本の石油政策は、長い間、輸入した原油を日本の石油精製工場で蒸留精製し、石油製品（各留分）を日本で消費することを基本にしてきました。このため石油精製会社以外のものが、海外から石油製品を自由に輸入したり、石油会社が石油製品を自由に輸出したりすることを**石油業法**によって許しませんでした。ところが長い間、世界の原油・石油業界を牛耳ってきたオイルメジャーと呼ばれる欧米の巨大石油会社に対して、1970年代に産油国は石

油利権の国有化を進め、さらに国内での産業育成を図るために石油精製事業にも乗り出してきました。このため世界の石油製品の流通量が増大しました。しかも1960年代後半からは日本でも自動車の普及率が高まりガソリン需要が大きく伸びる一方、主に産業が使ってきた重油の伸びは低下しました。日本の石油精製会社は、ガソリン需要が強く、重油需要が弱いために生まれた石油留分間の需給ギャップを埋めるために重油を分解する装置（重質油を分解して軽質油をつくる**接触分解**装置やオクタン価の低い軽質油の分子構造を変化させてオクタン価の高い改質油をつくる**接触改質**装置。第2－1－1図参照）を導入しましたが、それだけでは不足でした。このため1960年代からナフサを輸入せざるをえなくなりました。しかし、政府は石油の安定供給の確保を名目として、石油会社にしか石油製品の輸入許可を与えませんでした。

1970年代の二度にわたる石油危機では、原油・石油製品価格が大きく変動しました。しかし、国内のナフサ価格は、政府の価格への介入があったり、日本の石油会社の価格政策もあったりして、世界市場に流通しているナフサ価格に比べて高い状態になりました。このため石油化学業界は、ナフサの輸入の自由化を求めました。ナフサの大口ユーザーである石油化学会社が自分で原料を輸入したいという、至極当然の要求です。しかし、政府はなかなか許可しませんでした。第2次石油危機後、海外からの石油化学製品の輸入増大により危機に陥った石油化学業界は他の業界も巻き込んで強力に政府に要求し、1982年についにナフサについて実質輸入自由化を勝ち取りました。その後、ナフサ以外の石油製品の輸出入も1996年に自由化されました。

日本は石油をほぼ全量輸入に依存しているので、石油は税金徴収の上から政府にとってとても便利な商品です。石油を輸入するには、タンカーや荷揚げ・貯蔵タンクの手配が必要になるので、自ずと輸入業者の数は限られます。しかも石油は量が大きな必需品なので、多少の税金がかかっても、消費が極端に落ちることはありません。このため石油には、石油製品関税、揮発油税、石油石炭税、消費税など様々な税金がかかっています。これらの税収は政府の一般会計に入るもののほかに、道路整備とか、エネルギー対策などの特別会計に入っています。石油化学用ナフサについては、**関税暫定措置法**により原料ナフサにかかる関税は無税、**租税特別措置法**により**揮発油税**は免税、**石**

油石炭税は還付になっています。石油化学の原料に課税するような国は世界になく、無税や免税の措置は企業優遇ではなく、国際的な競争条件の公平性を保つための措置です。したがって企業優遇税制との批判が強い租税特別措置法によるのでなく、揮発油税法や石油石炭税法自体のなかで、恒久的に石油化学用は無税と書かれるべきものです。しかし、十年一日のごとく茶番劇が繰り返されています。

炭化水素ガスとそれからの石油化学製品

ナフサを出発原料とする石油化学基礎製品・有機薬品以外に炭化水素ガスを出発原料とする石油化学製品群があります。

メタンは天然ガスの主成分として採取され、日本には液化天然ガスLNG（**リクイファイドナチュラルガス**）として大量に輸入され、都市ガスになります。このほかにLNGはクリーンな燃料として火力発電所で大量に使われます。圧縮天然ガスCNGとして、バス・トラックなどの燃料としても使われています。メタンから水素を得て**燃料電池**のエネルギー源とすることも、本格的な実現に向けて水素ステーションの設置も進められています。メタンは炭素当たりの含有水素量が最も大きな炭化水素なので、大量の水素源として期待されているのです。

しかもメタン資源は原油ほど中東地域に偏在していません。中東地域のほかに、マレーシア、ブルネイ、インドネシア、オーストラリアなどの太平洋地域にも大量のガス田があります。シェールガス採掘の本格化によりガス田は北米にも広がりました。資源供給先の多様化という面からも良い資源です。しかし大陸国ではパイプラインによって天然ガスを長距離輸送することができますが、日本にはLNGとして輸入するしかないので、大量の設備費と液化に余分なエネルギーが必要になる分だけコスト高になります。このため日本では火力発電以外に産業用に天然ガスを使うことはなかなか困難です。

天然ガスは、化学産業の視点から**メタノール**や**アンモニア**などの基礎化学原料として非常に重要です。第2次大戦前には水力発電を使った水の電気分解や石炭を原料に日本でもこのような基礎化学品がつくられました。1950〜60年代には新潟などの国産天然ガスを原料とすることもありましたが、現在では海外の天然ガス産出地で大規模なプラントが建設されるようにな

り、日本での生産は大幅に縮小しました。メタノールは燃料としても期待されていますが、本来は重要な基礎化学品です。**メタノールを原料としてホルマリン**、さらに各種の**熱硬化性樹脂（フェノール樹脂、尿素樹脂）、エンジニアリングプラスチック**であるポリアセタール、**酢酸**などがつくられます。アンモニアについては、別に述べます。

　プロパン・ブタンは、メタン、エタンに比べると容易に液化することができるガスです。プロパン・ブタンは、原油採掘の際にガスとして大量に産出するので液化して日本に輸入されます。国内ではボンベに詰めて家庭用燃料やタクシーなどの自動車用燃料として使われます。ブタンは、ガスライターやエアゾールにも使われています。プロパンは反応性に乏しいガスですが、最近はこれを化学原料にしようとする試みも盛んです。世界にはプロパンから触媒を使って**プロピレン**をつくっているプラントがあります。また2007年にプロパンを原料とした**アクリロニトリル**製造法を旭化成が開発し、世界で初めて韓国子会社で工業運転が行われました。同様にプロパンを原料とした**アクリル酸**の製造法も盛んに研究されています。ブタンはプロパンよりも化学原料によく使われています。ナフサクラッカーの原料とすることもあります。**無水マレイン酸**の製造は、今ではブタン原料法が主流になりました。その他の炭素数4の有機化合物についても、ブタンを原料にしようとする研究が盛んに行われています。

有機薬品・石油化学工業の勃興と発展

　日本の化学産業の歴史のなかでは、無機化学品・肥料工業や染料工業などに比べると、有機薬品工業は比較的新しい産業です。もちろん昔から木材を乾留してメタノールや酢酸を得る有機薬品工業はありました。しかし、その規模は小さなものでした。本格的な有機薬品工業が日本で発展し始めたのは1930年代で、意外と遅いのです。水力発電の電力とコークス、石灰石を原料とした**カーバイド工業**は、日本では1900年代に始まりましたが、もっぱら硫安（**変成硫安**）や石灰窒素を主要製品としていました。これは化学肥料工業であって、有機薬品工業ではありません。1930年代にカーバイドと水の反応から**アセチレン**を得て様々な有機薬品をつくる**アセチレン工業**が始まり、**合成酢酸、酢酸ビニル、塩化ビニル**の製造が行われました。同時期に石

59

炭を乾留した際に得られる石炭タールを原料として**ベンゼン**から**フェノール**など様々な有機薬品をつくる石炭タール工業も発展しました。石炭乾留で得られる**コークス炉ガス**または石炭乾留製品であるコークスを原料に**水性ガス**を経由して**合成メタノール**をつくる有機薬品工業も1930年代に始まりました。さらに石炭原料でない有機薬品工業として、サツマイモや糖蜜を原料として**発酵法**によって**エチルアルコール**、**アセトン**、**ブチルアルコール**などの有機薬品を生産する化学工業も生まれました。これら一斉に花開いた有機薬品工業も第2次大戦で壊滅的な状態に陥ります。しかし戦後、1940年代後半にはすぐに復興しました。

　1950年代には有機薬品工業に大きな変革が訪れます。1952年に**日本瓦斯化学工業**（現在の三菱ガス化学）が新潟で産出する国産天然ガスを原料として合成メタノールの生産を国産技術によって開始しました。日本での石油化学の始まりでした。同社は1957年には新潟の天然ガスを原料にアンモニア、尿素の生産も開始しました。それまでもっぱらコークス炉ガス等に依存してきた既存の合成メタノール生産会社も、天然ガス、さらに後で述べるナフサやLPGへの原料転換に追随せざるを得ないインパクトを与えました。

　戦前の日本には石油精製業があったものの、多くの石油製品はもっぱらアメリカからの輸入に依存していました。しかし、1950年代になると中東からの原油輸入が本格化し、太平洋岸に大規模な石油精製工場が建設されるようになりました。1957年に**石油精製廃ガス**を原料に**丸善石油下津製油所**（1982年閉鎖）でブチルアルコール、メチルエチルケトンが、**日本石油化学**（現：ENEOS）**川崎工場**でIPA、アセトンの生産が始まりました。続いて1958年には**三井石油化学工業**（現在の三井化学）**岩国**、**住友化学工業**（現在の住友化学）**大江**（新居浜市）でナフサクラッカーやポリエチレンプラントの操業が始まり、本格的な石油化学コンビナートの時代が始まりました。

　石油化学はスチレンやエチレングリコールのような新しい有機薬品をもたらしましたが、1960年代には1930年代から始まった既存の有機薬品工業を根底から変え始めます。**原料転換**、**プロセス転換**、**立地転換**を迫るようになったのです。産炭地や水力発電地域にあった化学工場が、石油化学コンビナート内に移転することになりました。石炭、コークス、カーバイド、糖蜜などを原料とする有機薬品工業は消滅し、第2－1－1図に示すような石油

化学の製品体系に組み込まれていきました。このような動きは有機薬品工業に止まらず、アンモニア・化学肥料工業、塩素・か性ソーダ工業、産業ガス工業にまで波及していきました。

　石油化学工業の急速な発展は、代表的な石油化学基礎製品であるエチレンの生産量で**第２－１－２図**のように示すことができます。エチレン生産量は、1960年の78,000ｔが1965年には10倍の77万7,000ｔ、1970年には309万7,000ｔ、1973年には417万1,000ｔへと急増しました。**第２－１－２図**には、日本の主要なエチレン誘導品の輸出入量を、原料であるエチレンに原単位で換算して積算した輸出入量により、日本のエチレン生産量・換算内需量・換算輸出入量の推移も示しています。ただし1969年以前はまだアセチレン工業製品もあったので記載していません。

　エチレン生産量だけでなく、換算内需量も急激に増加しました。すでに述べたように日本では1940年代後半に石炭・アセチレンを原料とする有機薬

（1,000ｔ）

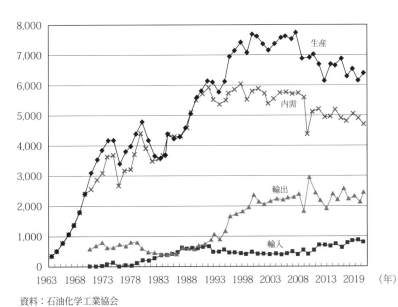

資料：石油化学工業協会

【第２－１－２図】石油化学製品　エチレン換算需給推移

品工業、高分子工業が復活・発展していました。そこに欧米からのポリエチレンやポリスチレンのような新しい石油化学製品が輸入され、石油化学需要が喚起されました。高分子材料革命の始まりです。このタイミングをとらえて1958年から次々とナフサを原料とする石油化学コンビナートが稼動を開始し、輸入品に取って代わりました。内需が毎年数10％の成長をするとともに、アジアへの石油化学製品の輸出も始まりました。

　しかし1970年頃を境に内需の成長率は大きく低下しました。日本の高度経済成長の転換期と同じです。既存の有機薬品工業から石油化学工業への転換が終了した上に、10年間続いた高分子材料革命も、プラスチック・合成ゴムが普及し、爆発的な需要増加が一段落したためでした。ところが石油化学への新規参入と設備大型化が続いたため、日本の石油化学工業は一挙に設備過剰に陥り、苦し紛れに輸出比率は20％まで上昇しました。そこに1973年、1978年と二度にわたる**石油危機**が訪れました。ナフサ輸入・価格問題など石油化学の競争力を左右する根本問題が解決されないままにきた日本の石油化学工業は、内需の縮小、輸出低下、輸入増加という最悪事態に陥りました。ただし、この時期の輸入の増加は石油危機に際してアメリカが天然ガス価格据え置き政策をとったために、一時的にアメリカの石油化学工業の競争力が強まったからでした。現在のWTO国際貿易ルールでも、当時のガットの貿易ルールでも明らかな違反行為でした。しかし、そのような国際的な分析を行う余裕もなく、官民一体となって、石油化学の不況カルテル、さらに構造改善へと進んで行きました。石油化学の構造改善としては、1983年に改称・制定された特定産業構造改善臨時措置法に基づき、設備処理（エチレン、ポリエチレン、塩化ビニル樹脂等の余剰設備の廃棄・凍結）と共同販売会社（ポリオレフィン、塩化ビニル樹脂）の設立が行われました。その一方で、政府は構造改善を実施する直前の1982年4月に「石油化学原料用ナフサ対策」を決定し、ナフサの輸入実質的自由化を実施しました。これによって、国産原料ナフサ価格は、政府決定から、各々の石油化学会社が輸入するナフサ価格の平均値ベースに移行しました。日本の石油化学工業開始以来の懸案がようやく解決しました。

石油化学の構造改善以後

　第2次石油危機後、世界の石油需要が大幅に落ち込んだために1980年代後半には石油価格が暴落しました。ナフサ輸入の実質自由化が実現し、ナフサの国際価格下落を日本の石油化学工業もすぐに享受できたことから、1980年代半ばに日本の石油化学工業は復活しました。第2−1−2図に示すように、400万t前後に停滞していた日本の石油化学製品内需も1980年代後半に再び増加し、1990年代後半には550〜600万tにまで達しました。特定不況産業構造改善措置法は1988年6月に失効しましたが、エチレンをはじめとする業種指定はそれ以前に解除されました。

　1990年代は、日本経済のバブル崩壊・長期デフレ不況の開始の一方で、東西冷戦の終結によりグローバル化が進展しました。1990年代には東南アジア、中国の石油化学製品需要が急増し、この地域でも石油化学工業の国産化が始まりました。すでに1980年代に起こった中東の石油化学工業は、このアジア需要を満たしましたが、それでも不足する分を日本の石油化学工業が供給しました。1980年代に生産の10%台に低迷していた輸出比率（輸出／生産）は30%にまで上昇して安定し、エチレン生産量も1980年代の350万tから1990年代、2000年代には750万tにまで達しました。

　石油化学会社は、グローバル競争を視野に、事業ごとに生き残るか、撤退するかを決断し、**事業統合**を進めました。1980年代に行われた共同販売会社の設立は政府主導の色合いが強い業界再編成でしたが、グローバル化の進展の中で無意味となり、1994年秋に三菱油化と三菱化成が合併し、共同販売会社ダイヤポリマーが解散したことを契機として、共同販売会社は次々と解散しました。もはや政府が口出しする時代ではなくなりました。この結果、石油化学の有機薬品、高分子各事業において事業者数が減少しました。それなりの高稼働率が維持されるようになって、石油化学高度成長時代及び構造不況時代のような赤字経営から石油化学会社は脱するようになりました。

　しかし、日本の石油化学工業が1990年代、2000年代の需給構造をいつまでも続けられる保証はなくなりました。一つは2010年代に明確になった日本の石油化学内需の縮小です。アジア、特に中国からの繊維製品輸入の増加によって2000年代早々に日本の合成繊維産業が急速に縮小しました。ま

【第2-1-4表】石油化学製品貿易量トップ20（2019年）

順位	輸出品目	1000t	百万円	輸入品目	1000t	百万円
1	パラキシレン	3,029	339,396	メタノール	1,697	55,719
2	塩化ビニル	897	63,043	MTBE	1,278	113,229
3	プロピレン	895	81,595	PET・高粘度品	898	112,674
4	エチレン	763	73,252	飽和炭化水素	269	16,409
5	塩化ビニル樹脂	734	68,594	PPコポリマー	224	34,965
6	スチレン	619	67,086	LLDPE	217	30,423
7	ベンゼン	600	39,752	PEフィルム	199	52,054
8	ブチレン類	579	36,963	二塩化エチレン	192	7,789
9	アクリル樹脂	415	96,685	PETシート	167	53,766
10	クメン	330	26,534	PET・高粘度品以外	163	21,839
11	エチレングリコール	320	19,185	HDPE	156	19,473
12	PP	293	35,952	ナイロン樹脂	156	54,504
13	その他の有機硫黄化合物	242	77,915	ベンゼン	152	10,490
14	LDPE、LLDPE	210	26,778	酢酸	152	8,221
15	MDI系PU	207	30,173	酢酸エチル	110	9,834
16	PC	174	77,936	PP	108	16,056
17	PETくずフレーク	171	7,959	PPフィルム/シート	95	25,846
18	MEK	160	15,113	グリセリン	94	8,739
19	BPA	160	20,855	フェノール	90	9,718
20	PEくず	159	5,931	テレフタル酸	88	7,085

〔注1〕貿易統計品目コード9桁分類を1品目とし、数量の多い順に選んだ。
〔注2〕輸入品目のうち、グルタミン酸ナトリウムは数量11万7,000千t、金額178万600万円である。貿易統計上、有機化学品であるが食品添加物なので除外した。
〔注3〕MTBEはメチルターシャルブチルエーテル（石油添加剤）
資料：財務省『貿易統計』

たアジアからテレビなどの家電製品の輸入も急増しました。このため合成繊維原料となる有機薬品（EG、PTA、AN、カプロラクタム）や家電製品に多く使われる合成樹脂の原料SMの生産は縮小しました。石油化学基礎製品・有機薬品は、それ自体の国際競争力だけでなく、それを使った製品をつくる産業（川下産業）の国際競争力によっても大きな影響を受けます。川下産業の競争力がなくなり、輸入品に押されて生産が減少すれば、川上産業も内需が減少しやせ細ってしまいます。衣料など繊維製品の輸入増加によって国内繊維産業が壊滅し、内需減少から2000年代に生産減少にまで追い込まれた合成繊維工業の二の舞になる懸念です。

【第2－1－5表】主要石油化学基礎製品・有機薬品の需給（2019年）

(単位：1000 t、%)

品　目	生　産	輸　出	輸　入	見かけ内需	輸出／生産	輸入／内需
エチレン	6,418	763	71	5,726	11.9	1.2
プロピレン	5,504	895	47	4,656	16.3	1.0
ブタジエン	888	35	30	883	3.9	3.4
ベンゼン	3,690	600	168	3,258	16.3	5.2
トルエン	1,706	579	25	1,152	33.9	2.2
キシレン	6,597	7	0	6,589	0.1	0.0
オルトキシレン	106	35	0	71	33.0	0.0
パラキシレン	3,273	3,029	54	298	92.5	18.3
二塩化エチレン	3,257	13	192	3,436	0.4	5.6
塩化ビニル	2,702	897	0	1,805	33.2	0.0
エチレンオキシド	907	0	0	907	0.0	0.0
エチレングリコール	687	320	4	370	46.6	1.1
アセトアルデヒド	85	1	0	84	1.2	0.0
酢酸ビニル	592	87	0	504	14.7	0.0
スチレン	2,032	619	0	1,413	30.5	0.0
アクリロニトリル	459	55	10	414	11.9	2.3
プロピレンオキシド	391	0	0	391	0.0	0.0
エピクロロヒドリン	124	49	8	83	39.5	10.1
ポリプロピレングリコール	279	47	38	271	16.8	14.2
アセトン	459	25	6	439	5.5	1.4
アクリル酸エステル	260	31	47	276	12.1	17.1
イソプロピルアルコール	217	92	14	139	42.3	10.3
ブタノール	515	12	1	503	2.3	0.1
オクタノール	194	49	1	145	25.2	0.4
メチルエチルケトン	276	160	0	115	58.1	0.0
メチルイソブチルケトン	54	24	0	30	45.2	0.6
メタクリル酸メチル	397	137	12	271	34.7	4.4
カプロラクタム	200	95	0	105	47.6	0.0
フェノール	637	50	90	677	7.8	13.3
ビスフェノールA	459	160	34	334	34.8	10.3

〔注1〕ブタジエンの輸出にイソプレン含む、イソプロピルアルコールの輸出入はノルマルプロピルアルコールと合計。ベンゼン、トルエン、キシレンの輸出は石油系のみ、輸入は石炭系と石油系の合計

〔注2〕酢酸、テレフタル酸、無水フタル酸、MDIなどは大型商品であるが、メーカー数減少により生産量が公表されなくなったので掲載していない。

資料：経済産業省『生産動態統計 化学工業統計編』、財務省『貿易統計』

【第 2 − 1 − 6 表】主要石油化学基礎製品・有機薬品の生産量推移

(単位：1000 t)

品　　目	1990年	1995年	2000年	2005年	2010年	2015年	2019年	2019年/ピーク
エチレン	5,810	6,944	7,614	7,618	7,018	6,883	6,418	0.84
プロピレン	4,214	4,956	5,453	6,030	5,986	5,723	5,504	0.91
ブタジエン	827	991	1,044	1,040	977	935	888	0.85
ベンゼン	3,012	4,013	4,425	4,980	4,764	4,061	3,690	0.74
トルエン	1,111	1,374	1,489	1,676	1,393	2,024	1,706	0.84
キシレン	2,652	4,154	4,681	5,570	5,935	6,413	6,597	1.00
オルソキシレン	197	225	192	208	116	119	106	0.47
パラキシレン	1,512	2,476	2,920	3,358	3,177	3,093	3,273	0.97
二塩化エチレン	2,660	2,932	3,431	3,689	3,222	2,928	3,257	0.88
塩化ビニル	2,288	2,586	3,032	3,038	2,935	2,551	2,702	0.89
エチレンオキシド	674	803	990	1,005	845	933	907	0.90
エチレングリコール	501	709	930	841	596	727	687	0.74
アセトアルデヒド	383	395	401	365	197	91	85	0.21
酢酸	462	574	675	599	450	×	×	×
酢酸ビニル	498	584	589	624	590	595	592	0.95
スチレン	2,161	2,939	2,968	3,392	2,939	2,415	2,032	0.60
アクリロニトリル	592	663	732	742	663	440	459	0.62
プロピレンオキシド	336	333	354	504	501	449	391	0.78
エピクロロヒドリン	108	122	135	103	109	115	124	0.92
プロピレングリコール	69	68	68	110	103	×	×	×
PPG	298	304	304	339	284	271	279	0.82
アセトン	334	396	508	546	521	441	459	0.84
アクリル酸エステル	183	270	253	208	232	225	260	0.96
イソプロピルアルコール	118	132	172	185	179	194	217	1.00
ブチルアルコール	300	424	461	513	520	410	515	0.99
オクチルアルコール	283	322	278	279	286	225	194	0.60
メチルエチルケトン	178	217	234	281	266	249	276	0.98
MIBK	54	57	61	62	60	58	54	0.87
無水マレイン酸	101	117	131	106	92	85	82	0.63
メタクリル酸エステル	428	422	460	465	442	404	397	0.85
カプロラクタム	509	545	599	458	422	257	200	0.33
フェノール	403	771	916	938	853	646	637	0.68
ビスフェノールA	-	-	386	525	516	442	459	0.87
MDI	165	274	266	342	421	477	×	×
無水フタル酸	301	316	290	239	159	156	×	×
フタル酸系可塑剤	453	462	376	315	212	188	201	0.44
PTA	1,338	1,681	1,527	1,472	1,131	×	×	×

〔注1〕　　　　　は、表のピーク時を示す。
　　　　　　　は、ピークに比べて2019年生産量が4割以上低下した製品を示す。
〔注2〕　×はメーカー数減少により公表されなくなったことを示す。
資料：経済産業省『生産動態統計 化学工業統計編』

【第２－１－７表】主要石油化学基礎製品・有機薬品の輸出入量推移

(単位：1000 t)

品目		1990年	1995年	2000年	2005年	2010年	2015年	2019年
エチレン	輸出	109	276	267	274	459	929	763
	輸入	135	16	24	89	60	7	71
プロピレン	輸出	151	283	396	389	743	1,326	895
	輸入	37	6	3	30	22	12	47
ブタジエン	輸出	30	85	89	66	38	34	35
	輸入	35	0	0	15	30	39	30
シクロヘキサン	輸出	57	100	90	187	42	17	49
	輸入	0	17	12	11	25	36	13
ベンゼン	輸出	64	134	272	313	335	631	600
	輸入	182	131	96	248	90	359	168
トルエン	輸出	125	20	11	167	309	838	655
	輸入	84	87	128	76	32	16	25
オルトキシレン	輸出	36	45	29	80	47	53	35
	輸入	0	0	0	0	0	0	0
パラキシレン	輸出	420	1,181	1,754	2,259	2,333	2,738	3,029
	輸入	29	37	0	0	10	64	54
混合キシレン	輸出	22	180	531	532	946	2,026	1,931
	輸入	166	171	99	111	0	3	0
スチレン	輸出	126	750	818	1,452	1,398	1,000	619
	輸入	170	45	17	12	0	0	0
クメン	輸出	5	77	85	241	427	534	330
	輸入	12	1	4	0	0	0	0
二塩化エチレン	輸出	0	0	29	97	2	2	13
	輸入	602	723	417	153	216	284	192
塩化ビニル	輸出	72	133	548	824	1,111	830	897
	輸入	8	21	11	0	0	0	0
メタノール	輸出	2	1	4	0	62	6	15
	輸入	1,646	2,005	2,106	2,038	1,919	1,697	1,697
イソプロピル アルコール	輸出	14	21	41	39	65	88	92
	輸入	35	36	31	17	25	18	14
ブチルアルコール	輸出	4	9	39	60	72	69	12
	輸入	56	23	21	14	1	5	1
オクチルアルコール	輸出	4	27	40	79	121	72	49
	輸入	15	9	19	15	1	3	3
エチレン グリコール	輸出	55	127	224	238	75	338	320
	輸入	165	152	45	21	9	4	4
プロピレン グリコール	輸出	20	18	12	39	39	1	1
	輸入	11	13	7	13	19	24	31
PPG	輸出	11	25	41	46	47	47	47
	輸入	19	37	50	38	35	50	38

（第2－1－7表　続き）

シクロヘキシルアルコール	輸出	0	4	6	59	88	102	88
	輸入	4	0	0	0	0	0	0
フェノール	輸出	20	154	132	110	217	79	50
	輸入	27	3	3	72	42	35	90
ビスフェノールA	輸出	17	51	74	163	168	125	160
	輸入	36	44	34	56	65	35	34
エピクロロヒドリン	輸出	32	28	26	19	23	46	49
	輸入	13	8	16	21	15	12	8
アセトン	輸出	16	27	56	65	91	28	25
	輸入	8	9	14	30	7	14	6
メチルエチルケトン	輸出	79	92	94	133	130	136	160
	輸入	14	6	5	1	2	1	0
MIBK	輸出	14	19	22	21	26	31	24
	輸入	1	2	2	0	0	0	0
酢酸	輸出	45	92	146	47	28	28	9
	輸入	19	38	4	37	67	131	152
酢酸ビニル	輸出	3	26	71	97	35	30	87
	輸入	50	39	20	7	10	2	0
アクリル酸エステル	輸出	57	114	78	26	41	24	31
	輸入	40	28	34	64	43	52	47
メタクリル酸エステル	輸出	97	116	112	95	136	161	137
	輸入	8	4	11	26	13	21	12
無水フタル酸	輸出	24	46	64	66	42	49	45
	輸入	6	0	1	1	2	0	0
PTA	輸出	488	702	528	544	332	66	30
	輸入	0	3	13	15	21	102	88
アクリロニトリル	輸出	40	89	134	171	212	5	55
	輸入	97	130	115	44	7	19	10
TDI	輸出	40	104	137	160	137	144	62
	輸入	10	1	0	6	5	4	5
MDI	輸出	0	0	58	94	97	94	81
	輸入	0	0	2	5	7	4	5
カプロラクタム	輸出	145	220	247	214	239	131	95
	輸入	0	1	2	1	0	0	0

〔注1〕ベンゼン、トルエン、混合キシレンは石化由来と石炭由来の合計
〔注2〕　　　はピーク時を示す。
資料：　財務省『貿易統計』

68

【第2−1−8表】石油化学基礎製品・有機薬品の地域別輸出額推移

(単位:億円)

年	1990年	1995年	2000年	2005年	2010年	2015年	2019年
韓国台湾	2,786	3,330	3,294	5,712	6,272	7,590	6,572
中国香港マカオ	570	1,240	2,179	5,471	6,105	7,682	7,149
東南アジア	1,020	1,747	1,316	1,737	1,705	1,722	1,709
南アジア	211	225	190	268	334	474	492
中東	76	35	42	73	124	157	124
その他アジア	3	2	0	1	2	0	2
アジア計	4,666	6,579	7,021	13,261	14,542	17,626	16,048
大洋州計	151	108	101	112	124	76	64
西欧	2,365	2,282	2,486	2,947	2,212	2,281	2,767
中東欧ロシア	136	21	17	27	25	36	171
欧州計	2,501	2,303	2,503	2,974	2,237	2,317	2,938
北米	1,393	1,615	1,893	2,054	1,706	2,460	1,812
中南米	200	326	985	1,094	1,191	714	470
米州計	1,592	1,942	2,878	3,147	2,896	3,174	2,282
アフリカ計	55	43	48	45	43	66	46
世界合計	8,966	10,975	12,550	19,539	19,842	23,259	21,378

〔注〕製品範囲:貿易統計概況品目50101有機化合物+50501有機合成染料及びレーキ顔料+
503鉱物性タール及び粗製薬品の合計
合成染料や医薬品中間体などの有機薬品も含まれる
資料:財務省『貿易統計・概況品別表』

【第2−1−9表】石油化学基礎製品・有機薬品の地域別輸入額推移

(単位：億円)

年	1990年	1995年	2000年	2005年	2010年	2015年	2019年
韓国台湾	510	498	614	1,272	1,198	1,794	1,831
中国香港マカオ	339	333	459	1,284	2,075	3,688	3,799
東南アジア	651	528	697	1,687	951	1,051	1,249
南アジア	41	53	76	184	311	764	940
中東	708	462	303	437	431	506	423
その他アジア	0	0	0	0	0	0	0
アジア計	2,249	1,874	2,149	4,864	4,965	7,804	8,243
大洋州計	101	242	196	114	82	157	56
西欧	3,307	3,629	4,502	5,819	6,246	5,379	5,288
中東欧ロシア	55	42	47	80	70	119	189
欧州計	3,362	3,671	4,548	5,899	6,316	5,498	5,477
北米	1,955	1,590	1,511	1,661	2,073	2,546	2,977
中南米	337	322	274	1,007	886	1,253	927
米州計	2,291	1,911	1,784	2,667	2,959	3,800	3,904
アフリカ計	8	32	20	86	39	25	24
世界合計	8,012	7,730	8,698	13,630	14,361	17,283	17,703

〔注〕　製品範囲は第2−1−8表と同じ
資料：財務省『貿易統計・概況品別表』

　もう一つは、2000年代、2010年代に30〜35％にまで達した輸出比率が維持できなくなる見込みです。1990年代に引き続き、21世紀に入っても中東や中国では日本よりもはるかに大規模な石油化学プラントの新増設が続きました。日本の化学会社によるアジア各国を中心とする海外投資も増加し、現地生産・逆輸入も日常化してきました。テレフタル酸のように、グローバル競争の中で日本の化学会社が敗れて事業撤退することも生まれました。輸入比率（輸入／内需）は、1990年代、2000年代を通じてほぼ一桁台でしたが、2010年代前半には14％に上昇し、2018年には18％にまで増加しました。

　このような内需・輸出入の環境変化から、日本の石油化学基礎製品・有機薬品工業には、2010年代に大きな変動が起こりました。2014年から2016年にかけて三菱化学・鹿島の1基、住友化学・千葉、旭化成・水島のエチレンプラント3基が順次停止しました。3基停止後は、第2−1−2図に示すエチレン生産量は600万t台に減少しました。日本の石油化学工業の規模は、中国、韓国に次いでアジア3位に転落しました。台湾にも抜かれてアジア4

位になる日も近いでしょう。

　原料、技術面においても石油化学基礎製品・有機薬品工業は、近年大きく変化してきました。日本の石油精製業は、ガソリン需要の急速な成長、重油需要の停滞に対して、重質油を分解する**接触分解**装置（流動接触分解FCCなど）、分解油の品質を高める**接触改質**装置（プラットフォーミングなど）を導入してきました。接触分解では廃ガスから大量のプロピレンを得ることができます。また**接触改質油**にはベンゼン、キシレンが大量に含まれています。ベンゼンは、ガソリンの排ガス規制の面からも、ガソリンから除去するようになりました。このため、ベンゼン、トルエン、キシレンの供給ルートとしては、第2－1－1図に示すルートの中で現在ではナフサクラッカーよりも、石油の接触改質が主流になりました。前に述べたようなエタン原料を主体とする中東石油化学工業の急成長の影響を受けて、日本の石油化学基礎製品の需要の伸びは、エチレンに比べてプロピレンが大きくなりました。このため石油の**接触分解によるプロピレン**も重要な供給源となりました。これに加えて、プロピレンやブチレンを原料としないで、プロパンやブタンを原料とする有機薬品生産プロセスを開発する研究も盛んに行われ、すでに述べたように無水マレイン酸、アクリロニトリルなどで成果が生まれています。また一時は石油化学からの原料に大きく依存した洗剤・界面活性剤工業は、環境分解性のよい製品を求めることもあって、**パーム油**などの植物油原料への依存度を近年高めています。

　このように戦後、有機薬品をその製造体系に全面的に組み込んだナフサ分解を中心とした石油化学工業はすでに解体し始めました。エチレン生産量、エチレン換算輸出入量を指標に石油化学の歴史を述べてきましたが、それも適切でなくなりつつあります。**第2－1－4表**に示すように2019年の日本の石油化学品輸出の数量1位はパラキシレンです。それは石油精製業からの供給が主体です。また、数量の1位、3位、4位、7位を石油化学基礎製品が占めます。近隣アジア諸国で石油化学設備が充実し、有機薬品や高分子が輸出もあれば、輸入もあるという状況になる一方で、日本の石油化学工業からの主力輸出品が、ナフサ分解装置と石油精製2次装置からの石油化学基礎製品だけに限定されてきた状況が窺えます。

　第2－1－5表から**第2－1－9表**に示すように個々の製品ごとに日本で

の需給状況、海外での生産状況、技術展開を見ながら個々の製品について現状と将来を考えていくことが重要な時代になりました。しかし、本書では、そこまでの紙数は割けません。個々の製品を担当されたら、自分で需給バランスをつくり、その推移まで作成して考えてください。

　ただし、石油化学基礎製品・有機薬品工業が多彩な製品を供給することは、高分子化学工業のみならず、医薬品、農薬などのファインケミカル産業にとっても多様な原料の安定供給という面から重要です。今後、石油化学基礎製品・有機薬品工業は、このような国内産業の多彩な需要に的確に応える生産体制にいかに変わっていけるか、正念場を迎えます。

1－2　無機基礎化学品、化学肥料、産業ガス

ソーダ工業の概要

　ソーダ工業は、食塩を原料に**か性ソーダ**（**水酸化ナトリウム**）、**塩素**、**塩酸**、**次亜塩素酸ソーダ**、**さらし粉**、**ソーダ灰**（**炭酸ソーダ**、**炭酸ナトリウム**）などを生産する工業です（**第2－1－3図**参照）。

　か性ソーダは、紙パルプ産業をはじめ、化学産業や様々な産業に広く使われています。か性ソーダの生産量は、2000年代半ばはほぼ450万 t（97％換算）で横ばいでした。2008年金融不況後は生産減少が続き、2012年度は360万 t 弱までに落込みましたが、その後回復し、2019年度には400万 t になりました。企業数は減少が続き、2020年時点で28工場になっています。（**第2－1－4図**参照）。

　か性ソーダの製造方法は、純粋な量論的反応である**食塩水の電気分解**なので、か性ソーダ（97％換算重量）に対して塩素はその0.87倍で生産されます。塩素の最大の消費先（約35％）は**塩化ビニル樹脂**です。また、塩素系溶剤や塩素を含む多くの化学製品の原料になります。塩素が最終的には含まれなくても製造工程に使われるものとしてウレタン原料（イソシアネート、プロピレンオキシド）、ポリカーボネート、エポキシ樹脂などがあります。塩酸には2種類あります。合成塩酸は食塩水の電気分解によって生成する塩素と

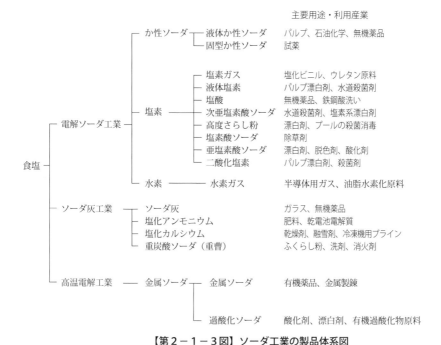

主要用途・利用産業

- か性ソーダ ─ 液体か性ソーダ　パルプ、石油化学、無機薬品
　　　　　　 └ 固型か性ソーダ　試薬

- 塩素 ─ 塩素ガス　　　　　塩化ビニル、ウレタン原料
　　　 ├ 液体塩素　　　　　パルプ漂白剤、水道殺菌剤
　　　 ├ 塩酸　　　　　　　無機薬品、鉄鋼酸洗い
　　　 ├ 次亜塩素酸ソーダ　水道殺菌剤、塩素系漂白剤
　　　 ├ 高度さらし粉　　　漂白剤、プールの殺菌消毒
　　　 ├ 塩素酸ソーダ　　　除草剤
　　　 ├ 亜塩素酸ソーダ　　漂白剤、脱色剤、酸化剤
　　　 └ 二酸化塩素　　　　パルプ漂白剤、殺菌剤

- 水素 ─ 水素ガス　　　　　半導体用ガス、油脂水素化原料

電解ソーダ工業

食塩

- ソーダ灰工業 ─ ソーダ灰　　　　　　ガラス、無機薬品
　　　　　　　 ├ 塩化アンモニウム　肥料、乾電池電解質
　　　　　　　 ├ 塩化カルシウム　　乾燥剤、融雪剤、冷凍機用ブライン
　　　　　　　 └ 重炭酸ソーダ（重曹）ふくらし粉、洗剤、消火剤

- 高温電解工業 ─ 金属ソーダ ─ 金属ソーダ　有機薬品、金属製錬
　　　　　　　　　　　　　　└ 過酸化ソーダ　酸化剤、漂白剤、有機過酸化物原料

【第2－1－3図】ソーダ工業の製品体系図

水素を反応させてつくります。副生塩酸は、塩素を含む有機薬品の製造過程で生成するもの、塩素を最終的に含まないが有機薬品の製造工程で塩素を使うために製造過程で生成するものがあります。このうち、塩素を最終的に含まない有機薬品において、塩素を使わない製造法の開発・工業化がグリーンケミストリー推進の中で進みました。このため、**第2－1－5図**に示すように、塩酸生産量に占める副生塩酸の比率は1990年代には70〜75%でしたが、2000年代には60%台に、2017〜2019年には60%にまで低下してきました。

　水道水には、配水過程で雑菌が繁殖しないように必ず塩素添加が行われます。大都市の水道局では液体塩素を使用しますが、多くの水道局は次亜塩素酸ソーダを使います。液体塩素、次亜塩素酸ソーダは、かつては、水道水をつくる塩素処理過程でも不可欠でしたが、トリハロメタン生成問題などのためにオゾン処理に代わってきたこと、また漂白のために液体塩素を大量に使ってきた紙パルプ工業でも、過酸化水素への切り替えが進んだために、第2－1－5図に示すように1990年代から2000年代に液体塩素、次亜塩素酸

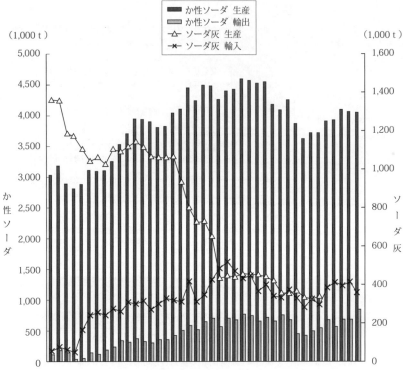

［注］ソーダ灰はメーカー数減少により2015年から生産量非公表
資料：経済産業省『生産動態統計 化学工業統計編』、財務省『貿易統計』

【第２−１−４図】か性ソーダ、ソーダ灰の生産、輸出入推移

ソーダの生産量は長期にわたって減少してきました。しかし、2010年代には横ばいに転じました。

　ソーダ工業のもう一つのソーダであるソーダ灰は、その過半が**ガラス原料**になります。そのほかアルカリとして広く化学産業で使われています。ソーダ灰は戦後長らく国内４社の生産体制で国内需要をまかなってきました。しかし、アメリカ中西部ワイオミング州で非常に**良質**の天然ソーダ灰鉱床（**トロナ灰**）が開発され、1980年代から日本にも輸出されるようになりました。このため近年は国内需要の約半分が輸入で占められるようになり、1990年代後半に国内生産が急減し現在ではトクヤマ徳山工場のみになり、生産量も

2015年度以後は公表されなくなりました（第２－１－４図参照）。

ソーダ工業の変遷

　産業で使われる代表的な酸が硫酸であり、代表的なアルカリがか性ソーダ、ソーダ灰です。第１部で述べたように、18世紀にイギリスで始まった産業革命の頃に、硫酸工業とソーダ工業は始まりました。産業革命がもたらした最初の大量生産工業製品である綿糸、綿織物の生産に硫酸とソーダ製品は使われました。その後も酸・アルカリは、化学産業の基礎製品であるばかりでなく、窯業、紙パルプ産業、鉄・非鉄金属産業など幅広い産業に使われる基

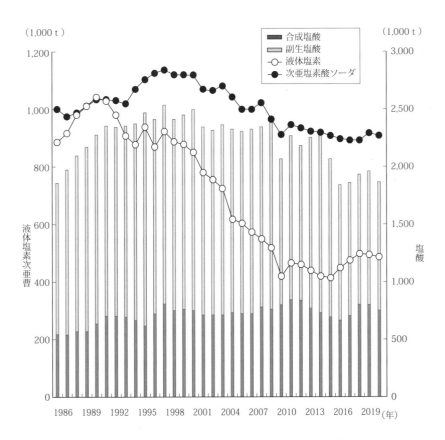

【第２－１－５図】液体塩素、塩酸、次亜塩素酸ソーダの生産推移

礎製品となってきました。日本のソーダ工業も1877年に大蔵省印刷局（東京大手町）で、続いて造幣局（大阪天満）で始まり、1889年には民間会社での生産も始まりました。

　このように長い歴史をもつ工業なので、様々な変遷がありました。日本に最初に導入された製造方法は**ルブラン法**でした。これは食塩、硫酸、石灰、コークスを原料にソーダ灰を得る方法です。日本に導入されたころには、欧州はすでに次の製造方法である**アンモニアソーダ法（ソルベー法）**に移行していました。食塩、アンモニア、炭酸ガス、水の平衡反応を利用した製法です。ソルベー法は、化学産業では初めての大規模な**連続生産プロセス**となりました。この方法による日本での生産開始はずっと遅れて1917年になります。しかしこの頃には欧州では天然のソーダ灰（ケニア・マガジ湖のマガジ灰）を使用することも始まり、日本にもダンピング輸出されました。

　19世紀末に電力工業が起こるとともに、**電気化学工業**も始まりました。濃厚食塩水を電気分解してか性ソーダ、塩素、水素を得る**食塩電解**工業は、日本でも**隔膜式**と**水銀式**の両方が1915年に始まりました。

　隔膜式電解は、学校で習う電気分解と同じ原理・方法で**アスベスト（石綿）**の隔膜を使って食塩水の電気分解を行う方法です。電解槽から得られるか性ソーダ水溶液には、未反応の食塩がほぼ同濃度含まれているので加熱濃縮し食塩を沈殿除去し再利用します。それでも濃度50％のか性ソーダ製品には食塩が約1％残っているので、塩素分を嫌う用途には使えません。しかし、電解槽を縦型にすることで敷地面積当たりの生産量を増加できること、飽和食塩水でなくても原料に使えることからアメリカのように地下の岩塩層に水を注入して原料を得る地域では今でも広く使われている製造方法です。

　水銀式電解は金属ナトリウムが水銀に溶けること、鉄は水銀に溶けないことを利用した非常に巧妙な電気分解法です。鉄製の縦長の箱をほぼ水平において電解槽とし、これに水銀と飽和食塩水を流します。水銀は比重が大きいので食塩水の底を流れます。上から陽極を降ろして食塩水に浸し、鉄の箱（水銀も）を陰極にして電解すると、電気分解によって陰極（水銀）上で生成した金属ナトリウムが水銀に溶けて**アマルガム**（水銀の合金）になります。それとともに、電解槽上部からは塩素が得られます。電解槽の終末端で食塩水の層と水銀・アマルガムの層を分離します。水銀・アマルガムを別の反応器

に導いて水に触れさせるとただちに分解して、水銀と濃厚なか性ソーダ、水素が得られます。電解槽を横にしなければならないので、生産量当たりの敷地面積が多く必要になります。この欠点は電流量を大きくすることでカバーでき、しかも食塩などの不純物の非常に少ない濃厚か性ソーダが濃縮することなく得られることから非常に優れた方法です。食塩を輸入に依存する地域では、飽和食塩水を得ることが容易なので広く普及しています。日本でも水銀式が主流となり、戦後つくられた大規模な電解工場はすべて水銀式でした。

か性ソーダ工業の製法転換

アセチレンからのアセトアルデヒド製造に使われた**水銀触媒**を原因とする**水俣病**がクローズアップされ、日本全国で魚の**水銀汚染**パニックが起こったことから、1973年に政府は水銀式電解法から隔膜式電解法への全面転換を決定し、**行政指導**で転換政策を実施しました。このような重要な政策を法律もつくらないで行ったこと、水銀式電解工場と魚の水銀汚染問題や水俣病の因果関係が解明されないままに政策だけが先行したこと、か性ソーダの製品品質の問題から政策遂行なかばでアスベスト隔膜法では全面転換できないことが判明し、しばらく政策を中断せざるを得なくなったことなど多くの問題点や失敗のある政策でした。

この反省に立って、1980年代末の**特定フロン**の生産の全廃においては、そのための法律が制定され、使用中の特定フロンの回収・破壊のためには、また別の法律が制定されました。か性ソーダ工業は、特定フロンの生産規模、生産金額、生産工場数などに比べて大きな産業であり、影響範囲も大きかったのに、行政指導という姑息な手法が使われました。

日本のソーダ会社はこのような緊急事態に対して、水銀式電解工場の工程排水、洗浄水、雨水までもすべてクローズド化する対策をとりました。それと並行して**イオン交換膜式電解法**の研究を行いました。この結果1975年に世界で初めてイオン交換膜式電解法の工業化技術を完成し、生産を開始しました。イオン交換膜式電解法は、陽イオン交換膜を隔壁とした電気分解法です。電解槽から得られるか性ソーダは、50%製品にするには濃縮が必要ですが、食塩を含まない水銀式と同等の高品質の製品が得られます。しかもその後の改良によって、電解に要する電力使用量が水銀式に比べて小さくなり、

濃縮を含めた全体のエネルギー消費量でも水銀式を超えるレベルになりました。日本でソーダ工業が始まってほぼ100年目で世界初の新技術をつくりあげる域にまで到達したことになります。

イオン交換膜式電解法の開発によって一時中断していた水銀式からの製法転換は再開され、1986年に製法転換が完了して日本での水銀式電解はなくなりました。しかし、世界ではいまだに水銀式電解はたくさん使われています。1970年代末から80年代に水銀式からアスベスト隔膜式に転換した工場は、か性ソーダの製品品質が劣るために、その後再びイオン交換膜式に転換せざるをえなくなりました。1999年に日本でのか性ソーダの生産はすべてイオン交換膜式になりました。

ソーダ工業のバランス問題

ソーダ工業でもう一つ重要な点は、か性ソーダと塩素の生産比率が一定であるのに対して、両者の需要は当然のことながら別々に動くために、いわゆるバランス問題が発生することです。化学産業ではフェノールとアセトン、スチレンとプロピレンオキシドのように、必ず一定比率で併産される製法があります。しかし、か性ソーダと塩素ほど大規模な併産品はありません。

日本では戦前から1960年代までか性ソーダ需要が塩素需要より大きい時代が続きました。そのような時代にはアルカリとしてか性ソーダに代わってソーダ灰が使われたり、ソーダ灰に消石灰を反応させてか性ソーダ（**ア法か性**と呼びました）をつくったりしてバランスをとっていました。しかし、塩化ビニル樹脂など塩素を消費する石油化学工業・有機薬品工業が大きく成長するとともに塩素需要の方が大きくなりました。最初にア法か性の生産が中止になり、さらにか性ソーダを大量に輸出することでバランスをとるようになりました。輸出先はオーストラリアです。**ボーキサイト**から**アルミナ**（アルミニウムの原料）を得るためにか性ソーダが大量に使われました。

1990年代には石油化学工業・有機薬品工業の成長が止まった上に二塩化エチレン、塩化ビニル樹脂などの有機塩素製品が輸入されるようになって塩素需要が停滞し、2000年代後半から2010年代前半にはか性ソーダの生産も減少しました。しかし、幅広い用途を持つか性ソーダ需要は堅く、近年はか性ソーダ需要中心に変わってきました。第2−1−7表に示すように、

2000年代以後は二塩化エチレンの輸入が減少するとともに、塩化ビニルモノマー、塩化ビニル樹脂の輸出が急増しています。

硫　　酸

硫酸は産業で使用される代表的な酸です。大学では塩酸や硝酸も酸としてよく使ったと思いますが、2019年の生産量として**硫酸**（100％換算）が623万 t に対して**塩酸**（35％換算）は160万 t 、**硝酸**（98％換算）は38万 t の規模にすぎません。

硫酸工業はソーダ工業よりもさらに古く1746年にイギリスで**鉛室法**（硝酸法）により生産が始まりました。その後、二酸化硫黄を三酸化硫黄に酸化し、これを水に吸収して濃硫酸を製造する**接触法**の開発が、19世紀後半に白金触媒により、20世紀に入ってからは**バナジウム触媒**によって成功し、1940年代からは接触法が生産の主流になりました。

日本では1872年大阪の造幣局で初めて鉛室法により生産されました。これが**日本の近代化学工業の始まり**といわれていますが、現在ではすべて接触法によって生産されています。

硫酸の原料も幾多の変遷をたどってきました。**金属精錬廃ガス**は、民間での硫酸工業発祥以来、現在まで主要な原料です。かつては**硫化鉱**がもう一つの主要な硫酸原料でしたが、現在ではなくなりました。それに代わったのが、石油から得られる**回収硫黄**です。排気ガスに対する規制が厳しくなるとともに、石油製品を製造する過程で硫黄分を除去し回収硫黄を得るようになりました。2019年に生産された硫酸の81％が精錬ガス、17％が回収硫黄から生産されています。

硫酸は化学産業で広く使われる基礎製品ですが、明治早々の開始以来、**過リン酸石灰**、続いて**硫安（硫酸アンモニウム）**の原料として使用されたので、**化学肥料工業**とともに成長してきました。明治早々に生まれた日本の化学産業にとって農業を消費先とする化学肥料は1880年代から1960年代までの長い間、非常に重要な製品でした。現在の日本の大手化学会社には、硫酸、アンモニア、化学肥料、か性ソーダを主要製品として創業・成長した会社がたくさんあります。

1960年代以後は硫安の生産が尿素肥料に押されて停滞から減少に転じ

ますが、硫酸の生産量はその後も伸び続け1974年の713万tでピークに
達しました（第2－1－6図参照）。硫酸の消費が1960年代から石油化学
工業などにも広く拡大したので、化学肥料だけに依存しなくなったからで
す。その後、現在まで硫酸の生産量は600万tから700万tの間を推移し
ていますが、2008年においては719万tと過去最高の生産量になりました。
2008年金融不況後は生産量が少し減少し2019年は614万tでした。この
20年間の傾向としては、精錬廃ガスからの生産が伸び、これに押される形
で回収硫黄からの生産が減少しています。このため硫酸生産会社の顔ぶれも
化学会社から金属精錬会社に中心が移りました。2019年の硫酸の用途もか
つての中心用途であった化学肥料向けが7％に減少し、代わって無機薬品向
けが17％、その他多彩な分野が29％、輸出が45％と様変わりになりました。
特に輸出は2000年の122万t（輸出比率18％）から2010年の279万t（輸
出比率40％）、2018年の305万t（47％）へと、フィリピン、チリ、イン
ドを中心として大きく伸びました。2019年は277万tと少し減少しました。

化 学 肥 料

　化学肥料には、窒素、リン酸、カリがあることはよく知られています。日
本の化学肥料工業は、1885年骨粉を原料としたリン酸肥料の生産から始ま
りました。1887年には輸入リン鉱石に硫酸を反応させて**過リン酸石灰**の生
産が始まりました。20世紀に入ると硫安をはじめとする窒素肥料が化学肥
料工業の中心になります。その後も化学肥料工業は、順調に成長し、日本の
化学産業の中核の一つになっていきました。

　しかし、日本での化学肥料の消費量は1970年代をピークに減少に転じま
す。日本農業が不振のためです。これに加えて原料価格差や技術移転によっ
てアンモニアや化学肥料の海外での生産が増加し、日本にも大量に輸入され
るようになりました。このため日本の化学肥料会社は、1970〜80年代に
何度も行った構造改善・設備廃棄ではもはや対応が追いつかず、近年では事
業統合、事業撤退が相次いでいます。化学肥料によって成長した多くの化学
会社は、すでに1960年代に事業構造を転換し、石油化学に中心を移し終え
ているので、近年の化学肥料からの事業撤退はもはや大きなニュースにもな
らなくなりました。

　硫安は1950年代までは化学肥料の中心的な製品として急成長しました（第2－1－6図参照）。硫安は明治時代にはコークス製造の際に副生するアンモニアを原料とする**副生硫安**として製品化されました。続いて20世紀早々には日本で水力発電を利用したカルシウムカーバイド・石灰窒素の生産が始まりました。これは空気中の窒素を**石灰窒素**として固定する工業でした。石灰窒素自体も化学肥料になりますが、肥料としての使い方（施肥法）が難しいので、石灰窒素に水蒸気を反応させてアンモニアを発生させ、これを原料に**変成硫安**がつくられました。変成硫安工業は副生硫安のような原料面での制約がないので大きく成長しました。しかし1917年にドイツで水素と窒素を直接反応させてアンモニアをつくる製造法が工業化され、日本でも1921年に最初の工場がつくられると、ただちに**合成硫安**の時代に移行しました。アンモニア合成、合成硫安工業には多くの会社が参入し、日本の化学産業の一つの中心的地位を占める大工業になりました。第2次世界大戦による壊滅にもかかわらず、戦後も食糧増産のためにただちに復興し、**第2－1－6図**に示すとおり1940年代後半から50年代には急激に生産量を伸ばしました。

　このように長い歴史をもつ硫安も、1960年代には尿素に急速に追い上げられ、窒素肥料の王座を明け渡すとともに、1960年代末の270万tの生産をピークに徐々に生産量を低下させています。ただし、カプロラクタムの製造工程での副生（**回収硫安**）のような生産もあるため、**第2－1－7図**に示すとおり2000年代においても、なお140〜150万tの生産量を維持しました。しかし、2010年代前半には120万t台に落ち込み、後半には90万トン台に落ち込んでいます。カプロラクタム生産技術改良の歴史は回収硫安減少の歴史でした。住友化学が、世界で初めて硫安を副生しない技術を開発し、2003年に工業化しました。ただし、第2－1－7図に示すように2000年代以後、副生硫安（副生＋回収）の生産比率は上昇し、また輸出比率も横ばいから2010年代後半になって低下傾向が明確になりました。副生硫安の減少よりも合成硫安の急速な生産縮小が進んでいるためです。

　尿素は古くから知られた化学製品でした。しかし、1920年代にアンモニアと炭酸ガスからの直接合成法が開発されて大幅なコストダウンが見込まれるようになり、戦後になって**肥料用尿素**の生産が始まりました。アンモニア合成も化学平衡反応ですが、尿素合成も2段階の平衡反応のため、プロセス

の改良、開発が積み重ねられ、それと並行して大規模化も図られました。わが国で開発された尿素製造プロセスは1960年代から海外に技術輸出されるようになりました。わが国で開発された大型の化学技術で多くの**技術輸出**実績が生まれた初めての事例でした。1960年代に尿素プラントが大型化し、大幅なコストダウンが図られると、尿素は日本での化学肥料の主役になるとともに、大量の輸出も始まりました。しかし1970年代には為替の切り上げ、原料価格の上昇から急速に輸出競争力を失い、生産量が1973年のピーク時350万tからわずか10年で3分の1以下100万tに落ち込むようになりました。さらに近年ではアンモニア原料ガス産出国で大規模なアンモニア、尿素工場がたくさん建設されるようになり、日本にも尿素が輸入されるようになったため事業撤退する会社が続出しました。生産会社数が極度に少なくなったので、2001年生産量56万tを最後に2002年からは経済産業省の化学工業統計（現 生産動態統計 化学工業統計編）にも掲載されなくなっています（第2−1−6図参照）。化学肥料は1960年代頃まで日本の化学産業の代表的な輸出商品でした。現在では輸入超過に変わっています。

アンモニア

空気中の窒素からアンモニアを直接合成する技術の開発は、化学産業の意義を世の中に示した画期的な業績です。現在、地球規模での人口爆発が心配されています。しかし世界で77億人もの人口を支える食糧を確保している大きな要因が、アンモニア合成であることは間違いありません。日本では有機質肥料とか、無農薬栽培がもてはやされていますが、これは化学肥料や農薬によって多くの食糧生産が確保されている上に立ってのきれいごとのお話にすぎません。

アンモニアは、化学肥料の原料になるとともに、窒素を含む基礎化学工業の原料としても重要です。硝酸（さらに硝安、ニトロベンゼン、アニリン、MDI、TDI、アジピン酸、各種ニトロ化合物）、アクリロニトリル（さらにアクリルアミド、AS樹脂、ABS樹脂、NBR、アジポニトリル）、カプロラクタム（さらにナイロン）、工業用尿素（さらにメラミン、メラミン樹脂、ユリア樹脂）、青酸（さらに青酸ソーダ、メタクリル酸メチルMMA）、各種アミン化合物などです。アンモニアの生産は、化学肥料向け消費の減少によって

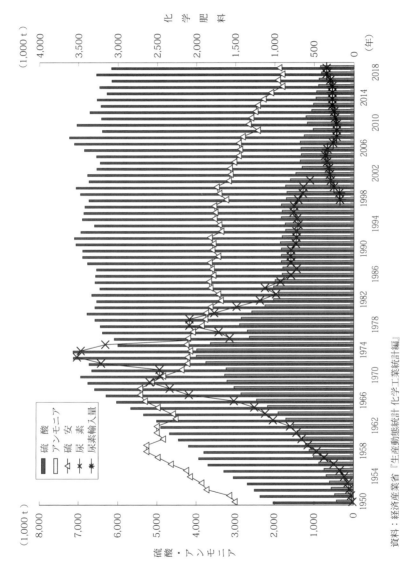

【第２－１－６図】 硫酸、アンモニア、化学肥料の生産推移

資料：経済産業省『生産動態統計 化学工業統計編』

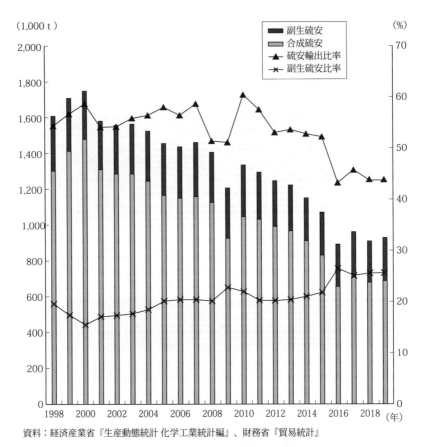

資料：経済産業省『生産動態統計 化学工業統計編』、財務省『貿易統計』

【第２－１－７図】硫安の生産／輸出推移

低下傾向が続いています。しかし、基礎化学工業原料として日本の化学産業
にとって不可欠な存在なので、生産量は1973年ピーク時399万 t に対して、
2019年で85万 t を維持しています（第２－１－６図参照）。

　アンモニアの製造法の変遷については、化学肥料のなかで述べました。ア
ンモニア直接合成法は、ソーダ灰をつくるソルベー法に次ぐ２番目に大規模
に工業化された**連続生産プロセス**といえます。化学技術史上の意義は、それ
だけに止まりません。**固体触媒**、**高圧反応**、反応物と未反応物を分離し、未
反応物を再循環する**化学プロセス工学**、高圧に耐える材料開発など、後の石

油精製や石油化学技術において鍵となる数々の技術も生み出しました。

　空中窒素の固定こそがアンモニア工業の意義であることを述べましたが、アンモニア工業のコストを左右する最大の要因は、意外にも肥料成分として有用な窒素ではなく**水素**なのです。窒素は空気の液化分離から得られるので、地球上のどこに立地してもそれほど差はありません。それに対して、水素はその原料を何にするかで大きく価格が異なります。

　アンモニア合成法が日本で工業化された1920年代以後、日本では二つの大きな水素源がありました。一つは水の電気分解です。当時は水力発電（ダム式でなく、流下式）の電力を豊富に使った**水電解**を基礎としたアンモニア工場が日本各地に生まれました。もう一つが石炭です。当初は石炭の**乾留ガス（コークス炉ガス）**に含まれる水素を利用しました。しかし、これでは量が限られるために、コークスと水蒸気から**水性ガス**をつくり、これから水素を得る方法が広く使われました。この方法は産炭地に立地する工場のみならず、コークスを搬送して利用する工場でも行われました。戦後になると、水電解も、石炭原料も競争力を失い、天然ガスや原油、重油、ナフサなどの**石油**、LPGなど**炭化水素ガス**を原料とする方法に変わりました。現在では世界の**天然ガス**産出地域でメタンを原料とする大規模な工場が建設されるようになっています。多くの場合尿素など大規模にアンモニアを消費する工場が併設されます。メタンから水素を得る際に副生する炭酸ガスを尿素の原料に利用できます。

　最近、日本の大学ではアンモニアを従来に比べて著しく低圧または常圧で合成する触媒とプロセスが相次いで開発され、アンモニアの新用途（火力発電燃料や将来の水素燃料）への期待も高まっています。メタンや水素を液化輸送するのに比べて、アンモニアの液化輸送が容易であるからです。また、アンモニア原料の水素をメタンからでなく、太陽光発電や水力発電を使った水の電気分解で得ることにより、化石燃料を根本的に使わずに、しかも燃焼時に炭酸ガスを発生しない大規模な燃料にしたいという発電会社の思惑もあるためです。アンモニア製造技術の技術革新と大規模な新用途開拓が実現すれば、アンモニア工業は大化けする可能性があります。それは意外に近いのではないかと思います。

無機薬品

　無機薬品の製品数は非常にたくさんあります。無機薬品の業界団体の一つに日本無機薬品協会があります。この協会の会員数は61社、主要取扱製品として掲示されているものだけでも19項目、71製品にもなります。

　しかし、これ以外にも多くの無機薬品があるので、一つひとつを説明することは到底できません。

　無機薬品の用途も様々です。**第2-1-10表**に示すように顔料、印刷インキ、触媒、合成樹脂やゴムの添加剤、食品添加剤、紙パルプ原料、電子・電気部品材料など多彩です。このように様々な無機薬品が国内で生産されていることは、日本の化学産業の厚み、ふところの深さを示すものです。2019年7月に日本政府が韓国向け輸出管理の運用見直しを発表し、まずフッ化水素など3品目について包括輸出許可から個別輸出許可に切り替えました。韓国がこれに強く反発しましたが、逆に日本の無機薬品工業のレベルの高さを示すことになりました。**第2-1-11表**に無機薬品の輸出・輸入金額のトップ20品目を示します。輸入品として、アモルファス太陽電池材料、リチウムイオン2次電池原料などが目立ちます。2019年順位を2000年と比較すると、順位変動が大きなこと、特に輸入で顕著なことが目立ちます。日本の産業構造の変化に応じて無機薬品の貿易は大きく変わります。またケイ素、二酸化ケイ素、カーボンブラック、フッ化水素酸、オキソ金属酸塩などで、輸出も輸入も大きな金額になっている品目が意外に多いことにも注目されます。国際的な水平分業が進んでいると考えられます。

　無機薬品は、新しい化学産業分野を開拓する可能性も秘めています。既存の無機薬品でも、結晶構造が変われば今までと違った用途が開ける場合もあります。例えば酸化チタンは昔から白色顔料として塗料、印刷インキ、合成樹脂、合成繊維に使われてきました。そのなかで特定の構造のものに**光触媒作用**があることが発見され一躍脚光を浴びました。**LED**、**化合物半導体**、**超伝導材料**、新しい**電池材料**などは、すでに無機薬品が活躍していますが、今後より一層重要となる新分野として期待されます。酸・アルカリの時代、化学肥料の時代が終わって、戦後の日本の化学産業は、長い間、有機化学・高分子化学分野に関心が集中してきました。しかし今後は化学の可能性を大き

【第２−１−10表】主要無機薬品の生産量、用途（2019年）

製品名	生産量 （1000 t）	製品内訳	会社数	主要用途
酸化亜鉛	60.6	亜鉛華、活性亜鉛華、透明性亜鉛白	5	ゴム、塗料、電子材料、ガラス
亜酸化銅	−		3	船底塗料、漁網、触媒
アルミニウム化合物	硫酸バンド536.7	硫酸バンド（硫酸アルミニウム）、みょうばん類、アルミナホワイト	5	製紙、上下水処理（凝集沈殿剤）
ポリ塩化アルミニウム	603.5			
塩化亜鉛			6	乾電池、工業薬品
塩化ビニル安定剤	−	鉛系、バリウム・亜鉛系、カルシウム・亜鉛系、錫系、純有機安定化助剤	7	塩化ビニル樹脂
過酸化水素	173.6		5	紙パルプ、工業薬品
活性炭	44.6	粉末、粒状	5	水処理、ガス吸着、工業薬品
有機顔料	アゾ顔料、フタロシアニン顔料合計 14.143	黄鉛、群青、モリブデン赤、ジンククロメート、ほう酸鉛、ほう酸マンガン、その他の無機有彩顔料	3	塗料、印刷インキ、合成樹脂着色剤
金属せっけん	−	ステアリン酸Ca、ステアリン酸Zn、ステアリン酸Al、ステアリン酸Mg	5	合成樹脂加工の滑剤
クロム塩類	−	重クロム酸ナトリウム、重クロム酸カリウム、無水クロム酸、酸化クロム	1	メッキ
ケイ酸ナトリウム	334.5		6	紙パルプ、土木建設、工業薬品
酸化チタン	189.3		6	塗料、印刷インキ、合成樹脂着色剤
酸化第二鉄	136.1		2	フェライト、塗料、印刷インキ
水銀化合物	−	銀朱（硫化水銀）、昇こう（塩化第二水銀）、酸化第二水銀	1	電池、アマルガム、蛍光灯
炭酸ストロンチウム	−		2	管球ガラス、フェライト
バリウム塩類	−	塩化Ba、炭酸Ba、硝酸Ba、水酸化Ba、酸化Ba、過酸化Ba、沈降性硫酸Ba、水ヒ性硫酸Ba、バライト粉	2	コンデンサー、管球ガラス、ゴム、摩擦剤、X線造影剤、塗料、ゴム、印刷インキ

（第2－1－10表　続き）

フッ素化合物	フッ酸 68.1	HF、ふっ化ナトリウム、酸性ふっ化アンモニウム、けいふっ化ナトリウム	6	フルオロカーボン、金属表面処理
リン、リン化合物	リン酸 61.1	赤燐、燐酸、無水燐酸、三塩化燐、五塩化燐、オキシ塩化燐、正燐酸ナトリウム、正燐酸カリウム、正燐酸カルシウム、正燐酸アンモニウム、ピロ燐酸ナトリウム、メタ燐酸ナトリウム、トリポリ燐酸ナトリウム、ピロ燐酸カリウム、その他の縮合燐酸塩	8	金属表面処理、可塑剤、難燃剤、食品添加物、マッチ、農薬、医薬品、清缶剤
硫化、水硫化ナトリウム	－		1	皮革、染色、排水処理
モリブデン・バナジウム	－	五酸化バナジウム、モリブデン化合物	4	触媒、顔料、潤滑剤
カーボンブラック	587.4		5	ゴム、合成樹脂、印刷インキ
ホワイトカーボン	－	含水微粉けい酸、けい酸カルシウム、その他のけい酸塩類	2	ゴム、製紙、農薬担体、合成樹脂配合剤
生石灰	7,321.0			鉄鋼業，セメント工業，陶磁器，ガラス原料，パルプ工業
消石灰	1,338.6			中和剤、殺菌消毒剤、
軽質炭酸カルシウム	246.4			ゴム、合成樹脂、ペイント、歯磨き粉、化粧品
化学石膏	4,251.7			セメント凝結調節剤、石膏ボード、ゴム・合成樹脂充填剤
水酸化カリウム	116.5			カリ塩原料
ヨウ素	9.1			有機合成原料、医薬品
硝酸	378.3			有機合成原料、火薬原料
過炭酸ソーダ	－	炭酸ナトリウム過酸化水素付加物		酸素系漂白剤

〔注〕 会社数は日本無機薬品協会の部会への参加会社数、日本酸化チタン工業会会員会社数、カーボンブラック協会製造会員数

資料：生産量は経済産業省『生産動態統計 化学工業統計編』

【第2－1－11表】無機薬品貿易額トップ20（2019年）

順位	輸出					輸入				
	内容説明	数量 (1000 t)	金額 (億円)	単価 (千円/kg)	2000年 順位	内容説明	数量 (1000 t)	金額 (億円)	単価 (千円/kg)	2000年 順位
1	Cr,Mn,Mo,W以外のオキソ金属酸塩及びペルオキソ金属酸塩	87	2,119	2.4	4	酸化または水酸化リチウム	23	889	3.9	4
2	金、銀以外の貴金属の無機又は有機の化合物、アマルガム	0	637	459.3	14	Cr,Mn,Mo,W,Al以外のオキソ金属酸塩	29	809	2.8	14
3	高純度金属ケイ素	13	404	3.2	1	アモルファス高純度金属ケイ素	230	559	0.2	1
4	二酸化ケイ素	41	293	0.7	2	低純度金属ケイ素	21	350	1.7	2
5	カーボンブラック	53	201	0.4	10	硫酸ニッケル	4	325	7.4	10
6	酸化アルミニウム	72	191	0.3	6	炭酸リチウム	9	322	3.7	6
7	金の無機又は有機の化合物、アマルガム	0	162	1,348.0	27	単結晶高純度金属ケイ素	22	309	1.4	27
8	セリウムを除く希土類金属の無機又は有機の化合物	2	136	7.4	32	無機のその他のその他	881	297	0.0	32
9	ヨウ素	5	130	2.6	8	Na,Ca以外のアルカリ及び土類金属	7	285	3.8	8
10	無機のその他のその他	6	125	2.2		カーボンブラック	160	270	0.2	
11	非金属の塩素以外のハロゲン化物及びハロゲン化酸化物	3	113	3.4	9	Li,V,Ni,Cu,Ge,Mo,Sb,Sn,Be以外の酸化物	112	254	0.2	9
12	ケイ酸複塩以外の無機酸塩及びペルオキソ酸塩	6	99	1.7		水酸化アルミニウム	68	253	0.4	
13	ゲルマニウム酸化物、酸化ジルコニウム	3	91	3.3	20	Ce,Y,La以外の希土類化合物	86	244	0.3	20
14	セリウム化合物	3	85	3.0	19	フッ化水素酸	14	221	1.5	19
15	コロイド状貴金属	0	77	173.9	7	二酸化ケイ素	4	210	5.2	7
16	酸化チタン	14	73	0.5	5	Na,Mg,Al,Ni,Cu,Ba,Zn以外の硫酸塩	4	167	4.7	5
17	アルミ、アンモニア以外のフッ化物	2	66	4.1		酸化アルミニウム	118	159	0.1	
18	その他のふつ素錯塩	4	60	1.6		炭化ケイ素、粒そろえ	1	140	18.1	
19	フッ化水素酸	25	59	2.4	23	Ca,Ci<B,Nb,Ta以外の炭化物	60	136	0.2	23
20	水素化物、窒化物、アジ化物、ケイ化物、ホウ化物	2	56	2.9	16	ヘリウム	299	125	0.0	16

資料：財務省『貿易統計』

く開く無機化学分野も注目すべき時代になってきました。

産 業 ガ ス

東京ガスや大阪ガスが供給している**都市ガス**、石油会社が供給している**LPガス**はエネルギー産業に属します。**産業ガス**といわれるものは、病院でみかける酸素、建設現場でみかける**アセチレン**、そのほか**液化炭酸ガス、窒素、アルゴン、水素、フルオロカーボン、半導体用ガス、医療ガス**などです。これらの**圧縮ガス、液化ガス**は、**高圧ガス保安法**で製造、販売、輸送、貯蔵などすべてにわたって厳しく規制されています。

第2−1−8図に示すように、酸素、窒素、アルゴン、水素、炭酸ガスの生産量は、いずれもが1980年代半ば以後現在まで、右肩上がりの傾向を保っています。これは、日本の化学産業の中では珍しいことです。さらに図に入っていない半導体用ガスは生産動態統計 化学工業統計編の対象になっていませんが、高成長していると推定されます。

酸素、窒素、アルゴンは、空気を**液化分離**してつくります。酸素の最大の需要先は鉄鋼業と化学産業です。鉄鋼業では、銑鉄に酸素を吹き込み、溶けている炭素を除去して鋼鉄をつくる工程で大量に酸素が使われます。化学産業ではエチレンオキシド、塩化ビニル（オキシクロリネーション）などの酸化反応で使われます。近年の生産量は120億㎥前後で安定しています。

窒素はアンモニア原料になるほか、化学産業、石油精製業などで保安用に大量に使われます。プラントを停止し、点検修理する際には、プラントや配管の内部に可燃性のガスや蒸気が残っていると非常に危険です。必ず窒素でプラント内部を置換し、さらに空気で置換したあと、プラントを開放します。この際に置換したガスは、フレアスタックに導いて燃やします。化学工場や石油工場を遠くからみると、高い煙突から火がみえることがあります。これがフレアスタックです。フレアスタックは、工場を緊急停止し、プラント内部の可燃ガスや蒸気を急激に窒素で置換する事態になっても、安全に燃やすことができるように、高さや周辺空地の広さを計算して設計されています。窒素は半導体製造工程でも酸素のない雰囲気をつくるために不可欠なガスです。このほか窒素は食品が酸化されることを防ぐために封入する用途に使われ、また液化窒素の超低温を利用して食品の急速冷凍にも使われます。近年

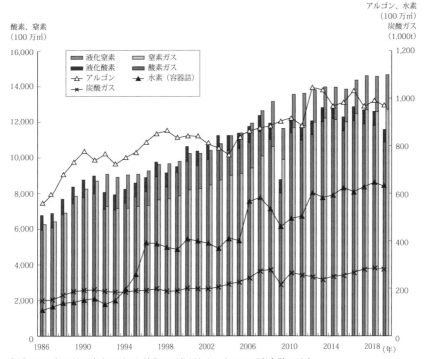

[注] 1992年以前の窒素はガスと液化の区分がなかったので両者合計で示す
資料：経済産業省『生産動態統計 化学工業統計編』

【第２－１－８図】主要産業ガスの生産推移

でも生産量は徐々に増加しており、2000年103億㎥が2019年には147億
㎥になっています。

　アルゴンは本質的に不活性なガスなので、窒素ではなお不活性が不十分な
用途に使われます。例えば半導体材料の**高純度シリコン単結晶**をつくると
きの雰囲気ガスや電球の封入ガスとして使われます。また**アーク溶接**をする
際に窒素は金属に溶けて欠陥をつくるので、アルゴンを**シールドガス**に使
います。白熱電球の生産量はLED電球の登場によって2004年の14億個か
ら2019年には4億2千万個まで激減しましたが、各種の雰囲気ガス用途が
増大しているため、近年のアルゴンの生産量は安定した増加を示しており、
2000年2.0億㎥が2019年には2.8億万㎥になっています。

　炭酸ガスは、化学産業（アンモニアやエチレンオキシド製造の副生ガス）、石油精製業、鉄鋼業の副生ガスを原料に液化炭酸ガスとしてつくられます。産業分野では**炭酸ガスシールドアーク溶接**や炭酸飲料に使われます。**ドライアイス**は液化炭酸ガスからつくられ、食品の配送に使われています。このほか目立たない用途ですが、消火器、消火装置のガスとしても使われています。近年の生産量は増加しており、2000年85万 t が2019年には97万 t になっています。

　産業ガスとしてのアセチレンは、カーバイドを原料としています。アセチレンは加圧すると自己分解を起こすのでアセトンまたはジメチルホルムアミドDMFに溶解し、これをさらに多孔質物（現在は主に固型化したケイ酸カルシウム）に吸収させて容器に詰めて使われます。アセチレンは金属の切断加工に使われます。しかし、近年はアセチレン炎に代わってプラズマ加工やレーザー加工などが増え、また大口需要家ではアセチレンからメタン、プロパン、エチレンなどへの代替が進んだことから1970年代のピーク時6万 t の生産が、2019年には9,400 t にまで大きく減少しています。

　産業ガスとしての水素は、食塩電解工場やナフサ分解の副生ガスを原料としています。通常は高圧水素として運搬されます。光ファイバー、石英製品、シリコンウェハーなどの製造や半導体製造工程に使われます。また化学産業では水素添加反応に使われます。そのほか特殊な使い方として液化水素をロケット燃料にします。高圧水素の生産量は、電子産業の景気変動の影響を受けて上下しますが、全般的には増加傾向にあります。生産量は2003年4億2,000万㎥から2019年6億3,000万㎥になりました。今後、燃料電池が普及すれば自動車用に高圧水素が大量に使われることが期待されます。

　半導体用ガスには、**モノシラン**、**ホスフィン**（IUPAC名ホスファン）、**アルシン**（IUPAC名アルサン）、**ジクロロシラン**、**ジボラン**、**アンモニア**、**亜酸化窒素**、**三フッ化窒素**、**六フッ化エタン**など約30種類のガスがあります。他の産業ガスに比較すると生産量は少量ですが、高品質を要求される特殊ガスなので価格が高く、近年多くの化学会社が参入してきました。半導体用ガスの使われ方としては、半導体自体を構成する材料になるもの（**CVD工程**、**イオン注入工程**）、半導体の加工に使われるもの（**エッチング工程**）、機器洗浄に使われるもの（**チャンバークリーニング**）などがあります。半導体、太

陽電池ばかりでなく、他の電子情報部品の微細化も進み、また新たな部材も
生まれているので、半導体用ガスの需要増加が期待されています。

2. 高 分 子

2－1　合成樹脂

合成樹脂の種類と合成樹脂工業

　第2章の高分子と第3章の高分子製品を合わせた高分子関連化学工業は、現代の日本化学産業のなかでは、出荷額や付加価値額において医薬品工業と並ぶ大きなウエイトをもっています。高分子を知らなくては、現代の化学産業を理解することはできません。物性面から高分子は、合成樹脂（プラスチック）と合成ゴムに大きく分けることができます。合成樹脂とは可塑性（プラスティシティ）をもつ物質をいいます。可塑性とは固体に力を加えて変形させたときに、力を除いても変形が残る性質です。合成ゴムは弾性（エラスティシティ）をもつ物質です。弾性とは力を除くと変形が元に戻る性質です。はじめに合成樹脂について述べます。

　合成樹脂には非常にたくさんの種類があります。**第2－2－1表**に示すとおり、大きく**熱可塑性樹脂**と**熱硬化性樹脂**に分けられます。しかし、ポリウレタンやアクリル樹脂のように、熱硬化性製品ばかりでなく熱可塑性の製品となる合成樹脂もあるので、この大分類を絶対的なものとは考えないでください。**分子設計**によって、どちらでもつくることができる合成樹脂があるからです。

　さらにいえば、合成樹脂、合成繊維、合成ゴムのような分類も絶対的なものではありません。ポリエステル（ポリエチレンテレフタレート）のように合成樹脂としてPETボトルやフィルムに使われることもあれば、ポリエステル繊維として合成繊維にも使われます。ナイロン（ポリアミド）、ポリプロピレン、ポリアクリロニトリル、ポリウレタンも同様です。また、ポリウレタン、ポリプロピレンをはじめ多くの合成樹脂は、分子構造を工夫することにより合成ゴムにもなります。合成樹脂の加工性のよさと合成ゴムの性質を

もつ熱可塑性エラストマーと呼ばれる商品もたくさん生まれています。

熱硬化性樹脂は加熱しても溶融することはありません。したがって成形したいときは高分子をつくる前に原料や中間物（プレポリマー）を型に入れておく必要があります。これに対して、熱可塑性樹脂は加熱・冷却により成形加工を行うことができます。

合成樹脂は、パイプやプラモデルのような成形品、フィルム、繊維、塗料、コーティング、接着剤など様々な用途に使われます。ただし、このような成形品や加工品をつくる工業は、合成樹脂工業とは呼ばず、プラスチック製品製造業や合成繊維工業、塗料工業などと呼びます。合成樹脂そのものをつくる工業を合成樹脂（プラスチック）工業といいます。

熱可塑性樹脂をつくる合成樹脂工場からは、高分子が粉、粒（ペレット）、懸濁液・乳濁液、溶液の形で成形加工工場や塗料工場などに出荷されます。このため、合成樹脂工業とプラスチック製品製造業の区別は明確です。しかし、熱硬化性樹脂の場合には、原料のモノマーや分子量が低いプレポリマーとして樹脂加工工場に出荷され、樹脂加工工場で重合と成形が一貫して行われることがよくあります。また、合成繊維の多くは熱可塑性樹脂を使いますが、多くの合成繊維工場では原料モノマーを購入し、重合から紡糸まで一貫して行っています。このように重合反応によって合成樹脂をつくっている工場でも、合成樹脂工業として把握されず、プラスチック製品製造業や合成繊維工業として把握される場合は意外と多くあります。

なお、第２－２－１表に示す合成樹脂とその主原料は、あくまでも主要な例にすぎません。本書第４部第７章の食品衛生法に説明してありますが、合成樹脂製の食品用器具・容器包装に関しては、2018年法改正により国があらかじめ定めた合成樹脂だけ使用を認めるポジティブリスト制度が導入されました。ポジティブリストの具体的な内容については、2020年４月28日に「食品・添加物等の規格基準」（昭和34年厚生省告示第370号）の一部を改正する厚生労働省告示（令和２年厚生労働省告示第196号）として示され、2020年６月１日から施行されました。（https://www.mhlw.go.jp/stf/newpage_05148.html）

リストに掲載された合成樹脂を厚生労働省の役人があらかじめ知っていた訳ではもちろんありません。法改正後、企業団体を通じて現実に食品用器具・

容器包装に使っている合成樹脂の情報を提出してもらって作成したに過ぎません。その際に、すでにポジティブリスト制度を実施している国のリストを参考にしてチェックしたと考えられます。その意味では、現在日本で食品用

【第2－2－1表】主要な合成

大分類	一般分類呼称	種　　類	
熱可塑性高分子	汎用樹脂	ポリエチレン　PE	高圧法低密度ポリエチレン　LDPE
			直鎖状低密度ポリエチレン　LLDPE
			エチレン酢酸ビニルコポリマー　EVA
			高密度ポリエチレン　HDPE
		ポリプロピレン　PP	
		塩化ビニル樹脂　PVC	
		ポリスチレンPS	汎用ポリスチレン　GPPS
			耐衝撃性ポリスチレン　HI
			発泡ポリスチレン　FS
	その他成形用樹脂	アクリロニトリルスチレン樹脂　AS	
		アクリロニトリルブタジエンスチレン樹脂　ABS	
		メタクリル樹脂　PMMA	
		塩化ビニリデン樹脂　PVDC	
		酢酸ビニル樹脂　PVAc	
		ポリアクリロニトリル　PAN	
		ポリエステル　PET	
		フッ素樹脂　PF	
		ポリビニルブチラール　PVB	
		繊維素系樹脂	酢酸セルロース系（アセテート）
			ニトロセルロース系（セルロイド）
		ポリ乳酸	
	その他樹脂	石油樹脂	
		アクリル樹脂	
		ポリビニルアルコールPVA	
	汎用エンジニアリングプラスチック	ポリアセタール　POM	
		ポリカーボネート　PC	
		ポリアミド　PA	
		ポリブチレンテレフタレート　PBT	
		変性ポリフェニレンエーテル　PPE	
		強化ポリエステル　PET	

器具・容器包装に使われている合成樹脂を網羅したリストといえます。

　インターネットで告示を呼び出してポジティブリストをご覧いただくとわかりますが、食品用器具・容器包装に使われる合成樹脂だけでも、これだけ

樹脂の概要

主要原料	製造反応	主要用途
エチレンEL	ラジカル重合	フィルム、成形
エチレン	イオン重合	フィルム、成形
エチレン、酢酸ビニルVAc	ラジカル重合	コーティング、接着剤
エチレン	イオン重合	フィルム、成形
プロピレンPL、エチレン	イオン重合	成形、フィルム、繊維
塩化ビニルMVC	ラジカル重合	成形、フィルム
スチレンSM	ラジカル重合、イオン重合	成形
スチレン、合成ゴム	ラジカル重合	成形
スチレン	ラジカル重合、イオン重合	発泡材、シート
スチレン、アクリロニトリルAN	ラジカル重合	成形
SM、AN、ブタジエンBD	ラジカル重合	成形
メタクリル酸メチルMMA	ラジカル重合	成形
塩化ビニリデンVDC	ラジカル重合	フィルム
酢酸ビニルVAc	ラジカル重合	接着剤
アクリロニトリルAN	ラジカル重合	繊維
テレフタル酸PTA、エチレングリコールEG	縮合重合	繊維、成形、フィルム
4フッ化エチレンTFE	ラジカル重合	成形、コーティング
酢酸ビニル、ブチルアルデヒド	PVAのアセタール化	ガラス中間膜
セルロース、無水酢酸	アセチル化	成形
セルロース、硝酸	ニトロ化	成形、コーティング
乳酸	縮合重合	成形
C5留分またはC9留分または分解ガソリン残渣	ラジカル重合、イオン重合	塗料、接着剤
アクリル酸エステル	ラジカル重合	塗料
酢酸ビニル	PVAcの加水分解	フィルム、コーティング
ホルムアルデヒド、EO	イオン重合、開環重合	成形
ビスフェノールA/BPA、ホスゲン	界面重縮合	成形
カプロラクタム	縮合重合	繊維、成形
PTA、1,4ブタンジオール	縮合重合	成形
2,6キシレノール、PS	酸化重合	成形
PET，ガラス繊維	縮合重合	成形

（第2−2−1表　続き）

大分類	一般分類呼称	種　　類
熱可塑性高分子	特殊（またはスーパー）エンジニアリングプラスチック	ポリフェニレンスルフィド　PPS
		ポリスルホン　PSU
		ポリエーテルスルホン　PES
		ポリエーテルエーテルケトン　PEEK
		ポリイミド　PI、熱可塑性ポリイミド　TPI
		ポリアミドイミド　PAI
		液晶ポリマー　LCP
		ポリアリレート　PAR
熱硬化性高分子		フェノール樹脂（ベークライト）
		尿素樹脂（ユリア樹脂）
		メラミン樹脂
		不飽和ポリエステル樹脂
		アルキド樹脂
		エポキシ樹脂
		ポリウレタン　PU
		ケイ素樹脂（シリコーン）
		ジアリルフタレート樹脂　DAP

〔注〕用途として、フィルムも繊維も押出成形による成形品のひとつであるが、とくにこの

多種類の高分子があるのかと驚かれると思います。まず、第2−2−1表に載っていない合成樹脂がたくさんあり、面食らうと思います。第2−2−1表ではアクリル樹脂とだけ書いてあるのに、いきなりアイオノマー、アクリル酸イソブチル・エチレン・メタクリル酸共重合体、アクリル酸エチル・エチレン共重合体・・・と色々な種類のアクリル酸エステル重合体が続きます。第2−2−1表にあるエポキシ樹脂は告示ではエポキシポリマーの架橋体となっていますが、エポキシポリマーだけで70種類以上もあり、第2−2−1表にあるエピクロロヒドリンとBPAは、そのうちのたった1種類にすぎません。しかも、この1例に対して70種類以上もの架橋剤があり得ることがわかります。架橋ポリエステルやポリウレタンも非常に多種類であることがわかります。このように高分子の実務は、第2−2−1表に示す程度の簡

主要原料	製造反応	主要用途
ジクロロベンゼン、硫化ナトリウム	縮合重合	成形
ジクロロジフェニルスルホン、BPA-Na	縮合重合	成形
ジクロロジフェニルスルホン、ビス（4-ヒドロキシフェニル）スルホン	縮合重合	成形
ジハロゲノベンゾフェノン、ヒドロキノン	縮合重合	成形
ピロメリット酸など、ジアミノジフェニルエーテルなど	縮合重合、ラジカル重合	成形
無水トリメリット酸、芳香族ジアミン	縮合重合	成形
パラヒドロキシ安息香酸アセチル化物、PET	縮合重合	成形
BPA、テレフタロイルクロリド	縮合重合	成形
フェノール、ホルムアルデヒド	付加縮合	成形
尿素、ホルムアルデヒド	付加縮合	成形
メラミン、ホルムアルデヒド	付加縮合	成形
不飽和2塩基酸、ジオール、ビニルモノマー	縮合重合とラジカル重合	FRP成形
多塩基酸、多価アルコール	縮合重合	塗料
エピクロロヒドリン、BPA	開環、縮合重合	接着剤、塗料
ポリイソシアネート、ポリオール	重付加	発泡、成形、塗料、繊維
クロロシラン	縮合重合	成形、塗料
アリルクロリド、無水フタル酸	ラジカル重合	成形

用途によく使われる場合に記載した。

単なものでないことを、あらかじめご理解下さい。

合成樹脂の歴史

　第2－2－2表に主要な合成樹脂の世界で最初に工業化された年と日本で工業化された年を示します。1870年ころに生まれた**セルロイド（ニトロセルロース）**がプラスチックの始まりです。ニトロセルロースは成形のみならず、**ラッカー**として塗料にも使われました。現在でも少量ですが、皮革用塗料などによく使われています。セルロイドは高分子であるセルロースをニトロ化し、ニトロセルロースを溶解する高沸点の溶剤である**可塑剤**（セルロイドの場合にはクスの木から得られる**ショウノウ**がよく使われました）を加えて成形材料としたものです。

【第2-2-2表】主要な合成樹脂の工業化年

合成樹脂	世界初	国　名	会社名	日本初	会社名
セルロイド	1872	米	セルロイド製造	1889	昇光舎
フェノール樹脂	1909	米	ベークライト	1914	三共
アルキド樹脂	1914	米	GE		
ユリア樹脂	1920	墺	クンシュタルツ ファビリック	1940	愛知化学
酢酸ビニル樹脂	1925	加	シャウィニガン ケミカル	1936	日本合成工業
酢酸セルロース	1927	米		1927	大日本セルロイド、 日本窒素
アクリル樹脂	1927	独	ローム&ハース	1961	日本アクリル化学
メタクリル樹脂	1930	米、独	ICI, R&H	1938	日本化成
ポリスチレン	1930	独	IG（BASF）	1957	三菱モンサント化成、 旭ダウ
ポリアクリロニトリル	1931	独	IG	1957	日本エクスラン
塩化ビニル樹脂	1931	独	IG（BASF）	1941	日本窒素
メラミン樹脂	1935	独、スイス	ヘンケル、チバ	1943	日立化工
LDPE	1938	英	ICI	1958	住友化学
ポリウレタン	1939	独	IG（バイエル）	1959	ブリヂストンタイヤ
塩化ビニリデン樹脂	1940	米	ダウ	1952	旭ダウ
ポリアミド	1939	米	デュポン	1943	東洋レーヨン
不飽和ポリエステル	1942	米	PPG	1953	富士通信機
ケイ素樹脂	1945	米	ダウコーニング	1950	信越化学
AS樹脂	1942	独	バイエル	1961	東洋高圧
フッ素樹脂	1942	米	デュポン	1953	大阪金属工業
エポキシ樹脂	1943	スイス、米	チバ、シェル		
ジアリルフタレート樹脂	1946	米	シェル		
ABS樹脂	1948	米		1963	濱野繊維
ポリエステル	1952	英、米	ICI、デュポン	1958	帝国人造繊維、 東洋レーヨン
ポリアセタール	1953	米			
HDPE	1954	独	ヘキスト	1958	三井石油化学
ポリプロピレン	1957	伊、米	モンテカッチー ニ、ハーキュレス	1962	三井化学工業、三菱油 化、住友化学工業
ポリカーボネート	1958	独	バイエル	1961	久野島化学、江戸川化 学、出光興産
ポリイミド	1964	米	デュポン		
ポリスルホン	1966	米	UCC		

（第２－２－２表　続き）

合 成 樹 脂	世界初	国　名	会社名	日本初	会社名
PPE	1966	米	GE		
PBT	1970	米	セラニーズ		
PES	1972	英	ICI		
PPS	1973	米	フィリップス石油		
気相法LLDPE	1979	米	UCC	1983	日本ユニカー
PEEK	1980	英	ICI		

〔注〕1943年に塩野香料が、香料であるフェネチルアルコールを原料にした独創的な製造ルートでSMをつくり、さらにPSを生産していたことが最近確認された。
日本海軍の要請（レーダー用絶縁材料）であった。

　セルロイドは天然高分子であるセルロースをニトロ化して成形加工性の良い材料としたものです。したがって低分子を重合させたものを合成樹脂と呼ぶとすればセルロイドは合成樹脂とはいえません。しかし、金属のように成形に高温を必要とせず、また粘土からつくる陶磁器とも違う便利な材料（後の言葉でいえばプラスチック）がありうることをセルロイドが初めて示した意義は非常に大きいといえましょう。このコンセプトのなかから、続いて酢酸セルロース（アセテート）が生まれ、繊維や写真フィルムに使われてきました。

　天然の高分子を使わず、低分子量の化合物からつくられた最初の合成樹脂が、1909年に生まれたフェノール樹脂です。アメリカのベークランドが発明しベークライト社を設立して工業化したので、いまでもしばしばベークライトと呼ばれます。

　1920年代になるとモノマーから高分子を合成しようという研究が学界でも、産業界でも盛んになりました。この流れのなかから1925年に初めてビニル系モノマーをラジカル重合させてつくる酢酸ビニル樹脂PVACがつくられます。アクリル樹脂（ポリアクリル酸エステル）、メタクリル樹脂（ポリメタクリル酸メチル）PMMA、ポリスチレンPS、塩化ビニル樹脂PVC、ポリアクリロニトリルPANと現在でも重要な合成樹脂（合成繊維を含む）が同じコンセプトのなかでつくられました。1930年代になると、それまでに化学産業では使ったことがなかった高圧状態でエチレンをラジカル重合させることにより、高圧法低密度ポリエチレンLDPEもつくられました。また、クロロプレンゴムCR、スチレンブタジエンゴムSBR、アクリロニトリルブ

101

タジエンゴムNBRなどの合成ゴムもラジカル重合によって続々とつくられました。

　しかし、1920年代までは高分子の存在について論争が続いていました。高分子は存在せず、低分子の会合したものとの主張がありました。1930年代になると学界でも高分子存在説が有力になります。**ポリアミド（ナイロン）PA**の発明は、高分子存在説に立って高分子を設計したこと、高分子のつくり方において**縮合重合法**（重縮合法）という新しいコンセプトを持ち込んだことによって、高分子の新しい時代を開いたといえましょう。このコンセプトの延長線上に、**ポリエステル**や各種の**エンジニアリングプラスチック**が生まれました。

　1950年代における**高密度ポリエチレン**HDPEの発明は、さらに新しい高分子合成法や高分子構造に関するコンセプトを生み出す画期的なものでした。錯体触媒を使った**イオン重合法**の発明です。触媒のはたらき方に対する基礎研究も進み、**立体特異性重合**を可能とする触媒（代表例として**チーグラー・ナッタ触媒**）が開発され、**ポリプロピレン**PPや立体規則性をもった合成ゴムが開発されました。天然ゴムと同じ構造をもつ**イソプレンゴム**IRもイオン重合によって初めてつくることができました。また、イオン重合の延長線上に、**リビング重合**という方法も開発され、高分子の分子量分布が非常に狭いポリマー（ほぼ同じ分子量の高分子からなる材料）や**ブロックコポリマー**（1956年シェルケミカル社が開発した熱可塑性エラストマー SBS（表2－2－10）が最初）のような精密重合ができるようになりました。イオン重合法においては、高分子設計と触媒設計が密接なつながりをもつようになり、これが**直鎖状低密度ポリエチレン**LLDPEの開発や**メタロセン触媒**によるポリエチレン、**ポストメタロセン触媒**の開発につながっていきました。

　1980年代になるとそれまでに開発された構造材料としての高分子の域を超えた新たな高分子を開発しようとする動きが生まれました。この動きのなかから耐熱性、強度を飛躍的に高めた**スーパーエンジニアリングプラスチック**が生まれます。炭素繊維は、製造法は違うものの製品開発の考え方としては、この流れのなかにあるといえましょう。

　一方、高分子を**構造材料**としてだけでなく、**機能材料**として積極的に活用しようという試みも盛んになります。すでに**イオン交換樹脂**は1930年代に

開発され機能材料として利用されていました。固体として扱える酸、アルカリとして、水の精製や金属イオンの除去、回収に古くから使われてきました。**キレート樹脂**も同じコンセプトによって開発された機能材料です。しかし、これ以外に高分子を機能材料として使う応用はなかなか広がりませんでした。

　1980年代に機能材料としての高分子を追求するなかから、**感光性樹脂、導電性高分子、発光性高分子、生体適合性高分子、生分解性高分子**のような新規の高分子の設計、開発が次々と行われてきました。そればかりでなく、既存の高分子を使っても、**高分子結晶の配列制御**や高分子フィルムの**ミクロな空孔制御**などによって高分子成形加工製品として様々な機能をもたせようとする試みが盛んになっています。現在では液晶ディスプレイにとって不可欠な**機能性フィルム**がたくさん開発されています。また、人工腎臓や海水淡水化プラント、ガス分離に使われる**高分子膜**（**中空糸**を含め）など多くの機能材料が高分子によってつくられています。

材料としての特徴

　人類が最初に知った材料は木材や石でしょう。これを使いこなすには、削ったり切ったりして希望する形にする必要があります。うるしや松脂（まつやに）も塗料や防水材料に使われました。次に知った材料は粘土です。これは常温で希望する形にしたあと、高温で焼結する必要があります。そのあと、人類は金属を知ります。金属を高温で溶融して型に流し入れたり、叩いたりして希望する形をつくりだしました。

　合成樹脂はこれらの材料に比べて容易に希望する形をつくることができます。100 ～ 300℃程度の温度で溶かして成形することができます。少し加熱して軟らかくするだけで成形することもできます。常温で反応させながら成形することもできます。プラスチックという名称は、様々な形につくりあげることができる（**可塑性**といいます）材料の特徴そのものです。

　合成樹脂の第2の特徴は軽さです。鉄の比重が7 ～ 8、軽い金属の代表であるアルミニウムの比重が2.7、ガラスが2.2 ～ 6、粘土、陶磁器、セメントが2 ～ 3です。これに対してポリプロピレンの比重は0.9です。多くの合成樹脂は比重が0.9 ～ 1.5の範囲に入ります。ガラス繊維などを充填したも

のでも多くが2以下です。木材の比重は0.2〜0.9ですが、合成樹脂でも発泡ポリスチレンのような非常に軽い材料をつくることができます。

　合成樹脂の第3の特徴は硬いものから軟らかいものまで、様々な強さのものがつくれることです。強さの測り方には、引張る方法、圧縮する方法、曲げる方法などいろいろありますが、ここでは引張る方法を考えてみます。試験片を引張っていくと、最初は力に比例して伸びます（弾性）。力の強くなり方に対する伸びを**引張り弾性率（ヤング率）**と呼びます。一定の伸び（降伏点）を超えると力が少し大きくなるだけで試験片は大きく伸びるようになります（**塑性ひずみ**）。さらに力を強くすると試験片は切れます（**破断点**）。破断点での力（試験片の断面積当たり）を**引張り強さ**、そのときの伸びを**極限伸び**と呼びます。

　材料の強さは引張り弾性率（kg／cm²）、引張り強さ（kg／cm²）、極限伸びで評価されます。弾性率によって軟らかいか、硬いかを判断し、引張り強さと極限伸びで粘り強いか、もろいかを大まかに判断しますが、この両者のバランスも重要です。鉄鋼は引張り弾性率10^6、引張り強さ10^3程度です。硬くてねばり強い材料といえます。ガラスは引張り弾性率10^5台、引張り強さ10^2台です。硬くてもろい材料です。ゴムは引張り弾性率10台、引張り強さ10^2台です。軟らかい材料といえます。これに対して合成樹脂は、引張り弾性率が10^3から10^4、引張り強さが10^2から10^3と多彩です。合成樹脂にガラス繊維や炭素繊維を加えると、引張り弾性率が10^6、引張り強さが10^4もの材料に変わります。鉄鋼よりも硬くて粘り強い合成樹脂もつくれます。

　硬くて粘り強い合成樹脂としては、各種の**エンジニアリングプラスチック**があります。硬くて強い樹脂としては**硬質塩化ビニル樹脂**、**AS樹脂**、硬くてもろい合成樹脂としては**汎用ポリスチレンGPPS**、**メタクリル樹脂**、**フェノール樹脂**などがあります。一方、軟らかくて粘り強い樹脂としては、**軟質塩化ビニル樹脂**、**低密度ポリエチレンLDPE**があります。**高密度ポリエチレンHDPE**、**ポリプロピレン**、**フッ素樹脂**、**ABS樹脂**は中間的な硬さと強さをもった合成樹脂といえます。このほか透明な材料が多いこと、腐食しにくいことも合成樹脂の特徴といえましょう。

　次に熱可塑性樹脂の強度を考える上で重要なガラス転移点と結晶構造について説明します。熱可塑性高分子は、**ガラス転移点T_g**以下の温度では硬い

性質を示しますが、加熱してT_gを超えると急に軟らかくなり強度（弾性率）が10分の1から数千分の1にまで落ちます。さらに温度をあげていくと強度はゆっくり低下し、**融点**T_mで固体から液体になり強度は顕著に低下します。したがって材料としての使用目的に応じて合成樹脂を選ぶときには、T_gは非常に重要な目安になります。金属やガラスのような材料では融点T_mが重要な目安ですが、高分子の場合にはT_mに加えて、もう一つガラス転移点T_gが重要です。

　T_gが常温以下の高分子としては、ポリエチレン、ポリプロピレン、ポリアセタール、熱可塑性のポリウレタンがあります。合成ゴムのT_gも常温以下です。これ以外の高分子のT_gは常温以上です。ただし、塩化ビニル樹脂はT_gが70～87℃の硬い樹脂（塩ビパイプを考えてください）ですが、これに可塑剤を加えるとT_gは大きく低下し、軟質塩ビと呼ばれる製品になります。

　熱可塑性高分子には、**結晶性**の高分子と**非結晶性（無定形）**の高分子があります。高分子を構成する分子構造によって無定形になる高分子としては、酢酸ビニル樹脂、メタクリル樹脂、ポリスチレン、ポリカーボネート、塩化ビニル樹脂などがあります。高分子を構成するつながり（**主鎖**といいます）に対して大きな**置換基**（ベンゼン環やクロロ基、カルボキシ基など）が付いているために分子内でも、あるいは他の分子ともきれいに並んで結晶をつくることができないためです。これらは透明な樹脂になります。これに対して高密度ポリエチレンのような高分子は、曲がりやすい主鎖をもっているので、折りたたまれて分子内で結晶（偏光顕微鏡でみると球状にみえるので**球晶**といいます）をつくります。球晶があるために透明でなく、にごったように見えます。主鎖が曲がらないでまっすぐの高分子やナイロンのような**極性**（分子内で電子の偏りがあること）の強い置換基（ナイロンではアミド基）を主鎖とする高分子は、分子同士で結晶をつくります。

　ただし、低分子と違って高分子の場合、材料全体が結晶になることは難しく、結晶部分と非結晶部分が混ざり合った状態になります。分子組成が同じでも、分子内のモノマーの配列順序や立体規則性の完成度の違いによって結晶性の高分子をつくったり、無定形の高分子になったりすることもあります。ポリプロピレンは、メチル基がランダムな方向を向いた重合をすると無定形になり、メチル基が一定方向を向いた重合（**立体特異性重合**）をすると結晶

性の高分子になります。

　結晶構造からさきほど述べたガラス転移点T_gを考えてみます。溶融点以上では、高分子も液体になるので分子は自由に動いています。溶融点以下では分子の動きが制約されます。結晶性高分子では、結晶部分が発生するので分子は自由には動けなくなりますが、それでも非結晶部分の分子鎖はかなり自由に動きます。このためそれなりの強さをもった軟らかい材料になります。ガラス転移点以下の温度では非結晶部分も自由に動けなくなるので硬い材料になります。軟質塩化ビニル樹脂のように、ガラス転移点以下でも**可塑剤**を加えている場合には高分子の一部が溶剤に溶けて分子が自由に動くことができるようになるので、軟らかい材料になります。

ポリエチレン、ポリプロピレンの商品知識

　すべての合成樹脂を紹介するわけにはいきませんが、合成樹脂という商品の概略をつかむために、主要な合成樹脂の商品知識を紹介します。

　ポリエチレンは生産量が最も多い合成樹脂です。エチレンが重合したものなので構造も簡単です。1933年にイギリス**ICI**社の研究所で初めて合成され、1938年に工業化されました。2,000気圧、200℃という条件で合成されるので**高圧法ポリエチレン**と呼ばれます。当時すでにアンモニア、メタノール、人造石油などの高圧ガスを応用した合成プロセスが開発され、大規模に工業化されていましたが、高圧法ポリエチレンの反応条件は飛びぬけて過酷なものでした。重合はパイプの内径よりも肉厚の方が大きい**パイプ式の反応管**か**オートクレーブ反応器**で行われます。重合は**ラジカル反応**なので有機過酸化物を重合開始剤として加えます。重合後、溶融状態のポリエチレンを冷却し、安定剤等を加えてペレットにして出荷します。

　高圧法ポリエチレンは密度が0.915〜0.925なので**低密度ポリエチレン**LDPE（Low Density Polyethylene）とも呼ばれます。エチレン基からなる主鎖に対して、大きな枝分かれ（**側鎖**と呼びます）があるのが、**高圧法低密度ポリエチレン**の分子構造の特徴です。T_mが110〜120℃、T_gがマイナス20℃です。大きな側鎖のために結晶化しにくく、透明で軟らかな材料になります。

　用途としては**フィルム**や**ラミネート**（紙などにフィルムを貼り合わせる）

106

で約7割を占めます。保温、保湿や雑草防止のために畑の地面に敷く**農業用マルチフィルム**や食品包装に使う軟らかで透明な袋になるのがLDPEです。このほかアイスキャンデーやマヨネーズが入っている**中空成形容器**とか、目にすることはほとんどないと思いますが、**高圧電線ケーブル**の絶縁被覆材料（この場合には架橋して耐熱性を上げています）として使われます。エチレンに少し**酢酸ビニル**を加えて高圧法で共重合した合成樹脂は、**EVA（エチレン酢酸ビニル樹脂）**と呼ばれます。接着性がよいので**ホットメルト接着剤**(加熱して接着し、その後すぐに冷却して固着できる)やラミネートによく使われます。

　面白いことにポリエチレンにはもう一つ異なった性質をもったポリエチレンがあります。高密度**ポリエチレンHDPE**（High Density Polyethylene）です。**チーグラー触媒**(四塩化チタンとトリエチルアルミニウム)を使って常圧、数十℃で、あるいは酸化クロム（**フィリップス触媒**）や酸化モリブデン触媒を使い数十気圧、100 ～ 200℃でエチレンを重合してつくります。チーグラー触媒を使う方法は1953年に開発され**低圧法**と呼ばれます。酸化クロムなどを触媒とする重合法もほぼ同時代に開発され**中圧法**と呼ばれます。両方とも**イオン重合**です。

　高密度ポリエチレンは分子構造に分岐がほとんどない、まっすぐな分子であることが特徴です。主鎖がまっすぐで、しかも軟らかなので、分子が折れ曲がって**球晶**といわれる結晶構造をつくります。もちろん分子同士が配列した結晶もできます。結晶ができるために高密度ポリエチレンは半透明になります。スーパーのレジ袋は顔料が入っているので白くなっていますが、分子量が大きな高密度ポリエチレンの強度の高さを活用した代表的な製品です。スーパーに薄い半透明のフィルムの袋がロール状に巻いてあることに気付かれたことがあるかと思います。お医者さんから液体飲み薬をもらう際に、目盛りの付いた半透明の薬ビンで受け取ったことがあると思います。これらもHDPE製品です。

　HDPEの密度は0.94 ～ 0.96、T_mが130 ～ 140℃、T_gがマイナス120℃となり、結晶構造があるので、LDPEに比べてHDPEは薄くても強いフィルムになります。広い範囲で分子量の制御を行うことも可能です。低分子量のものは合成樹脂というより**ワックス**になります。中程度の分子量のHDPEは**成**

形品になります。成形品はHDPEの用途の約4割を占めます。灯油缶、薬ビンのような**中空成形品**は昔からHDPEの強い分野です。見ることはほとんどありませんが、乗用車の車体の下には、空いた空間を活用した複雑な形のガソリンタンクが付いています。これもHDPEの大型中空成形品です。

　高分子量のHDPEは、**フィルム**や**結束テープ**、**フラットヤーン**、**繊維**に使われます。HDPEの用途の約3割を占めます。フラットヤーンでつくった織物が、ハイキングやお花見で使うシートです。フラットヤーン織物は、**フレキシブルコンテナ、土のう**など産業用包装材料、建築用シートとして大量に使われています。

　HDPEは、LDPEのような高温、高圧を使わないので設備費、運転費とも有利です。しかし製品の性能が違うので、両方のポリエチレンが長い間並存してつくられてきました。1970年代後半にチーグラー触媒を使って低密度のポリエチレンをつくる方法が開発されました。これが**直鎖状低密度ポリエチレンLLDPE**（Linear Low Density Polyethylene）です。HDPEの**直鎖状**（リニア）の主鎖をもちながら、結晶構造をつくりにくくするために短い分岐（**側鎖**）をたくさんもつような化合物を共重合させる分子設計による製品です。ナフサクラッカーから得られるBB留分に含まれる**ブテン-1**を**コモノマー**（共重合モノマー）として使ったものが代表的です。このほかヘキセン-1のような**α-オレフィン**（二重結合がいちばん端にあるオレフィン類）が共重合モノマーとして使われます。LLDPEの用途は、LDPEとほぼ同じでフィルム分野が中心です。特に梱包用ストレッチフィルムのような使い方に適しています。

　LLDPEによって既存のLDPEが直ちに駆逐されたわけではありません。微妙な性能の違いがあり、LDPEも依然として使われています。また、高圧ラジカル重合法でLLDPEをつくる技術も開発されたので、既存の高圧法設備でLLDPEをつくることもできます。しかし、中東や中国のような新興石油化学工業国では高圧法ポリエチレンプラントはつくらず、LLDPEプラントをつくることが多くなりました。

　さらに1980年にはドイツの**カミンスキー**が**メタロセン触媒**という非常に活性の高い触媒を開発しました。この触媒によるポリエチレンの製造は1990年代から始まりました。メタロセン触媒は**シクロペンタジエン**がジ

ルコニアに配位した錯体（二塩化ジルコノセン）と**メチルアルミノキサン**（MAO）から構成されています。チーグラー触媒の**活性点**（触媒として働いている部分）が**マルチサイト型**であるのに対して、メタロセン触媒の活性点は**シングルサイト型**で均一です。このため得られる高分子の分子量がそろっている（**分子量分布**が非常に狭い）こと、共重合性がよく様々な製品をつくることができるなどの特徴があります。

　1990年代から2000年代にはポストメタロセン触媒の開発が多彩に行われました。ポストメタロセン触媒は、シクロペンタジエン以外の配位子とさまざまな遷移金属を使ったシングルサイト型触媒です。ポリエチレンの触媒開発は、新しいポリエチレンをつくるほかに、生産性の向上、生産プロセスの改善にも貢献してきました。新触媒の開発は、時間当たりの生産性や反応器の体積当たりの生産性を著しく向上させたばかりでなく、重合後にポリエチレンから触媒成分を除去する工程や低分子量物を除去する工程を省略できるようになりました。溶剤を使ってスラリー状に製造する当初の製造方法から、エチレンガス中に触媒を浮遊させながら重合を進め、粉状のポリエチレンを得る**気相法**の開発にもつながっていきました。現在ではさらに極性モノマーをエチレンと共重合させるような触媒開発が一つの大きな目標になっています。この技術が完成するとポリエチレンの材料としての性能の幅が一段と大きく広がると期待されています。

　ポリプロピレンはプロピレン分子が重合した合成樹脂です。高密度ポリエチレンの合成を可能にしたチーグラー触媒をモデルにイタリアの**ナッタ**は、三塩化チタンとトリアルキルアルミニウムから成る触媒を使って1954年にポリプロピレンの合成に成功し、1957年イタリアの**モンテカチーニ社**によって工業化されました。その後、**チーグラー・ナッタ**触媒は改良を重ね、様々な性能のポリプロピレンが効率よく生産できるようになりました。最近はメタロセン触媒も使われています。ポリプロピレンは現在では最も成長している汎用樹脂となっています。

　プロピレンのメチル基が重合過程で一定の規則性をもって並ぶと**アイソタクチックポリプロピレン**と呼ばれる構造になり成形材料として使えます。これに対して、メチル基の並び方がランダムになると**アタクチックポリプロピレン**と呼ぶ融点の低いポリマーになり、成形材料になりません。**立体特異性**

重合ができたかどうかで製品性能が全く変わってしまいます。プロピレンとエチレンとの共重合もよく行われます。エチレンとプロピレンの並び方がランダムな**ランダムコポリマー**とエチレンが重合した部分とプロピレンが重合した部分から成る**ブロックコポリマー**をつくり分けることもできます。エチレンとの共重合により、プロピレンの結晶化度が低下しゴム状になります。このため自動車用バンパーのような耐衝撃性が必要な用途にはブロックコポリマーが使われます。

　ポリプロピレンは比重が0.90 〜 0.92で合成樹脂のなかでは最も軽い合成樹脂といえます。同じ結晶性の高分子である高密度ポリエチレンに比べて、融点が176℃と高く、引張り弾性率、引張り強さも優ります。しかも機械的性質はガラス繊維、シリカ、タルクなどの充填材によって著しく変わります。成形材料としてはポリエチレンより優れた材料といえます。ただしガラス転移点T_gがマイナス10 〜 18℃と高く低温での耐衝撃性と酸化に対する抵抗性ではポリエチレンに劣るので、エチレンとの共重合やブレンドで改良したり、酸化防止剤を配合したりすることが必要です。結晶性高分子でありながらも、透明性はポリエチレンよりかなり優れています。これは結晶が小さいためです。さらに小さな結晶をつくらせ透明性を増すために**造核剤**を使うこともあります。

　用途の面ではポリプロピレンは万能の合成樹脂です。分子設計により様々な製品ができるので、硬くて耐熱性を要求されるエンジニアリングプラスチックに近い分野から、軟らかいゴム（エラストマー）に近い分野までカバーしています。

　用途の約6割が**射出成形品**になります。昔から使われてきたポリプロピレンの代表的な射出成形品はビールコンテナです。1980年代以後は自動車分野への進出が著しく、バンパーやインストルメントパネルのような大型製品が目立ちます。

　第2の用途（約2割）が**フィルム**です。花束などに使われる**セロファンフィルム**のような光沢ある透明なフィルムは、現在ではほとんどポリプロピレンのフィルムです。食品包装、繊維雑貨品包装にたくさん使われています。電気的な性能もよいので**コンデンサーフィルム**としても使われます。

　シートは透明なファイル（文房具）として身近に見かけます。耐熱性に優

れるので**食品トレー**としても伸びており用途の1割を占めるまでになりました。そのほか、**繊維、フラットヤーン**などに使われます。

その他の代表的な汎用樹脂の商品知識

　塩化ビニル樹脂は、**塩化ビニル**単独で重合、あるいは**酢酸ビニルやアクリロニトリル**などを**共重合**させた合成樹脂です。EVAに塩化ビニルを**グラフト重合**（EVAを幹にし、塩化ビニルを枝がのびるように重合させていく方法）させた製品もあります。日本国内生産量ではポリエチレン、ポリプロピレンに次いで第3位の合成樹脂になります。主に水を使った**懸濁重合**で生産され、粉体でタンクローリに積んで出荷されるほか、**乳化重合**による**ペーストレジン**（塗料、接着剤用）もあります。

　塩化ビニル樹脂は、T_gが70〜87℃、T_mが約170℃の硬くて強い樹脂です。比重は1.4と合成樹脂のなかでは重い方になります。非結晶性の高分子なので、70℃程度で軟化し、120〜150℃で成形可能になります。190℃以上では**塩化水素**を放出して分解するのであまり高温での成形はできません。酸、アルカリに強く、難燃性で電気絶縁性にも優れ、価格も安い優れた合成樹脂です。塩化ビニル廃棄物を焼却した際に、塩化水素が発生したり、ダイオキシンができたりするので、**廃棄物問題**でしばしば問題視されてきました。しかし、これは地方自治体などが廃棄物焼却施設の運営管理上の問題をすりかえているとしか思えません。技術的な対策は現在の技術で十分に可能であり、塩化ビニル樹脂をいたずらに悪者扱いするのは本末転倒です。

　塩化ビニル樹脂100部に可塑剤を40〜100部加えると軟らかい樹脂（**軟質塩ビ**）になります。可塑剤には、**フタル酸エステル系**（DOP、DBPなど）、**リン酸エステル系**（TCP、TOPなど）、**アジピン酸エステル、セバチン酸エステル系**（DOA、DOSなど）、**低分子ポリエステル液、エポキシ化大豆油**など多くの種類があります。樹脂やゴムの配合では、上記のようにベースになる樹脂やゴム100部に対して、配合するもの何部という言い方をしばしば使います。phr（パー・ハンドレッド・レジンまたはラバー）という略号で表記している場合もあります。

　塩化ビニル樹脂をそのまま使うものは**硬質塩ビ**と呼びます。硬質塩ビには**耐衝撃性付与剤**として、MBS樹脂（MMA、ブタジエン、スチレンの共重合

【第2－2－3表】塩化ビニル樹脂　用途別出荷構成推移

(単位：%)

年	硬質用	軟質用	電線・その他用
1955年	27	56	17
1960年	45	39	15
1970年	55	31	14
1980年	53	33	14
1990年	54	30	16
2000年	54	28	18
2010年	55	27	18
2015年	54	24	22
2018年	55	24	21

資料：塩ビ工業・環境協会

高分子）などを5〜10%添加する場合もあります。

　塩化ビニル樹脂の用途の55%が硬質用でパイプ、**継ぎ手**、**建材**（樋、波板など）、24%が軟質用（**農業用ハウスフィルム**、スーパーで使う**食品用ラップフィルム**、自動車座席や家具の**合成皮革**（レザー）、**床材**、**壁紙**、**鞄**、**靴**など）、残り21%が電線被覆などです。**第2－2－3表**に示すように1950年代には軟質用が圧倒的でした。当時、「ビニール」はプラスチックフィルム・シートの代名詞でした。1960年代前半にポリエチレン、後半にポリプロピレンが工業化されると、軟質塩化ビニルはプラスチックフィルム・シートの主役の座を奪われ、塩化ビニル樹脂の用途としては、長期的に縮小しています。しかし、いまだにプラスチックのフィルム・シートなどを多くの日本人は「ビニール」と呼んでしまいます。それほど、高分子材料革命時代初期における塩化ビニル樹脂の存在が大きかったといえましょう。

　ポリスチレンは、**スチレンをラジカル重合**させた高分子です。重合方法は、スチレンそのものを重合する**塊状重合**、溶液に溶かして行う**溶液重合**、水中に分散させて行う**懸濁重合**、水中に乳化させて行う**乳化重合**など多彩です。スチレンモノマーは大変に重合しやすい工業薬品です。

　ポリスチレン（**汎用GP**）はT_g80〜100℃、T_m140℃の透明な硬い合成樹脂です。成形性に優れ、価格も安い優れた樹脂です。ポリスチレンは、**射出成形品**が電気機械部品や台所用品、容器、プラモデルに、**押出成形品**（フィルム、シート）がトレー、容器などに広く使われています。ポリスチレンに

ブタンなどを配合した合成樹脂（**発泡用FS**）は、加熱成形すると発泡します。発泡ポリスチレンとして魚箱や各種の包装材料、断熱材、緩衝材として使われます。見えないところでは、畳の中敷や舗装道路の下地にまで使われています。畳の中敷には昔はわらが使われましたが、発泡ポリスチレンが使われるようになって畳が軽量になりました。舗装道路の下地には、大きなブロック状の発泡ポリスチレンが使われます。

　ポリスチレンの欠点として、耐衝撃性が弱い（割れやすい）点があります。これの改良のために様々なポリスチレン系樹脂が生まれています。**耐衝撃性ポリスチレン**（ハイインパクトポリスチレンHIPS）は、ポリスチレンに**スチレンブタジエンゴムSBR**や**ブタジエンゴムBR**を5〜20%配合した合成樹脂です。配合といっても、単純に混ぜるのではなくゴムにスチレンを**グラフト重合**（枝状に伸ばす）させた製品が広く使われています。乳酸飲料の小ビンが身近にみられる代表的な製品です。ゴムのために透明性が失われています。

　透明性を失わずに耐衝撃性を向上させた合成樹脂が**アクリロニトリルスチレン樹脂**（**AS樹脂**）です。身近なところでは、扇風機の羽根によく使われています。さらにHIとASの両方を兼ね備えた組成の合成樹脂が**ABS樹脂（アクリロニトリルブタジエンスチレン樹脂）**です。パソコンやテレビ、ラジカセなどの筐体によく使われています。ミクロにながめると、ABS樹脂は均質ではなく、AS樹脂層とゴム層が分かれています。このゴム層の存在によって、AS樹脂以上の耐衝撃性をもつ優れた樹脂になっています。耐衝撃性を備えたスチレン系樹脂は、射出成形品となって車両部品、機械部品、電気器具、雑貨などに広く使われています。

　一般的には、異なった種類の合成樹脂や合成ゴムをまぜても、うまく混合できず、両者のよい性能を引き出すことは難しいといえます。しかし、ミクロには分離していても、マクロにはうまく混合でき、樹脂とゴムのよい性質を引き出したものの第1号がABS樹脂でした。このような異なる高分子をうまく混合させた材料を**ポリマーアロイ**と呼びます。異種の高分子をうまく混合するような添加剤として、**相溶化剤**が開発されています。たとえば混合したい高分子の両方の構成成分から成るブロックコポリマーは、よく使われる一例です。**グラフト重合**や**ブロック重合**によってポリマーアロイをつくる方

法もあります。ポリマーアロイ技術は汎用プラスチックばかりでなく、あと
で述べるエンジニアリングプラスチックにも広く使われています。

　PET樹脂（ポリエチレンテレフタレート）は、**テレフタル酸とエチレング
リコール**を**縮合重合**してつくる合成樹脂です。T_g が69℃、T_m が265℃の結
晶性の強い代表的な縮合重合系樹脂です。最初は**合成繊維ポリエステル**とし
て広く使われました。その後フィルムに、さらに**ガラス繊維**を混ぜて**エンジ
ニアリングプラスチック**に用途を拡大しました。ポリエチレンなどの中空成
形とは少し違う**延伸吹込成形技術**の完成により1980年代頃から**PETボトル**
として広く使われるようになり、現在では汎用樹脂に次ぐ生産量を誇るまで
に成長しました。強靭なフィルムなので電気絶縁用、包装用に広く使われて
いますが、特にその特性を生かして**磁気テープ**、**X線フィルム**などに使われ
ています。PETボトルの回収率の高さにより、清潔で安価なリサイクルPET
樹脂が出回るようになり、従来は塩化ビニル樹脂が使われた卵パック、ポリ
スチレンが使われたいちごパックやフルーツパックなどに、PET樹脂が近年
は広く使われるようになりました。

　ポリウレタンはユニークな合成樹脂です。**イソシアネート基**（第2－1－
2表 -NCO）という非常に反応性の高い官能基を分子内に二つもつ工業薬品
（TDIやMDIのような**芳香族系ジイソシアネート**とHMDI、XDIのような**脂肪
族系ジイソシアネート**の両方があります。生産量では芳香族系が圧倒的で
す。）と**ポリオール**や**ポリエステル**を重合させてつくります。ポリオールと
しては、**プロピレンオキシド**や**エチレンオキシド**を単独で、あるいは共重合
してつくる**ポリプロピレングリコール**などの**ジオール型**（末端ヒドロキシ基
-OHが二つあるアルコール）や**トリオール型**（末端ヒドロキシ基が三つある）
がよく使われます。ポリエステルとしてはアジピン酸などの二つのカルボキ
シ基-COOHをもつ酸と二つまたは三つのヒドロキシ基をもつアルコールを
重合させたものがよく使われます。

　ヒドロキシ基とイソシアネート基が反応して**ウレタン結合**-OCO-NH-がで
きます。ジイソシアネート化合物とアルコールやポリエステルの選択によっ
て、軟らかなものや硬いもの、あるいは熱可塑性のものや熱硬化性のものを
つくることができるので、ポリウレタンの用途は**発泡体**（クッションなどの
軟質フォーム、冷蔵庫や建築物の断熱材用の**硬質フォーム**）、**エラストマー**

としてバンパー、タイヤ部品、パッキン、靴底に、また合成皮革・**人工皮革**や**塗料**、**接着剤**、**弾性繊維**、**防水材**などに幅広く使われています。フォームも、エラストマーも、繊維も直接目に見える使われ方でないので気付きませんが、意外と身の回りにはポリウレタン製品はありふれています。ただし、ポリウレタンの欠点は、合成樹脂のなかでは**耐候性**が悪いことです。5年程度でカバンの表面がべとついてしまったり、しばらく使わなかった靴底が割れてしまったりという経験があると思います。

　このほかにも多くの生産量の大きな樹脂が身の回りに使われています。**エポキシ樹脂**は、強力な**構造用接着剤**として、また**缶用塗料**、**封止材料**として、あるいは半導体などをのせて電気回路をつくる**ガラスエポキシ積層板**（ガラス繊維＋エポキシ樹脂）、炭素繊維を使った**航空機材料**として使われています。**メタクリル樹脂**は、水族館の大型水槽でおなじみですが、街中の看板、透明なドア、光ケーブル、入れ歯などにも使われています。紛らわしい用語ですが、メタクリル樹脂はしばしばアクリル樹脂と呼ばれます。

　フェノール樹脂、**ユリア樹脂**、**メラミン樹脂**は、戦前から使われている樹脂ですが、現在でも成形材料、積層板、合板や集成木材用の接着材料、レジスト材料などに使われています。化粧板に加えて、近年はメラミンフォームが鍋のお焦げ落としや茶碗の茶渋落としとして台所の必需品になりました。メラミン樹脂の高い硬度を活用した用途です。**不飽和ポリエステル樹脂**は、人工大理石やFRP製品としてシステムキッチンや浴槽、漁船のような大型成形品に使われています。**酢酸ビニル樹脂PVAc**は、接着剤、塗料、紙加工に使われます。PVAcをけん化（エステル基を加水分解）してつくられる**ポリビニルアルコールPVA**は、**水溶性樹脂**の特性を生かして繊維用や紙用の糊・接着材料として使われます。PVAをブチルアルデヒドによってアセタール化した**ポリビニルブチラールPVB**は、透明性、接着性、耐光性から、自動車・航空機の貼り合わせガラス（安全ガラス）に使われます。**アクリル樹脂**（ポリアクリル酸エステルやアクリル酸とアクリル酸エステルの共重合体）は、**塗料や高吸水性樹脂**として紙おむつに使われます。また、生産量はそれほど大きくなくても他の追随を許さない特性をもった合成樹脂として**フッ素樹脂**、**ケイ素樹脂（シリコーン）**があります。そのほかにも到底紹介しきれないほどの数の合成樹脂が工業化され、競合しています。

エンジニアリングプラスチックの商品知識

　汎用樹脂にない強さや耐熱性をもった合成樹脂が**エンジニアリングプラスチック**や**スーパーエンジニアリングプラスチック**です。プラスチックの強みである**成形性のよさ**と**軽量**を生かしながら、**強さ**と**耐熱性**を追求し、金属材料では満たされない需要をねらって設計された合成樹脂です。すでに紹介した**ガラス繊維入りの強化**PETに加えて、同じポリエステル系の**ポリブチレンテレフタレート**PBT、同じく**縮合重合系のポリアミド**PA、**酸化重合**という特殊な重合法の**変性ポリフェニレンエーテル**PPE、**界面重縮合**で合成される**ポリカーボネート**PC、ホルムアルデヒド単独あるいはエチレンオキシドとの共重合高分子である**ポリアセタール**POMの六つが**汎用エンジニアリングプラスチック**と呼ばれます。PETが大きな生産量をもつ汎用樹脂になったので、エンジニアリングプラスチックから強化PETをはずすこともあります。代わりに近年生産量が大きくなった**ポリフェニレンスルフィド**PPSを加えることもあります。変性ポリフェニレンエーテルは、ポリフェニレンエーテル（ポリフェニレンオキシド）とポリスチレンのポリマーアロイです。PPEとPSは、合成樹脂の中では珍しく相溶性がよく、相溶化剤なしでポリマーアロイになる数少ない例です。

　合成樹脂の強さと耐熱性にはある程度の相関性があります。これは熱可塑性樹脂が鎖状をしているために、強さも耐熱性も分子間力に依存するからです。分子間力は分子同士の**凝集力**が強いほど、また分子の配列性がよいほど大きくなります。これがエンジニアリングプラスチックの設計思想になります。分子同士の凝集力を大きくする方法として、分子内に**極性基**（電子的に偏りのできる置換基）を導入する方法があります。これがポリエステル、ポリアミド、ポリアセタールです。主鎖にあるエステル基、アミド基、エーテル基の強い極性によって結晶性の高い高分子になります。一方、分子の**配列性**をよくする方法として、主鎖に芳香族基のような剛直な構成要素を導入する方法があります。変性ポリフェニレンエーテル、ポリカーボネート、**ポリフェニレンスルフィド**PPS、**ポリアリレート**PAR、**ポリスルホン**PSFなどのエンジニアリングプラスチックが該当します。

　連続で使用可能な温度は、PETで130℃、PAで80 〜 100℃、PPEで140℃、

PCで135℃、PSFで140℃になります。汎用エンジニアリングプラスチックは、**歯車**、**コネクタ**、**スイッチ**をはじめとする比較的小型の機械部品として自動車、カメラ、電子機器、OA機器に今ではごく普通に使われるようになりました。**ファスナー**や**スナップボタン**のような雑貨類にも使われるようになっています。しかし、表立ってみえる位置に使われることが少ないので気付かれません。表面に金属メッキが施されているために、一見金属部品と思われてしまうこともあります。

そのなかでPCは機械部品以外にも**光ディスク**（CD、DVDなど）の基板に、またガラス代わりに駐車スペースの屋根などにもよく使われているので、最も身近なエンジニアリングプラスチックになりました。これは強度に加えて、透明性、耐衝撃性に優れ、さらに**自己消火性**がある点が高く評価されているためです。安全なガラスとしての用途拡大が期待されます。

さらに耐熱性を向上させる方法として、分子鎖を2本にして切れにくくするような構造を導入することが行われました。同じ発想から主鎖をすべて芳香族基にすることも行われました。こうして生まれたのが**ポリイミドPI**です。T_gが400℃を超える合成樹脂です。しかし、そうなると合成樹脂の長所である成形性の良さが失われてきます。このため耐熱性や強度を多少犠牲にしても成形性の良さを合わせて求めた高分子が、**ポリアミドイミドPAI**、**ポリエーテルイミドPEI**です。一方、**全芳香族ポリエステル**は、熱溶融型の**液晶ポリマー**として成形性と高強度の調和を図っています。これらは従来のエンジニアリングプラスチックの耐熱性と強度の限界を超えているので**スーパーエンジニアリングプラスチック**といわれます。しかし、従来のエンジニアリングプラスチックの設計思想の中からも**ポリエーテルエーテルケトンPEEK**や**ポリエーテルスルホンPES**のようなスーパーエンジニアリングプラスチックの領域の性能をもつ合成樹脂も生まれ、これらもスーパーエンジニアリングプラスチックと呼ばれています。連続で使用可能な温度としては、PIで200〜260℃、PAIで200〜250℃、PESで180〜260℃です。スーパーエンジニアリングプラスチックは、電子部品、機械部品に使われ携帯型の電子機器の実現や自動車の軽量化に貢献しています。

機能性樹脂の商品知識

　機能性樹脂は重合でつくるだけでなく、重合した合成樹脂を化学的に変化（**修飾、化学修飾**といいます）させてつくることもあります。いくつか代表的な機能性樹脂を紹介します。

　イオン交換樹脂は**スチレンとジビニルベンゼン**からつくられる三次元構造体のベンゼン環に**イオン交換基**をつけた合成樹脂です。イオン交換基として**スルホン酸基、カルボキシ基**をつければ**陽イオン交換樹脂**に、**4級アンモニウム基**や**アミン基**をつければ**陰イオン交換樹脂**になります。酸性度、塩基性度の強いものから弱いものまであります。

　用途の6割が**水処理用**です。**ボイラー用水製造**のために多くの工場で使われるほか、半導体用の**超純水**をつくるためにも不可欠です。残りの4割は様々な用途です。糖液、アミノ酸、核酸の濃縮・分離や化学工場での分離工程に使われています。また、固体の酸、アルカリ触媒としても使われています。例えばビスフェノールAは、塩酸を触媒として、フェノールとアセトンを反応させてつくってきました。しかし、塩酸は非常に腐食性の強い薬品のため、反応器やパイプのグラスライニングが必要になったり、部分的には不浸透性カーボン機器を使わなければならなくなったりと、取り扱いがやっかいな触媒です。このため近年は陽イオン交換樹脂が**固体酸触媒**として広く使われるようになりました。イオン交換樹脂上の酸点にも様々な強さがあるので、触媒として使う場合にはさらに化学修飾して酸点の強さを微妙に調整しています。

　イオン交換樹脂のイオン交換基の代わりに**キレート生成基**を導入したものが**キレート樹脂**です。キレートとはカニのことです。カニのはさみのように金属イオンに**キレート生成基**が**配位**し、金属イオンをとらえます。キレート生成基としては**イミノジ酢酸基、ポリアミン基**がよく使われます。キレート樹脂は、排水中の重金属イオンの選択的な除去に使われます。**イオン交換膜式電解か性ソーダ**の製造においては、原料食塩水からカルシウムイオン、マグネシウムイオンなど2価イオンを完全に除去するために使われます。海水からウランを得ようとする研究にも使われましたが、いまだに実用化には至っていません。しかし、リサイクルが重要となるとともに稀少金属類の回収

118

リサイクルのために不可欠な材料になっています。

　クロマトグラフィーは、イオン交換やキレートばかりでなく、高分子自体への溶解性の差や高分子が形成するミクロな多孔による吸着力の差を活用して、物質を分離・精製する技術です。高分子以外にゼオライトのような固体無機化合物も使われますが、高分子は種類が多く、しかも様々に修飾できるので、分析に、物質の精製に、また治療にまで幅広く使われています。たとえば多くの理系出身の方が学生時代から実験室でお世話になっているガスクロマトグラフィーでは、固定相（液相）に**ポリエチレングリコールPEG**や**ジメチルポリシロキサン**がよく使われます。**イオン交換クロマトグラフィー**は電荷をもつ生体分子（タンパク質、核酸など）の微量な分析からキログラム単位の精製まで幅広く使われています。高分子の分子量や分子量分布を調べるために使われる**GPC（ゲル浸透クロマトグラフィー）**のような**サイズ排除クロマトグラフィー**には、化学修飾したシリカゲルのような無機化合物ばかりでなく架橋ポリスチレンや多糖類のような高分子も使われています。また、血漿から特定成分を除去する**血漿吸着療法**においては多孔質セルロースにデキストラン硫酸、さらに特定の抗体を付けた吸着体を活用しています（東京大学医学部付属病院血液浄化療法部ホームページ参照）。

　感光性樹脂は光の作用によって反応する合成樹脂です。反応によって、溶剤への溶解性が変化したり、液体から固体になったりする変化を利用して**印刷製版、フォトレジスト**として使われます。**印刷、半導体製造、フラットパネルディスプレイ（FPD）製造**に、また**プリント配線製造、センサー製造**にも不可欠な合成樹脂となっています。最近は歯科治療にも感光性樹脂が広く使われるようになりました。ジアゾ基、アジド基のような光分解を利用した**光分解型感光性樹脂**、高分子側鎖に導入したビニル基などが光二量化反応することを利用した**光二量化型感光性樹脂**、ポリマー・プレポリマーとモノマーの組み合わせで**光ラジカル重合**やエポキシ基の**開環付加重合**などを利用する**光重合型感光性樹脂**などがあります。半導体の集積度が増し、線幅が小さくなるとともに、使われるフォトレジストの**世代交代**が行われてきました。

　光学用樹脂もたくさんあります。**光ファイバー**には長距離用としてはガラスが用いられますが、近距離用や自動車内用などとしては**プラスチック光ファイバー**がよく用いられます。光ファイバーは光が通る**コア部**と光を外

部に漏らさず、コア部に戻す**クラッド部**からなっています。コア材料には PMMAやPCなどの高分子が、クラッド材料にはフッ素系ポリマーが使われます。

　メガネレンズに用いられる樹脂には透明性、高屈折率、高アッベ数（低分散）、軽量性が求められます。これによってガラスレンズに比べて軽くて薄い**プラスチックメガネレンズ**ができます。大量生産される透明な樹脂としてはポリスチレン、塩化ビニル樹脂、PMMA、PCなどがありますが、このうちPMMAやPCはメガネレンズにも使われます。高屈折率の高分子をメガネレンズに使うと薄くても度数を上げることが可能となります。高屈折率の高分子は、フッ素以外のハロゲン原子、硫黄、芳香族環を導入することによって得られます。**チオウレタン系樹脂やエピスルフィド系樹脂**が高級メガネレンズ用に開発され使われています。一方、**コンタクトレンズ**にも高分子が使われています。ハードコンタクトレンズには**PMMA**、ソフトコンタクトレンズには**ポリヒドロキシエチルメタクリレートやポリビニルピロリドン、シリコーンハイドロゲル**などが使われます。

　携帯電話のカメラレンズに使われて一躍有名になったのが**シクロオレフィンポリマー COP**です。光学機器レンズやDVDのピックアップレンズ、**液晶用光学フィルム**に使われ電子情報材料の花形製品になりました。環状オレフィンの**開環メタセシス重合**で合成されます。透明性はもちろん、ポリオレフィンなので吸湿性の低い点が光学用樹脂に適しています。

　導電性高分子はノーベル化学賞を受賞された白川英樹さんが1970年代に研究を飛躍的に進め、現在では電解コンデンサや蓄電池（2次電池）の電極などに使われています。白川さんが研究された**ポリアセチレン**をはじめ、芳香環をもつポリパラフェニレン、ポリアニリン、ポリチオフェン、ポリパラフェニレンビニレンなど多くの**π共役高分子**が導電性高分子として開発されています。ヨウ素やアルカリ金属などを**ドーピング**することによって導電性高分子の性能が発揮されます。

　最近話題の**有機EL**（エレクトロルミネッセンス）材料としては、先行している低分子化合物に加えて高分子化合物、**高分子EL**も実用化段階に入りました。まさに発光性高分子です。高分子としては、導電性高分子と同じく半導体特性をもった**π共役高分子**が使われます。このような高分子の応用と

して、高分子トランジスタや有機薄膜太陽電池への展開も期待されています。

高吸水性樹脂は自分の重さの数百倍もの水を吸収できる高分子です。分子設計の考え方としては、**イオン性置換基をもつ高分子を少し架橋させた構造**をつくることです。**吸水材**のほかに保水材としても使われます。**ポリアクリル酸系やカルボキシメチルセルロース系、デンプンアクリロニトリル系**などの高分子が使われますが、アクリル酸ナトリウムを重合させてつくるポリアクリル酸系ポリマーが最も多く使われています。1980年代以来用途研究が盛んに行われ、紙おむつ、生理用品、結露防止シート、土壌改良剤、使い捨てカイロ、止水材、パッキング、保冷材などに広く使われています。

機能性樹脂は、ニーズをとらえて、それに合った分子設計をいかに行うかがポイントです。一つの用途で生まれた機能性樹脂は、多くの場合、他のニーズにも使われていきます。機能性樹脂の開発戦略、特許戦略においては、このような点を忘れてはなりません。

合成樹脂工業の概要

第2－2－1図は、日本プラスチック工業連盟が経済産業省の生産動態統計 化学工業統計編をもとに合成樹脂の日本での生産量推移をまとめたものです。その他合成樹脂を含めても必ずしも日本で生産された合成樹脂すべてを網羅しているわけではありません。

このほかにもたくさんの合成樹脂があること、そして毎年新しい合成樹脂が続々と生まれていることに注意してください。例えば最近では携帯カメラのレンズや電子情報材料に利用されているシクロオレフィン系ポリマーが生産量は少ないものの注目を集めました。また、メガネレンズ用ポリマーや半導体製造に不可欠なレジスト用感光性樹脂などは、常に新規の高分子が開発され、生産されています。新規でない高分子として第2－2－1図から外れているものとしては、スーパーエンジニアリングプラスチック、アクリル樹脂、瞬間接着剤で有名な**シアノアクリレート樹脂**などがあります。ポリウレタンもフォームになったものしか計算に入れられていないので、かなりの量が外れています。

第2－2－1図に示すように日本での主要な合成樹脂の生産量は、1990年代半ばから2005年までは1,400万t程度でピーク状態でした。しかし、

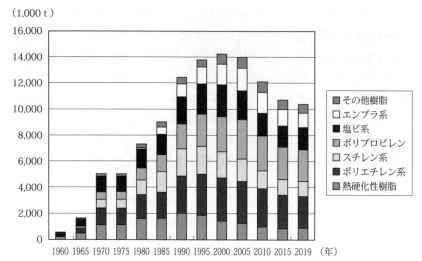

(1,000 t)

凡例:
- その他樹脂
- エンプラ系
- 塩ビ系
- ポリプロピレン
- スチレン系
- ポリエチレン系
- 熱硬化性樹脂

［注］その他樹脂にはPMMA、PVA、ポリビニルブチラール、PVDC、
　　　フッ素樹脂、酢酸セルロース、ニトロセルロース、PPEなど
　　　資料：日本プラスチック工業連盟（一部データを修正）

【第2－2－1図】主要合成樹脂の生産量推移

金融不況後は減少が続き、2019年には1,050万tにまで落ち込みました。統計のカバー率が違うので多少不正確とは思いますが、**第2－2－2図**から合成樹脂需給推移の大枠を知ることができます。2005年と2019年を比べてみると、生産量は26％減、364万t減少です。内需量は19％減、218万t減少、輸出量4％増、16万t増加に対して、輸入量は11％増、162万t増加です。

　第2－2－4表、**第2－2－5表**は、合成樹脂の貿易金額を主要地域別に示します。数量とはかなり異なった動きです。2019年の輸出額は2005年に対して29％増、2,808億円増加に対して、輸入額は100％増、3,545億円の増加です。アジア、西欧、アメリカ（米国）の3地域で輸出額のほぼ96％、輸入額の99％を占めます。地域別内訳は、輸出額はアジアが1990年時点で70％、2000年で76％、2010年で79％、2019年で77％と大きな変化がありません。輸入額はアジアが1990年24％、2000年41％、2010年55％、2019年69％と急速に増加したのに対して、西欧とアメリカの合計は1990年75％が2019年には31％に減少しています。**第2－2－3図**は、

（1,000 t）

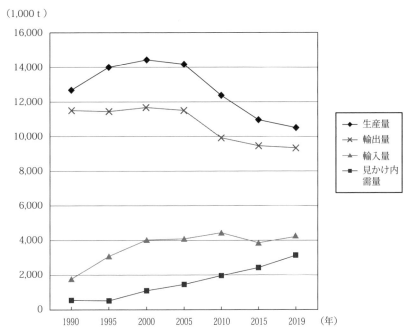

［注］生産量は第2-2-1図と同じ、輸出入量は貿易統計3901－3914プラスチック合計
　　見かけ内需量は生産－輸出＋輸入で産出
資料：日本プラスチック工業連盟、財務省『貿易統計』

【第２－２－２図】合成樹脂の需給推移

　合成樹脂の輸出入単価の推移を示します。輸入単価が1990年代に低下し、2005年以後はほぼ横ばいに対して、1990年代には輸入単価より低かった輸出単価が2000年を底に上昇し、2005年に輸入単価に並び、その後は大きく引き離しています。

　これから、日本の合成樹脂工業の動向について、次のように見ることができます。1990年代までは、比較的安価な製品の生産に集中し、生産量に対する輸出比率は1990年の14％から2000年の28％まで上昇したものの内需を中心としていました。高価なエンジニアリングプラスチックなどは欧米からの輸入に依存しましたが、合成樹脂全体の内需量に対する輸入比率は1990年5％から2000年10％と低レベルでした。2000年代以後、日本の合成樹脂工業は単価の高い製品の生産にシフトし、欧米への輸入依存度が低下していく一方で、近隣アジア地域での合成樹脂需要の増加に伴う輸出増加、

【第2−2−4表】合成樹脂の地域別輸出額推移

（単位：億円）

年	1990年	1995年	2000年	2005年	2010年	2015年	2019年
韓国台湾	999	1,250	1,496	1,768	1,651	1,802	1,679
中国香港マカオ	824	1,521	2,356	3,903	4,724	4,523	4,548
東南アジア	989	1,367	1,373	1,618	1,998	2,323	2,442
南アジア	77	130	68	140	220	606	851
中東	80	45	48	92	152	209	99
その他アジア	3	2	2	1	1	17	1
アジア計	2,972	4,315	5,342	7,522	8,746	9,480	9,621
大洋州計	89	91	80	129	84	53	35
西欧	528	553	613	925	965	1,187	1,159
中東欧ロシア	146	9	16	52	103	119	139
欧州計	675	562	629	977	1,068	1,306	1,299
北米	468	569	824	877	883	1,263	1,258
中南米	36	100	140	177	202	280	235
米州計	505	669	964	1,053	1,084	1,543	1,493
アフリカ計	28	26	38	59	105	74	99
世界合計	4,268	5,662	7,053	9,740	11,087	12,456	12,548

〔注〕製品範囲：貿易統計輸出品目コード3901−3914合計
資料：財務省『貿易統計』

【第2−2−5表】合成樹脂の地域別輸入額推移

（単位：億円）

年	1990年	1995年	2000年	2005年	2010年	2015年	2019年
韓国台湾	248	230	432	804	11,054	1,548	1,995
中国香港マカオ	64	27	51	141	444	1,100	888
東南アジア	44	36	377	745	869	1,238	1,648
南アジア	0	0	9	8	3	23	113
中東	51	31	41	72	80	116	215
その他アジア	0	0	0	0	0	0	0
アジア計	407	323	910	1,771	2,450	4,026	4,859
大洋州計	1	2	4	6	1	8	2
西欧	513	446	528	715	777	927	904
中東欧ロシア	6	1	0	4	4	8	6
欧州計	519	447	528	719	781	935	910
北米	775	630	780	1,024	1,156	1,307	1,284
中南米	4	4	11	12	91	108	21
米州計	779	634	780	1,036	1,247	1,415	1,306
アフリカ計	0	0	0	0	0	2	1
世界合計	1,707	1,406	2,234	3,532	4,479	6,386	7,077

〔注〕製品範囲：貿易統計輸出品目コード3901−3914合計
資料：財務省『貿易統計』

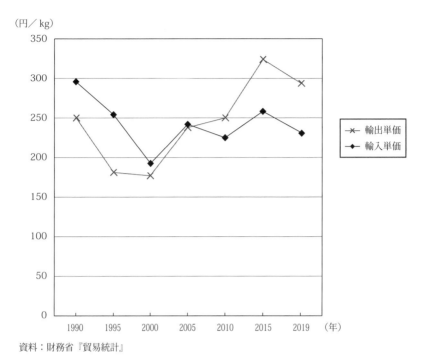

（円／kg）

資料：財務省『貿易統計』

【第２－２－３図】合成樹脂の輸出入単価の推移

さらにアジアの工業化による輸入増加が急速に起こりました。輸出比率が
2019年に41％に上昇（2000年から＋13％ポイント）したものの、輸入比
率は33％に急増（2000年から+23％ポイント）し、内需の減少も加わって
生産量は低下傾向が続いています。**第２－２－６表**に主要な合成樹脂の需給
動向を示します。合成樹脂の種類を細分化すると、生産統計と貿易統計の対
比が難しくなり、正確性に欠ける点があるかも知れませんが、汎用樹脂、エ
ンジニアリングプラスチックに限らず、多くの合成樹脂ですでに数量面では
輸入超過となっており、内需に対する輸入比率が30％以上の製品が多くみ
られます。

熱硬化性樹脂の動向

　熱硬化性樹脂には**第２－２－２表**に示すように高分子工業の歴史上、早く

125

【第２−２−６表】主要な合成樹脂の需給動向（2019年）

(単位：t, %)

合成樹脂の種類	生産	輸出	輸入	見かけ内需	輸出／生産	輸入／内需
低密度ポリエチレン	1,455,463	273,446	347,687	1,529,704	18.8	22.7
エチレン・酢ビコポリマー	163,556	90,864	2,144	74,836	55.6	2.9
高密度ポリエチレン	828,890	152,864	209,807	885,833	18.4	23.7
ポリプロピレン	2,439,862	408,820	331,819	2,362,861	16.8	14.0
成形用PS	655,287	113,404	3,855	545,738	17.3	0.7
発泡用PS	112,843	19,499	10,096	103,440	17.3	9.8
AS樹脂	65,879	30,612	4,815	40,083	46.5	12.0
ABS樹脂	338,571	82,306	41,822	298,087	24.3	14.0
塩化ビニル樹脂	1,732,545	751,199	10,454	991,800	43.4	1.1
石油樹脂	106,174	42,550	18,573	82,197	40.1	22.6
メタクリル樹脂	142,949	42,975	20,977	120,951	30.1	17.3
ポリビニルアルコール	207,828	75,260	8,001	140,569	36.2	5.7
フェノール樹脂	288,752	38,146	15,457	266,063	13.2	5.8
エポキシ樹脂	115,682	44,463	50,050	121,268	38.4	41.3
不飽和ポリエステル樹脂	118,816	14,795	16,567	120,588	12.5	13.7
PET	531,065	198,262	1,061,491	1,394,294	37.3	76.1
ポリカーボネート	297,505	175,144	77,526	199,887	58.9	38.8
ポリアミド樹脂	200,054	100,903	197,853	297,003	50.4	66.6
ポリアセタール	100,698	51,400	39,894	89,192	51.0	44.7
主要樹脂合計	9,902,419	2,706,912	2,468,888	9,664,395	27.3	25.5

〔注〕合成樹脂輸出計は4,261千 t、輸入計は3,091千 t なので、上記には輸出面で把握できていないものが多い。具体的にはポリエチレン、ポリスチレン系、PET以外の飽和ポリエステル樹脂、POM以外のポリエーテル、塩化ビニル樹脂以外のハロゲン化オレフィン重合体には各々約100千トンの表に計上されていないポリマーが存在し、またPMMA以外のアクリル樹脂として約500千 t がある。
資料：経済産業省『生産動態統計 化学工業統計編』、財務省『貿易統計』

　から開発され利用されてきた合成樹脂がたくさんあります。しかし、第２−２−１図に示すように現在、日本で生産される主要な合成樹脂のおおむね９割が**熱可塑性樹脂**です。しかもこの比率は徐々に上昇しています。重合反応に比べると加熱冷却の**サイクル時間**は一般に短いので、重合反応と成形加工が同時に行われる熱硬化性樹脂は、加熱冷却だけで成形加工ができる熱可塑性樹脂に比べて、成形材料としては成形加工面で不利です。接着剤、塗料のような成形材料以外の用途は、この点の不利が少ない分野です。また、3次元構造を持つ熱硬化性樹脂は、強度も耐候性も高いので、この長所を生かした用途に使われます。

　フェノール樹脂、ユリア樹脂、メラミン樹脂は、フェノール、尿素、メラミンとホルムアルデヒドを反応させてつくります。合板（ベニヤ板）の生産が東南アジアの木材産出国に移り、日本国内での生産が大きく減ったために、合板用接着剤を主要な用途としてきたユリア樹脂やメラミン樹脂の日本での生産は、1990年代以後大きく減少しています。ユリア樹脂は1980年に57万トンも生産されていましたが、2019年でユリア樹脂は6万t弱、メラミン樹脂は8万t弱の生産量です。フェノール樹脂も同様に1990年代に減少しましたが、接着剤以外の用途が堅調で2019年で29万トンの生産量を維持しています。

　不飽和ポリエステル樹脂は、ガラス繊維を混ぜてFRP（繊維強化プラスチック）として、キッチンセットや浴室セットのような大型建材に使われてきました。しかし、国土交通省の統計によれば、住宅着工件数は1996年の163万戸を最後のピークとして大幅な減少過程に入り、2009年に78万戸で底を打ったものの回復力は弱く2019年は94万戸に止まっています。今後も人口減少により着工件数の回復が望めないので、不飽和ポリエステル樹脂は住宅建材への依存を抜け出し、新しい用途を開発しない限りは生産減少に歯止めがかからないと予想されます。一時はトラックのような大型車の外装の一部にFRPを使うことが期待されましたが、日本ではとうとう普及しませんでした。1990年代前半の生産量約25万tに対して、2019年生産量は半分の12万t弱に過ぎません。

　アルキド樹脂も古くからある塗料用樹脂です。多塩基酸（無水フタル酸、ロジンなど）と多価アルコール（ペンタエリトリトール、グリセリンなど）の縮合重合によるポリエステルです。しかし、アルキド樹脂も、アクリル、ウレタン、フッ素系の優秀な塗料が多く使われるようになったために減少傾向が続いています。1990年生産量17万tに対して、2019年生産量は6万tです。

　優れた塗料、接着剤用樹脂であるエポキシ樹脂は熱硬化性樹脂の中では2000年24万トンまで生産量を伸ばし健闘してきました。エポキシ樹脂は構造用接着剤や半導体封止材料に加えて、近年はLED、有機EL、太陽電池の封止材料にも用途を拡大してきました。しかし、金融不況後は日本の電子機器工業の不振からエポキシ樹脂の生産も低迷が続き、2019年生産量はピ

ーク時の半分の12万 t 弱です。

　硬質ウレタンフォームは、建築用断熱材、冷蔵庫やエアコン、冷凍車の断熱材に使われます。住宅建設の減少とともに生産量も減少して、2019年は1990年代後半の半分程度の7万 t です。一方、**軟質ウレタンフォーム**は、家具、自動車、電車などのクッションに使われます。その生産量は、金融不況までは14 ～ 15万 t で横ばいでした。金融不況後も落ち込みは小さく、2019年生産量は金融不況前の9割レベルです。ウレタンフォームは、ポリウレタンの35％を占める最大用途ですが、残りの6割分（塗料、土木建築用防水材、シーリング材、弾性繊維、レザー、エラストマーなど）が第2－2－1図の集計からは抜けています。

　このように、熱硬化性樹脂は、合成樹脂全体に占める比率が10％を割るほどに低下し、生産量はピーク時1990年205万 t から2019年には92万 t まで減少しています。

汎用樹脂の動向

　合成樹脂の約9割を占める**熱可塑性樹脂**は、加熱して成形することができます。熱硬化性樹脂に比べて、熱可塑性樹脂には新しい樹脂が続々と誕生しています。このため熱可塑性樹脂のなかでも近年大きな変化がありました。そのなかで、まず汎用樹脂の動向を述べます。

　ポリエチレン（**低密度ポリエチレン**、**高密度ポリエチレン**）、**ポリプロピレン**、**ポリスチレン**、**塩化ビニル樹脂**の四つ（ポリエチレンを二つに区分すれば五つ）は、第2－2－1図に示すように、これだけで合成樹脂生産量全体のほぼ7割を占めるので**汎用樹脂**といいます。汎用樹脂は中東産油国やアジア各国でも大規模な生産が始まり国際競争が激化しています。

　第2－2－6表には2019年における細分化した汎用樹脂の需給状況を示しています。また**第2－2－7表**には4大汎用樹脂別及びその合計の需給状況の推移を示します。貿易統計のコードが輸出・輸入で微妙に異なる上に年によって変化するので解読が難しく第2－2－7表では4桁コードで各々の4大汎用樹脂を割り当てています。したがってたとえば第2－2－6表のポリエチレンを合計しても、第2－2－7表のポリエチレンの数字に一致しません。エチレンの重合体の「その他」まで第2－2－7表には算入している

【第2−2−7表】汎用樹脂の需給推移

(単位：1000 t)

	年	生産量	輸出量	輸入量	見かけ内需	輸出／生産	輸入／内需
四大汎用樹脂計	1990	8,971	1,119	304	8,156	12.5%	3.7%
	1995	10,118	2,078	240	8,280	20.5%	2.9%
	2000	10,497	2,598	524	8,423	24.8%	6.2%
	2005	10,189	2,391	475	8,272	23.5%	5.7%
	2010	8,806	2,447	613	6,972	27.8%	8.8%
	2015	7,966	1,949	757	6,774	24.5%	11.2%
	2019	7,793	2,304	1,056	6,545	29.6%	16.1%
	年	生産量	輸出量	輸入量	見かけ内需	輸出／生産	輸入／内需
ポリエチレン系	1990	2,888	399	92	2,581	13.8%	3.6%
	1995	3,193	633	115	2,675	19.8%	4.3%
	2000	3,342	710	193	2,825	21.2%	6.8%
	2005	3,240	581	237	2,896	17.9%	8.2%
	2010	2,964	736	302	2,530	24.8%	11.9%
	2015	2,609	581	400	2,428	22.3%	16.5%
	2019	2,448	617	572	2,403	25.2%	23.8%
	年	生産量	輸出量	輸入量	見かけ内需	輸出／生産	輸入／内需
ポリプロピレン系	1990	1,942	228	68	1,781	11.8%	3.8%
	1995	2,502	405	35	2,132	16.2%	1.6%
	2000	2,721	474	246	2,494	17.4%	9.9%
	2005	3,063	511	146	2,698	16.7%	5.4%
	2010	2,709	507	167	2,369	18.7%	7.0%
	2015	2,501	367	221	2,354	14.7%	9.4%
	2019	2,440	470	355	2,325	19.3%	15.3%
	年	生産量	輸出量	輸入量	見かけ内需	輸出／生産	輸入／内需
ポリスチレン系	1990	2,092	378	56	1,770	18.1%	3.2%
	1995	2,149	589	67	1,627	27.4%	4.1%
	2000	2,024	596	67	1,495	29.5%	4.5%
	2005	1,734	478	70	1,326	27.6%	5.3%
	2010	1,385	406	119	1,097	29.3%	10.8%
	2015	1,210	278	112	1,044	23.0%	10.7%
	2019	1,173	357	102	917	30.5%	11.1%
	年	生産量	輸出量	輸入量	見かけ内需	輸出／生産	輸入／内需
塩化ビニル樹脂系	1990	2,049	113	88	2,024	5.5%	4.3%
	1995	2,274	451	23	1,847	19.8%	1.2%
	2000	2,410	818	18	1,609	33.9%	1.1%
	2005	2,151	820	22	1,353	38.1%	1.6%
	2010	1,749	799	26	976	45.7%	2.6%
	2015	1,646	722	24	949	43.8%	2.6%
	2019	1,733	860	27	900	49.6%	3.1%

〔注〕生産量：PE系は低密度、高密度、EVA合計、PS系はGP、HI、FS、AS、ABS合計、PVC系は
ポリマー、コポリマー、ペースト合計
貿易量：PE系はコード3901、PP系はコード3902、PS系はコード3903、PVC系はコード
3904合計。第2−2−6表とは整合しない。たとえば、PE系では「その他のエチレン重合体」、
PP系ではPE,PP以外のポリオレフィン、PS系ではGP、FS、AS、ABS以外のポリスチレン共
重合体、PVC系ではフッ素系樹脂、ハロゲン化オレフィン重合体を含む
資料：経済産業省『生産動態統計 化学工業統計編』、財務省『貿易統計』

ためです。第2－2－7表からは大まかなトレンドを読み取ってください。

　ポリエチレンは汎用樹脂のなかでは輸入比率が最も高くなっているばかりでなく、レジ袋のような製品輸入も増加しています。かねてからの予想通り、輸入増加によって2018年には輸入超過（2019年には輸出が増加して輸出超過に復帰）になり、内需落ち込みもPPに比べて大きく、2010年代に生産量の落ち込みも大きくなっています。2019年生産量は、2000年頃のピーク時から27％減少です。

　ポリプロピレンPPは、2000年代前半まで汎用樹脂の中で最も成長力がありました。中東やアメリカのような天然ガス資源（エタン）による石油化学国ではプロピレンがほとんど得られないので、PPはナフサ原料による石油化学国の切り札として期待されていました。実際にPPは万能の樹脂として、エンジニアリングプラスチックやABS樹脂などが開拓した新用途をしばらくすると奪ってしまうことがしばしばみられました。しかもユーザーがプラスチックのリサイクルを進める際には、多種類の合成樹脂を使うことは不都合なので、万能選手のPPが選択されることがますます増えていました。ところが、期待に反して、PPの生産量の伸びは、1990年代に鈍化し、2005年頃をピークとして大きく減少に転じました。内需がピーク時に比べて14％落ち込んだ上に、アジアへの輸出減、アジアからの輸入増のためです。2019年の生産量は2005年から20％減少し、ポリエチレンと同様に2018年には輸入超過になりました。2019年には輸出超過に復帰しましたが、2020年代にはポリエチレンとともに輸入超過が恒常化すると予想されます。

　ポリスチレン（GPPS、HIPS、FS、AS、ABS）は、家電、電子機器の筐体（ケース、ハウジング）のような大きな部分にたくさん使われてきました。しかし、家電、電子機器の組み立て産業が中国等へ生産移転するとともに、1990年代からポリスチレンの国内需要は急速に低下しました。2000年頃までは輸出を増加させることによって生産量の維持が図られました。しかし、その後も2019年まで内需減少は続き、2019年の内需量は1990年から48％も低下しています。輸出も減少していますが、内需が弱いため急速な輸入増加には至っていません。2019年生産量は、1995年ピーク時の45％減となっています。

　塩化ビニル樹脂は、長期的な減少傾向にある住宅需要に強く依存している

硬質製品（下水パイプ、樋）と電線被覆分野で、この10年間以上需要の減少が続いています。これに加えて日本農業の不振による農業用ビニールフィルムが減少し、ダイオキシン問題など環境意識の高まりから塩ビラップフィルムも減少するなどにより、軟質製品の需要も減少しています。2019年の内需量は1990年から56%も減少しました。このため需要の伸びが大きなアジア向けに2000年代は輸出を大幅に伸ばしてきましたが、2010年代には伸び悩みからやや減少に転じています。しかし、原料塩素を得るには、食塩水の電気分解工業が発展しなければならないので、日本の塩化ビニル工業の競争力が急に低下することはなく、輸入比率は数％台をキープしています。2019年生産量は、2000年ピーク時から28%減少です。

第２－２－８表に2018年における汎用樹脂の主要輸入国を示します。1970年代から石油化学工業が起こった韓国、台湾に加えて、近年は1980年代に石油化学工業が始まったタイ、シンガポール、サウジアラビアからの汎用樹脂の輸入増加が目立ってきました。ポリエチレン、ポリプロピレンの輸入比率が2010年代に約２倍に上昇し、20%を超えるようになったことから、日本の石油化学工業は大きな曲がり角に来ました。

エンジニアリングプラスチックの動向

エンジニアリングプラスチックの歴史は第２－２－２表に示すように意外と古いものです。合成樹脂の歴史で述べたようにポリアミドの工業生産開始

【第２－２－８表】合成樹脂の主要輸入国（2019年）

(単位：1000 t，億円)

分類	種類	輸入量	輸入額	主要輸入国, 輸入量					
４大汎用樹脂		1,046	1,714	タイ	390	韓国	193	サウジアラビア	110
	PE系	572	819	タイ	290	サウジアラビア	88	シンガポール	46
	PP系	355	608	韓国	127	タイ	83	中国	28
	PS系	102	248	台湾	32	韓国	25	タイ	17
	PVC系	17	39	韓国	5	マレーシア	2	ドイツ	2
PET		1,061	1,345	台湾	524	タイ	218	韓国	77
その他合成樹脂		984	4,017	中国	221	米国	165	台湾	161
合成樹脂合計		3,091	7,077	台湾	737	タイ	677	韓国	414

〔注〕PE系はコード3901、ＰＰ系はコード3902、ＰＳ系はコード3903、ＰＶＣはコード3904
（3904.6を除く）、PETは3907.6の合計
資料：財務省『貿易統計』

は1930年代、ポリエステルやポリカーボネートは1950年代なので、ポリエチレンやポリプロピレンの誕生と同時代です。ポリアミドはナイロン繊維、ポリエステルはポリエステル繊維として、すぐに成長しましたが、合成樹脂としての成長は、ポリエチレンやポリプロピレンに比べてはるかに遅れました。1980年の日本の生産量は、低密度ポリエチレンLDPE118万t、高密度ポリエチレンHDPE68万t、ポリプロピレンPP93万tに対して、ポリアミドPA6万8,000t、ポリアセタールPOM4万5,000t、ポリカーボネートPC3万3,000t、ポリブチレンテレフタレートPBT1万2,000t、変性ポリフェニレンエーテルPPE1万6,000tにすぎなかったのです。しかし、1980年代以後、エンジニアリングプラスチックは**自動車の軽量化**需要や**小型電子機器**の発展とともに大きく成長しました。2008年の生産量は1980年に比べて、LDPE（EVA含む）が1.7倍、HDPEが1.5倍、PPが3.1倍に対して、PA4.1倍、POM3.1倍、PC10.5倍、PBT16.4倍、PPE2.6倍と大きく伸びました。強化PETと一般のPETの統計区分が難しいのでPETを除くエンジニアリングプラスチックで集計（2011年からPPE非公表なので除外し、2014年からPPSを追加）してみると、1980年時点ではエンジニアリングプラスチックの生産量は汎用樹脂生産量の2％に至らなかったのが、1990年に6.8％、2000年に9.5％、2005年に10.4％、2010年に11.3%と大きく伸びてきました。しかし、その後、2010年代は弱含みの横ばいになり、2019年には9.6%と後退しています。

　エンジニアリングプラスチックが開発した新しい用途をABS樹脂が代替し、さらにPPが代替するという歴史が繰り返されてきたため、日本の合成樹脂生産に占める汎用樹脂の割合は、1980年で72％、1990年で71％、2000年で73％、2010年72％、2019年74％と高いレベルを維持したままです。エンジニアリングプラスチックが大きく成長して、プラスチックのなかの勢力図を変えることは起こりませんでした。

　第2-2-6表に示すように、PC、PA、POMなど主要なエンジニアリングプラスチックすべてにおいて、輸入の急速な増加傾向がみられます。もともと輸出比率の高い商品でしたが、日本企業のアジアでの生産増加もあって輸入が増加しています。2019年の輸入比率は39％〜67%と汎用樹脂に比べて著しく高くなっています。エンジニアリングプラスチックは、もはや**先**

【第２−２−９表】PETの需給推移

（単位：1000 t）

年	生産量	輸出量	輸入量	見かけ内需	輸出／生産	輸入／内需
1990	1,149	34	18	1,132	3.0%	1.5%
1995	1,377	83	30	1,323	6.1%	2.3%
2000	1,308	73	208	1,443	5.6%	14.4%
2005	1,126	73	441	1,494	6.5%	29.5%
2010	912	76	677	1,513	8.4%	44.7%
2015	619	106	896	1,409	17.1%	63.6%
2019	531	198	1,061	1,394	37.3%	76.1%

資料：経済産業省『生産動態統計 化学工業統計編』、財務省『貿易統計』

端材料ではなく、技術面でも、需要面でも**汎用樹脂化**したといえましょう。それとともに、化学産業においても、空洞化が始まったのではと危惧されます。同様のことが輸入比率が41％のエポキシ樹脂についても言えます。

　PETについては、**第２−２−９表**に示すように、さらに劇的な変化が起こっています。PETはもともと繊維用が主体で始まり、X線写真フィルムや磁気テープ向けのフィルム用需要もありました。1980年代にPETボトルなど容器用需要が開拓されて需要が急激に拡大し、1985年から統計がとられるようになりました。第２−２−１図では繊維用の樹脂生産量を除いていますが、第２−２−９表では生産量、貿易量とも、繊維用を加えています。1990年代以後、繊維用需要の減少を、容器用需要の増加でカバーし、内需は2010年の150万 t まで拡大しました。2019年でも139万 t とほぼ横ばいです。内需の規模からすると、ポリスチレン系、塩化ビニル樹脂をはるかに超え、ポリエチレン、ポリプロピレンに次ぐ第3の汎用樹脂と言えます。しかし、2000年から早くも輸入超過に転じ、その後も輸入が増加して、2019年の輸入比率は76％に達しています。これは第２−２−６表に示すように主要な合成樹脂の中で飛び抜けて高い比率です。第２−２−８表に示すように輸入量の半分が台湾、２割がタイと、この２国に集中しています。2019年の生産量は、ピークの1995年の４割の水準を切るまで低下しています。内需が安定しているのに、国際競争力を失って国内メーカー数が減少しています。

2 - 2　合成ゴム

ゴムとは

　ゴムと合成樹脂（プラスチック）の違いは何でしょう。ゴムの特徴は**弾性変形**の大きさにあります。弾性変形とは、材料に力を加えると変形し、力を除くともとに戻る性質です。ゴムは弾性（**エラスティシティ**）が大きいので**エラストマー**とも呼ばれます。

　ゴムと同様に弾性変形の大きなものに金属バネがあります。しかし、ゴムと金属バネの弾性メカニズムは違います。ゴムが**エントロピー弾性**であるのに対して、バネは**エンタルピー（エネルギー）弾性**です。結晶格子が外力によってずれることによって発生するのがエンタルピー弾性です。金属材料では外力によって金属原子が結晶格子のもとの位置から少しずつずれます。外力がなくなればもとの結晶格子の位置に戻ります。一方、エントロピー弾性は、分子の熱運動の自由度が外力によって制約されエントロピーが減少することから起ります。高分子材料は分子鎖が長く軟らかい（分子を構成する部分同士の回転自由度が大きい）ので、熱運動の結果、丸まった状態で安定しています。これに外力をかけると丸まった分子鎖が伸ばされます。伸びた分だけ熱運動の自由度が減ります。これがエントロピー弾性です。

　加熱されたプラスチックでは一定の大きさ以上の外力によって分子同士がずれてしまうので**塑性変形**します。ゴムでは高分子同士を適当な間隔でつないでいる部分があるため、分子鎖が伸びても外力が除かれれば分子同士がずれることなく分子鎖がもとの丸まった状態に戻るだけです。このようにゴムは高分子同士を適当な間隔でつないでいる（高分子の一般用語では**架橋**といいますが、ゴムの世界では**加硫**という言葉をよく使います）ことが重要です。つなぎすぎてしまうと分子鎖の運動が制約されすぎて弾性がなくなり、硬い材料になってしまいます。

　また、ゴムの利用にあたっては、温度も重要です。エンタルピー弾性は温度依存性が小さいのに対して、エントロピー弾性は温度依存性が大きいという特長があります。温度が上がれば分子の熱運動が大きくなるので、もとの

形に戻ろうとする力も大きくなり、エントロピー弾性は大きくなります。つまりゴムは温度が上がると弾性が高くなります。

　合成樹脂の説明のなかで**ガラス転移点**T_gと**融点**T_mを説明しました。T_m以上では液体状態なので、高分子鎖同士の位置関係は熱運動により自由に変化します。T_m以下になると固体状態になるので、高分子鎖同士の位置関係は固定されます。しかし、まだT_g以上ならば固体状態でも高分子鎖の伸び縮み運動は熱運動として自由に行われています。ゴム弾性はこの状態で発現します。T_g以下になると高分子鎖の伸び縮みも固定されるのでゴムはガラス状態になってしまい、もろい固体になります。したがって、ゴムはT_g以上の温度で使う必要があります。低温の環境でゴムを使う場合には慎重にゴムを選択する必要があります。

ゴムの歴史

　天然ゴムは合成樹脂よりも長い歴史をもった材料です。天然ゴムが欧州に知られるようになったのは**コロンブス**がアメリカ大陸を発見したときです。原住民がゴムの玉で遊んでいるのをみて、欧州に紹介しました。1770年に酸素の発見者である**プリーストリー**は、天然ゴムが**消しゴム**として使えることを記録しています。1826年には有名な**ファラデー**が天然ゴムは炭素5、水素8の組成からなる炭化水素であることを明らかにしました。ついでに述べるとファラデーは1825年にはベンゼンも発見しています。天然ゴムが**イソプレン**からなることが明らかになるのは、意外と時間がかかり1860年です。

　1831年にはイギリスで最初のゴム工場ができ、**防水布**、**ゴム長靴**、**ゴム板**の製造が始まりました。しかし、冬になるともろく割れ、夏になるとねばつくという商品でした。1839年にアメリカの**グッドイヤー**が天然ゴムに**硫黄**を混ぜて**加熱**すると安定した弾性体のゴム（**加硫ゴム**）ができることを偶然に発見しました。世界の3大タイヤ会社であるグッドイヤー・タイヤ・アンド・ラバー・カンパニーは、グッドイヤーの名前にちなんで付けられただけでグッドイヤーがつくった会社ではありません。

　1867年には車輪にゴムを付けるようになります。しかし、これはゴムの塊を付けたものでした。1845年にイギリスの**トムソン**が**空気入りタイヤ**を

　発明しますが実用化には至りませんでした。1888年にイギリスの**ダンロップ**が自転車用に空気入りタイヤを初めて実用化し、さらに1904年には**カーボンブラック**が**ゴム補強剤**として効果があることがわかりました。こうして19世紀末からの**自動車の発展**とともに、**タイヤ工業**、**ゴム工業**は発展しました。日本でも1886年（明治19年）に東京で加硫ゴム加工業が始まりました。

　天然ゴムは熱帯地方の限られた地域だけでつくられるので**戦略物資**となりました。野生ゴムの産地、ブラジルはゴム貿易を独占し、ゴムの種子・苗の持ち出しを禁止しました。しかし、1876年にイギリスのウィックハムが厳重な監視をかいくぐってゴムの種を持ち出しました。これをイギリスのキュー植物園で発芽させ、その苗をセイロンやシンガポールに移植したので**マレー半島**などでゴムの木が栽培され、20世紀前半にはイギリスが世界の天然ゴム貿易を制するようになりました。

　これに対して、ドイツは**合成ゴム**の研究を行い、**バイエル**社が最初の合成ゴムである**メチルゴム**（ポリジメチルブタジエン）を1909年に発明（特許化）し、1915年に工業化しました。メチルゴムは第1次世界大戦中に使われましたが、性能的に天然ゴムにまったく太刀打ちできず、大戦後には再び天然ゴムに圧倒されるようになりました。

　しかし、合成ゴムの研究はドイツの化学会社が大合併してIG（イーゲー）になってもバイエルグループによって引き続き行われ、1929年には**ブナS**の名前で現在の**スチレンブタジエンゴム**SBRが開発されました。ブナの名前は、原料のブタジエンと重合触媒であるナトリウムの頭文字をとったものといわれます。さらに1934年には**ブナN**（現在のNBR）もバイエルグループによって開発されました。バイエルはさらに**ウレタンゴム**も開発しました。この時代には原料のブタジエンは**アセチレン**や**発酵エチルアルコール**からつくられました。

　一方、アメリカでは、のちにナイロンの開発で有名になるデュポン社の**カロザース**が**クロロプレンゴム**CRを開発し、1931年に工業化しました。こうして合成ゴムの時代が一気に開かれました。1940年代に入ると日本の東南アジア占領に対処するためにアメリカでもSBRの生産が始まりました。1943年に18万t、1944年に67万tと急速に生産量を伸ばし、アメリカ石油化学工業の発展をもたらしました。1945年には**シリコーンゴム**、1956

年にはEPDM、1957年にはフッ素ゴムなどの特殊ゴムも続々と開発されました。

　日本での合成ゴムの生産は、1934年に古河電気工業がアメリカ・グッドリッチ社からチオコールの特許を買い、生産を始めたことが最初です。このゴムは航空機用電線に優れていたので合成ゴムへの関心が高まりました。日本ではすでにカーバイド工業が石灰窒素・変成硫安工業として発展し、カーバイドからアセチレンを得ることができたので、ブタジエン、アクリロニトリル、クロロプレンなどのゴム原料を工業的に合成することができました。このため戦前にクロロプレン系合成ゴムとNBRが工業化されましたが、第2次世界大戦の進行とともに資材、原料不足に陥り、十分な生産を行えないままに終戦を迎えました。第2次大戦初戦で東南アジアを日本軍が抑え、天然ゴムを手中に収めたので、SBRなどの汎用合成ゴムの研究と工業化に日本は遅れてしまいました。

　戦後は米国の占領方針で合成ゴムの生産が禁止され、生産再開は大幅に遅れました。塩化ビニル樹脂をはじめとして戦後すぐに復興した合成樹脂とは大きな違いでした。1957年に合成ゴム製造事業特別措置法がつくられ、国策会社を設立して合成ゴムの生産を再開することにしました。しかし、1959年に当時は外資系会社であった日本ゼオンによってNBRの生産がいち早く始まり、翌年1960年に合成ゴム製造のための国策会社日本合成ゴム（現在は純民間会社のJSR）によってSBRの生産が始まりました。ナフサ分解によるC4留分からのブタジエン抽出も行われるようになり、現在ではブタジエン製造法の主流になっています。

　1960年代にはゴムの架橋の研究が盛んに行われ、ゴム弾性の原理が明らかにされました。この研究の上にたって1960年代からは多数の熱可塑性エラストマーが開発されてきました。

ゴムの種類

　ゴムは合成樹脂と同様にたくさんの種類があります。大きくは天然ゴムと合成ゴムに分けられます。天然ゴムはゴムの木の樹皮を一部切り取り、そこから出るラテックスに酸を加えて取り出したゴムです。天然ゴムは非常に分子量の大きな立体規則性のシス-1,4-ポリイソプレンです。天然ゴムと同じ

分子構造の合成ゴムである**イソプレンゴム**がつくられていますが、引張り強度などで天然ゴムの域にはなかなか達しません。多くの天然高分子材料が現在では合成高分子材料に置き換えられたのに対して、**第2－2－4図**に示すように天然ゴムはいまだに合成ゴムに十分に匹敵する生産量を誇る優れた材料です。

　ゴムの種類は**第2－2－10表**に示すように、日本産業標準規格（JIS）で

【第2－2－10表】ゴムの種類

JISの分類	JIS分類の説明	主要なゴムの種類	略号		原　料
Mグループ	ポリメチレン型の飽和主鎖をもつゴム重合体	エチレンプロピレンゴム	EPM、EPDM	特殊	エチレン、プロピレンにジシクロペンタジエンまたはエチリデンノルボルネン
		クロロスルホン化ポリエチレン	CSM	特殊	ポリエチレン、塩素、二酸化硫黄
		アクリルゴム	ACM	特殊	アクリル酸エステル、アクリロニトリル
		フッ素ゴム	FKM	特殊	フッ化ビニリデン、六フッ化プロピレン
Oグループ	主鎖に炭素と酸素をもつゴム	エピクロロヒドリンゴム	CO、ECO	特殊	エピクロロヒドリン単独またはエチレンオキサイドと
Rグループ	主鎖に不飽和炭素結合をもつゴム	天然ゴム	NR	汎用	イソプレン
		イソプレンゴム	IR	汎用	イソプレン
		ブタジエンゴム	BR	汎用	ブタジエン
		スチレンブタジエンゴム	SBR	汎用	ブタジエン、スチレン
		クロロプレンゴム	CR	特殊	クロロプレン
		ニトリルゴム	NBR	特殊	ブタジエン、アクリロニトリル
		水素化ニトリルゴム	HNBR	特殊	NBR、水素
		ブチルゴム	IIR	特殊	イソブチレン、少量イソプレン
Qグループ	主鎖にケイ素と酸素をもつゴム	シリコーンゴム	Q	特殊	
Uグループ	主鎖に炭素と酸素および窒素をもつゴム	ウレタンゴム	U	特殊	ジイソシアネートとポリエーテルまたはポリエステル
Tグループ	主鎖に硫黄と酸素および炭素をもつゴム	多硫化ゴム（チオコール）		特殊	アルキルジクロライド、多硫化アルカリ
Zグループ	主鎖にリンと窒素をもつゴム			特殊	

（第2－2－10表　続き）

JISの分類	JIS分類の説明	主要なゴムの種類	略号	原　料
熱可塑性エラストマー（TPE）		スチレン系（SBC）	SBS	スチレンとブタジエンのブロックコポリマー
			SIS	スチレンとイソプレンのブロックコポリマー
			SEBS、SEPS	スチレンとポリオレフィンのブロックコポリマー
		オレフィン系	TPO	ポリオレフィンとEPDMのブロックコポリマー
		ウレタン系	TPU	ジイソシアネートとポリラクトンエステルポリオールまたはアジピン酸エステルポリオールまたはポリテトラメチレングリコール
		ポリエステル系	TPC	芳香族ポリエステルと非晶性ポリエーテルのブロックコポリマー
		ポリアミド系	TPAE	ポリアミドにポリエステルまたはポリオールのブロックコポリマー
		塩ビ系	TPVC	
		フッ素系		フッ素樹脂とフッ素ゴムのブロックコポリマー

高分子主鎖構造によって7種類に大別され、そのなかがさらに細かく化学構造によって分けられています。

　天然ゴムは、主鎖に不飽和炭素結合（二重結合など）を含むRグループに属します。このRグループに属するSBR、BR、IRおよび天然ゴムNRの四つは多くの用途に使われ、生産量も多いので汎用ゴムと呼ばれます。これ以外の多くの合成ゴムは特殊ゴムと呼ばれていますが、特殊といってもピンからキリまであります。

　ゴム弾性の発現のためには架橋が重要であることをすでに述べました。主鎖に不飽和結合をもつジエン系ゴムは硫黄によって架橋できます。EPDMは主鎖でなく、側鎖に不飽和結合をもつので、同様に硫黄によって架橋できます。これに対して飽和主鎖をもつゴムは硫黄では架橋できません。このようなゴムにはパーオキサイド架橋（PO架橋、有機過酸化物架橋）と呼ばれる架橋法が使われます。有機過酸化物としては、DCP（ジクミルペルオキシド）

や1,4-ビス[(ターシャルブチルペルオキシ)イソプロピル]ベンゼンなどが使われます。ゴムと有機過酸化物を混ぜて加熱すると有機過酸化物が分解してラジカルが発生し、ゴム分子の水素を引き抜いてゴム分子をラジカルにします。これによってゴム分子同士を結合させるのです。PO架橋は、不飽和結合をもつゴムにも適用できます。PO架橋ができないブチルゴム（IIR）によく使われる架橋法としてパラキノンジオキシム、ジベンゾイルキノンジオキシムを使う**キノイド架橋**があります。このほかに低分子アルキルフェノール樹脂を用いる樹脂架橋、ジアミン化合物を使うアミン架橋などもあります。

　架橋したゴムは、もはや加熱しても溶融しなくなります。このためゴムは加硫が起きるような熱をかけないでまず成形や組立を行い、最後に加熱加硫して製品に仕上げます。熱可塑性樹脂とは違った成形加工法です。

　一方、**熱可塑性エラストマー**は架橋しません。熱可塑性樹脂（プラスチック）と同様に加熱して成形することができ、成形品はゴム弾性を示します。熱可塑性エラストマーにおいて、架橋に相当するものは**結晶**です。熱可塑性高分子は、結晶化しやすい**ハードセグメント**と非結晶の**ソフトセグメント**からなる**ブロックコポリマー**の構造の高分子です。高温ではハードセグメントの熱運動も活発になり、結晶にならなくなるので成形できます。そのまま冷やすと成形品のままでハードセグメントが結晶化するので固体状態になります。しかし、ソフトセグメントは自由に熱運動できるのでゴム弾性を示すというわけです。すばらしい分子設計技術です。

ジエン系合成ゴムの商品知識

　スチレンブタジエンゴムSBRは代表的な合成ゴムです。このゴムの重合法には**乳化重合**と**溶液重合**があります。乳化重合は重合開始剤を使った**ラジカル重合**によって行われます。重合温度により**ホットラバー**と**コールドラバー**に分けられます。重合開始剤は加熱によって分解し、ラジカルを発生させます。ホットラバーは、通常の加熱によって重合を開始してつくる合成ゴムです。これに対して、低温での重合は**レドックス重合**といわれる酸化・還元系によって低温でも多量のラジカルを発生させる方法によって行われます。第2次世界大戦中にバイエルによって開発され、戦後アメリカに広まった方法です。

　乳化重合による製品としては重合後硫酸を加えて凝固させた固体製品（ド
ライラバー）と乳化したままのラテックス製品があります。ドライラバーは
自動車タイヤに大量に使われます。そのほか、ゴム履物、工業用品、ゴム引
布など多くの用途があります。ラテックスはABS樹脂の原料、フォームラバ
ー、ベルト基布へのソーキング（浸して付ける）、カーペット裏へのサイジ
ング、製紙コーティングなどに使われます。

　SBRは天然ゴムに対抗するような位置づけの合成ゴムなので、天然ゴムと
同じような用途に、時には競合して使われます。天然ゴムに比べると、異物
が少なく製品品質が安定していることに加えて、耐老化性、耐磨耗性に優れ
ます。しかし、加硫が遅く、また弾性、引裂き強度などでは天然ゴムに劣り
ます。

　溶液重合SBR（S-SBR）は、1960年代に開発された重合法です。炭化水素
系溶剤のなかで有機リチウムによる**リビングアニオン重合（イオン重合）**に
よる方法でつくられます。ブロックコポリマーがつくりやすく、エーテルな
どのランダマイザーを添加するなどの工夫によってランダムコポリマーもつ
くることができます。近年、低燃費タイヤ（エコタイヤ）向けにS-SBRの需
要が世界的に拡大しています。S-SBRに対して乳化重合SBRはE-SBRと呼ぶ
こともあります。

　ブタジエンゴムBRもタイヤに大量に使われます。反発弾性が高い**高シス
BR**はゴルフボールのコアやハイインパクトポリスチレン（HIPS）の製造に
使われます。ブタジエンゴムは、1930年代の合成ゴムの始まりころからす
でに**ナトリウム触媒**により生産されていた歴史のある合成ゴムでしたが、第
2次大戦後は天然ゴムやSBRに押されていました。しかし、1960年にフィ
リップス石油が**チーグラー触媒**による立体規則性の高い**シス-1,4-BR**を工業
化し、ラジアルタイヤの普及とともに生産を伸ばしました。現在では触媒と
して**アルキルリチウム**単独、あるいはコバルト化合物やニッケル化合物とア
ルキルリチウムなどを使う**溶液重合法**で生産されています。

　イソプレンゴムIRもチーグラー触媒やリチウム系触媒を使う溶液重合法
によって生産される**立体規則性シス-1,4-ポリイソプレン**です。天然ゴムと
同じ分子構造なので、他の合成ゴムと違って加工性が天然ゴムに近く、引張
り強さ、引裂き強度が高いという特徴があります。分子量が天然ゴムほど高

くないため、加工前の素練りが不要などの長所もありますが、加硫ゴムの強度が天然ゴムに比べて劣るという短所もあります。用途はタイヤが中心です。

　アクリロニトリルブタジエンゴムNBRも歴史のある合成ゴムです。重合開始剤を用いるラジカル重合で乳化重合法によって生産されます。ニトリル基の存在によって石油系溶剤に強く**耐油性**に優れるほか、耐磨耗性、耐老化性に優れガス透過性も低いという長所があります。半面、アクリロニトリルの量が多くなるにつれて耐寒性が悪化します。用途としては、耐油ホース、タンクライニング、シール、パッキンなどです。また薄手でフィット性に優れる使い捨て手袋（医療用、食品取扱用、薬品取扱用）にも使われます。NBRにはブタジエンに由来する二重結合があります。これが硫黄架橋できるもとになりますが、残った二重結合は反応性に富むので耐候性、耐オゾン性、耐熱性の限界になります。NBRの二重結合をほぼ100％水素化した合成ゴムは**水素化NBR**（HNBR）と呼ばれます。二重結合が完全になくなるわけではありませんが、耐油性に優れるほか、耐候性、耐熱性がNBRに比べて改善されています。しかし耐寒性は悪化します。

　クロロプレンゴムCRも歴史の古い合成ゴムで**乳化重合**によってつくられます。その後、多くの合成ゴムが開発されたので、現在ではこれという強みのあるゴムではなくなりました。しかし、様々な特性のバランスのよいゴムとして、ベルト、ホース、ブーツ、接着剤、電線被覆などに使われます。

　ブチルゴムIIRは、**イソブチレン**と少量のイソプレンを塩化メチル溶媒のなかでマイナス100℃近い低温で重合した合成ゴムです。きわめて特異性をもつ合成ゴムで、**ガス透過性**が非常に小さく、耐老化性、耐オゾン性、耐薬品性、電気絶縁性に優れます。イソブチレンの重合部分が飽和結合のみなので、ゴム主鎖に二重結合が少ないためです。また、弾性回復が遅く、永久ひずみも大きいという特徴があり、反発力が小さく衝撃エネルギーの吸収に優れます。用途としてはチューブ、タイヤ用インナライナー、ルーフィング、電線被覆、防振材、防音材、免震材などがあります。

非ジエン系合成ゴムの商品知識

　EPRは、エチレン、プロピレンに加えて第3成分としてジシクロペンタジエンDCPや**エチリデンノルボルネン**ENBをチーグラー・ナッタ触媒により

共重合させてつくります。**EPDM** ともいわれます。DMはDCPやENBのような非共役二重結合を二つもつジエンモノマーの略です。主鎖はポリエチレンやポリプロピレンと同じく飽和結合だけなので、耐老化性、耐候性、耐オゾン性に優れます。それとともに第3成分に由来して側鎖の二重結合が残るので、硫黄架橋を行うことができます。自動車用のウェザーストリップやシール材などの車両部品、ベルト、タイヤ、チューブなどに広く使われるほかに、ポリプロピレンをバンパーに使う際に耐衝撃改良材として加えられ、また熱可塑性エラストマーのソフトセグメントにも使われます。

ポリエーテルゴムは、**エピクロロヒドリン**単独（CO）、あるいは**エピクロロヒドリンとエチレンオキシド**を共重合（ECO）してつくられる合成ゴムです。**エピクロロヒドリンゴム**ともいわれます。さらに第3成分を加えたものもあります。主鎖にオキシエチレン基、側鎖にクロロメチル基をもつことから汎用ゴムに比べて耐油性、耐熱性、耐オゾン性に優れる上に、電気抵抗値が小さく、また**ガス透過性**がブチルゴムよりさらに優れています。用途としてはホース、チューブ、シール、ロールなどがあります。

フッ素ゴムFKMは炭素骨格にフッ素が付いた合成ゴムです。耐熱性、耐油性、耐薬品性に優れますが、ガラス転移点がマイナス20℃とゴムのなかでは非常に高いという欠点をもっています。用途としては、ガスケット、Oリング、ロールなどで他のゴムでは耐えられない部品の材料として、宇宙・航空機器、自動車燃料ホース、化学プラントなどに使われます。

シリコーンゴムはケイ素と酸素による**シロキサン結合**を主鎖とする合成ゴムです。耐熱性、耐候性に優れ、ガラス転移温度が汎用ゴムに比べて低いので、広い温度範囲に使えます。シリカ系補強充填材を加えると補強効果が非常に大きい点も特長です。電子レンジ、炊飯ジャー、温水器、冷蔵庫、弁当箱などのパッキンや複写機ロール、カテーテル、哺乳瓶の乳首、人工軟骨など他のゴムでは性能・機能を満たせない用途に使われています。

ウレタンゴムは、合成樹脂のポリウレタンと同じ組成です。架橋によってゴム弾性をもつウレタンゴムになります。耐磨耗性が高いことが長所ですが、高温、熱水、酸、アルカリに弱い欠点もあります。Oリング、シール、ガスケットなどに使われます。また、シリコーンゴムと並んで生体適合性の良い合成ゴムで、とくに血液適合性に優れていること、多彩な分子設計ができる

ことから今後人工臓器などの新用途に大いに期待される合成ゴムです。

熱可塑性エラストマーの商品知識

　ゴムの成形加工には、合成樹脂に比べてそれなりの大きな設備が必要になり、また加硫（架橋）という難しい製造工程があります。熱可塑性エラストマーは、高温では合成樹脂と同じ加工法を使え、冷却すれば合成ゴムになるように、あらかじめ分子設計されたものなので、従来のゴムに比べて成形加工が容易になる点が長所です。しかも再生利用が可能という点も大きなメリットです。半面、架橋ゴムの架橋点が共有結合であるのに対して、熱可塑性エラストマーの架橋点は結晶構造や水素結合なので、架橋強さではやや劣ります。近年、様々な種類の熱可塑性エラストマーが、自動車部品として使われるようになりました。

　スチレン系熱可塑性エラストマーには、第2－2－10表に示すようにソフトセグメントをいろいろ変えた製品があります。ハードセグメントはポリスチレンになります。合成樹脂ポリスチレンで述べた耐衝撃性ポリスチレンHIを分子鎖内で実現したようなブロックコポリマーです。自動車などの射出成形部品、靴底などのほかにも、ホットメルト接着剤・粘着剤、シーラント、コーティング材料、アスファルト改質材など多くの用途に使われています。

　オレフィン系熱可塑性エラストマーは、比重が軽い、耐寒性がよい、電気特性がよいなどの長所をもつので、自動車のサイドバンパー、スキーシューズ、おもちゃ、洗濯機や掃除機のホース、蛇腹ホース、電線ケーブルの被覆などに使われています。

　第2－2－10表に示すように、スチレン系、オレフィン系以外にも多くの種類の熱可塑性エラストマーが工業化されています。

合成ゴムの需給動向

　第2－2－4図に示すように、**合成ゴムは天然ゴムと現在でも競合しています。石油価格が低下すると合成ゴムが強くなり、1970～80年代には国内新ゴム消費量の約65％が合成ゴムになりました。しかし2000年代後半から石油価格が高騰する機会が増え、特にブタジエン価格が上昇したので天然ゴムの巻き返しが続いています。2019年には国内新ゴム消費量のうち合

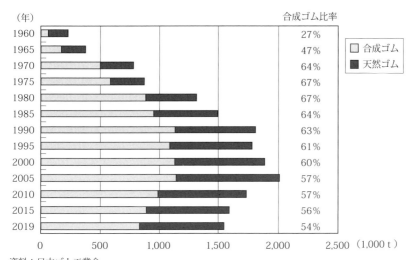

資料：日本ゴム工業会
【第2-2-4図】新ゴム国内消費量推移

成ゴムは54％にまで低下しました。世界のエチレン生産が、ブタジエンを併産するナフサ原料よりも、併産しないエタン原料の比率が高まり、ブタジエン供給不足傾向が強まったために、ブタジエン価格が上昇しています。

　一方、天然ゴムの生産地域については20世紀末に大きな変化がありました。天然ゴムは、第2次大戦後も長らくマレーシアが他を引き離して最大の生産国でした。しかし、1980年代にマレーシアは、電子組立産業の発展など工業化が進み、労働賃金が上昇したため、労働集約的な天然ゴム生産には向かなくなりました。1980年代には天然ゴム園の減少、オイル用パーム園への転換が進み、マレーシアの天然ゴム生産量は1988年をピークに、その後急減しました。代わって、従来世界第3位の天然ゴム生産国であったタイが急伸し、第2位のインドネシアを抜いて1990年代から世界1位の生産国になっています。

　バイオディーゼル油の使用比率を上昇させよというEU指令によって、パームオイル需要が増加したため、マレーシア、インドネシアではゴム園の転換が進んできました。しかし、2018年末にEUが輸送燃料用パームオイルの輸入を2030年から禁止する措置を決定したことからマレーシア、インドネシアは反発しています。今後WTOなどの場で交渉が行われますが、EUの

【第2－2－11表】ゴムの消費内訳推移

(単位：1000 t)

	消費量	自動車用	それ以外	自動車用比率	ベルト・ホース・工業用比率
1990年	1,370	1,046	324	76%	83%
1995年	1,325	1,035	290	78%	86%
2000年	1,442	1,157	284	80%	87%
2005年	1,609	1,278	274	79%	90%
2010年	1,401	1,149	252	82%	90%
2015年	1,298	1,042	256	80%	89%
2018年	1,317	1,047	270	80%	90%

〔注1〕第2－2－4図と出典が異なるので、消費量の数字も推移の動きも違っている。
〔注2〕ベルト・ホース・工業用比率は、「それ以外」の中のこの3分野の占める割合
資料：経済産業省『生産動態統計 紙・印刷・プラスチック製品・ゴム製品統計編』原材料統計、
ベルト等比率の2000年以後は製品統計の新ゴム量から算出

身勝手な態度が目立ちます。

　第2－2－11表にゴムの消費内訳の推移を示します。**第2－2－4図**と出典が異なるので，数字・推移が少し違っています。天然ゴム、合成ゴムを合わせたゴム消費量のほぼ8割がタイヤ用途です。残りの2割のうち約9割をベルト・ホース・工業用（防振材、防舷材、ゴムロール、パッキン類、スポンジなど）が占めます。ゴム製履物、ゴムボール・ゴルフボールなどの運動競技用品、医療・衛生用途など、身の回りのゴム製品に使われるゴム消費量は非常に小さな比率を占めるに過ぎません。

　2019年の天然ゴムを含めた国内での**新ゴム消費**の86％が**ゴム製品製造業**に、残り14％がその他工業に使われます。タイヤ向けが新ゴム消費の49％を占めます。その他工業とは、紙加工（コート紙）、**合成樹脂ブレンド**（HI、ABS樹脂用など）、**繊維処理**（ゴム引き布など）、**電線被覆**、**接着剤**などです。天然ゴムは、ほとんどすべてがゴム製品製造業で消費されます。一方、合成ゴムの消費量の75％がゴム製品製造業に、25％がその他工業になります。ゴム製品製造業はもちろん、合成ゴム工業も**タイヤ**に大きく依存しています。

　合成ゴムの生産量は、**第2－2－5図**に示すように1990年までの急成長はなくなったものの、その後も現在までほぼ横ばいを維持しています。2019年は天然ゴムが多く使われたので、もっとも天然ゴムと競合するSBRの生産だけが大きく落ち込みました。合成ゴムの歴史で述べたように、日

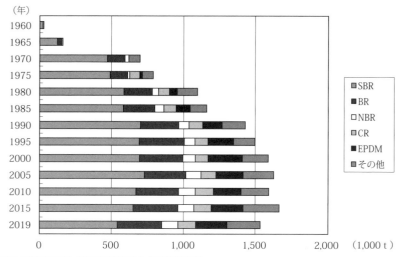

資料：経済産業省『生産動態統計 化学工業統計編』

【第2－2－5図】合成ゴムの種類別生産量推移

【第2－2－12表】合成ゴムの需給動向（2019年）

(単位：t 、%)

合成ゴムの種類	生産	輸出	輸入	見かけ内需	輸出／生産	輸入／内需
SBR	543,018	217,983	68,225	393,259	40.1	17.3
BR	304,596	134,232	21,607	191,971	44.1	11.3
NBR	113,156	46,752	6,791	73,195	41.3	9.3
CR	122,662	94,842	1,035	28,855	77.3	3.6
EPDM	216,643	75,428	17,619	158,834	34.8	11.1
その他	231,017	213,967	42,548	59,598	92.6	71.4
合成ゴム合計	1,531,092	783,204	157,824	905,712	51.2	17.4
参考）天然ゴム	0	202	733,989	733,787	-	-

資料：経済産業省『生産動態統計 化学工業統計編』、財務省『貿易統計』

本では最初にNBRが生産され、翌年からSBRの生産が始まりました。しかし、合成ゴムはタイヤ需要とともに成長したので、タイヤに使われるSBRとBRの生産がすぐに大きく伸び、この二つで1970年代は合成ゴムの8割、1980年代で7割、1990年代で6割以上を占めてきました。しかし、EPDMをはじめとするその他の合成ゴムが徐々に伸び、**第2－2－12表**に示すように、2019年では合成ゴム生産量の55％がSBRとBR、14％がEPDM、30％がその他特殊ゴムになっています。CR、その他特殊ゴムは輸出比率が生産の8～9割になることが特長です。

3．高分子加工製品

3−1　合成繊維（炭素繊維を含む）

合成繊維工業の位置づけ

　合成繊維工業は、おもに原料のモノマーから重合、紡糸、加工糸製造の一部までを担当しています。ポリプロピレン繊維など一部の製品では重合した高分子材料を購入して紡糸し、合成繊維をつくることもあります。日本標準産業分類では重合工程を重視して合成繊維工業を化学工業（狭義）のなかに長い間置かれてきました。しかし、2007年11月に行われた日本標準産業分類の改訂では**化学繊維**（合成繊維もこの一部）や**炭素繊維**の製造は繊維産業内に移されました。2008年4月からの国の統計調査に適用されました。

　合成繊維の代表的な製品であるナイロンやポリエステルも、合成樹脂ポリアミドやPET樹脂として使われることも多くなりました。本書では合成繊維を紡糸という高分子の成形加工工程によってつくられる成形加工製品と位置づけることにします。

　繊維産業は、化学産業よりもはるかに長い歴史をもった産業です。江戸末期の開国以来、最初は**生糸**、次いで**綿紡績糸**、**綿織物**、さらに1970年代ころまでは**合成繊維長繊維織物**が日本の最重要輸出商品でした。いまでは自動車産業が日本の大輸出産業となっていますが、明治前の開国以来100年間は中小企業が多い繊維産業こそが日本を支える産業でした。

　第2−3−1図に示すように、繊維産業は、**ワタから糸**、**編物や織物**、**染色加工**、**縫製**と長く複雑な生産工程をもち、しかも歴史的に形成された多くの**分業**が行われ、**産地**が形成されてきました。製品の販売だけでなく、各工程間取引にも大小の商社・問屋が関わり、金融機能や商品企画機能を担当する場合もありました。このような既存の繊維産業に**ステープル**（ワタ状の**短繊維**）や**フィラメント**（生糸・絹糸のような連続した**長繊維**）を、1910年

149

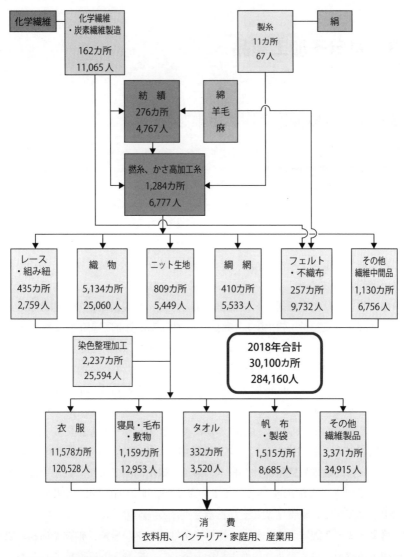

〔注〕1）上段数字は事業所数、下段数字は従業者数。
　　　2）全事業所ベース、従業員3人以下の事業所については推計を含む
資料：工業統計

【第２－３－１図】日本の繊維産業の構造（2018年）

代に起こった化学繊維工業（最初はレーヨンなどの**再生繊維**工業）は提供しました。再生繊維（レーヨン）の場合は綿や麻と同じセルロースでしたが、1950年代から始まった合成繊維の場合は、既存の繊維工業にとってまったく初めての素材だったので、染色加工はもちろん、他の工程を担う繊維会社や繊維製品を買う消費者にとっても、性能、取扱法がまったく知られていません。このため化学繊維会社がステープルやフィラメントをつくり、既存の繊維産業に売り放しにすれば売れるというわけにはいきません。合成繊維会社は、新しい合成繊維について繊維産業の全工程にわたる取扱法の研究開発ばかりでなく、消費者に対しての宣伝まで行う必要がありました。とくに日本の場合には、合成繊維会社（多くがレーヨン会社として創業）が、商社・問屋の担っていた機能の一部を担ったり、商社・問屋を支えたりして、既存の繊維産業に深く関係するようになりました。

　1970年代以後、日本の繊維産業の輸出競争力が急速に低下していくなかで、合成繊維長繊維織物が最後まで輸出競争力を維持してきたのは、長繊維織物である絹織物産地を原点とする織物産地の力だけでなく、合成繊維会社の力が大きく貢献していました。

　その一方で、繊維産業、とくに衣料製品の輸出競争力が低下し、さらには輸入対抗力も低下していくなかで合成繊維会社は高分子合成・高分子加工の力を使って衣料以外の繊維製品の開発や繊維を離れた高分子・高分子成形加工製品の開発を志向してきました。

　このように合成繊維は、**高分子材料**と**高分子成形加工**の接点に位置しています。

天然繊維と化学繊維

　天然繊維は人類が長い間、その素材が**高分子**とは知らずに利用してきた高分子製品でした。日本においても**麻**と**絹**は縄文・弥生時代から使われてきました。**綿**は平安時代から知られていましたが、日本で本格的に栽培され、普及するのは意外と遅く戦国時代後期でした。それまでは庶民の着物はもっぱら麻でした。羊毛も貿易によって早くから知られていましたが、本格的に普及したのは明治になってからです。

　麻と綿の成分はセルロース、絹と羊毛はタンパク質からなります。麻、綿、

羊毛は、短繊維からなります。そのままでは糸にならないので、これを紡績して糸（**紡績糸**）にします。

　絹はいつの時代でも高価な繊維でした。ユーラシア大陸を横断するシルクロードの名前が示すように、東西貿易の主力製品でした。**蚕**がつくった**繭**を煮沸して長く連続した単糸を取り出し、数本を合わせ、撚りをかけて生糸にします。この産業を**製糸業**といいます。かつては日本にたくさんの業者がいましたが、いまや業者数も減り消えつつあります。

　生糸は**フィブロイン**というタンパク質がほぼ**三角形断面**になった繊維の周りを**セリシン**という別のタンパク質が覆っている構造をしています。生糸をアルカリで処理し、セリシンを除くと独特の光沢をもった**絹糸**（**練糸**）になります。この処理を精練といいます。三角形の断面構造によって光沢や**絹鳴り**など絹らしさが発現します。生糸、絹糸は、唯一の天然の長繊維糸です。

　蚕を使わないで絹を工業生産することは人類の長年の夢でした。多くの先人たちが挑戦してきました。その最初の成功例が**第2−3−1表**に示すフランスの**シャルドンネ**による**ニトロセルロース法レーヨン**（**人造絹糸**）でした。セルロースは木材からパルプとして得られます。しかし、セルロースは溶剤に溶けないし、熱をかけても溶融しないのでパルプから糸をつくることはなかなか困難でした。

　セルロースを硝酸で**ニトロ化**（**硝化**）するとアセトンなどの溶剤にとけることは19世紀前半に知られていました。高硝化した**ニトロセルロース**（**硝化綿**）が火薬になることも19世紀なかばには知られ、1880年代に火薬として工業化されました。ニトロセルロース溶液から強い樹脂膜が得られることも知られ、**ラッカー塗料**として実用化されます。同様にニトロセルロースをプラスチックとして使うことも始まりました。**セルロイド**です。フィルムとして**写真用フィルム**にも使われました。

　繊維としての応用もこのような流れのなかにありました。ニトロセルロースは、硝化度合いを変えていろいろな製品になりました。しかし、衣料素材としてはそのままでは燃えやすく危険なので、繊維にしたあと**脱硝**してセルロース成分にもどします。したがってニトロセルロース法レーヨンは**再生繊維**に該当します。

　セルロースを溶かして再生繊維をつくる研究は19世紀末に盛んになりま

【第2－3－1表】化学繊維の歴史

1883年	スワン（英）、ニトロセルロース繊維を試作、artificial silk（人造絹糸）と名づける
1884	シャルドンネ伯（仏）がニトロセルロースから人造絹糸を製造する特許を取得
1891	ニトロセルロース人造絹糸の工業生産開始
1892	クロス、ビバン、ビードル（英）がビスコースレーヨンを発明
1899	セルロース銅安法人造絹糸をグランツストッフ社（独）が工業化
1901	ビスコース法人造絹糸をドンネルスマルク社（独）が工業化
1903	（日本）第5回内国勧業博覧会に銅アンモニア法の人造絹糸が出展される（日本に初めて化学繊維紹介）
1904	ビスコース法人造絹糸をコートルズ社（英）が工業化
1915	（日本）銅アンモニア法による人造絹糸の製造が三重県松阪市で開始される
1918	（日本）ビスコース法人造絹糸を帝国人造絹糸（現帝人）が米沢人造絹糸製造所から独立して本格的に生産開始
1924	アセテート繊維をブリテッシュセラニーズ社（英）が本格生産
1924	米国ではartificial silkに変えてrayonを呼称に採用
1926	（日本）ビスコース法人造絹糸の製造会社の設立が相次ぐ
1930年頃	スタウディンガー（独）等の学者により高分子化学が興る
1933	（日本）ビスコース法ステープルファイバーを日東紡績・福島工場にて生産開始
1936	（日本）アセテート繊維の試験工場が稼動
1936	デュポン社（米）のカローザスがナイロンを発明
1937	（日本）人造絹糸製造会社が20社、ステープルファイバー製造会社が29社となる
1939	ナイロン繊維をデュポン社が工業生産を開始
1939	（日本）京都大学・桜田一郎先生が合成1号（PVA繊維）を発表
1940	（日本）鐘紡は同社矢沢将英氏のPVA繊維をカネビアンと命名
1950	アクリル繊維をデュポン社が初めて工業生産開始
1950	（日本）ビニロン繊維を倉敷レイヨン（現クラレ）・岡山工場にて本格生産開始
1951	（日本）ナイロン繊維を東洋レーヨン（現東レ）・名古屋・愛知工場にて生産開始
1953	ポリエステル繊維をデュポン社がキャリコプリンターズ（英）から特許権を取得し初めて工業生産開始
1957	（日本）アクリル系繊維を鐘淵化学・高砂工場にて生産開始
1958	（日本）アクリル繊維を日本エクスラン工業が導入技術により生産開始
1958	（日本）ポリエステル繊維を帝国人造絹糸と東洋レーヨンが導入技術（ICI社）により生産開始
1959	ポリプロピレン繊維をモンテカチニ社（伊）が本格生産開始
1959	ポリウレタン繊維をデュポン社が工業生産開始
1959	芳香族ポリアミド繊維をデュポン社が工業生産開始
1961	大阪工業技術試験所の進藤昭男博士がPAN系炭素繊維を発表
1962	（日本）ポリプロピレン繊維を三菱レイヨン等3社が導入技術（モンテカチニ社）により生産開始
1963	群馬大学の大谷杉郎教授らがピッチ系炭素繊維の製法を発明
1988	リヨセルをコートルズ社（英）が試験生産

資料：日本化学繊維協会

す。ニトロセルロース法レーヨンの次に工業化されたのが、1899年の**キュプラ法（銅安法）レーヨン**でした。**銅アンモニア水溶液**がセルロースを溶かすことを利用して、これを**硫酸浴**中で紡糸することによりセルロースを再生しながら糸にする方法です。さらにほぼ同時代にセルロースを**か性ソーダ**で処理したあと、**二硫化炭素**と反応させると**ビスコース**という粘稠な溶液となることが発見されます。これを**硫酸浴**中で紡糸したのが**ビスコース法レーヨン**です。この3種類の再生繊維は、20世紀初頭に競合しますが、ニトロセルロース法レーヨンは消え、ビスコース法レーヨンが市場を制覇しました。

　レーヨンは1910年代に日本でも国産技術で工業化されました。現在の帝人の始まりです。1920年代なかばには、欧州レーヨン会社からの技術導入によって多くのレーヨン会社が設立されました。これが現在の多くの日本の合成繊維会社につながっていきます。さらに1930年代に**レーヨン短繊維**（ステープルファイバーを略して**スフ**と呼びました）が工業化されてからは、当時の日本の大輸出産業であった**綿紡績会社**からの参入も相次ぎ、1930年代後半には一時的でしたがアメリカを抜いて世界1位の生産量にまで達しました。戦前の日本の化学産業で世界1位になった大型製品はレーヨンとセルロイドだけです。レーヨン工業の発展によって、**電解か性ソーダ工業**も大きく成長しました。

　しかし、再生繊維レーヨンの性能は天然繊維に比べて満足できるものではありませんでした。とくに濡れると強度が落ちる点は大きな欠点でした。セルロースに**無水酢酸**を反応させると、セルロースの構成単位にある三つの水酸基が逐次**アセチル化**されます。アセチル化したセルロースは溶剤に溶けて紡糸することが可能です。しかもニトロ化と違って燃えやすいなどの危険がないのでアセチル化したままで使えます。天然の高分子であるセルロースを**化学修飾**して繊維化した商品なので**アセテート**は**半合成繊維**と呼ばれます。アセテートはヨーロッパやアメリカでは好まれ、戦前にレーヨンと並ぶ大きな生産量になりました。しかし、戦前の日本ではアセテートはレーヨン工業ほど発展しません。原料となる酢酸、無水酢酸工業が貧弱だったからです。アセテートは現在では衣料用もありますが、おもに**タバコのフィルター**として身近にみられます。アセテートはニトロセルロースと同様に繊維用途ばかりでなく、合成樹脂としてフィルム用途にも早くから使われました。写真用

フィルム、映画用フィルムは、ニトロセルロースフィルムに比べて火災の危険性が低いので現在でも使われています。しかし、1990年代末からデジタルカメラの普及によって、この用途は縮小しました。一方、トリアセテート（TAC）フィルムは液晶ディスプレーの偏光膜保護フィルムとして不可欠な存在になっています。このように化学繊維から始まった高分子加工製品が、繊維用途が縮小しても他の高分子加工製品として生き残る例は、ニトロセルロース、ナイロン（ポリアミド）、ポリエステル（PET）など多くみられます。

　合成樹脂の歴史の項で述べたように1930年代に**高分子存在説**が有力になりました。直鎖状の結晶性の高い高分子をつくれば繊維になるとの分子設計のもとに、様々な試行錯誤が行われたなかから1930年代なかばに**ナイロン**が生まれました。ナイロンは石炭タールから得られるベンゼンを原料にしてつくられたアジピン酸とヘキサメチレンジアミンを**縮合重合**した**ポリアミド**を紡糸してつくられる合成繊維です。

　ナイロンを開発した**デュポン**社は、火薬が発祥の会社でした。その後、**ニトロセルロースラッカー**など事業の多角化を進め、1931年には**クロロプレンゴム**の工業化を進めるなど高分子事業にも乗り出しました。しかし、繊維事業への進出は初めてだったので、単にポリアミドを合成し、紡糸することを工業化するだけの戦略でなく、非常に慎重にナイロンの事業化を進めました。ナイロンを繊維事業のどの分野をターゲットに売り出すか、染色や織り方、編み方など繊維製品にするための研究開発も自社内で徹底して行いました。こうして1939年に女性用の絹糸ストッキング分野を最初のターゲットとしたナイロンの工業化・販売が始まり、一気に大成功をおさめます。ナイロンの開発は現在でも**新製品開発**と**マーケティング**におけるモデルといわれます。

　その後、**アクリル繊維**、**ポリエステル繊維**など一般衣料用合成繊維が次々と開発され競争が繰りひろげられました。競争の結果、1980年代にはポリエステルの優位が明確となり、様々な性能のポリエステル繊維が開発されました。この時代には**高強度耐熱性繊維**の開発による**産業分野**への利用拡大も図られます。また既存の合成繊維についても、**異型断面糸**、**中空糸**、**超極細繊維**など様々な機能化が図られ、**人工腎臓**や**人工皮革**など機能製品開発が活発になりました。異型断面糸や中空糸は、はじめは**絹の風合い**をもった合成

繊維をつくろうとの試みで開発されました。しかし、いまでは合成繊維は天然繊維の代替品ではなくなり、独自の性能・機能を追求する繊維になっています。用途も衣料用、寝装用から産業用（タイヤコード、漁網、ロープ、海水淡水化装置など）、日用品用（紙おむつに使われる不織布など）、医療用（人工腎臓など）、安全用(防弾チョッキ、防護服など)に広がっています。

合成繊維の製造工程

　合成繊維は原料を液状にして口金（ノズル）から押し出してつくるので、あとで述べる合成樹脂の成形加工法としては**押出成形**の一つになります。**紡糸**の方法としては**溶融紡糸**、**乾式紡糸**、**湿式紡糸**の３種類があります。溶融紡糸は熱可塑性樹脂の性質を利用して熱で溶融した樹脂を紡糸して繊維状にしたあと冷やして固める方法です。ナイロン、ポリエステル、ポリプロピレンは、もっぱらこの方法でつくられます。乾式紡糸は溶剤に溶かした樹脂を紡糸して繊維状にしながら溶剤を蒸発させる方法です。アセテートやビニロンの製造法です。湿式紡糸は溶剤に溶かした樹脂を凝固浴と呼ばれる溶液に口金から押出し、溶媒を除去したり、反応させたりして繊維を得る方法です。アクリルやレーヨン、ビニロンに使われます。

　このほかに高強度糸や耐熱性糸をつくる特殊な紡糸法として**ゲル紡糸**と**液晶紡糸**があります。液晶紡糸は、高分子材料の液晶状態を利用して高度に分子鎖を配合させながら紡糸する方法です。耐熱性高分子は、元来配向性の高い置換基を分子鎖にもつので、これを活用した方法です。**アラミド繊維**、**PBO繊維**、**ポリアリレート繊維**に使われます。

　合成繊維は紡糸後の延伸工程が重要です。延伸によって分子を配向させ、結晶性を高めます。これによってしなやかで**引張り強さ**の高い材料になります。

　口金（ノズル）には、多くの孔があいています。フィラメントの場合は比較的小さな口金から単糸を数十本ずつ撚りながらフィラメントをつくっていきます。これを**マルチフィラメント**と呼びます。多くのフィラメント製品はマルチです。釣糸や一部の製品では単糸そのものをフィラメントにします。これは**モノフィラメント**と呼ばれます。

　ステープルの場合にはじょうろのような大きな口金から連続した糸をまと

めてとります。その糸のたば（トウ）を延伸後、切断して**短繊維（ステープル）**にします。短繊維を紡績して糸（紡績糸）にします。その際に他の種類のワタと混ぜてから紡績することがしばしば行われます。**混紡**といいます。天然繊維、合成繊維など様々な繊維の長所を引き出した糸をつくるためです。多種類の繊維を混ぜる方法は、織物や編物をつくる段階でも行えます。様々な糸を使う方法です。**交織**、**交編**といわれます。

　ポリエチレンやポリプロピレンのような染色しにくい合成繊維では、紡糸前の原料（高分子）の段階で顔料を混ぜて着色（**原着染**）しますが、ほかの多くの合成繊維は、紡糸後のフィラメント、ステープル段階、あるいは紡績後の糸段階、あるいは織物や編物にしたあとの段階で行います。染めた糸でつくる織物を**先染織物**、生地にしたあと染めたものを**後染織物**と呼びます。プリント柄などは代表的な後染製品です。

　ナイロンやポリエステルのフィラメントをそのまま織物にすると、裏地や傘地のような薄いつるつるした織物になります。これに対して、ナイロンやポリエステル繊維の熱可塑性の特性を生かして紡糸後のフィラメントに**仮撚り加工**をほどこすことがよく行われます。フィラメントにしわやらせんを成形加工でつけます。かさ高性や伸縮性のあるフィラメント（**かさ高加工糸**）ができるので、フィラメントでも、紡績糸のような厚手の織物・編物をつくることができます。

　織物や編物などの生地になったあとに加工することもよく行われます。**防縮加工、防しわ加工、防水加工、撥水加工、難燃加工、帯電防止加工、防虫加工、防臭加工**などで、まとめて**繊維加工**と呼ばれます。

　熱可塑性を生かして、合成繊維のフィラメントから生地まで一気につくってしまう方法として**スパンボンド法**の**不織布**があります。不織布はワタや糸から、織編み工程を経ないでつくった生地です。羊毛からつくるフェルトや木材パルプからつくる紙がヒントです。不織布は当初天然の短繊維からバインダー（接着剤）を使ってつくられましたが、芯地のような目立たない用途しかありませんでした。スパンボンド法は、横に長く並んだノズルから合成繊維を紡糸したあと、ジェット流で延伸しつつ、ウェッブをつくり、金網上で熱接着して不織布をつくる方法です。生産性が高く、薄くて軽い不織布ができるので、**フィルター**などの産業資材、農業資材（**寒冷紗**）、**マスク**など

157

の衛生材料、**紙おむつ**など不織布の用途が大きく拡大しました。埃が出ないので、**クリーンルーム**の**防塵服**にも使われます。2020年の新型コロナ禍ではポリプロピレン製不織布の医療用防護服や医療用・一般用マスクの不足が深刻化したことは記憶に新しいことと思います。

合成繊維の種類

第2－3－2表に示すように繊維は大きく**天然繊維**、**化学繊維**、**無機繊維**に分類されます。化学繊維は、すでに説明したレーヨンのような**再生繊維**、アセテートのような**半合成繊維**、ナイロン、ポリエステルのような**合成繊維**に分けられます。無機繊維には、**ガラス繊維**や**炭素繊維**があります。

　合成繊維には、ナイロン、ポリエステル、アクリルのように衣料用としてなじみ深い繊維のほかに、ポリエチレンやポリプロピレンの繊維もあります。ポリエチレンやポリプロピレンは、熱可塑性樹脂なので加熱溶融したのち、口金（ノズル）から紡糸すればナイロンのような糸を得ることができます。このような糸はカーペット、防虫網などに使われます。

　ポリエチレンやポリプロピレンには、そのほかに他の合成繊維と多少違った糸があります。合成樹脂をいったんフィルムにして延伸し、これに縦方向の多くの裂け目をいれて網目状にしたあと撚りを加えて糸にした商品です。これは**スプリットヤーン**と呼ばれ、包装用のひもや産業資材に使われます。またポリエチレンやポリプロピレンをフィルムにしたあと短冊状に切り、これを延伸した糸もあります。これは**フラットヤーン**と呼ばれ、通常の織機で織れます。織物にして、レジャーシート、建築用シート、米麦袋、土のう、フレキシブルコンテナ（フレコン）などに使われます。

主要な合成繊維の商品知識

　ナイロンは最初に発明された合成繊維です。繊維としては**ポリアミド（ナイロン）66**（**アジピン酸とヘキサメチレンジアミンの縮合重合**）と**ポリアミド（ナイロン）6**（**カプロラクタムの開環重合**）がよく使われます。紡糸の方法は溶融紡糸法で、溶融したナイロン樹脂を口金から押し出してマルチフィラメントとして巻き取ります。紡糸速度が1,000ｍ／分の時代には紡糸工程の次に延伸工程が必要でした。しかし、現在では6,000 ～ 8,000ｍ／

【第2－3－2表】主要な繊維の種類

分　類		繊維の種類	構　成　高　分　子	長 f・短 s
天 然 繊 維		綿	セルロース	s
		麻	セルロース	s
		羊毛	タンパク質	s
		絹	タンパク質	f
化学繊維	再生繊維	ビスコース法レーヨン	セルロース	f、s
		キュプラ法レーヨン	セルロース	f、s
		ポリノジック	セルロース	f、s
		リヨセル	セルロース	s
	半合成繊維	アセテート	酢酸セルロース	f、s
		プロミックス	タンパク質、ポリアクリロニトリル	
	合成繊維	ナイロン	脂肪族ポリアミド	f
		ポリエステル	芳香族ポリエステル	f、s
		アクリル	ポリアクリロニトリル	s
		ビニロン	ホルマール化ポリビニルアルコール	f、s
		ポリウレタン	ポリウレタン	f
		ポリ塩化ビニル	ポリ塩化ビニル	f、s
		ポリエチレン	ポリエチレン	f
		ポリプロピレン	ポリプロピレン	f、s
		ビニリデン	ポリ塩化ビニリデン	f、s
		エチレンビニルアルコール繊維	エチレンビニルアルコール共重合体とポリエステル	f
		アラミド	芳香族ポリアミド	f、s
		ノボロイド繊維	フェノール樹脂	
		PBO繊維	パラフェニレンベンゾビスオキサゾール	f、s
		PPS繊維	ポリフェニレンサルファイド	
		ポリアリレート繊維	全芳香族ポリエステル	f、s
		アクリレート繊維	ポリアクリル酸、Na塩、アミド	s
		フッ素繊維	ポリ四フッ化エチレン	f、s
		ポリ乳酸繊維	ポリ乳酸	f、s
無 機 繊 維		ガラス繊維	ガラス	f、s
		炭素繊維	炭　素	f、s
		炭化ケイ素繊維	炭化ケイ素	f
		アルミナ繊維	アルミナ、シリカ	f、s

分の超高速紡糸になっているので、紡糸工程である程度延伸されたPOYになっており、延伸工程は不要になっています。

　紡糸工程が高速化した現在ではPOYを仮撚り加工してかさ高加工糸をつくってしまう**PTY方式**（合成繊維生産者がかさ高加工まで行う方式）が採用されるようになりました。ナイロンはステープル（短繊維）もつくられますが、フィラメント（長繊維）が主体です。

　ナイロンはポリアミド基をもつので染色しやすく、磨耗や折り曲げに強くしなやかな感触をもつ繊維です。衣料用としては靴下、パンティストッキング、ランジェリー、水着、スポーツウェア、裏地、レインコートなどに使われます。産業用としての用途も大きく、タイヤコード、エアバッグ、漁網、釣糸などに使われます。そのほか、歯ブラシ、カーペット、傘地、カバンなどにもよくみかけます。インテリア用としてはカーペットに使われます。ナイロン製のカーペットはオフィスなど靴で歩くような部屋によく使われています。

　アクリルは**ポリアクリロニトリル**からなる合成繊維です。染色性をよくするために少量のアクリル酸エステルなどを共重合させます。溶剤に溶かし凝固浴で溶剤を除く湿式紡糸法によってつくられます。溶剤を熱で飛ばす乾式紡糸法も行われますが、日本ではこの方法による製品は好まれず普及していません。ポリアクリロニトリルの溶剤としては多くのものが開発されました。無機系では硝酸、塩化亜鉛、ロダン塩（チオシアン酸塩）、有機系ではジメチルホルムアミドDMF、ジメチルアセトアミドDMAc、ジメチルスルホキシドDMSOなどがあります。溶剤を除去するために紡糸速度は溶融紡糸のナイロンやポリエステルのように大きくなれません。

　アクリルは羊毛に近い風合いをもった保温性の良い合成繊維です。日本ではもっぱらステープルとして生産され、紡績会社で紡績糸にしてから使われます。羊毛と混ぜて紡績する混紡糸もよく使われています。

　アクリルは**カチオン染料**によって非常にきれいで堅牢な染色を行うことができます。衣料用としてセーター、婦人服に、インテリア用としてカーペットに、寝具として毛布、起毛シーツ、産業用としてろ過布、製紙用フェルトなどによく使われます。日本では、アクリルのカーペットが家庭用に好まれます。

　アクリロニトリルに塩化ビニルを共重合した**モダクリル**と呼ばれる合成繊維もアクリルと同様につくられます。アクリルとモダクリルを合わせて、**アクリル系合成繊維**と呼ぶこともあります。モダクリルは難燃性にすぐれるのでカーテンやぬいぐるみによく使われます。また、かつらの原料にもなります。

　ポリエステルは、合成樹脂のポリプロピレンのように万能選手です。**ポリエチレンテレフタレート**を溶融紡糸して生産します。ナイロンと同様に紡糸速度が現在では非常に高速になりました。染色は、分散染料を使い高温で行われます。天然繊維用に開発された直接染料、酸性染料のような古くからの合成染料では染めにくい繊維です。

　ポリエステルはフィラメントとステープルの両方が広く使われています。ポリエステルのステープルは、綿、麻、羊毛との混紡でよく使われます。ポリエステルは強いうえに、コシがあってしわになりにくく、吸湿性が少ないので洗濯してもすぐに乾きます。天然繊維との混紡によって天然繊維のよさとポリエステルのよさをうまくミックスして使っています。

　ポリエステルは、綿、羊毛、麻などの天然繊維が使われてきた用途に広く使われるようになりました。衣料用としては、紳士服、婦人服、ワイシャツ、ブラウス、作業服、スポーツウェア、ネクタイ、肌着などです。寝具としては毛布、ふとんワタ、シーツに使われます。インテリア用としてはカーテン、テーブルクロスに、産業用としてはタイヤコード、ホース、ベルト、漁網、帆布、テント、人工皮革用の極細繊維、傘地などに使われます。天然繊維ばかりでなく、ナイロン、アクリルなどの他の合成繊維が使われていた用途にまで需要を拡張している非常に汎用性の高い合成繊維です。

　ビニロンは日本で発明された合成繊維です。戦後、石炭と石灰石、水力発電による電力の三つの国産原燃料を基礎に製造できる**カーバイド**からつくられました。現在は石油化学原料に代わっています。酢酸ビニルを重合した**ポリ酢酸ビニル**をケン化（加水分解）して**ポリビニルアルコール**にします。ポリビニルアルコールを紡糸後、水に不溶にするために**ホルムアルデヒド**で**アセタール化**してつくられる合成繊維です。ステープルが中心ですがフィラメントもあります。衣料用は戦後から高度成長期ころまで学生服、制服などに使われましたが、いまではポリエステルにこれらの需要は奪われてしまいま

した。軽く、耐候性に優れるうえに摩擦強度が高いのでいまではもっぱら産業用として使われています。とくにアルカリに強く、コンクリートとのなじみもよいので**コンクリート補強材**として使われます。そのほかの用途は、漁網、のり網、ロープ、帆布、ベルトなどです。

　高強度の繊維としては**炭素繊維、パラ系アラミド繊維（全芳香族ポリアミド）、超高分子量ポリエチレン繊維、ポリアリレート繊維（全芳香族ポリエステル）、PBO繊維**があります。

　炭素繊維は、アクリル長繊維を焼成してつくる**PAN系**と石油ピッチを原料にする**ピッチ系**があります。炭素繊維は1957年にアメリカでレーヨンを原料にして試作され、その後工業化されました。1961年日本の大阪工業試験所・進藤昭男がPAN（ポリアクリロニトリル）系炭素繊維を発表し、1971年に日本で工業化されました。それ以後、PAN系が炭素繊維の主流となり、現在では炭素繊維は日本企業のお家芸になっています。PAN系炭素繊維は高強度なので、エポキシ樹脂との複合材料として、釣竿、テニスラケット、ゴルフシャフトから2000年代後半には大型航空機の翼、胴体など全面的に使われるようになりました。今後は自動車部品、CNG（圧縮天然ガス）タンクなどに用途を拡大していくことが期待されています。

　一方、もう一つの炭素繊維であるピッチ系炭素繊維は、1963年に群馬大学工学部大谷杉郎教授が塩化ビニル樹脂のピッチからつくったのが始まりです。その後、大谷教授はメソフェーズを原料とする中強度・高弾性率のピッチ系炭素繊維も開発しました。ピッチ系炭素繊維も日本企業のお家芸です。

　炭素繊維以外のその他の高強度繊維は、防護服、合成樹脂やコンクリートの補強材、ロープなどに使われます。

　高耐熱性の繊維としては**メタ系アラミド繊維（全芳香族ポリアミド）、ポリフェニレンスルフィド（PPS）繊維、ポリイミド繊維、フッ素繊維、ノボロイド繊維**などがあります。用途としては消防服などの耐熱服、防炎服、排気ガス処理に使われるフィルター、抄紙用フェルトなどがあります。

合成繊維の需給動向

　第2−3−2図に戦後の日本の化学繊維の生産動向の推移を示します。戦後は戦前からの蓄積を生かしてレーヨン工業がいち早く復興しました。それ

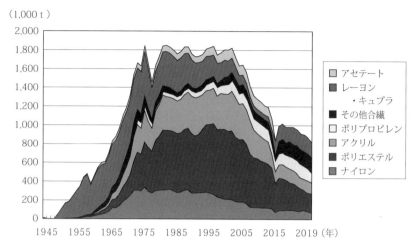

（1,000 t ）

凡例：
- アセテート
- レーヨン・キュプラ
- その他合繊
- ポリプロピレン
- アクリル
- ポリエステル
- ナイロン

〔注1〕2009年以後は、レーヨン・キュプラはアセテートに合算
〔注2〕1969年以前はポリプロピレンをその他合繊に合算
資料：経済産業省『生産動態統計 繊維・生活用品統計編』

【第2－3－2図】日本の化学繊維生産量推移

とともに1930年代末から日本でも研究されていたビニロンとナイロンの工業化が1950年代早々から始まりました。ナイロンは特許紛争の回避や用途開発・加工技術の早期獲得を目指して技術導入が行われました。1950年代半ばには石油化学工業が日本で開始され、1950年代後半には石油化学原料を使ったアクリル繊維、ポリエステル繊維が技術導入によって工業化されます。1950年代末にイタリアで開発された**ポリプロピレン繊維**に対しては非常に期待が大きく、**夢の繊維**として多くの会社による技術導入合戦が繰り広げられました。しかし、その後の合成繊維産業の歴史からみるとこの期待は見事に外れました。衣料用繊維としては染色性の悪さが最大の欠点でした。

　日本での合成繊維の生産量は、1967年にようやくレーヨン・アセテートの生産量を追い抜き、合成繊維の時代に入りました。ちょうど同時期に化学繊維糸（化学繊維のフィラメントと紡績糸）の生産量が、天然繊維糸の生産量を超えました。日本の化学繊維工業の基礎を築いたレーヨン工業は1967年の47万7,000 t の生産量をピークとして、それ以後縮小をたどり、2008年には5万 t にまで落ち込み、それ以後は生産者数が少なくなり生産量も発表されなくなりました。

　合成繊維のなかでも消長がありました。先発したビニロンは1962年にナイロンに生産量で追い抜かれます。ナイロンも1970年にポリエステルに生産量で追い抜かれ合成繊維トップの地位を明け渡しました。ビニロンは1970年代前半、ナイロンは1980年代前半を生産のピークとして、それ以後はポリエステルに押されて縮小過程に入りました。

　日本の繊維産業は、1970年代初頭の**日米繊維交渉**による輸出規制や為替レートの切り上げ（円高）を境に大きく変わっていきました。日本の他の多くの工業が1970年代初頭から始まった為替レート切り上げに耐えて競争力を強めていったのに対して、繊維産業は著しく競争力が弱まりました。とくに製造コストに占める人件費比率の高い縫製部門の競争力低下は著しく、繊維製品輸入に占める衣料（縫製品）の比率はそれまでの1割程度から1970年代初頭には5割に急上昇しました。1960年代まではヨーロッパから高級背広生地のような織物の**ハイエンド品**輸入が中心でした。1970年代からは韓国、台湾、香港からの衣料品が輸入の中心になります。しかもそれは**ローエンド品からミドルハイボリューム品**に変わっていきました。1960年代から70年代の高度経済成長の中で、日本の消費者の生活様式も大きく変わりました。糸や織物生地を購入して、自宅で編物や縫製衣料品をつくることはなくなり、完成した衣料品を購入するようになりました。

　1980年代なかばのプラザ合意以後の急激な円高により、繊維の輸入金額は急速に増加しました。繊維産業の貿易も輸出超過から輸入超過に転換し、輸入超過額は急激に拡大しました。繊維の輸入に占める衣料のウエイトも5割から1990年代なかばには8割近くにまで上昇します。1990年代からは輸入先として中国が台頭しました。こうして日本の繊維産業は、最終製品である衣類の輸入が増加したために、最初に縫製部門、次に織物・編物のような生地生産部門、さらに紡績のような糸生産部門の生産が縮小していきました。生産品の出口である国内需要がなくなったためです。とくに1990年代以降、織物、紡績の生産低下は急激でした。繊維産地が急激にさびれ、地方の時代が叫ばれるのと逆に地方経済の疲弊・沈滞が著しく目に付くようになりました。

　このように日本の繊維産業が崩壊していくなかでも1990年代を通じて化学繊維産業の生産量は、第2-3-2図に示すように180万t前後を維持

【第2－3－3表】化学繊維需給推移

(単位：1000 t ， %)

	生産	輸出	輸入	見かけ内需	輸出/生産	輸入/内需
1980年	1,832	334	49	1,547	18	3
1990年	1,812	428	96	1,480	24	7
1995年	1,804	583	81	1,302	32	6
2000年	1,643	614	123	1,153	37	11
2005年	1,249	531	175	893	43	20
2010年	998	451	213	760	45	28
2015年	960	461	265	764	48	35
2019年	818	315	288	791	39	36

〔注〕輸出入は貿易コード5401-5406化繊フィラメント、5501-5507化繊ステープルの合計
資料：経済産業省『生産動態統計 繊維・生活用品統計編』,財務省『貿易統計』

してきました。これは輸入品が最初は天然繊維を原料としたものが中心であったこと、合成繊維が衣料から家具・インテリアや産業用など非衣料分野の需要開拓を図ったためでした。第2－3－3表に1980年代以後の日本の化学繊維の需給推移を示します。1980年代においては、見かけ内需の減少はまだ緩やかでした。1990年代にはそれも維持できなくなり、見かけ内需が急速に減少します。合成繊維会社は、ステープル（化学繊維短繊維）を中心に輸出増加によって対応しましたが、繊維製品ばかりでなく化学繊維自体の輸入も徐々に増加しました。

2000年代に入ると中国が合成繊維生産能力を一挙に拡大しました。2000年の世界の化学繊維生産量（ポリプロピレン、ポリエチレン繊維を含まない数値）は2,840万 t 、そのうち中国は670万 t （24％）でした。2010年には世界の生産量は4,656万 t 、中国2,997万 t （64％）、2015年には世界6,652万 t 、中国4,848万 t （73%）、2018年には世界の9割近いシェアを占める6地域（日・韓・台・中・印・西欧）で6,358万 t 、中国5,196万 t （世界の74％と推定）になりました。中国への一極集中が続いています。衣料輸入も天然繊維品だけでなく合成繊維品も増加しました。

日本の化学繊維生産量は1990年代に維持してきた180万 t 前後から2000年以後急激に減少し、2019年には82万 t にまで縮小しています。1964年頃のレベルです。合成繊維だけでみても150万 t 前後から66万 t

への減少です。（日本の数値はポリプロピレン、ポリエチレン繊維を含む。世界合計を作成する際には除く。）それとともに化学繊維輸出が頭打ち状態から2015年以後は減少に転じる一方、輸入は着実に増加し、2019年にはほぼ同じになりました。こうして衣料縫製品から始まり、織物・編物、さらに紡績糸に及んだ繊維製品の輸入超過が2020年代には化学繊維にも及ぶことが確実になりました。

　このような合成繊維の生産縮小は日本だけでなく、アメリカ（1990年代末330万t前後から2017年197万t）、西ヨーロッパ（330万t前後から200万t）のような先進国にも、さらに1970年代以降繊維産業が急激に伸びた韓国（260万t前後から138万t）、台湾（320万t前後から165万t）でも起こっています。（2018年以降は世界の統計がなくなりました。）

　2000年代以降、日本の合成繊維会社の合成繊維からの事業撤退が相次いでいます。それとともに合成繊維会社は、消費の非衣料へのシフトを大きく進め、2000年での衣料用、家具インテリア用、産業用の消費構成34％、40％、26％から、2010年には23％、42％、35％、2018年には18％、51％、31％へと変わりました。もはや日本の合成繊維工業は衣料原料を供給する産業ではなくなりつつあります。第2-3-2図では読み取りにくいかも知れませんが、合成繊維の代名詞であったナイロン、ポリエステル、アクリルの生産量が減少を続けるのに対して、1960年代に「夢の繊維」の夢が破れたポリプロピレン繊維が底堅い動きを続け、今ではポリエステルに次ぐ生産量第2位の合成繊維になっています。歴史の皮肉と言えましょう。

3-2　樹脂成形加工（樹脂加工薬品を含む）

樹脂成形加工の方法と商品知識

　樹脂成形加工技術に対する見方は、この20～30年間で大きく変わりました。現在の日本の化学産業にとって高付加価値な機能製品をつくり上げるためのキーポイントとなる技術になっています。最近は精密な樹脂成形加工技術がますます重要になっています。

　樹脂成形加工製品の種類は大変に多く、様々な産業の製品となっています。そのため**第2－3－4表**に示す日本標準産業分類によるプラスチック製品製造業でも、この分類に入りきらず他に分類されるプラスチック製品が多数あります。大きな分野としては、すでに述べた押出成形でつくられる合成繊維があります。また、一体成形やその後の簡単な加工でいきなり他の産業の製品ができてしまったりする場合も、その製品製造業に分類されています。たとえばプラモデル、履物、ペンなどの事務用品、CD・DVD、ブラシ、ボタンなどです。貿易統計では**第2－3－5表**に示すように、プラスチック製品として扱われるものが限られる（39.15から39.26）上に、そのなかでも**概況品目「化学製品」**に加えられるものは押出成形製品の一部に限られ（39.15から39.21）、射出成形製品、中空成形製品、圧縮成形製品は「化学製品」にカウントされていないので、統計を使う際には注意が必要です。

　このように多くの産業分野に使われている樹脂成形加工製品ですが、成形加工法は**第2－3－6表**に示すように、いくつかに大きく分類できます。大まかにいえば、熱硬化性樹脂には圧縮成形、トランスファー成形、積層成形、熱可塑性樹脂には製品の形状に応じて、射出成形、中空成形、押出成形が使われます。

　フィルム、シートは、非常に多く使われる製品です。これはほとんどが**押出成形**でつくられます。押出成形は加熱して流動化した樹脂を口金（ダイ）から連続的に押し出すことによって成形します。押出機は長い丈夫な金属製の筒（シリンダ）の中に**スクリュー**が1本から数本入って回転する構造の機械です。一端に原料を入れるホッパーがあり、おもにスクリューの**せん断力**によって樹脂が加熱溶融され、他端にあるダイから融けた樹脂が押し出されます。押出機は原料を均一に溶融し加圧してダイから押し出す機械です。途中に脱気孔のあるタイプもあります。樹脂の物性に応じてスクリューの数や形が選ばれます。

　シートやフィルム、板は、直線状のスリットをもったダイから押し出す**Tダイ法**でつくられます。多種類の樹脂を貼り合わせたフィルムやシート、パイプが必要なときは、数台の押出機を使い、それぞれの押出機に別々の樹脂を加え、一つのダイに同時に押出してつくります。またTダイから押出したフィルムを熱いうちに紙、金属箔、布、他のフィルムなどに重ねて加圧すれ

中分類	細分類	名　　　称
181		プラスチック板・棒・管・継手・異形押出製品製造業
	1811	プラスチック板・棒製造業
	1812	プラスチック管製造業
	1813	プラスチック継手製造業
	1814	プラスチック異形押出製品製造業
	1815	プラスチック板・棒・管・継手・異形押出製品加工業
182		プラスチックフィルム・シート・床材・合成皮革製造業
	1821	プラスチックフィルム製造業
	1822	プラスチックシート製造業
	1823	プラスチック床材製造業
	1824	合成皮革製造業
	1825	プラスチックフィルム・シート・床材・合成皮革加工業
183		工業用プラスチック製品製造業
	1831	電気機械器具用プラスチック製品製造業（加工業を除く）
	1832	輸送機械器具用プラスチック製品製造業（加工業を除く）
	1833	その他の工業用プラスチック製品製造業（加工業を除く）
	1834	工業用プラスチック製品加工業
184		発泡・強化プラスチック製品製造業
	1841	軟質プラスチック発泡製品製造業（半硬質性を含む）
	1842	硬質プラスチック発泡製品製造業
	1843	強化プラスチック製板・棒・管・継手製造業
	1844	強化プラスチック製容器・浴槽等製造業
	1845	発泡・強化プラスチック製品加工業
185		プラスチック成形材料製造業（廃プラスチックを含む）
	1851	プラスチック成形材料製造業
	1852	廃プラスチック製品製造業
189		その他のプラスチック製品製造業
	1891	プラスチック製日用雑貨・食卓用品製造業
	1892	プラスチック製容器製造業
	1897	他に分類されないプラスチック製品製造業
	1898	他に分類されないプラスチック製品加工業

プラスチック製品製造業の内訳

主　要　製　品	主要樹脂加工法
平板、波板、化粧板、積層板、棒	押出
硬質管、ホース、積層管	押出
継手	射出
雨どい、サッシのレール	押出
上記加工製品	切断、接合、塗装、蒸着めっき
厚さ0.2mm未満のフィルム、積層フィルム	押出、カレンダー
厚さ0.2mm以上の軟質シート	押出
タイル、床材	カレンダー、圧縮
合成皮革、人工皮革	カレンダー
上記加工製品	切断、接合、塗装、蒸着めっき
電子電気機器ボディ・部品、光ファイバー素線	射出、圧縮
自動車バンパー、ダッシュボード、ホイールキャップ	射出、圧縮
カメラボディー、複写機筐体	射出、圧縮
上記加工製品	切断、接合、塗装、蒸着めっき
軟質ウレタンフォーム、ポリエチレンフォーム、塩ビフォーム	発泡金型成形、発泡連続成形、切断
硬質ウレタンフォーム、ポリスチレンフォーム、ポリスチレンペーパー、硬質塩ビフォーム	発泡金型成形、発泡連続成形、切断
FRPの板、棒、管、継手、積層板	圧縮、積層
FRPの容器、浴槽、浄化槽、ヘルメット、コンテナ、橋脚、碍子	圧縮
上記加工製品	切断、接合、塗装、蒸着めっき
コンパウンド	配合、混和
廃プラを原料に漁礁、くい、柵	押出、圧縮
台所用品、食卓用品、浴室用品、バケツ	射出、圧縮
灯油缶、薬品缶、ボトル、洗剤、シャンプー容器、ビールコンテナ、ごみベール	中空、圧縮、射出
結束テープ、吊革、人工芝、止水板、ビニル外衣、絶縁材料	押出、圧縮、射出
	切断、接合、塗装、蒸着めっき

【第2-3-5表】輸出入統計コードにみる樹脂成形加工品の扱い

樹脂成形加工品としているもの	概況品目「化学製品」に加えているもの	39.15	プラスチックのくず
		39.16	プラスチックの単繊維（横断面の最大寸法が1mm超）、棒、形材
		39.17	プラスチック製の管、ホース、これらの継手
		39.18	プラスチック製の床用敷物（ロール状又はタイル状のもの）、壁面被覆材、天井被覆材
		39.19	プラスチック製の板、シート、フィルム、はく、テープ、ストリップ（接着性を有するもの）
		39.20	プラスチック製のその他の板、シート、フィルム、はく及びストリップ（多泡性、補強等）
		39.21	プラスチック製のその他の板、シート、フィルム、はく及びストリップ（その他）
	概況品目「化学製品」に加えていないもの	39.22	プラスチック製の浴槽、シャワーバス、台所用流し、洗面台、便器その他衛生用品
		39.23	プラスチック製の運搬用又は包装用の製品及びプラスチック製の栓、ふた、キャップ
		39.24	プラスチック製の食卓用品、台所用品その他の家庭用品及び化粧用品
		39.25	プラスチック製の建築用品
		39.26	その他のプラスチック製品
	そもそも樹脂成形加工品とは考えていないもの	85.23	ディスク、テープ、スマートカードその他の媒体
		8547.2	プラスチック製の電気絶縁用物品
		8708.1	自動車バンパー及びその部分品
		9001.1.9	光ファイバー及び光ファイバーケーブル（ガラス製以外のもの）
		9003.11	眼鏡のフレーム（プラスチック製のもの）
		9403.7	プラスチック製家具
		9404.2	マットレス（セルラーラバー製又は多泡性プラスチック製のもの）
		9405.92	照明器具部品（プラスチック製のもの）

ば、ラミネートした製品を得ることができます。電線被覆もこのような方法でつくられます。

　押出したフィルムを再び加熱しながら縦方向あるいは縦横方向に延伸して分子を配向させると延伸フィルムができます。延伸していない押出フィルムをキャストフィルムといいます。延伸フィルムは、透明性、光沢、強度などが高まり、ガスバリア性も向上します。延伸フィルムを加熱すると収縮するので、延伸フィルムで包装したあと加熱してフィルムが内容物にぴったりとしまった包装を行うことができます。シュリンクフィルムです。プラスチッ

【第2－3－6表】主要な樹脂成形加工法

成 形 加 工 法		原料となる主要な高分子
1次加工	圧縮成形	熱硬化性樹脂
	トランスファー成形	熱硬化性樹脂
	積層成形	不飽和ポリエステル樹脂、エポキシ樹脂
	押出成形	熱可塑性樹脂
	射出成形（インジェクション成形）	熱可塑性樹脂、熱硬化性樹脂
	中空成形（吹込成形、ブロー成形）	熱可塑性樹脂
	カレンダー加工	塩化ビニル樹脂、PMMA、ABS樹脂、HI
	注　型	PMMA、エポキシ樹脂、ケイ素樹脂
	ペーストコーティング	塩化ビニル樹脂
	粉末成形	フェノール樹脂、メラミン樹脂、塩化ビニル樹脂
	3次元プリンタ加工	熱可塑性樹脂
別の切り口からの1次加工	発泡	熱硬化性樹脂（ポリウレタン、フェノール樹脂等）、熱可塑性樹脂（ポリスチレン、ポリエチレン等）
成 形 加 工 法		主要な加工法
2次加工	熱成形	真空成形、プレス成形、スタンピング、圧空成形、自由吹込成形
	溶　接	熱板溶接、インパルス溶接、高周波溶接、超音波溶接、熱風溶接
	接　着	接着剤接着、溶剤接着
	貼り合わせ	ドライラミネート、ホットメルトラミ、押出ラミ、サーマルラミ、ウェットラミ
	表面装飾、コーティング	有機・無機塗装、印刷、真空蒸着、金属メッキ、スパッタリング、ホットスタンピング、静電植毛
3次加工	バリとり	
	打ち抜き	
	熱曲げ加工	
	切削加工	

クボトルの周囲に巻いてあるのをよくみかけます。

　ポリエチレンのフィルムのような大量生産品は、リング状のダイから押し出したチューブの端をピンチロールで押さえたあと、空気を連続的に吹き込んで風船をつくりながら連続的に巻き取っていく生産性の高い**インフレーション法**という押出成形法でつくられます。巻き取られたチューブを、一定間

171

隔で熱融着していけば連続したポリエチレンの袋が得られます。チューブを切り開いてフィルムを得ることもできます。

カレンダー加工は、ゴムの成形加工で発達してきた成形法です。合成樹脂では塩化ビニル樹脂からフィルムやシート、レザー、床材を得るときによく使われます。いくつもの熱ロールの間を原料が通過するうちに練られて平面状になっていきます。いくつも並ぶロールの途中から布地などを加えればレザーや床材のように生地に樹脂が圧着された製品が得られます。

射出成形は**熱可塑性樹脂**から機械部品のような樹脂成形品を得るために広く使われている方法です。ホッパーから原料を入れ、シリンダ内で周囲のヒーターによって樹脂が加熱溶融され、スクリューで他端に送られ、スクリューごとピストンのように動かして、溶融樹脂をノズルから**射出**します。射出成型機のスクリューは、一般に押出機ほど長く大きなものではありません。シリンダのノズルの先には**金型**がつけてあり、ノズルから溶融した樹脂が金型内に射出されると、金型が冷却され、その後金型が開いて成形品が取り出されます。したがって押出成形とちがって、射出成形は連続的に製品ができるのではなく、間欠的になります。この**成形サイクル時間**は生産性に関係するので重要です。しかし、射出圧力をむやみに高くしたり、金型をむやみに冷却したりすると、成形品の品質を悪化させ、**成形不良**を引き起こすことになります。

射出成形では**寸法精度**も重要です。合成樹脂は溶融状態から固化する際に**収縮**します。合成樹脂の種類によって収縮度合いも大きく異なります。しかし、成形収縮は合成樹脂の種類によるだけでなく、射出圧力、シリンダ温度、金型温度、金型内での流動方向などによって複雑に変わります。このため**金型設計**は非常に重要です。

射出成形はポリウレタンや不飽和ポリエステル樹脂などの熱硬化性樹脂にも適用できます。**反応射出成形（RIM）**と呼ばれます。ただし加熱シリンダ内の摩擦熱で硬化反応が起きないように留意します。硬化温度に加熱された金型内に射出されたプレポリマーなどの原料は金型内で硬化反応を起こします。硬化時間経過後、金型を開き成形品を取り出します。

中空成形は、押出機からチューブを押し出し、軟らかいうちに金型で左右から挟みこむと同時にチューブ内に圧縮空気を送って樹脂を金型に押し付け

て成形する方法です。冷却後、金型が開いて製品が取り出されます。押出機は連続的に動かした方が効率がよいので、金型がいくつもある方式が多く採用されています。したがって非常に効率よく**ボトル**などの製品ができあがってきます。PET樹脂では、押出されたチューブを延伸した後に圧縮空気を吹き込むと透明性、耐衝撃性、剛性の優れた成形品が得られます。このため、まず射出成形で底がついたチューブ（試験管のような形で**パリソン**といいます）をつくり、これを再加熱して延伸し、さらに金型で挟みこんで中空成形を行っています。**延伸吹込成形**と呼ばれます。

　圧縮成形とトランスファー成形は熱硬化性樹脂の成形法として広く使われています。**圧縮成形**では、成形原料を金型に入れ、金型を閉めて加圧、加熱することにより、型のなかで**硬化反応**を起こしてから金型を開いて製品を取り出します。**トランスファー成形**は、金型内で加熱室と成形圧縮室を分けた方法です。原料を加熱室で加熱軟化させ、それを成形圧縮室に送り込んで硬化させます。原料を十分に高温に予熱できるので、成形硬化時間を短縮できる長所があります。

　３次元（３Ｄ）プリント加工は、少量多品種生産時代に対応した最近話題の成形加工法です。射出成形、中空成形、圧縮成形などは金型が必要です。金型は精密金属加工でつくられるので高価です。したがってある程度まとまった数の樹脂成形加工品をつくることが前提になります。これに対して３次元プリント加工は金型を使わないで、成形加工品の２次元にスライスした層を積層して３次元の成形加工品をつくっていく一品生産の方法です。このためには3D CADや3D CG作成ソフトウェアなどであらかじめ３Ｄデータを作成する必要があります。これらのデータ作成と光造形、インクジェット、押出堆積などの成形機を組み合わせた３Ｄプリンタが、2010年代前半に比較的安価に販売されるようになったことから３次元プリント加工が身近なものになりました。立体模型によるデザインの確認、設計・開発段階における試作など、少量の樹脂成形加工品を製作する用途に適した成形加工法です。当初は感光性樹脂のような高価なプラスチックが使われましたが、現在では安価な熱可塑性樹脂を使うことができるようになっています。

　発泡は今までに述べてきた形をつくる成形加工法と併用される、いわば別の切り口からの１次加工法です。元々はゴムの成形加工法で発展しましたが、

現在では合成樹脂に広く使われ、著しい軽量化、断熱化、柔軟化、弾力化、流体吸収性・吸音性向上など、合成樹脂に成形加工段階で新たな物性を与えています。圧縮成形や押出成形と併用して発泡ブロック、発泡シートを作成したり、圧縮成形や射出成形と併用して発泡成形品をつくったりします。

成形品は2次加工、3次加工によって、さらにブラッシュアップされたり、別の成形品に生まれ変わったりします。たとえばシートを**真空成形**や**プレス成形**し、さらに**打ち抜き**を行うことによって、非常に効率よく食品トレー類やカップ麺容器のようなカップ類がつくられます。

樹脂成形加工品をすべてカバーできる訳ではありませんが、生産動態統計紙・印刷・プラスチック製品・ゴム製品統計編に計上されている樹脂成形加工品の重量比率を**第2−3−3図**に示します。計上された樹脂成形加工品の合計重量が570万tなので第2−2−1図に計上された合成樹脂生産量に対しておおむね5割程度をカバーしている統計とみてください。フィルム、容器はもっぱら包装用途、シート、発泡製品もその何割かが包装用途に使われますので、樹脂成形加工品のおおむね6割が包装用途に使われていると推定されます。その中でも食品包装が最大の用途と考えられます。一方、機械器

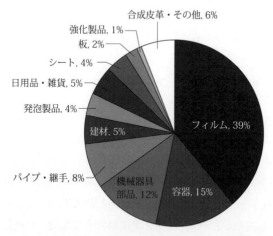

資料：経済産業省『生産動態統計 紙・印刷・プラスチック製品・ゴム製品統計編』

【第2−3−3図】合成樹脂加工製品の分野別生産重量比率（2019年）

具部品、建材、パイプ、FRP製品のような耐久財用途は樹脂成形加工品の３
割程度と考えられます。

樹脂成形加工に使われる薬品

樹脂成形加工は合成樹脂だけで行われるわけではありません。成形加工時
に着色したり、強度を高めるために充填材・補強材を加えたり、発泡させる
ために発泡剤を加えることもあります。また、様々な目的のために可塑剤、
安定剤、帯電防止剤、紫外線防止剤、難燃剤などが加えられます。成形加工
を円滑に行うために滑剤・離型剤、改質剤も重要です。成形加工の前に、こ
のような様々な薬品、添加剤を配合し、混和する必要があります。混ぜ終わ
った製品を**コンパウンド**と呼びます。第２－３－４表の1851プラスチック
成形材料製造業は、これを専業にする事業所ですが、多くは成形加工工場で
内製化しています。

樹脂成形加工薬品は、目的とする性能を満たすだけでなく、成形加工製品
の用途に応じた性能や法規制を満たすことにも留意する必要があります。た
とえば成形加工の生産性向上のために離型剤を使う場合に、樹脂の耐熱温度
以下で成形加工製品表面に残存する離型剤が分解して電子部品用途としては
不合格品となることがあるので注意が必要です。また食品用器具・包装容器
に使われる樹脂成形加工製品は、基本となる樹脂はもちろん、添加剤・塗布
剤も、その物質ごと・樹脂の７区分ごとに詳細な使用制限値が決められてい
ます。このような規制は、欧州や米国では以前から行われていましたが、日
本でも2020年に詳細なポジティブリストが告示されたので、樹脂成形加工
薬品を使用する際には事前に十分な検討が必要です。

第２－３－７表に樹脂成形加工に使われる薬品、添加材料を示します。こ
のような薬品はファインケミカル製品として、非常に種類が多く、表に掲示
したものは、ごく一部の代表的な製品にすぎませんが、この表に沿って樹脂
加工薬品を説明しましょう。

結晶核剤（造核剤）は、微細で均質な樹脂結晶をつくることによって、透
明性のよい合成樹脂をつくるために添加されます。球晶をつくりやすいポリ
エチレンやポリプロピレンによく使われます。また、ＰＥＴやポリ乳酸のよ
うなポリエステル系樹脂の成形加工性の改善にも使われます。

　充填材・補強材としては、粉状、繊維状、布マット状のものがあります。粉状、繊維状のものは、樹脂に混和したあと通常の成形加工工程で製品をつくります。2010年代にセルロースナノファイバー（CNF）がブームになりました。幅数μmの木材繊維（パルプ）をさらにほぐして幅数nmにした微細な繊維状物質がCNFです。省エネルギーで生産できるナノバイオマス素材として、大学での研究成果をパルプ会社が実用化できる新素材として強い関心を示し、多くのパルプ会社で研究開発競争が始まりました。透明なプラスチックにナノオーダーで均一混練できれば透明な複合材料ができるので、現在も熱心に研究開発が進められています。CNF自体は親水性材料なので、プラスチックへの分散性を高めるためにCNFの変性も行われています。

　繊維を大量に加えて強度を高めた合成樹脂を**FRP（繊維強化プラスチック）**と呼びます。FRPには、不飽和ポリエステルやエポキシ樹脂のような熱硬化性樹脂がよく使われますが、熱可塑性のFRPもあります。並べた繊維や布・マットに分子量の低い合成樹脂などを含浸させたものを**プリプレグ**と呼びます。これを積層して成形した後、加熱・圧着して成形加工品をつくります。また、あらかじめ布やマットを所定の形状に成形し、これに樹脂原料や中間原料を吹き付けたり、塗りつけたりし、その後加熱して成形品をつくる方法もあります。FRPは、航空機の翼・胴体や漁船、浴槽のような大型の樹脂成形加工製品をつくることができます。

　充填材・補強材は樹脂製品の熱伝導性、電気絶縁性を向上させるために使われることもあります。電気絶縁性を変えずに熱伝導性だけを向上させる目的の場合には、無機酸化物やアラミド繊維・ＰＢＯ繊維・ＰＰＳ繊維などの高熱伝導性繊維が使われます。一方、電気絶縁性を低下させて電磁波吸収性（電磁波シールド性）と熱伝導性の両方を向上させる場合には、カーボンブラック、金属粉末、炭素繊維、金属繊維が使われます。電磁波シールド性向上は電子機器用途には不可欠です。

　合成樹脂を製造するときは通常着色しません。合成樹脂は、無色で出荷され、成形加工時に着色されます。熱硬化性樹脂は、原料段階で着色剤（顔料、染料の粉末、液体）をよく混ぜたあと、硬化させて樹脂をつくるとともに成形加工します。熱可塑性樹脂は、加熱して樹脂を溶融したあと成形加工します。溶融した樹脂は粘度が高く、粉末の着色剤を均一に混合するためには分

【第２−３−７表】合成樹脂成形加工の主要な添加剤

種類	分類	主要な商品			
結晶核剤・造核剤	カルボン酸金属塩系（p-tert-ブチル安息香酸アルミニウムなど）				
	リン酸エステル金属塩系（リン酸2,2'-メチレンビス(4,6-ジ-tert-ブチルフェニル)ナトリウムなど）				
	ベンジリデンソルビトール系（ビス(p-エチルベンジリデン)ソルビトールなど）				
	タルク、カオリンなど				
充填材・補強材	繊維状	ガラス繊維			
		炭素繊維			
		パルプ			
		合成繊維（ビニロン）			
	布状	ガラス繊維（ロービングクロス、クロス、チョップトマット）			
		合成繊維布（ビニロン、ポリエステル）			
		綿布、麻布			
		フェルト			
		紙			
	粉状	タルク（滑石）			
		マイカ（雲母）			
		クレー（カオリン）			
		シリカ（ケイ砂）			
		カーボンブラック			
		炭酸カルシウム			
		酸化チタン			
	微細状	セルロースナノファイバー（CNF）、変性CNF			
着色剤	粉体状着色剤（ドライカラー）＋分散助剤（金属石鹸など）				
	顆粒状着色剤				
	潤滑粉末状着色剤				
	液状着色剤				
	マスターバッチカラー				
	カラードコンパウンド				
			略号	適用樹脂	
有機発泡剤	アゾ化合物	アゾジカルボンアミド＋発泡助剤	ADCA	PE, PP, EVA, PS, ABS, PVC	
		アゾビスイソブチロニトリル	AIBN	PVC	
	ニトロソ化合物	N, N'-ジニトロソペンタメチレンテトラミン＋発泡助剤	DPT	EVA	
	スルホニルヒドラジド化合物	p-トルエンスルホニルヒドラジン	TSH		
		p, p'-オキシビス（ベンゼンスルホヒドラジド）	OBSH	PE, PS, PVC	
無機系発泡剤	炭酸水素ナトリウム		重曹		

（第2－3－7表　続き）

種　類	分　類	主　要　な　商　品	略号
可塑剤	フタル酸エステル系	フタル酸ジ-2-エチルヘキシル フタル酸ジブチル フタル酸ジメチル フタル酸ジイソデシル フタル酸ジイソノニル フタル酸ブチルベンジル	DOP DBP DMP DIDP DINP BBP
		2019年生産量（1,000 t）	201.1
	脂肪酸系	アジピン酸ジ-2-エチルヘキシル アジピン酸ジ-n-アルキル アゼライン酸ジ-2-エチルヘキシル アセチルクエン酸トリブチル セバシン酸ジ-2-エチルヘキシル	DOA D610A DOZ ATBC DOS
	リン酸エステル系	リン酸トリクレジル リン酸トリジ-2-エチルヘキシル	TCP TOP
		2019年生産量（1,000 t）	24.4
	エポキシ化系	エポキシ化大豆油 エポキシステアレート	
		2019年生産量（1,000 t）	7.8
	その他	塩素化パラフィン ポリエステル系（脂肪族2塩基酸＋グリコール） トリメリット酸系 ステアリン酸系	TOTMなど
安定剤	鉛系	鉛塩（硫酸、亜リン酸、フタル酸、ケイ酸） 金属石鹸（ステアリン酸）	
	有機スズ系	ジ-n-オクチルスズ系（マレイン酸、ラウリン酸） ジ-n-ブチルスズ系（マレイン酸、ラウリン酸）	
	亜鉛系	ステアリン酸亜鉛、ラウリン酸亜鉛	
	バリウム系	ラウリン酸バリウム、リシノール酸バリウム	
	カルシウム系	ステアリン酸カルシウム	
酸　化 防止剤	フェノール系	ジブチルヒドロキシトルエン ブチル化ヒドロキシアニソール	BHT BHA
	ビスフェノール系	2,2'-メチレンビス（4-メチル-6-tert-ブチルフェノール）	MDP
	高分子型フェノール系		
	硫黄系	ジラウリルチオジプロピオネート	DLTDP
	亜リン酸系	トリフェニルフォスファイト	TPP
紫外線 吸収剤	サリチル酸系	フェニルサリシレート、p-tert-ブチルフェニルサリシレート	
	ベンゾフェノン系	2,4-ジヒドロキシベンゾフェノン	
	ベンゾトリアゾール系	2-（ヒドロキシアルキルフェニル）系ベンゾトリアゾール	

（第2−3−7表　続き）

種　類	分　類	主　要　な　商　品	略号
紫外線吸収剤	シアノアクリレート系	アルキル-2-シアノ-3,3'-ジフェニルアクリレート	
紫外線安定剤	ヒンダードアミン系（ピペリジン化合物）		HALS
	ニッケル系		
帯電防止剤	非イオン系	ポリオキシエチレン系（アミン、アミド、エーテル）	
		脂肪酸エステル系（グリセリン、ソルビタン）	
	アニオン系	アルキルスルホネート、アルキルベンゼンスルホネート	
		アルキルサルフォネート	
		アルキルフォスフェート	
	カチオン系	第4級アンモニウム塩（クロライド、サルフェート）	
		第4級アンモニウム樹脂型（ポリアクリル酸、ポリビニルベンジル）	
	両性型	アルキルベタイン型	
		アルキルイミダゾリン型	
難燃剤	ハロゲン系	臭素系（テトラブロモビスフェノールTBBA）	
		塩素系（塩素化パラフィン＋3酸化アンチモン）	
	リン系	リン酸アンモニウム	
		リン酸トリクレジル	TCP
	窒素系	メラミンシアヌレート、ポリリン酸メラミン	
		スルファミン酸グアニジン、リン酸グアニジン	
	シリコーン系	シリコーン	
	無機系	水酸化アルミニウム、水酸化マグネシウム	
		酸化スズ	
難燃助剤	ハロゲン系に対し	三酸化アンチモン、アンチモン酸ナトリウム、亜鉛化合物	
減煙剤	無機系	モリブデン化合物、スズ化合物	
防曇剤	グリセリン脂肪酸エステル、ポリグリセリン脂肪酸エステル、ソルビタン脂肪酸エステル		
	ノニオン界面活性剤		
防カビ剤・抗菌剤	バイナジン（OBPA、10,10'-オキシビスフェノキシアルシン）		
	プリベントール（N-（フルオロジクロロメチルチオ）フタルイミド）		
	チアベンダゾールTBZ（2-（4-チアゾリン）ベンゾイミダゾール）		
	ビス（ピリジン-2-チオール-1-オキシド）亜鉛酸		
	2,4,5,6-テトラクロロイソフタロニトリル		
	チオサルファイト銀錯体＋シリカゲル		

（第 2 － 3 － 7 表　続き）

種　類	分　類	主　要　な　商　品		略号
滑　剤・離型剤		高級脂肪族系アルコール、高級脂肪酸系		
		脂肪酸アマイド系		
		金属石鹸系（ステアリン酸バリウム、カルシウム、亜鉛、アルミニウム）		
		脂肪酸エステル系		
樹脂改質剤	耐衝撃強化剤	架橋ゴム粒子のグラフトポリマー（MBSなど）		
		非架橋ゴムのグラフトポリマー（EVA/VC）		
		ゴムそのもの（EVA、塩素化ポリエチレン、シリコーンゴム）		
		両末端反応性シリコーンオイル		
	加工性改質剤	高分子量アクリルポリマー		
		アクリル変性PTFE		
相溶化剤（非相溶のA/Bポリマーに対して）	非反応型	A-Bブロック型	SEBS（PS-PE/PB-PS）	
		幹A－グラフトB型	PE- g PS	
	反応型	無水マレイン酸変性 PP, PE、無水マレイン酸変性エチレン・ブテン共重合体、エチレン/グリシジルメタクリレート共重合体		
アンチブロッキング剤		架橋アクリル微粒子、架橋スチレン微粒子		
		シリカ、タルク、ケイ藻土		

散助剤を使ってもなかなか困難です。このため多くは**マスターバッチ**を使うか、あるいは成形加工機とは別のミキシングロールや押出機で着色剤と樹脂をあらかじめよく混合させる**カラードコンパウンド**が使われます。

　マスターバッチは、成形加工する樹脂と同じものか、あるいはそれとよく混ざる樹脂に高濃度で着色剤を混合させたペレットです。成形加工の際に、これを無色の樹脂と混合して使うことによって生産性よく、均一な着色を行うことができます。各種の押出成形、射出成形、中空成形に幅広く使われています。これに対してカラードコンパウンドはエンジニアリングプラスチックなどに使われる着色法です。

　発泡性ポリスチレンは、ポリスチレンにブタンのようなガスを配合した合成樹脂です。ビーズ状ペレットで販売されています。これを射出成形機にかけて成形加工すると、金型内で発泡し、発泡ポリスチレン成形品になります。ガスとしては、炭化水素以外にハロゲン化炭化水素、空気、窒素、炭酸ガス、水、超臨界炭酸ガスなども使われます。**発泡ポリウレタン**の場合には、原料のイソシアネートが水と反応して炭酸ガスが発生するので、重合とともに発

泡を起こさせて発泡体を得ることができます。

　これに対して、**有機発泡剤**は多くの合成樹脂に対して適用可能で、しかもコントロールされた気泡をもった発泡製品を得ることができます。発泡倍率の違い、大きな発泡と微細な発泡、また**連続気泡**と不連続な**独立気泡**など様々な発泡製品があるので、発泡コントロールが必要です。

　身近な連続気泡製品には軟質発泡ポリウレタンがあります。独立気泡製品としては発泡ポリスチレン、発泡ポリエチレン、発泡ポリプロピレンをよく見かけます。連続気泡製品は圧力をかけると空気や水の出入りがしやすく弾力があるので、ソファー、クッション、食器洗い用スポンジに使われ、また吸音材としても使われます。一方、独立気泡製品は、圧力をかけても内部のガスの動きが少なく、押し返す力が強いため、軽量容器（トレー、魚箱、梱包資材）、断熱材、緩衝材（自動車用バンパー、インパネ材）、土木資材、防振材、浮具に使われます。

　有機発泡剤には特定の狭い温度範囲で分解して窒素ガスを発生させる化合物が使われます。一部の発泡剤には**発泡助剤**が必要です。助剤としては、尿素系化合物、脂肪族金属塩、金属酸化物などがあります。無機発泡剤には炭酸水素ナトリウムなどがありますが、分解温度など分解特性の悪さから有機発泡剤ほど広くは使われません。

　可塑剤は難揮発性の化合物で、樹脂の加工性を改善し、弾性率を低下させ、軟らかな樹脂にするために添加されます。ビニル系合成樹脂、セルロースエステル、ゴムによく使われます。とくに塩化ビニル樹脂に使われることが多く、可塑化すると**軟質塩化ビニル樹脂**となります。**フタル酸エステル系可塑剤**がもっとも多く使われます。とくにフタル酸オクチルDOP（フタル酸ジ-2-エチルヘキシル）とフタル酸イソノニルDINPは、可塑剤として要求される特性をバランスよく持っているので飛びぬけて多量に使われます。**脂肪酸エステル系可塑剤**は、耐寒性、低温柔軟性に優れた可塑剤です。また、ラップフィルムのように食品に接触するプラスチック製品に使用可能な可塑剤はDOA、DOS、ATBCなど、脂肪酸エステル系です。

　リン酸エステル系は可塑化に加えて難燃性を高めます。**塩素化パラフィン**も同様です。

　エポキシ系は塩化ビニル樹脂の熱安定性を高めます。ポリエステル系可塑

剤は非移行性に優れます。**可塑剤の移行**とは、可塑剤を使った樹脂製品を他の樹脂製品と接触させておくと可塑剤が動いてしまう現象です。本の表紙同士がくっついてしまったり、プラスチック消しゴムが鉛筆の塗料を溶かしたり、プラスチックの筆入れにくっついた経験をもっていると思います。塩化ビニル樹脂に他の合成樹脂やゴムを貼り合わせたり、塗装したり、接着剤・粘着剤を塗ったりするような、接触して使用する場合にはとくに注意が必要です。

　高分子は使用中に熱や紫外線、酸素、オゾン、水、酸アルカリ、溶剤などによって劣化してきます。高分子鎖が切れて**ラジカル**（**不対電子**）が発生するとラジカル連鎖反応が起きやすく**劣化**が進みます。塩化ビニル樹脂は加工過程で150℃以上に加熱されたり、紫外線を受けたりすると脱塩酸の反応が起き、不飽和結合ができて着色や劣化が進みます。**安定剤**は脱塩酸によって発生した塩酸を中和し、不飽和結合を破壊して着色を防ぎます。**酸化防止剤**は、ラジカルを不活性化して連鎖反応を早期に止めたり、過酸化物を分解したりします。**紫外線吸収剤**は、紫外線を吸収し、その内部変化で紫外線のエネルギーを消費することにより、紫外線が高分子鎖を切断することを防止します。

　帯電防止剤は**界面活性剤**が主体です。帯電防止剤の使い方には、樹脂の成形前に配合する内部練込み型と表面塗布型があります。内部練込み型は効能に持続性がありますが、成形時の熱に安定であること、樹脂の成形性や樹脂の他の性能（透明性、強度など）を損なわないことが要求されます。塗布型は耐熱性を要求されませんが、持続性に劣ります。すでに述べたカーボンブラックや金属粉末を充填材とすることにより、帯電を防止することは可能ですが、樹脂成形加工品の色を選べなくなる欠点があります。

　難燃剤のうち、**ハロゲン系**は熱によって分解してハロゲンラジカルを発生し、高分子が燃焼して発生するラジカルを捕捉することによって難燃機能を発揮します。**難燃助剤**は単独では効果がないが、難燃剤と併用すると難燃効果を発揮する物質です。ハロゲン系難燃剤に対して、難燃助剤アンチモン化合物の組み合わせが良く知られています。

　一方、**リン系**もラジカルトラップ効果によって難燃機能を発揮するといわれています。**窒素系**の難燃効果は分解熱による吸熱効果です。リン系との併

用により高い効果を発揮します。また、**シリコーン系**は燃焼に伴って表面に遮断性の高いシリカを生成することによって燃焼を抑えます。金属水酸化物系は脱水反応による吸熱と水蒸気による燃焼ガスの希釈によって難燃効果を発揮します。また塩ビ壁紙では火災時の煙発生が問題になります。モリブデン化合物、スズ化合物、亜鉛化合物などが**減煙剤**として難燃剤・難燃助剤と併用されることがあります。

　食品包装用フィルムや農業ハウス用フィルムでは、温度変化によって細かな水滴がフィルム表面に付着すると、見た目が悪くなったり、光の透過を妨げたりするので困ります。このような用途には、防曇剤を使用します。防曇剤によって疎水性のフィルム表面を親水性に改善します。

　塩化ビニル樹脂、シリコーン樹脂、ポリウレタン、エポキシ樹脂などの表面にカビが繁殖し、樹脂加工製品を変色、変形、腐食することがあります。このため合成樹脂専用の**防カビ剤**が開発されてきました。最近は**抗菌**という面から使われることも増えています。

　滑剤は、第一に加工性をよくするために添加されます。高分子鎖同士の摩擦を少なくし、必要以上の摩擦熱が発生することを防止します。また、高分子と加工機械や金型のすべりをよくして、粘着を防ぎます。このような用途の場合、とくに**離型剤**、**粘着防止剤**と呼ぶこともあります。滑剤を使うもう一つの理由は、加工製品の**アンチブロッキング性**（くっつくことを防止）や光沢性を高めるためです。

　しかし、滑剤の選択を誤ると、印刷性、接着性を悪化させ、また成形加工後に滑剤が浮いて出たりするので十分な注意が必要です。

　樹脂成形加工に使われる薬品は、無機化合物や低分子有機化合物ばかりではありません。オリゴマーやポリマーも使われます。その代表的な用途が改質剤と相溶化剤です。

　樹脂改質剤は合成樹脂の性能を改質するという意味では非常に幅広い用語になります。次に述べる相溶化剤も含むことになりますが、合成樹脂の耐衝撃性の強化や加工性を改善するために使われるポリマー添加剤に限定した用語としてよく使われます。**耐衝撃強化剤**としては、前章で述べたポリスチレンにブタジエンゴムをブレンドしたHIPSのようなゴムそのものがあります。しかし、ゴムそのものを合成樹脂に分散させることは多くの合成樹脂に使え

る技術ではありません。ゴム粒子に合成樹脂ポリマーをグラフト重合させると、合成樹脂への分散性が改善されるので、現在ではこのタイプの耐衝撃強化剤が広く使われています。硬い合成樹脂は衝撃によって割れやすいので、塩化ビニル樹脂やエンジニアリングプラスチック、さらにはエポキシ樹脂のような熱硬化性樹脂にまで耐衝撃強化剤は使われています。一方、溶融した合成樹脂の流動性改善や成形収縮性改善のために**加工性改質剤**が使われています。塩化ビニル樹脂の加工性改質剤としてポリアクリル酸エステルが有名です。シリコーンは色々な変性を行うことが可能なので、樹脂改質剤として様々に使われます。耐衝撃強化剤としては両末端反応性シリコーンオイルが使われます。ベースとなる樹脂の高分子鎖を軟らかいシリコーンオイル分子鎖が架橋して衝撃による樹脂の割れを防ぐ仕組みです。

　前章で述べたポリマーアロイをつくるために**相溶化剤**が広く使われています。相溶化剤は、非反応型と反応型に大別できます。非反応型相溶化剤は分かりやすくいえば、界面活性剤の役割をします。お互いに混じり合わない合成樹脂AとBからポリマーアロイをつくるために、A－Bブロック型ポリマーやポリマーAを幹としてポリマーBの枝を伸ばしたA―グラフトB型ポリマーが相溶化剤として広く使われています。相溶化剤のポリマーA部分が合成樹脂Aに溶解し、相溶化剤のポリマーB部分が合成樹脂Bに溶解することによって、合成樹脂Aと合成樹脂Bの安定したアロイが形成されます。この考え方を拡張して合成樹脂Aと**溶解度パラメーター**が同じ程度のモノマーC、合成樹脂Bと同様に溶解度パラメーターが同じ程度のモノマーDを使ってC－Dブロックや幹C―グラフトD型ポリマーが相溶化剤として使われる場合もあります。

　一方、反応型相溶化剤は、Aと相溶性があるポリマーに、Bと反応性のある置換基をもつモノマーを共重合させたポリマーです。

　フィルムは保管中にお互いにくっついて剥離性が悪くなることがあります。これを防止するのが**アンチブロッキング剤**です。滑剤にこの効果があることはすでに述べました。アンチブロッキング剤は表面に現れて平滑性をわずかに乱すことによって機能を発揮します。昔からシリカ、タルクなどの無機系微粒子が使われてきました。しかし、無機系微粒子は樹脂への相溶性が悪いので添加量が多くなりフィルムの透明性を悪化させます。これに対して、

架橋ポリマー微粒子は樹脂への相溶性が良いので少量で効果を発揮します。

日本の樹脂成形加工業の歴史

　天然の樹脂やその化石を使った成形加工品には、琥珀、べっ甲、象牙などがあります。琥珀は、松脂が化石化したものです。松脂は樹脂とはいっても、高分子ではなく、分子量約300のアビエチン酸を主成分とします。琥珀や象牙は、もっぱら磨いたり、彫刻したりという加工法です。これに対して、べっ甲は熱した鉄板ではさんでプレスして貼りあわせ、熱湯につけて柔らかくなったところで型に入れて成形するという成形加工法なので、合成樹脂の成形加工の先祖といえます。

　最初の人造樹脂といえるセルロイドは、イギリスやアメリカで発明されてからほぼ10年後の1877年（明治10年）に外人貿易商によって初めて日本に生地見本が紹介されました。1885年以後生地輸入が増大し、べっ甲商を通じてべっ甲職人や大工による加工にまわされ、擬さんご珠、くし、カラー、カフスなどがつくられました。

　1889年には日本で初めてセルロイド生地がつくられました。その後、生地生産への参入者が続出し、セルロイド板などの製造も始まります。セルロイドの可塑剤としてショウノウが有用であることもわかったので、めがねフレーム、おもちゃ、万年筆、文房具などに用途を広げました。現在の成形加工法の用語を使えば、プレス成形・真空成形・圧空成形などが使われました。

　ショウノウはクスの木から得られるために、台湾を領有した日本はショウノウに関して世界の供給拠点となります。第１次世界大戦中は、戦時景気をみてセルロイド生地事業と加工事業への新規参入が相次ぎました。しかし、大戦終了とともにセルロイド工業は拡大した生産規模を維持するために輸出産業への転換を図らなければならなくなりました。こうして1919年にセルロイド生地企業8社が大合同して大日本セルロイド（現在のダイセル）が設立されました。

　セルロイドを写真フィルムのベースフィルムとして使うことは、1889年アメリカでイーストマンが発明しました。しかし、日本でのフィルム生産は大きく遅れます。大日本セルロイドは文房具、玩具、日用品に限られていたセルロイドの用途を拡大するために、1934年に大日本セルロイドから富士

写真フィルムを分離し、写真フィルムの生産を始めます。写真フィルムは、溶剤、可塑剤を混ぜた水あめ状のセルロイドを薄くゼラチンを塗った銅帯の上に流し、乾燥したフィルムを製帯機からはがして巻き取るという方法でつくられました。

セロファンは、レーヨンと同じくビスコースをスリットから押し出してフィルム状にしてからセルロースを再生させたフィルムです。1914年にフランスで最初の特許がとられたといわれます。ビスコースレーヨンに比べて発明がだいぶ遅れました。日本には1917、8年頃に紹介され、1924年に光進社の杉山茂太郎が国産技術を開発しました。しかし、工業化には苦労したらしく、本格的な発売は1928年になりました。

日本で初めての合成樹脂の生産は、1914年**三共品川工場**における**フェノール樹脂**でした。

三共は、フェノール樹脂生産ばかりでなく、加工技術についても、米国**ベークランド社**から特許専用実施権を得ていました。日本におけるプラスチック金型の発祥も、三共近くの品川であったといわれています。しかし、商業的に最初に成功したフェノール樹脂の成形加工品は、大阪河内の加工業者による透明コハク色の喫煙パイプでした。1921年から1926年に中国向け輸出で最盛期を迎えましたが、しばらくして流行が終わり、衰退しました。

天然ゴムに大量の硫黄を混ぜてつくる**エボナイト**がフェノール樹脂の競合品でした。この時代は、電球が普及するとともにラジオも始まりました。このため絶縁性が高く、成形加工性のよい材料が求められるようになりました。1930年ころフェノール樹脂はようやく電気機械部品、電気配線器具（プラグやソケット）に大きな需要をつかみ始めました。さらに積層品もつくられるようになり、人絹糸製造用のポットや機械用歯車などにも用途を拡大します。手動式の圧縮成形機も国産化され、**松下電器産業**（現在のパナソニック）、**東京電気**（現在の東芝）、**日立製作所**などもフェノール樹脂成形加工に乗り出しました。

日用品から機械部品に成形加工品の需要の中心が移るとともに、樹脂成形加工業における問屋、商社の役割が低下しました。この点は既存の繊維産業と問屋・商社が入り組んだ産業組織体制をほとんど変えることがなかった化学繊維との大きな違いです。1935年ころからは**ユリア樹脂**の成形加工も始

まりました。しかし、ユリア樹脂は接着剤としての利用が主体で、成形材料としての発展は戦前にはほとんどありません。

1940年ころには、陸海軍の要請もあって欧米で開発された新しい合成樹脂の国産化研究が盛んになりました。そのなかでメタクリル樹脂、スチレン樹脂、さらに塩化ビニル樹脂、酢酸ビニル樹脂、酢酸繊維素（アセテート）樹脂、ナイロン樹脂などの熱可塑性樹脂が小規模ではありましたが国産されました。1937年には半自動射出成形機がドイツから輸入され、これをモデルに射出成形機が多数つくられました。酢酸繊維素樹脂やスチレン樹脂の成形加工のために、1943年**日本窒素肥料**はドイツから全自動横型射出成形機を導入しました。このような戦時中における熱可塑性樹脂の成形加工の技術蓄積は戦後プラスチック時代到来とともに生かされます。

1944年度の樹脂の生産量は、フェノール樹脂が1万t強、次いでセルロイドとユリア樹脂が3,000t、メタクリル樹脂が1,000t、酢酸ビニル樹脂が500t、塩化ビニル樹脂が100t、ポリスチレンが数tという状況でした。

終戦直後には軍の需要が突然なくなったので、メタクリル樹脂以下の新興樹脂の生産はほとんどなくなりました。しかし、モノ不足のなかでフェノール樹脂やセルロイドは、成形加工法も比較的容易だったので食器類や配線器具の生産でいち早く復興します。フェノール樹脂の原料生産は、一時は壊滅的でしたが、政府の傾斜生産政策により石炭と鉄鋼産業がいち早く復興したので、石炭タール、そこから得られるフェノールの生産も急回復し、1949年にはフェノール樹脂、セルロイドとも4,000t台の生産になります。このころフェノール樹脂は、それまでの圧縮成形法に加えて、生産性の高いトランスファー成形法が開発されました。ユリア樹脂は、政府の傾斜生産で化学肥料工業がいち早く復興し、しかも化学肥料会社が硫安から尿素を志向するようになったので、原料供給面の不安がなく、フェノール樹脂以上に急速に復興し成形材料に進出しました。とくにユリア樹脂は着色性にすぐれ、ボタン、食器、化粧品キャップを中心に大きく伸び、1950年には6,000tの生産高となり、4,000t台のフェノール樹脂、セルロイドを抜き去り、昭和20年代の樹脂成形加工業をリードしていきました。昭和30年代にラジオ、家電の量産が始まるとともに、ユリア樹脂圧縮成形加工品は機械部品に需要の中心を移していきました。

　一方、戦後しばらくすると欧米では塩化ビニル樹脂などの熱可塑性樹脂が民生用に広く使われていることがわかりました。このためカレンダーロール機やミキサー、押出機などが輸入されるとともに、原料の塩化ビニル樹脂やDOPなどの可塑剤も輸入されて、**電線被覆**から塩化ビニル樹脂加工業は始まりました。その後、フィルム、シート、レザー、チューブ、ホースなどの軟質加工製品がつくられました。このような加工製品需要の急速な立ち上げがあって、塩化ビニル樹脂の生産も多くの新規参入を交えて急速に伸びていきました。1951年には、**農業用塩化ビニルフィルム**が開発され市場に出るとともに急速に普及しました。

　塩化ビニル樹脂は、硬質押出成形加工品、とくに**パイプ**の登場によって、成形加工業に新しい時代を開きました。熱硬化性樹脂やセルロイドの圧縮成形、プレス成形は、成形機も小型で、作業も不連続でした。しかし、塩化ビニル樹脂を溶融する押出成形は、成形機が大型のうえに、連続大量生産なので大資本が必要になりました。

　1956年には塩化ビニル樹脂の生産量は5万6,000 tとなり、5万2,000 tのユリア樹脂を抜いて合成樹脂の中心になりました（フェノール樹脂1万7,000 t、セルロイド6,000 t、酢酸ビニル樹脂2万9,000 t）。昭和30年代には、塩化ビニル樹脂に続いて、酢酸ビニル樹脂、さらにポリスチレン、ポリエチレン、ポリプロピレンなどの新しい合成樹脂が次々と国産化され、**高分子材料革命**が起こりました。それとともに射出成形品、中空成形品、インフレーションフィルム成形品の市場が急速に拡大しました。

　樹脂成形加工業も大きく変わっていきました。硬質塩化ビニル樹脂の成形と違って、ポリスチレン、ポリエチレン、ポリプロピレンなどの成形加工の中心となった射出成形機、中空成形機、インフレーションフィルム成形機は大資本でなくても導入でき、また成形加工製品の種類も非常に多彩です。このため樹脂成形加工業での中小企業のウエイトが再び高くなりました。もちろん、**積水化学工業**のように塩化ビニル樹脂の押出成形加工で成長した企業も、成長する射出成形や中空成形分野に進出し、次々と新しい成形加工製品の開発と普及の先導役になりましたが、それ以上のペースで中小企業の参入、成長がありました。それとともに、合成樹脂会社による樹脂成形加工業の系列化も進みました。

高度成長が終了し、汎用樹脂の普及が進むとともに合成樹脂においては、金属に代替するエンジニアリングプラスチックによる構造材料を志向する動きと高分子材料の機能化を志向する動きが生まれて現在に至っていることはすでに説明しました。このような動きは成形樹脂加工においても新しい動きを起こしています。エンジニアリングプラスチックやスーパーエンジニアリングプラスチックは成形加工が難しい樹脂が多く、しかもCD・DVDの微細な凹凸表面に代表されるように、精密な成形加工技術を求められる需要が増加しました。高分子材料の機能化には、材料自体だけでなく、成形加工法も使って機能化を図る必要が生まれました。このため合成樹脂会社自身が、付加価値の高い樹脂成形加工製品を内製化しようとする動きが盛んに行われています。その一方、樹脂成形加工会社自身でも、研究開発力を高めて独自の成形加工製品を開発し大きく成長する動きがみられるようになりました。

機能性樹脂加工製品の商品知識

合成樹脂のところでは高分子自体を機能化する機能性樹脂を紹介しました。ここでは成形加工のなかで機能化を図り成形加工品として機能を発揮している製品を紹介します。繊維も樹脂成形加工法の一つと考えてここに含めています。

人工皮革は、**超極細繊維**と**ポリウレタン**を使った、天然皮革とは一つ違った機能性加工製品です。織物、編物、不織布を基布として古くはニトロセルロース、その後、ナイロン樹脂、塩化ビニル樹脂を上に塗った**合成皮革（レザー）**が、広く普及しました。しかし、風合いなどで天然皮革の域に達することができません。天然皮革を細かく観察するとコラーゲンの非常に細い糸があり、これが天然皮革のしなやかさのもとになっていることがわかりました。

しかし、合成繊維でこのような細い糸をつくることはなかなかできません。紡糸延伸過程で糸切れを起こすので、連続生産ができなくなるからです。超極細繊維はこの壁を乗り越える成形加工法の開発によって実現しました。異種の合成樹脂が混ざりあわず、一見混ざり合っているようでもミクロにみると分離していることを利用します。異種の合成樹脂を一緒に紡糸延伸し、複合繊維をつくります。複合繊維の片方の成分だけを溶かしたり、複合繊維に

熱などをかけたりすると、複合繊維の成分が分離し、超極細繊維ができます。

中空繊維は絹の風合いや軽量さを求めて開発されました。この中空糸を活用した機能製品が**人工腎臓**や**海水淡水化装置**です。人工腎臓では、中空糸の壁の空孔の大きさを制御して洗浄除去される成分と残すべき成分を厳密に分離しています。ポリスルホンを使った非対称構造の中空糸膜がよく使われるようになりました。

逆浸透膜は、半透膜の原理を使った機能性樹脂加工製品です。古くからあるセロファンは半透膜です。水は通すけれども、水に溶けている成分は通さない膜が半透膜です。逆に半透膜の溶液側に圧力をかけると、半透膜を通して水が出てきます。これが逆浸透膜の原理です。逆浸透膜を使って海水淡水化や半導体洗浄用、注射薬用の**超純水**がつくられています。逆浸透膜装置では、フィルム状の膜を使う装置と前述の中空糸を使う装置があります。

酸素富化膜などの**ガス分離膜**は、ガスが合成樹脂のフィルムを通過する速度差を使って、酸素濃度を高めた空気を得る装置です。炭酸ガスの分離、地中貯留や燃料電池のための水素ガスの分離精製など、将来大きな新需要が生まれることが期待されます。

高分子のガス透過性は、食品包装に使われるフィルムやボトルなどで昔から重要な機能でした。最近は有機EL、有機薄膜太陽電池などを、水分や酸素から守るバリアフィルムが求められています。合成樹脂自体をガス透過性の低い成分にするほかに無機充填材や金属蒸着などの成形加工でも**ガスバリア性**の向上が図られてきました。ガス透過性の低い樹脂を使う場合にも、その樹脂だけでは接着性とか印刷性など他の要求性能を満たせない場合には数種のフィルムの貼り合わせや数種の樹脂による貼り合わせボトルがつくられてきました。優秀なガスバリア性フィルムが普及したので、**脱酸素剤**のような商品も活躍するようになりました。

燃料電池や電気分解に使われる**イオン交換膜**は、高分子の修飾で機能を出しているので機能樹脂の応用であり、ここに含めるのは適当ではないかもしれませんが、機能樹脂を使った機能性樹脂加工製品です。リチウムイオン2次電池の**セパレータ**は、正負極の接触防止だけでなく、微細な空孔を通じたリチウムイオンの通過という重要な機能があります。そればかりでなく電池が異常発熱して高温になった場合に、高分子が融けて空孔を塞ぐというシャ

ットダウン機能があります。これは電池の安全性を確保する上で非常に重要な機能であり、機能性成形加工品といえましょう。

　熱線反射フィルムは、耐候性のあるフィルムにアルミなどを蒸着したフィルムです。窓に貼ってあるので、いまさら機能性成形加工品というほどのこともありません。しかし、このようにフィルムに金属や半導体の膜を付けた成形加工品は、太陽電池やフィルム型ディスプレーなどで今後大きな成長が期待される分野です。

　光学フィルムは、液晶ディスプレーに多数使われています。**偏光フィルム**はポリビニルアルコールフィルムにヨウ素や染料を混ぜたもので、延伸によって分子を並べ、偏光機能を発揮させています。偏光層保護フィルムは強度の弱い偏光フィルムを支持し保護しています。複屈折を起こさないように押出し法でなく、**溶液流延製膜法**でつくられた**TAC**（酢酸繊維素の一つである**トリアセテート**）フィルムがよく用いられます。もとは写真フィルムの製造のために開発された技術です。**カラーフィルタ**は、赤青緑の着色層とブラックマトリックスを微細に配置したフィルムです。**光学補償フィルム**といわれる**位相差フィルム**、**視野角拡大フィルム**も機能性成形加工製品です。このほか液晶ディスプレーには、**反射防止フィルム**、**配向フィルム**、**輝度向上フィルム**が使われ、プラズマディスプレーには**電磁波シールドフィルム**が不可欠です。液晶装置には機能性フィルムのほかにも**導光板**や液晶パネルの背面に**反射板**などの機能性樹脂成形加工品が多数使われています。

医療用樹脂加工製品の商品知識

　前項は機能性樹脂加工製品を樹脂成形加工技術の切り口から見たものです。一方、用途から見た切り口としては、包装資材、建築・土木資材、自動車・航空機部材、電子情報材料、医療用部材などが期待される分野です。電子情報材料は次章で述べます。ここでは医療器具、医療機器に使われる機能性樹脂加工製品を見てみましょう。

　医療器具・医療機器は、医薬品医療機器法によって厳しく規制されています。医薬品医療機器法では、医療器具と医療機器の区別はありません。医療機器は、医薬品医療機器法では**第2－3－8表**に示すように**高度管理医療機器、管理医療機器、一般医療機器**に区分されて規制内容も違っています。医

191

【第2-3-8表】医療機器の分類

告示区分	一般医療機器	管理医療機器	高度管理医療機器	
国際分類区分	I	II	III	IV
内容	不具合が生じても人体へのリスクが極めて低い	不具合が生じても人体へのリスクが比較的低い	不具合が生じると人体へのリスクが比較的高い	患者への侵襲性が高く、不具合が生じると生命の危険に直結する
製造販売業	許可	許可	許可	
製品	×	品目毎に承認	品目毎に承認	
販売業	×	届出	許可	
樹脂成形加工品の例	各種臨床用分析装置、注射筒、眼鏡、医療用不織布・スポンジ・ガーゼ、X線・画像診断用フィルム、ヒト組織用・微生物用・培養装置	腸管用チューブ、泌尿器用カテーテル、各種延長チューブ、義歯床用各種レジン、歯面コーティング材、歯科充填てん用アクリル系レジン、組織培養用容器	心臓用・中心静脈用・脳脊髄用カテーテル、縫合糸、人工血管、人工心臓弁、各種人工呼吸器、血管内膜型人工肺、長期使用各種チューブ、各種人工関節、人工腎臓、透析器、血液浄化器、各種コンタクトレンズ	

療機器というと、X線CT装置やMRI（磁気共鳴画像診断装置）のような大型検査診断装置を連想しますが、これら身体外部からの検査装置の多くは管理医療機器になります。これに対して、血管用カテーテル、コンタクトレンズ、縫合糸、透析器、人工肺のような、血管内部に入っていったり、埋め込まれたり、外部に血液を大量に循環させたりするような樹脂成形加工製品は高度管理医療機器となります。一方、注射筒や眼鏡・眼鏡レンズのような樹脂成形加工製品は一般医療機器です。厚生労働省薬事工業生産統計に掲載されている非常に多種多様な医療機器から樹脂成形加工製品を抜き出して**第2-3-9表**に示します。もちろん、機械機器名で掲載されている医療機器は非常に多くあり、その中に第2-3-9表に示せなかった樹脂成形加工製品が、まだまだたくさんあります。第2-3-9表に示した医療用樹脂成形加工製品だけでも、2018年の供給（生産＋輸入）金額は約1.3兆円、2010年に対して2018年は35％も伸びています。ただし、輸入比率が51％と高く、米国・欧州メーカーに加えて最近は中国、台湾メーカーにも成長する日本国内市場を取られています。市場規模が大きくて、日本メーカーが強い分野は、中空糸型透析器、注射針・穿刺針・留置針、血液浄化器程度です。一方、市場規模が大きく、しかも成長していながら、輸入比率が高い分野は、血管用

【第２－３－９表】高分子を活用した医療機器の生産・輸入額（2018年）

医療機器種類	合計 億円	生産額 億円	輸入額 億円	輸入比率%	2018年／ 2010年	主要な樹脂
注射針	486	373	114	23%	152%	針もとがPP
注射筒	168	141	27	16%	98%	PP
プラスチックカニューレ型穿刺針	208	166	42	20%	130%	針もとがPP、カニューレがPU
人工腎臓用留置針	121	112	10	8%	118%	PP/PVC/PCの複合品
消化器、呼吸器、泌尿器用チューブ、カテーテル	664	236	428	64%	151%	PVC
血管用チューブ、カテーテル	3,651	2,298	1,353	37%	191%	PVC、TPU、シリコーン
血液バッグ	141	141	0	0%	46%	PVC
真空採血管	168	127	41	24%	129%	PET
血液フィルター（白血球除去）	139	139	0	0%	24%	PET不織布
輸液セット	373	179	195	52%	163%	PVC
手動式医薬品注入器	40	34	5	13%	49%	PP
合成高分子吸収性縫合糸	261	17	244	94%	140%	ポリグリコール酸，ポリ乳酸
合成高分子非吸収性縫合糸	83	37	46	56%	106%	PA、PET、PP
創傷被覆・保護材（粘着フィルム）	1	0	1	76%	10%	PU
合成繊維製人工血管	55	28	28	50%	88%	PET、フッ素樹脂、PU
人工関節	1,039	159	880	85%	124%	金属＋超高分子量PE
合成樹脂製人工骨	46	41	5	10%	264%	
眼内レンズ	624	93	531	85%	343%	PMMA
中空糸型透析器	525	525	0	0%	65%	ポリスルホン
その他の透析器	43	0	43	100%	153%	
膜型人工肺	57	56	1	1%	101%	多孔質PP
血液浄化器	473	463	10	2%	214%	多種類
血液回路	308	22	287	93%	138%	PVC
レジン歯	19	12	7	35%	90%	アクリル樹脂ほか
歯冠用レジン	19	19	0	2%	102%	アクリル樹脂ほか
義歯床用レジン、補修用レジン	13	12	1	7%	61%	アクリル樹脂ほか
歯科成型用レジン	9	2	6	73%	239%	P(VC+Vac)+MMA、感光性アクリル樹脂

（第2−3−9表　続き）

歯科用印象材料	61	52	9	15%	96%	アルギン酸塩、ゴム
歯科充填用レジン	75	74	1	1%	86%	感光性アクリル樹脂
視力補正用眼鏡レンズ	207	70	137	66%	56%	PMMA、含硫ウレタン、
コンタクトレンズ	2,557	528	2,029	79%	158%	含シリコンPMMA、ポリHEMA
合計	12,634	6,157	6,477	51%	135%	

〔注〕灰色背景は、成長率が大きい一方で、輸入比率が高く、日本勢が狙うべき分野
資料：厚生労働省「薬事工業生産動態統計」

　チューブ・カテーテル、コンタクトレンズ、人工関節、消化器・呼吸器・泌尿器用チューブ・カテーテル、眼内レンズ、輸液セット、血液回路など多数あります。日本の化学会社が機能性樹脂、機能性樹脂加工製品の開発に力を入れていても、医療産業は医薬品会社の領域と考えて、国内で成長している数少ない市場を見落としている結果といえましょう。

　たとえば、カテーテルは古くから泌尿器用、呼吸器用などでおなじみの樹脂成形加工製品ですが、近年、医療分野では血管カテーテル治療が開腹、開頭手術に代わる治療法として注目されています。プラークが付着して狭くなった血管にカテーテルを通して拡張させステントを置く治療法はよく聞くようになりましたが、今では脳内の血管に入っていったり、がん細胞近辺だけに制がん剤を注入したり、がん細胞が増殖するためにつくった血管を止めたりなど、様々なカテーテル治療が行われるようになりました。それに伴って最適な機能をもったカテーテルが医療サイドから望まれ、次々と開発されています。日本メーカーが強い中空糸型透析器は、すでに前項で述べました。同じく日本メーカーが強い血液浄化器は、たとえば東京大学医学部血液浄化療法部のホームページを見ていただけば内容がご理解いただけると思います。血液浄化は血液透析だけでなく、血漿中の特定成分（自己免疫疾患や家族性高コレステロール血症を起こしている原因物質）をデキストラン硫酸に特定のリガンドを付けた粒子を使って吸着除去する療法です。多種多様な医療用樹脂加工製品は、日本の化学会社がもつ高度な化学知識と機能性樹脂・樹脂成形加工技術によって十分に開発できます。高齢化時代を迎えて日本国内需要が確実に増大している医療機器市場を見落としてはなりません。

樹脂成形加工品の需給動向

化学繊維と異なって、**第2－3－10表**に示すように樹脂成形加工品の生産量は2000年以後も大きな落込みはみられません。包装関連以外の全分野が落込みましたが、最大分野である包装関連の拡大がカバーしました。

樹脂加工製品の生産統計と貿易統計の分類が異なり対応が取れないので、見かけ内需量を計算することはできません。貿易はそれだけで分析すること

【第2－3－10表】樹脂成形加工品の生産量推移 （単位：1,000 t ）

	1990年	2000年	2005年	2010年	2015年	2019年
フィルム	1,586	2,026	2,205	2,193	2,208	2,246
シート	371	318	208	235	231	203
容器	231	468	736	849	770	848
包装関連計	2,188	2,811	3,149	3,278	3,209	3,296
割合	40%	46%	51%	57%	57%	57%
板	176	150	156	129	112	104
建材	339	325	283	264	297	269
パイプ	536	669	599	385	397	384
継手	58	68	76	55	43	49
土木建築関連計	1,109	1,211	1,114	833	849	807
割合	20%	20%	18%	15%	15%	14%
輸送機械用部品		370	427	415	463	528
電気通信用部品	778	280	218	194	115	116
その他機械用部品		136	83	56	51	50
機械部品関連計	778	787	728	665	629	694
割合	14%	13%	12%	12%	11%	12%
日用品雑貨	315	350	247	263	290	284
合成皮革	200	75	68	53	54	59
日用雑貨関連計	515	425	315	317	344	343
割合	9%	7%	5%	6%	6%	6%
発泡製品	397	379	376	293	249	244
強化製品	107	79	89	66	74	74
その他	420	399	363	270	265	278
他計	923	856	828	629	587	596
割合	17%	14%	14%	11%	10%	10%
合計	5,514	6,091	6,133	5,721	5,618	5,736

〔注〕 機械部品は、1992年から3つに分割、ちなみに1992年は順に308、237、192（計738）
電気通信用部品に照明用品を含む
資料：経済産業省『生産動態統計 紙・印刷・プラスチック製品・ゴム製品統計編』

とします。**第2－3－11表**には2019年における樹脂成形加工品の貿易量と貿易金額をコード区分別に示しています。**第2－3－12表**、**13表**には、貿易金額の推移を地域別に示します。第2－3－11表に示すように輸出金額の中心はフィルム・シート、輸入金額の中心もフィルム・シートと包装用袋です。かさばりやすい樹脂成形加工品の中で、フィルム・シートはロール状にできるので輸送コストが節約できる製品です。なお、コード「3915プラスチックのくず」は輸出量には大きな影響を与えますが、貿易金額にはほとんど無視できることがわかります。

　第2－3－12表、13表から、1990年は輸出金額、輸入金額とも貿易相手としてはアジアよりも欧米のウェイトが高かったのに、1900年代半ばからアジアのウェイトが急速に大きくなり、2010年代にはアジアが圧倒的になったことがわかります。アジアの中でも輸出額は韓国台湾合計額を2010年代に中国が追い抜きました。一方、輸入額は長年中心であった韓国台湾を、2000年に中国が追い抜き、さらに2005年に東南アジアが韓国台湾を追い抜きました。東南アジアは日本の会社の海外投資先が多く、海外子会社からの流入が多くなっていると考えられます。

【第2－3－11表】樹脂成形加工品貿易（2019年）

コード	製品概要	輸出		輸入	
		1000 t	億円	1000 t	億円
3915	くず	898	385	19	28
3916	棒、単繊維	2	30	23	97
3917	管ホース継手	21	718	36	462
3918	床材	14	41	41	130
3919	板シートフィルム（接着性）	93	2,576	69	490
3920	板シートフィルム（多泡性,補強）	479	6,063	515	1,840
3921	板シートフィルム（その他）	69	1,936	70	406
3922	浴槽衛生用品	1	23	15	112
3923	包装・運搬用の箱・袋・ビン	47	629	730	2,435
3924	食卓台所用品	13	118	114	699
3925	建築用品	5	71	28	210
3926	事務用品その他	74	2,347	467	3,648
	合計（3915-26）	1,717	14,937	2,126	10,557
	くずを除く合計（3916-26）	819	14,552	2,108	10,529

資料：財務省『貿易統計』

【第２－３－12表】樹脂成形加工品の地域別輸出額推移　（単位：億円）

年	1990年	1995年	2000年	2005年	2010年	2015年	2019年
韓国台湾	508	620	1,059	3,291	6,096	4,766	4,171
中国香港マカオ	301	634	1,089	2,829	4,694	5,245	5,556
東南アジア	386	635	982	1,211	1,543	2,048	2,426
南アジア	34	32	33	48	89	129	147
中東	59	39	38	50	55	86	59
その他アジア	15	12	3	2	2	1	2
アジア計	1,303	1,970	3,204	7,431	12,479	12,274	12,362
大洋州計	110	82	71	80	68	65	54
西欧	585	543	620	677	792	772	874
中東欧ロシア	76	14	14	46	110	63	99
欧州計	661	558	634	724	902	836	973
北米	845	771	992	1,137	890	1,340	1,289
中南米	47	59	106	121	178	226	230
米州計	892	830	1,098	1,258	1,068	1,566	1,519
アフリカ計	31	30	16	17	23	30	30
世界合計	2,997	3,469	5,023	9,509	14,540	14,770	14,937

〔注〕 製品範囲：貿易統計輸出品目コード3915－3926合計
資料：財務省『貿易統計』

【第２－３－13表】樹脂成形加工品の地域別輸入額推移　（単位：億円）

年	1990年	1995年	2000年	2005年	2010年	2015年	2019年
韓国台湾	521	628	894	968	964	1,313	1,456
中国香港マカオ	114	390	968	2,436	3,142	4,768	4,489
東南アジア	117	310	607	1,126	1,364	2,482	2,878
南アジア	0	2	6	9	8	18	22
中東	2	3	9	6	6	10	11
その他アジア	0	0	0	0	0	0	0
アジア計	755	1,333	2,484	4,545	5,483	8,592	8,856
大洋州計	10	9	14	19	23	43	40
西欧	324	303	417	574	471	617	658
中東欧ロシア	0	0	2	9	22	13	20
欧州計	325	304	419	584	494	630	678
北米	549	586	852	740	612	982	900
中南米	2	2	56	13	17	40	81
米州計	551	587	908	753	628	1,022	981
アフリカ計	0	0	0	2	1	1	1
世界合計	1,640	2,234	3,826	5,903	6,628	10,288	10,557

〔注〕 製品範囲：貿易統計輸入品目コード3915－3926合計
資料：財務省『貿易統計』

3−3　ゴム製品（有機ゴム薬品、カーボンブラックを含む）

架橋ゴムの成形加工方法と製品

第2−3−14表に日本標準産業分類によるゴム製品製造業の内訳を示します。ゴム製品で最大の分野は**タイヤ・チューブ**です。とくに自動車用が圧倒的に大きな産業になっています。このほかにゴム製・プラスチック製履物、ベルト・ホース・成形部品、ゴム引き布、医療・衛生ゴム製品などがあります。

ゴムには**架橋**して初めて良好な**ゴム弾性**を示すものと、架橋操作なしでゴム弾性を示す**熱可塑性エラストマー**があることはすでに述べました。熱可塑性エラストマーは、合成樹脂加工と同様に射出成形などで成形加工できるので、ここでは架橋操作を必要とするゴムの成形加工法について述べます。

ゴムの成形加工も合成樹脂と同様にゴムだけで行われるわけではなく、充填材・補強材や加硫剤その他様々な薬品（配合剤）が必要です。架橋する前

【第2−3−14表】日本標準産業分類によるゴム製品製造業の内訳

中分類	細分類	
191		タイヤ・チューブ製造業
	1911	自動車タイヤ・チューブ製造業
	1919	その他のタイヤ・チューブ製造業
192		ゴム製・プラスチック製履物・同附属品製造業
	1921	ゴム製履物・同附属品製造業
	1922	プラスチック製履物・同附属品製造業
193		ゴムベルト・ゴムホース・工業用ゴム製品製造業
	1931	ゴムベルト製造業
	1932	ゴムホース製造業
	1933	工業用ゴム製品製造業
199		その他のゴム製品製造業
	1991	ゴム引布・同製品製造業
	1992	医療・衛生用ゴム製品製造業
	1993	ゴム練生地製造業
	1994	更生タイヤ製造業
	1995	再生ゴム製造業
	1999	他に分類されないゴム製品製造業

のゴムを生ゴムといいます。ゴム成形加工では、まず生ゴムに充填材・補強材や薬品類を均一に混ぜることから始まります。これを**混練**工程と呼びます。ただし天然ゴムは混練工程の前に**素練**工程があります。天然ゴムは合成ゴムに比べて分子量が高いので、回転する２本のロールで生ゴムを練って分子量を低下させます。混練工程も同様に２本のロールで生ゴムを練りながら**配合剤**を加えます。均一な混合が重要なので、**切り返し**を行いながら練ります。混練が終了した生ゴムは、合成樹脂と同様に**コンパウンド**と呼ばれます。

コンパウンドは次の**成形**工程で成形され、さらに**加硫**工程で架橋されて成形加工製品となります。成形と同時に架橋を行う型加硫と成形・架橋を別々に行う缶加硫・連続加硫があります。架橋工程以前の混練工程や成形工程で発生した熱により架橋反応が始まってしまうことを**早期加硫（スコーチ）**といい、避けなければならない現象です。

型加硫は、金型にコンパウンドを入れてプレスしながら加熱し、成形と架橋を同時に行う方法です。一方、**缶加硫**、**連続加硫**では、まずコンパウンドが２本以上のロールを並べたカレンダーで圧延されるか、押出機にかけられます。カレンダーでは、シート状にしたり、シート同士を圧着したり、シートに凹凸模様をつけたり、布にゴムを被覆したりします。押出機では管状、棒状、シート状に成形したり、電線に被覆したりします。さらに圧延、押出製品同士や繊維・金属を貼りあわせて複合した成形品をつくる場合もあります。缶加硫はこうしてつくった成形品を大きな缶に入れて２〜４kg f／㎠、200℃、３時間くらい加熱加圧して架橋させます。連続加硫は、ローラーやベルト上に成形品を置き、移動する間に熱風により加熱して架橋させます。最近は超音波やマイクロ波を使った短時間で架橋できる方法も実用化されています。

タイヤの成形加工

現代の代表的なゴム成形加工品であるタイヤの成形加工を説明しましょう。タイヤは直接路面と接するトレッド部、タイヤの側面でタイヤがたわむ部分であるサイドウォール部、トレッド部とサイドウォール部の移行部分にあたり、タイヤ内部に発生する熱を逃す役割をもつショルダー部、ホイールと組み合わさってタイヤとホイールのリム部を固定させる役割をもつビード

部からなります。ビード部の内部にはピアノ線を束ねたビードワイヤーが入っています。ビード部からサイドウォール部、ショルダー部、トレッド部とタイヤ全体をつらぬく骨組みとして**カーカス**があります。カーカスはナイロン繊維、ポリエステル繊維、スチール線などのコードをゴムで被覆したものです。カーカスの巻き方によって乗用車・トラック・バスに使われる**ラジアル構造**とトラック・バスに使われる**バイアス構造**ができます。ラジアル構造ではカーカスとトレッドの間にベルトを入れて桶のたがのようにカーカスを締め付けます。ベルトはアラミド繊維が最近はよく使われます。トレッドには**トレッドパターン**という溝が付けられ、タイヤの駆動力・制動力、排水性、転がり抵抗、横滑り性などを左右しています。

タイヤの材料としては、天然ゴムのほか、合成ゴムではSBR、BR、IIR、EPRなどが使われます。タイヤの重量の半分くらいがゴムで、25％くらいがカーボンブラック、約15％がカーカス用のコード、残り5％程度ずつがビードワイヤーと各種配合剤です。補強材、カーカス用コードなどゴム以外の成分が意外と大きな割合を占めます。

タイヤの製造にあたっては、まず、原料ゴムの素練り工程、混練工程で原料ゴムと配合材料が混ぜ合わされてゴムの板がつくられます。これからトレッド、カーカス・ベルト、ビードワイヤーの三つのパーツがつくられます。トレッド用のゴムをトレッド押出機で押し出したのち、タイヤの長さに切り出しトレッド部をつくります。タイヤコードはゴムになじみやすいように薬品に浸した後に、カレンダーでゴムを被覆し、タイヤ幅に切断してカーカス・ベルト部をつくります。必要本数のビードワイヤーを束ねてビード押出機でゴムをコーティングしてビードワイヤ部をつくり、巻き取ります。この三つのパーツを組み合わせてタイヤの形にします。**グリーンタイヤ（生タイヤ）**といわれるつるつるのタイヤができます。最後に**ブラダー**という風船状の圧縮装置で生タイヤを内側から外側の金型に押し付けて加熱加圧し、架橋反応とともに金型によってトレッドパターンや刻印が施され、検査工程を経てタイヤが完成します。タイヤの製造工程はインターネット上に多くの動画が公開されていますので見て下さい。

【第2－3－15表】代表的なゴムの充填材・補強材とゴム薬品

種　類	機　能	主要製品	製品JIS略号
架橋剤（加硫剤）	高分子同士を架橋しゴム弾性を発現	単体硫黄、不溶性硫黄、ジチオモルホリン	
		パーオキサイド架橋系	QO，BQO
加硫促進剤	加硫を促進して時間を大幅に短縮	アルデヒドアンモニア系 アルデヒドアミン系 グアニジン系 チアゾール系 チオウレア系 チウラム系 ジチオカルバミン酸系 スルフェンアミド系 キサントゲンサン系 イミダゾリン系	H BAA DPG，DOTG MTB，MBTS CA，DEU TETD，TBTD PPDC，NaMDC CBS，DCBS ZBX EU
加硫促進助剤	加硫促進剤亜鉛塩を形成	酸化亜鉛	
スコーチ防止剤	早期加硫を防止	N-ニトロソジフェニルアミン 無水フタル酸 N-シクロヘキシルチオフタルアミド	
素練促進剤 （釈解剤）	高温素練り時に分子鎖切断を促進	o,o'-ジベンズアミドジフェニルジスルフィド 2-ベンズアミドチオフェノールの亜鉛塩	
可塑剤 軟化剤	混練工程で配合剤の分散を促進、架橋後の低温柔軟性、弾性の改善	エーテル、チオエーテル系 アルキルスルホン酸エステル系 アジピン酸ポリエステル系	
滑　剤	配合ゴムの流動性を向上させ、押出し性、型流れを改善	ペンタエリトリトールステアリン酸エステル、パラフィンワックス、炭酸カルシウムの混合物	
離型剤	金型からの製品取り出し改善	シリコーン系	
		フッ素樹脂系	
粘着付与剤	合成ゴムに粘着性を与えて布や金属との貼りあわせを改善	アルキルフェノールホルムアルデヒド樹脂(レゾルシンホルムアルデヒド樹脂が有名)	
充填材・補強材	補強や物性改善、機能付与	カーボンブラック	ハードカーボン
			ソフトカーボン
		ホワイトカーボン　　含水微粉ケイ酸	
		ケイ酸塩（カオリン、ケイ酸カルシウム）	
		タルク	
		亜鉛華	
		炭酸カルシウム	
		マイカ	

（第2－3－15表　続き）

カップリング剤	補強材・充填材とゴム分子を化学的に結合	シラン系	
		チタン系	
		アルミネート系	
発泡剤	発泡製品をつくる	アゾジカルボンアミド	
		オキシビス（ベンゼンスルホニルヒドラジド）	
		ジニトロソペンタメチレンテトラミン	
		炭酸塩	
老化防止剤	熱、光、力による高分子切断の際ラジカルを除去	アミン-ケトン系	TMDQ, ETMDQ
		芳香族第二級アミン系	PAN, DPPD
		モノフェノール系	BHT, SP
		ビスフェノール系	MBMBP, BBMTBP
		ポリフェノール系	DBHQ, DAHQ
		ベンズイミダゾール系	MBI, ZMBI
		ジチオカルバミン酸塩系	NiDBC
			TBTU
		チオウレア系	TNPP
		亜リン酸系	DLTDP
		有機チオ酸系	
		ワックス	
ラテックス凝固剤	天然ゴムラテックスを凝固	硝酸カルシウム 酢酸シクロヘキシルアミン塩	

ゴム薬品・補強材

　ゴムは架橋という操作が必要なので、加硫剤、加硫促進剤、スコーチ防止剤という架橋反応に関係した独特のゴム薬品分野が発展しています。ゴム薬品・補強材を**第2－3－15表**にまとめて示します。

　加硫剤は、**硫黄架橋、パーオキサイド架橋**などを起こす薬品です。**加硫促進剤**は、加硫剤だけでは多くの時間がかかるので、これを10分の1程度に大幅に短縮するために添加する薬品です。加硫促進剤は低温加硫のためにも必要です。**スコーチ防止剤**は、架橋工程の前に早期架橋が起こることを防止する薬品です。

　また、ゴムは加工しにくい材料なので、加工作業を改善するために素練り促進剤、可塑剤、滑剤、離型剤、粘着付与剤などの薬品が使われます。**素練り促進剤（釈解剤）**は、天然ゴムやSBRのようなゴムの分子量を下げるため素練りを行う際に使われます。**可塑剤**は混練工程でゴムを柔らかくし配合剤

の分散を改善するために使われます。プラスチック可塑剤とは具体的な商品が異なります。また、可塑剤は架橋後のゴム製品になった際の低温での柔軟性、弾性を改善したり、接着性を改善したりする効果のある製品もあります。

滑剤は成形の際にゴムの流動性をよくするために使われます。**離型剤**は成形後に、金型から製品を取り出しやすくします。**粘着付与剤**は、繊維布や金属とゴムを接着する際にゴムに粘着性を与えて接着しやすくします。

ゴムは**充填材・補強材**を加えると、耐磨耗性や強度が著しく改善されます。とくに**カーボンブラック**は、ゴム分子と強く結合して効果を発揮するので、タイヤ、チューブ、ベルトをはじめ多くの製品に使われます。しかし、**ホワイトカーボン**のような充填材は、ゴムのような物質にはなじみがよくありません。このため**カップリング剤**を使い充填材とゴム分子を化学的に結合させると補強効果が強く現れます。最近、低燃費タイヤ（エコタイヤ）向けにシリカ（ホワイトカーボン）の添加を増量し、タイヤの転がり抵抗を低減させるようになりました。**発泡剤**は発泡したゴムをつくる際に使われます。

二重結合があるジエン系ゴムはもちろん、二重結合のないゴムでも、熱、紫外線、オゾン・酸素によって高分子鎖が切れて劣化し、ひびが入ってきます。これを防ぐためにゴム材料内に発生したラジカルをとらえて連鎖反応を止めることにより老化防止を図る薬品が**老化防止剤**です。

このようにゴムの成形加工には多くの薬品が使われます。充填材・補強材を除く薬品類は、有機ゴム薬品と呼ばれ、ファインケミカルの一大分野を形成しています。

ゴム成形加工業の歴史

1831年にイギリスの**ハンコック**が世界で初めてゴム加工工場を始めたといわれています。1839年にアメリカの**グッドイヤー**が偶然にゴムの**加硫**を発見します。ハンコックは加硫の本質を見抜いて**加硫法**を開発し、ゴム工業の父と呼ばれています。ゴム工業が発展し始めたころに、日本は開国したので、早くも幕末にゴム引き布、ゴム靴、ゴム風船などのゴム製品が日本に流入してきました。しかし、架橋後のゴムはもはや成形加工できないので、合成樹脂成形加工の初期のようにゴム引き織物を使って他のゴム成形加工品をつくることはできませんでした。

　日本における加硫法によるゴム成形加工業は 1886 年、東京・浅草の**土屋護謨製造所**で始まりました。零細ゴム加工工場が多かったものの明治 20 年代には自転車用輪ゴムや電線被覆もできるようになり、内国勧業博覧会に出品されました。また、多量の硫黄をゴムに加えた熱硬化性樹脂であるエボナイトの生産も始まりました。日清戦争による軍需用ゴム製品需要によって日本のゴム成形加工業は離陸しました。電線碍子、火薬管などのエボナイト部品需要が高まり、これらの技術は鉄道用部品やさらに板ゴム、ホース、自転車タイヤ、靴底、ゴムまりなどの民生用需要を高めました。それでも 1900 年の生ゴム輸入量は 50 t 弱というレベルです。

　1889 年に**ダンロップ**が空気入りタイヤを発明するとアメリカでは自動車にタイヤが使われるようになり、欧米ゴム工業は第 2 段階に入りました。1909 年に**日本ダンロップ**が設立されタイヤ・チューブの生産を始め、日本のゴム成形加工業も第 2 段階に入りました。日本ダンロップ出身の技術者が明治末から大正初期に多くのタイヤ製造会社を始めました。

　タイヤの需要は自転車用と人力車用でした。それでも生ゴム輸入量は 1911 年で約 900 t、1916 年で約 3,000 t、1919 年には 1 万 t と急速に拡大し、ゴム成形加工業が成長しました。1917 年には、古河系列の**横浜護謨**がアメリカ・グッドリッチとの折半出資によって設立され、1921 年以後自転車、人力車、自動車用タイヤの生産を逐次開始しました。しかし、この時代のゴム成形加工に占めるタイヤの比率は 3 割程度にすぎず、神戸の中小業者によるゴム靴と中規模会社によるベルト、ホースがゴム成形加工業の中心でした。

　1923 年には久留米で**日本足袋**が自社で考案した貼付け式地下足袋の製造を始めます。これが大成功して資本蓄積に成功し、純国産タイヤに乗り出したのが 1931 年設立の**ブリヂストン**です。しかし、日本は外資や合弁会社でタイヤ生産を始めたあとも、欧米からの輸入タイヤとの激しい競争が続き、自動車タイヤは採算の苦しい事業でした。ところが、幸いにも世界恐慌と日本政府による金輸出再禁止措置によって為替が急落したため、輸入品支配が終了します。1931 年の生ゴム輸入量は 3 万 8,000 t、1936 年には 6 万 1,000 t と急速にのび、ゴム成形加工業の規模としては、イギリス、フランス、ドイツの欧州 3 カ国に並ぶまでになりました。このように第 2 次大戦前

には樹脂成形加工業に比べてゴム成形加工業が圧倒的に大きな工業として発展していました。

すでに述べたとおりゴムの加硫は、グッドイヤーが1839年に発見しています。1906年にはアニリンが加硫を促進することが発見されました。加硫促進剤の始まりです。1910年にグッドリッチはカーボンブラックが補強材として効果が大きいことを発見しました。ゴム老化防止剤は1924年に発見されています。また、高分子存在説の定着後、1930 ～ 40年代にはゴム弾性の理論的な解明が行われました。

このように合成ゴムが開発される以前に補強材や有機ゴム薬品は使われるようになり、ゴムの理論的解明も進みました。このような成果を基礎に、戦後の多彩な合成ゴムと多種多様な有機ゴム薬品の出現によって、戦後のゴム成形加工業は自動車タイヤを中心に大きく発展しました。

とくに自動車タイヤは**ブリヂストン**、**住友ゴム工業**、**横浜ゴム**、**東洋ゴム工業**（**2019年にTOYO TIREに改称**）の４社に集中し、早くから海外販売、海外生産が始まりました。ブリヂストンは日本の化学会社のなかで海外販売比率、海外生産比率が80％以上と№ 1のグローバルカンパニーとなっています。残り３社も海外販売比率が50 ～ 70％台になっています。

ゴム製品の需給動向

すでに第２章合成ゴムの需給動向で述べたように、ゴム消費量の８割をタイヤが占め、残り２割のうち９割をベルト・ホース・工業用が占めます。**第２－３－16表**に示すようにタイヤの生産本数は、2005年の1.85億本がピークでした。2019年は1.47億本と約２割の落込みです。小型トラック用、二輪自動車用、特殊車両用が大きく落ち込みましたが、主力の乗用車用、トラック・バス用はそれなりに堅調です。またゴムホースの生産も2005年ピークに対して2019年は10％低下しましたが、コンベアベルトの生産は1990年ピークに対して2019年は約半分にまで落ち込んでいます。さらに、ゴム靴など履物は1990年に対して2019年の生産量は５％の低レベルまで落ち込みました。日本のゴム製品工業は中小企業の生産の落込みが大きいといえましょう。

第２－３－４図にゴム製品の貿易額推移を示します。タイヤ輸出額が圧倒

【第2－3－16表】主要なゴム製品の生産量推移

	単位	1990年	1995年	2000年	2005年	2010年	2015年	2019年
自動車用タイヤ	千本	162,932	159,958	174,645	185,385	164,878	152,426	147,090
トラック・バス用	〃	11,441	11,083	11,803	14,633	11,205	10,265	10,615
乗用車用	〃	100,420	104,936	121,726	134,803	125,457	113,841	109,326
小型トラック用	〃	38,206	33,442	30,892	26,769	22,169	23,142	22,084
二輪自動車用	〃	9,706	7,918	7,936	7,215	4,771	3,745	3,679
特殊車両用	〃	3,159	2,579	2,288	1,965	1,276	1,437	1,389
ゴム製履物	千足	45,149	25,823	12,421	5,450	2,775	2,178	2,309
ゴム底布ぐつ	〃	36,654	20,747	7,156	2,440	1,623	1,457	1,608
その他のゴム製履物	〃	8,495	5,076	5,265	3,010	1,152	721	701
コンベヤベルト	1000m プライ	31,829	23,595	22,250	21,529	19,812	20,904	17,142
ゴムホース	1000 m	294,194	313,961	295,997	344,823	331,934	300,891	313,921
高圧用	〃	25,151	22,600	23,827	30,848	32,988	35,696	40,547
自動車用	〃	213,150	252,132	239,678	277,028	268,820	235,538	245,445
その他のゴムホース	〃	55,893	39,229	32,492	36,947	30,126	29,657	27,929

資料：経済産業省『生産動態統計 紙・印刷・プラスチック製品・ゴム製品統計編』

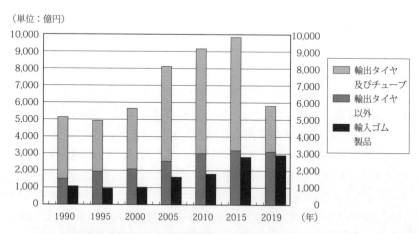

（単位：億円）

〔注〕ゴム製品は貿易統計概況品目のゴム製品
　　　ゴム製品＝4005～4014，4016～4017，5604の合計
　　　タイヤ及びチューブ＝4011～4013の合計
　　　資料：財務省『貿易統計』

【第2－3－4図】ゴム製品の貿易額推移

【第2－3－17表】概況品目「ゴム製品」貿易額の内訳　　（単位：億円）

貿易コード	内容説明	2000年		2019年	
		輸出額	輸入額	輸出額	輸入額
4005	未加硫配合ゴムでシート等の形状	37	34	202	48
4006	未加硫ゴムでその他の形状	1	2	2	4
4007	糸及びひも	3	16	1	2
4008	板、シート、棒等	119	41	160	70
4009	管及びホース	384	59	584	226
4010	コンベヤ用又は伝動用のベルト	338	53	367	86
4011	新品のゴム製の空気タイヤ	3,498	480	5,635	1,352
	乗用車用	1,465	326	2,060	948
	バストラック用	1,263	75	1,155	204
	二輪自動車用	89	37	100	50
	自転車用	7	17	5	27
	特殊車両用	673	25	2,315	122
4012	更生、中古ゴム製の空気タイヤ等	78	11	124	35
4013	ゴム製のインナーチューブ	7	12	4	35
4014	衛生用又は医療用の製品	25	12	53	19
4016	その他の加硫したゴム製品	1,138	281	1,653	934
4017	硬質ゴム（エボナイト）製品	14	12	3	29
5604	繊維被覆ゴムひも	18	6	38	9
概況品目「ゴム製品」合計		5,660	1,019	8,825	2,849
4011～13	タイヤ・チューブ小計	3,582	480	5,763	1,423
参考					
6401－6406	履物合計	54	90	72	5,837
4015	加硫ゴム製衣類及び手袋等	4	113	5	534

資料：財務省『貿易統計』

的に大きく、しかもタイヤ以外のゴム製品の輸出額だけでも、タイヤを含めた全ゴム製品の輸入額を超えています。**第2－3－17表**には2000年と2019年のゴム製品貿易額の内訳を示します。新品タイヤが2000年も2019年も輸出額の64%、輸入額の47%を占めています。2000年に対して2019年に大きな変化がみられるのは、輸出額では特殊車両用タイヤが大きく伸びたこと、輸入額では乗用車用タイヤと管・ホースが伸びたことです。また、表の下部に参考として付けてありますが、履物の輸入額が2019年は5,837億円と大きくなっていることも注目されます。履物には、ゴム製品だけでなく、プラスチック製その他も含みますが、2019年にはゴム製品と履物の輸入額合計8,686億円がゴム製品輸出額8,825億円に匹敵する金額になっています。広義のゴム製品工業は、もはや輸出超過ではなくなっており、近い将来には輸入超過に陥るかもしれません。

3－4　印刷インキ・塗料・接着剤

印刷インキ・塗料・接着剤の歴史

日本で古代以前から使われてきた塗料、接着剤は、にかわと漆です。にかわは、タンパク質コラーゲンからなり、動物の皮や腱、骨を材料につくられました。色のある岩をすりつぶして顔料をつくり、これをにかわで溶いた塗料もつくられました。印刷物としては奈良時代につくられた百万塔陀羅尼に納められたお経が有名です。印刷インキとしては墨が使われました。墨は、松煙や油煙のすす（炭素）をにかわで溶いた製品です。辰砂（硫化水銀）を溶いた朱墨もつくられました。江戸時代には、木版画の浮世絵のために様々な色の印刷インキがつくられました。北斎や広重の藍色は欧州に紹介され、ジャポニズムブームを引き起こしました。

漆はゴムの採取と同じように漆の木から採取されます。漆を産出する木は、東アジア、東南アジアに数種類あります。漆の中に酵素が含まれています。この触媒作用により、ウルシオールやチチオールなどの主成分が酸化重合して硬化します。漆に鉄粉を混ぜると黒漆ができ、辰砂やべんがらを混ぜると朱漆ができます。

明治時代になると欧米から印刷インキ、塗料、接着剤が輸入され、日本でも新たな需要が生まれました。そのなかで紙幣の印刷や軍艦の塗装のための材料を安定供給するために、塗料、印刷インキの国産化が図られました。1871年に設置された紙幣寮は抄紙、印刷を始めます。続いて印刷インキの製造を企画し、1877年ころから様々な顔料の製造を始めました。1881年には、茂木重次郎が東京の三田に光明社を設立し、ペイントの製造を開始しました。これが現在の日本ペイントの前身です。

海軍省は艦船用塗料の調達のために光明社を援助しました。その後、1888年には阿部ペイント製造所が新規参入しましたが、1894年の日清戦争後は陸海軍、鉄道などで塗料需要が増大し、日本の塗料工業は確立しました。原料はアマニ油、大豆油などの油（乾性油、半乾性油）とロジン（松脂）、セラックなどの天然樹脂、それに顔料でした。

一方、1885年には堀田錆止塗料、1892年には日本漆器が漆を使った錆

止め塗料を開発しました。しかし、漆を使った塗料は、新しい樹脂塗料によって代替されていきます。1900年代に入るとセルロイド工業が発展し、セルロイド塗料も錆止め塗料として製造されるようになりました。現在も使われているラッカー（ニトロセルロースラッカー）です。

　第1次世界大戦による欧州からの輸入品途絶は、日本で多くの化学工業が生まれるきっかけとなりました。印刷インキも明治時代には輸入品に市場を押さえられていましたが、輸入途絶に前後して、**川村インキ製造所**（1908年設立、現在のDIC）、日本油脂製造所（1916年設立、現在の東京インキ）、大阪印刷インキ製造（1920年設立）などの国産印刷インキ会社が続出しました。

　日本では、1914年にフェノール樹脂、1936年に酢酸ビニル樹脂の工業化が行われましたが、合成樹脂の接着剤としての用途開発は戦後1950年代のユリア樹脂接着剤まで遅れました。にかわ、大豆グルーなどのタンパク系接着剤がコスト競争力の面で強力でした。しかし、1950年代にユリア樹脂接着剤は、合板の製造工程を一新するとともに、**合板用接着剤**の大部分を占めるようになりました。

　このような合成樹脂化の波は、接着剤に止まらず、塗料や印刷インキにも押し寄せました。**合成樹脂塗料**が塗料生産の中に占める割合は、1950年には5％弱でしたが、1955年には16％、1960年には28％と急速に伸びました。塗料工業は油脂工業から脱皮し、合成樹脂加工業に近づきました。当時の塗料用樹脂はアルキド樹脂系、メラミン樹脂系が中心でした。需要先も家電、自動車の比率が高くなり、塗料の品質に対する要求も変わったので、昔からの油性塗料では多様化する需要に対応できなくなりました。

　これ以後、印刷インキ、塗料、接着剤・粘着剤は、合成樹脂の発展とともに、ますます合成樹脂との結びつきを強め現在に至ります。

印刷インキの商品知識と生産動向

　現代の印刷産業は、以下に説明するように、印刷技術・工程も、それに使われる印刷インキも合成樹脂なしでは成り立ちません。

　印刷インキは色料とビヒクル（**展色剤**）**と補助剤**からなります。色料はインキに色を与える役目です。もっぱら**有機顔料・無機顔料**が使われ、染料が

使われることはまれです。ビヒクルは英語の車両の意味です。**ワニス**ともいわれ、顔料を印刷機から紙まで運ぶ役割を持ちます。紙に移ったあとは急速に乾燥固化して顔料を固着させることが必要です。ビヒクルは、合成樹脂、油脂類、溶剤からなります。補助剤はインキの流動性や乾燥性を調整するために少量添加されます。滑剤や硬化剤です。

　印刷インキは多種多様です。一つの基準でインキを分類することは不可能です。**第2－3－18表**には様々な分類基準による印刷インキを示します。同じく**第2－3－19表**は経済産業省や印刷インキ工業会連合会が統計で利用する分類法です。一つの基準では実態を把握できないために、いくつかの基準を組み合わせて印刷インキの代表的な種類を把握するように分類しています。

　代表的な印刷インキを説明します。

　平版インキは版上に親油性部分（字などの情報を受けた形）と親水性部分ができるようにし、親油性部分に印刷インキを乗せて紙に転写する方式です。**オフセット印刷**は、転写の際に金属ロール上の印刷インキをいったんゴム面（ブランケット）のついたロールに移してから紙に移す方式です。金属から紙に直接インキを移すよりも、間に弾性のあるゴムが介在した方がきれいな印刷ができます。親油部分と親水部分はPS版でつくる方法が現在では一般的になっています。**PS版**はアルミ（親水性）上に**感光性樹脂**（親油性）を塗ったもので、これに版下から製版したフィルムを乗せ、感光させたあと、反応しなかった樹脂を除去すると親水性部が現れることにより親油性部と親水性部をつくる方式です。PS版によるオフセット方式平版は広く使われている方式なので、平版インキは印刷インキ中もっとも生産量が多いインキです。ビヒクルの合成樹脂としては、**ロジン変性フェノール樹脂、ロジン変性アルキド樹脂**などの油溶性樹脂が使われます。ビヒクルの油脂類としては、**酸化重合**によって乾燥皮膜を形成するアマニ油、キリ油などの**乾性油**や大豆油などの**半乾性油**を使います。溶剤としては石油系溶剤（灯油相当）や高級アルコールが使われます。

　樹脂凸版インキは、**感光性樹脂版**を使用する凸版印刷に使われます。凸版はかつて鉛活字として印刷の主流でしたが、作業能率、環境問題から現在では**樹脂凸版**に変わりました。樹脂凸版インキは流動性の高い液状インキです。

【第2－3－18表】印刷インキの分類

分類の基準	インキ種類	説明、代表的製品
版　式	凸版インキ	版面が凸。活版インキ
	平版インキ	オフセットインキ
	凹版インキ	版面が凹。グラビアインキ
	孔版インキ	スクリーンインキ、謄写版インキ
版　材	PS版インキ	アルミに感光剤を塗布した版
	ゴム凸版インキ	
	鋼版インキ	
	樹脂版インキ	主に凸版
印刷機	平圧機用インキ	
	円圧機用インキ	
	輪転機用インキ	
	無圧印刷インキ	
印刷素材	紙用インキ	
	ブリキ板用インキ	
	プラスチック用インキ	
	布用インキ	
用　途	紙器用インキ	
	製袋インキ	
	新聞インキ	
	包装紙用インキ	
	商業印刷用インキ	
色	プロセスインキ（黄、紅、藍、墨）	濃淡の階調をアミ点の大小で表し、4色のみですべての色を再現
	中間色インキ（橙、草、紺藍、紫など）	
	蛍光インキ	まぶしい明るい色彩効果
	金、銀、パールインキ	キラキラした金属光沢
ビヒクル	オイルタイプインキ	
	ソルベントタイプインキ	
	水性インキ	
乾燥型式	ヒートセットインキ	
	コールドセットインキ	
	UVインキ	紫外線硬化。光重合樹脂ビヒクル
	IRインキ	赤外線乾燥型。加熱重合性樹脂ビヒクル
	EBインキ	電子線硬化。硬化剤不要。二重結合モノマービヒクル

資料：化学工業日報社『17221の化学商品（2021年版）』

【第2－3－19表】印刷インキの生産量推移

（単位：生産1000 t , 出荷単価￥/Kg）

分　　類		1978年	1983年	1990年	1995年	2000年
		生産量	生産量	生産量	生産量	生産量
一般インキ	平版インキ	47.7	67.7	101.6	110.2	143.4
	樹脂凸版インキ	27.4	29.4	36.4	38.8	36.2
	金属印刷インキ	21.3	24.5	42.0	44.6	25.9
	グラビアインキ	63.2	84.9	133.6	138.4	140.0
	その他インキ	15.4	24.3	19.3	28.1	41.3
小　　計		175.0	230.8	332.9	360.1	386.9
新聞インキ		38.3	44.5	48.9	44.4	53.3
印刷インキ用ワニス		na	na	na	na	na
ワニスを除く印刷インキ計		213.3	275.3	381.9	404.5	440.1

分　　類		2005年	2010年	2015年	2019年	
		生産量	生産量	生産量	生産量	出荷単価
一般インキ	平版インキ	164.6	142.4	111.6	87.8	632
	樹脂凸版インキ	25.2	22.9	22.0	21.3	743
	金属印刷インキ	14.9	12.4	11.2	10.6	897
	グラビアインキ	132.6	117.5	121.8	124.4	537
	その他インキ	50.8	42.0	37.2	41.4	2,144
小　　計		388.1	337.3	303.7	285.6	800
新聞インキ		58.4	52.7	44.3	32.0	510
印刷インキ用ワニス		113.6	123.4	109.7	88.0	335
ワニスを除く印刷インキ計		446.4	390.0	348.1	317.6	775

資料：経済産業省『生産動態統計 化学工業統計編』

　ビヒクルの合成樹脂には、硝化綿型、硝化綿／アルキド樹脂型、硝化綿／ウレタン樹脂型が使用されています。溶剤としては、アルコール系、水、あるいはその混合系が使われます。ダンボール、クラフト紙の紙袋などに多く使われています。

　金属印刷インキは、缶や王冠用の金属に印刷するためのインキです。平版印刷方式が多く使われ、印刷後100℃以上の高温で焼きつけられます。この上に、仕上げニスが塗られます。製缶加工工程、食品類を納めたあとの加熱殺菌工程、販売中の長期間陳列に印刷が耐えなければなりません。印刷インキとしては、第2－3－19表に示すとおりもっとも高価です。インキ組成

としては平版インキに似ています。包装容器に占める金属製品の割合が低下しているために、近年、生産量が大幅な減少傾向にあります。

グラビアインキは、**凹版印刷用インキ**です。凹版は金属シリンダの表面をエッチングしてつくるので版代は高価です。月刊誌、週刊誌のグラビアページや商品カタログ、菓子雑貨の包装印刷（合成樹脂シート）、化粧板・鋼板印刷などに使われます。液状インキで溶剤が多量に使われるので、VOC規制対策が必要になっています。組成としては、ビヒクルの合成樹脂として石油樹脂系、セルロース系、ポリアミド系、ビニル系、ポリエステル系、ポリウレタン系、ゴム系、ロジン系など様々なものが使われます。溶剤はトルエン、酢酸エチル、MEK、IPAなど多様です。印刷素材に応じて樹脂と溶剤を選択します。VOC規制があるものの需要は根強く平版インキを超える生産量です。

新聞の印刷も、かつての鉛版からオフセットPS平版による**輪転印刷**に変わりました。**新聞インキ**も変わり、ビヒクルとしては合成樹脂、植物油、石油系溶剤を使った粘度の低いものが使われます。新聞の発行部数（新聞協会調べ）は2000年5,370万部から2019年3,781万部と一世帯あたりの購入部数の低下（2000年に1.13部が2019年には0.66部）によって減少が続いています。インターネット・スマートホンの普及によって新聞を購入しない世帯がますます増加すると予想されるので、新聞インキの生産量も減少が続くと予想されます。

印刷インキの製造方法を説明します。凸版インキ、平版インキ、新聞インキなどオイルタイプの印刷インキは、ドライ方式です。顔料とビヒクルをミキサーで混合後、ロールミルで練り上げます。これに補助剤をミキサーで混合します。

上記オイルタイプのなかで大量生産されるものはフラッシング方式で製造されます。水を含んだ顔料ペーストとビヒクルをフラッシャーと呼ばれる密閉式撹拌機で撹拌し、分離してくる水を除去します。最後に補助剤を加えます。グラビアインキ、樹脂凸版インキなどは密閉方式で混練してつくります。

家庭用パソコンに連動するインクジェットプリンタで使われる**インクジェット用インク**（インキジェットプリンタと言わないので、使用されるインキもインクと呼んでいます。）は、1990年代から急速に市場が拡大しました。インクジェット印刷とは、ノズルから微量のインクを放出し、紙などの記録

媒体に正確に付けて点描によって印刷する技術です。当初はもっぱら水性染料インクが使われましたが、黒の耐光性問題から2000年代に水性顔料インクが実用化され、普及しました。水性インクは環境性、安全性に優れているので、家庭用プリンタに適していました。

　近年、オンデマンド印刷や小ロット・短納期印刷など、印刷需要が多様化しており、インクジェット印刷は、それにも適合した技術です。このため、プラスチック、金属、セラミックスなど紙以外の記録媒体にも対応するために有機溶媒を使ったインクジェット用インクや常温で固体のソリッドインク（加熱溶融状態で吐出）なども開発されています。しかし、インクジェット用インクの統計がないので、生産量・需要量はつかめません。

　電子写真方式によるコピー機は身近な印刷手段です。電子写真方式は、原稿を反射した光を受けた感光体ドラム上に目に見えない静電気の像ができることを利用しています。感光体ドラム上のこの潜像にトナーが付着し、これを紙に転写、さらにヒートローラーによって定着させます。コピー機に使われる**トナー**は現在では重要な印刷用材料といえましょう。印刷インキが色料、ビヒクル、補助剤から成るのと同様にトナーも着色剤5〜15%（顔料）、**トナーバインダー** 80〜90%（合成樹脂）、補助剤（ワックス0〜5%、荷電調整剤1〜5%、流動化剤0〜4%）から成ります。

　着色剤の役割は言うまでもありません。トナーバインダーは、トナーの帯電に重要な役割を持つとともに、ヒートローラーの熱によって溶融し、トナーの紙への定着に決定的な役割を果たします。このほか、トナーとして必要な微粒子をつくる粉砕性、トナーの流通・保管時に粉体が固着しない非ブロッキング性、着色剤・荷電調整剤・ワックスの分散性など様々な機能を満足することが求められます。トナーの性能はトナーバインダーによって決まるので、トナーは樹脂加工製品といえます。トナーバインダーとしては、スチレン／アクリル酸エステルコポリマー（エステル基はブチル基や2-エチルヘキシル基など）やポリエステル樹脂（BPAとアルキレンオキシド付加物＋芳香族ジカルボン酸を重合）が使われます。所要の機能を発揮するために、低分子量ポリマーと高分子量ポリマーや架橋ポリマーなどが混合した複雑な組成でつくられます。ワックスは離型剤の役割を果たし、ヒートローラーなどの汚染を防止します。荷電調整剤はトナーバインダーの荷電性能を補完し

ます。負帯電型荷電調整剤としてはクロムのアゾ染料錯体や鉄のアゾ染料錯体が、正帯電型としてはニグロシン系やトリフェニルメタン系染料が使われます。正帯電型にはメラミン樹脂やベンゾグアナミン樹脂のような樹脂微粒子のものもあります。流動化剤はシリカや酸化チタンが使用され、トナーの表面にあってトナーのブロッキングを防止します。

　印刷インキが食品包装材料に使用される場合、業界（印刷インキ工業連合会）の自主規制として**ＮＬ規制**を実施しています。NL規制は化学物質審査規制法の第1種、第2種特定化学物質、労働安全衛生法の製造禁止物質、同法特定化学物質障害予防規則の特定化学物質第1類、第2類、同法有機溶剤中毒予防規則の第1種有機溶剤、毒物劇物取締法の毒物及び発がん性物質、EUや米国で規制されている物質から選定したものを使用禁止化学物質としています。この規制に基づいて製造されたインキにはNLマークが表示されます。

　このほか2008年から始めた植物油インキマーク、2015年から始めたインキグリーンマークなど環境配慮への対応を認定する制度も業界として行っています。

　第2－3－20表に印刷インキの貿易量推移、**第2－3－21表**に印刷インキの貿易額推移、**第2－3－22表**に2019年の印刷インキの需給を示します。印刷インキは数量面でも、金額面でも圧倒的な輸出超過であり、しかも輸入増加の気配がみられません。2019年の需給で見ても輸出比率が11％、輸入比率が1％と、内需に対応した生産を行っています。

塗料の商品知識と生産動向

　塗料も印刷インキと同様に**顔料**と**合成樹脂**と**溶剤**からなります。顔料を含んで不透明に仕上がる塗料を**ペイント（エナメル）**、顔料を含まず透明に仕上がる塗料を**ワニス**とか**クリアー**と呼ぶこともあります。塗料は印刷インキ以上に様々な素材の上に塗られ、また過酷な環境下での耐久性が求められます。

　第2－3－23表に示すとおり、現在では合成樹脂塗料が塗料の生産の大部分を占めます。合成樹脂塗料のなかにも、溶剤系、水系、無溶剤系があります。**溶剤系塗料**は、エポキシ樹脂系塗料、ウレタン樹脂系塗料、アルキド

【第 2 － 3 － 20 表】印刷インキ・塗料・接着剤の貿易量推移 （単位：1000 t）

		1990年	2000年	2010年	2015年	2019年
印刷インキ	輸出	14.5	35.5	42.3	33.3	35.9
	輸入	2.0	5.3	6.1	4.8	4.0
塗料	輸出	42.3	69.6	118.8	125.0	123.4
	輸入	12.0	18.1	23.1	26.7	24.4
溶剤系塗料	輸出	34.1	54.8	89.0	96.1	99.9
	輸入	9.2	14.1	18.5	21.0	19.3
水系塗料	輸出	5.6	12.4	27.0	26.8	22.2
	輸入	1.8	3.0	3.5	4.1	3.8
その他塗料	輸出	2.6	2.5	2.8	2.0	1.2
	輸入	0.9	1.0	1.1	1.7	1.4
接着剤	輸出	20.6	22.8	46.4	40.7	43.5
	輸入	4.0	12.5	15.5	18.3	21.0

〔注〕インキは貿易コード3215、塗料は3208 ～ 3210、接着剤は3506を集計
資料：財務省『貿易統計』

【第 2 － 3 － 21 表】印刷インキ・塗料・接着剤の貿易額推移 （単位：億円）

		1990年	2000年	2010年	2015年	2019年
印刷インキ	輸出	150	495	659	857	767
	輸入	25	82	58	71	71
塗料	輸出	249.1	604.8	1,512.7	1,794.6	2,020.3
	輸入	92.1	120.1	160.9	232.4	253.4
溶剤系塗料	輸出	216	520	1,302	1,587	1,815
	輸入	73	99	130	177	202
水系塗料	輸出	21	54	181	187	173
	輸入	14	16	21	34	33
その他塗料	輸出	13	30	29	21	32
	輸入	5	5	10	22	18
接着剤	輸出	182	252	653	734	642
	輸入	48	90	98	163	149

資料：財務省『貿易統計』

樹脂系塗料の三つが並び立っています。

　エポキシ樹脂系塗料は、エピクロロヒドリンとビスフェノールＡ（BPA）の重縮合高分子が主原料で、これに硬化剤を加えてつくります。他の樹脂との相溶性がよいことから様々な樹脂との混合製品もつくられます。エポキシ／フェノール樹脂塗料やエポキシ／アミノ樹脂塗料は高温焼付エポキシ塗料として、缶、チューブの内外面の塗装、ドラム缶用塗装、タンク、パイプ、工業容器のライニングに使われます。エポキシ／アルキド樹脂塗料は常温乾燥できる塗料として、家庭・工業用機器の下地、上塗り塗料として使われます。エポキシ樹脂と脂肪酸からつくられるエポキシエステル塗料は常温乾燥と焼付けの両方があります。常温乾燥型はコンクリート用、タンク用、車両用塗料や床用ワニスとして、焼付け型は自動車用下地塗料、缶ライニングなどに使われます。アミン硬化エポキシ塗料、その一つであるエポキシコールタール塗料は、常温乾燥型で硬度、付着性、耐磨耗性、耐水性などに優れることから船舶、港湾施設、橋梁などの重防食塗料として使われます。

　ウレタン樹脂系塗料は、ポリウレタンの長所である配合によって様々な性能を引き出せ、弾性、耐磨耗性、耐候性、耐薬品性などに優れた塗料です。**アルキド樹脂系塗料**は古くからある合成樹脂塗料です。多塩基酸（無水フタル酸、無水マレイン酸、アジピン酸など）と多価アルコール（ペンタエリトリトール、グリセリン、エチレングリコールなど）との重縮合高分子を植物油や脂肪酸（アマニ油、大豆油、やし油などとその脂肪酸）で変性します。

【第2－3－22表】印刷インキ・塗料・接着剤の需給（2019年）

（単位：1000 t ， %）

		生産	輸出	輸入	見かけ内需	輸出/生産	輸入/内需
印刷インキ		317.6	35.9	4.0	285.7	11	1
塗料		1,101.8	123.4	24.4	1,002.8	11	2
	溶剤系	567.6	99.9	19.3	487.0	18	4
	水系	436.7	22.2	3.8	418.2	5	1
	その他	97.5	1.2	1.4	97.6	1	1
接着剤		935.0	43.5	21.0	912.5	5	2

[注]　塗料生産量は合成樹脂塗料のみ
資料：経済産業省『生産動態統計 化学工業統計編』、接着剤工業会、財務省『貿易統計』

【第 2 － 3 － 23表】塗料の分類と生産量推移

（単位：生産1000 t ，出荷単価￥/Kg）

分　　類	1990年	2000年	2005年	2010年	2015年	2019年	
	生産	生産	生産	生産	生産	生産	出荷単価
ラッカー	49.1	27.3	22.4	17.6	16.6	16.6	600
電気絶縁塗料	42.1	43.9	30.3	28.4	24.4	21.0	777
合成樹脂塗料	1,507.2	1,291.5	1,274.6	1,046.1	1,106.4	1,101.8	470
溶剤系	987.7	780.8	728.0	600.3	583.7	567.6	593
アルキド樹脂系	254.0	155.1	126.6	85.7	78.7	70.9	356
ワニス・エナメル	67.5	44.9	43.3	22.0	20.3	17.5	500
調合ペイント	86.0	49.1	33.9	23.4	19.5	14.9	443
さび止めペイント	100.5	61.1	49.4	40.2	39.0	38.5	247
アミノアルキド樹脂系	171.8	107.8	83.2	65.0	61.9	61.3	591
アクリル樹脂系	149.4	120.4	101.2	78.9	80.1	90.1	707
常温乾燥型	92.9	69.4	54.2	44.5	45.0	51.9	600
焼付乾燥型	56.5	51.0	47.0	34.4	35.2	38.2	856
エポキシ樹脂系	107.6	110.6	126.5	125.0	128.9	124.5	386
ウレタン樹脂系	110.0	131.6	141.8	114.3	115.7	123.0	757
不飽和ポリエステル系	31.0	22.4	19.9	13.5	9.1	7.7	790
船底塗料	20.6	17.9	17.6	16.7	16.8	13.8	610
その他溶剤系	143.3	114.9	111.1	101.2	92.5	76.2	735
水系	398.6	376.4	432.2	357.3	425.4	436.7	334
エマルション系	234.8	226.6	233.0	194.1	258.8	268.0	281
エマルションペイント	131.4	142.1	164.8	166.4	231.8	244.0	298
厚膜型エマルション	103.5	84.5	68.1	27.7	27.0	24.0	156
水性樹脂系	163.8	149.8	199.2	163.2	166.6	168.6	422
無溶剤系	120.9	134.4	114.4	88.5	97.2	97.5	371
粉体塗料	24.2	27.2	30.6	29.7	35.6	39.9	699
トラフィックペイント	96.7	107.1	83.8	58.8	61.7	57.6	110
その他塗料	133.1	92.8	89.3	81.8	76.8	73.2	528
シンナー	469.6	454.5	485.8	426.1	420.8	433.6	177
塗料合計	2,201.1	1,910.1	1,902.4	1,600.1	1,644.9	1,646.1	399

資料:経済産業省『生産動態統計 化学工業統計編』

【第2−3−24表】接着剤の分類と生産量推移 （単位：1000 t ）

接　着　剤	1993年	2003年	2010年	2015年	2019年
[ホルムアルデヒド系接着剤]	451.6	294.3	221.2	238.6	245.3
ユリア樹脂系接着剤	349.2	119.6	57.5	50.3	39.6
メラミン樹脂系接着剤	77.0	109.2	54.0	47.0	45.2
フェノール樹脂系接着剤	25.3	65.5	109.7	141.3	160.4
[溶剤型接着剤]	78.3	57.3	42.2	39.2	37.5
樹脂系溶剤型接着剤	26.3	21.8	19.9	17.8	14.2
ゴム系溶剤型接着剤	52.0	35.5	22.3	21.4	23.3
[水性型接着剤]	343.2	318.9	197.7	236.6	236.9
酢酸ビニル系樹脂エマルジョン型接着剤	187.0	164.2	109.8	128.7	125.8
アクリル樹脂系エマルジョン型接着剤	90.7	71.4	48.2	63.1	60.9
その他の水性型接着剤	65.4	83.3	39.7	44.9	50.3
[ホットメルト型接着剤]	71.5	100.8	107.8	106.0	112.5
ＥＶＡ樹脂系ホットメルト型接着剤	44.4	51.0	39.5	30.4	31.3
合成ゴム系ホットメルト型接着剤	23.9	43.3	54.4	57.2	59.0
その他のホットメルト型接着剤	3.2	6.5	13.9	18.4	22.3
[反応型接着剤]	59.8	93.8	87.9	92.8	101.9
エポキシ樹脂系接着剤	21.9	22.2	18.0	21.3	18.6
シアノアクリレート系接着剤	1.2	0.9	1.1	0.9	0.8
ポリウレタン系接着剤	33.3	60.9	51.9	43.3	48.4
変成シリコーン樹脂系接着剤	—	—	—	20.9	29.5
その他の反応型接着剤	3.5	9.7	17.0	6.4	4.6
[感圧型接着剤]	143.8	164.9	126.8	139.8	137.9
アクリル樹脂系感圧型接着剤	52.7	107.8	107.5	122.3	123.9
ゴム系感圧型接着剤	78.4	56.7	18.5	15.8	13.9
その他の感圧型接着剤	12.7	0.4	0.9	1.7	0.2
[天然樹脂形接着剤]	—	—	—	24.0	29.5
[その他接着剤]	6.7	10.4	16.6	23.0	13.2
[工業用シーリング材]	48.6	43.1	23.4	19.1	20.3
合　計	1,203.4	1,083.5	823.6	919.2	935.0

資料：日本接着剤工業会

この3種類の原料の組み合わせで多様な製品がつくられます。アルキド樹脂ワニス・エナメルは主に無水フタル酸を原料とし、車両、産業機械、重電機械などの塗装に使われます。アルキド樹脂調合ペイントは乾燥が早く、耐候性が優れるため、建築物、橋梁、タンク、プラントの塗装に使われます。アルキド樹脂さび止め塗料は、雲母状酸化鉄のようなさび止め顔料を使った塗料です。下地塗装として使われます。

219

【第２－３－25表】接着剤用途別出荷量推移　　（単位：1000 t）

需　要　部　門	2003年	構成	2010年	2015年	2019年	構成
[木材建築土木関連]	533.2	54%	386.1	408.5	436.4	54%
合板	266.9		193.0	190.5	215.4	
二次合板	30.5		21.6	21.3	17.7	
木工	68.8		34.2	39.2	41.3	
建築（現場施工用）	104.0		72.7	103.0	108.9	
建築（工場生産用）	38.5		48.8	38.6	38.3	
土木	24.5		15.9	15.8	14.9	
[化学・生活産業関連]	92.7	9%	73.9	74.7	63.4	8%
ラミネート	40.8		19.7	24.9	20.3	
繊維	46.5		51.1	45.4	39.2	
フロック加工	0.8		0.4	2.1	2.0	
靴・履物	3.3		2.0	1.8	1.3	
ゴム製品	1.4		0.6	0.6	0.5	
[紙関連]	149.6	15%	122.7	114.9	111.0	14%
製本	18.6		14.2	10.4	6.2	
包装	103.2		85.2	78.9	80.5	
紙管	27.7		23.3	25.6	24.4	
[組立産業関連]	92.1	9%	106.3	110.9	118.6	15%
自動車	76.9		56.1	51.0	52.7	
その他の輸送機器	1.9		2.2	2.8	2.8	
電機	13.4		48.0	36.9	45.0	
組立産業	-		-	20.2	18.1	
[その他]	116.9	12%	82.5	92.0	75.0	9%
家庭用	7.5		5.5	4.6	7.2	
その他	109.3		77.0	87.4	67.8	
合　計	984.5	100%	771.5	801.0	804.4	100%

資料：日本接着剤工業会

　このほかに生産量の多い溶剤系合成樹脂塗料として**アクリル樹脂系塗料**があります。アクリル樹脂、メタクリル樹脂およびこれらのエステルを原料とし、共重合物を変えて、硬い塗膜から粘着性を帯びる塗膜まで様々な製品がつくられます。常温乾燥型は建築コンクリート面の塗装によく使われます。焼付け型は自動車、電気冷蔵庫、電気洗濯機の塗料として有名です。高価なために耐熱防食塗料、冷凍機防食塗料、耐湿性絶縁塗料、高耐久性防食塗料などの特別な用途に限定して使われる塗料として、シリコーン樹脂塗料とフッ素樹脂塗料があります。フッ素樹脂塗料を使ったフライパンは有名です。

　水系塗料には、合成樹脂エマルション塗料と水性樹脂塗料があります。合

成樹脂エマルション塗料は、原料の合成樹脂を乳化重合でつくり、顔料を水で練った顔料ペーストを混合した製品です。エマルション安定剤、乾燥時に連続した塗膜をつくるための造膜助剤などのほか、必要に応じて可塑剤を加えることもあります。合成樹脂としては、酢酸ビニル系、スチレン・ブタジエン系、アクリル樹脂系があります。**水性樹脂塗料**は樹脂分子中に親水基を導入して水性にした塗料です。水に溶解しているものと、水に分散しているものがあります。水性アルキド樹脂、水性アクリル樹脂、水性エポキシ樹脂、水性ポリブタジエン樹脂、水性ウレタン樹脂など多くの製品が開発されています。

溶剤も水も使わない塗料が**無溶剤系塗料**です。このうち**粉体塗料**には、ポリエチレン、塩化ビニル樹脂、ナイロンなどの熱可塑性樹脂を使った塗料とエポキシ樹脂、ウレタン樹脂、アクリル樹脂、ポリエステル樹脂などの熱硬化性樹脂を使った塗料があります。**トラフィックペイント**は道路標示用塗料です。石油樹脂をベースにガラスビーズを配合した無溶剤塗料の一つです。

ラッカーは、ニトロセルロース単体あるいはアルキド樹脂、アミノ樹脂、アクリル樹脂などを混合した樹脂を主体に、ロジンエステル、可塑剤（DOPなど）、溶剤（酢酸エステル、MEK、MIBK）、助溶剤（エチルアルコール）、希釈剤（トルエン）などを配合した製品です。ニトロセルロースラッカーは**パイロキシリンラッカー**、**硝化綿塗料**とも呼ばれます。乾燥が早く硬度、耐油性、耐久性に優れるので透明塗装や不透明塗装に使われます。しかし、合成樹脂塗料に押されて用途が限られてきました。

その他塗料としては、**油性塗料**があります。乾性油を塗膜にする古くからの塗料です。アマニ油、キリ油などの乾性油、大豆油のような半乾性油に、鉛、コバルト、マンガンの脂肪酸塩などの乾燥剤を加え加温したものが**ボイル油**です。各種の油性塗料のビヒクルとして使われます。油ワニスは、乾性油と天然樹脂を混ぜたものでしたが、いまでは天然樹脂に代わって合成樹脂が使われます。油性ペイントはボイル油と顔料を混ぜた塗料です。**シンナー**は、石油系炭化水素を主体とした有機溶剤の混合物です。塗装の際、塗料の希釈剤や塗装後の刷毛などの洗浄に使われます。

第２－３－23表に示すように塗料生産量は、1990年の220万トンに対して、2000年代は15%減の190万トン台、2010年代は25%減の160万ト

ン台と低迷しています。第2−3−20、21表に示すように、貿易面では圧倒的な輸出超過ですが、第2−3−22表に示すように2019年で輸出比率11％、輸入比率2％と内需にほぼ見合った生産を行っている工業です。したがって生産の低迷は内需の低迷を反映しているといえます。

　大気汚染防止法によるＶＯＣ規制は、多くの塗料ユーザー業界に影響を与えることから長期にわたる対応期間をとって実施されてきました。この影響は塗料の生産にも明確に現れています。1990年に合成樹脂塗料の66％を占めた溶剤系塗料は、2019年には52％に減少しました。代わって1990年に26％を占めるに過ぎなかった水系塗料が2019年には40％にまで伸びています。水系塗料の中ではエマルション塗料の躍進が目立ちます。

接着剤の商品知識と生産動向

　塗料に使われる合成樹脂は、塗装面に接着し、しっかりした塗膜を形成するので、接着剤としても使われます。**エポキシ樹脂、ウレタン樹脂、アクリル樹脂**などです。その一方で塗料よりももっぱら接着剤に使われている合成樹脂として、**ユリア樹脂、メラミン樹脂、フェノール樹脂、シアノアクリレート樹脂**などがあります。接着剤はものとものをくっつける機能をもつ商品なので、ものにしっかり付着するとともに、固化した接着剤自身が用途に応じた強度をもつことが必要です。

　接着剤の種類を**第2−3−24表**に示します。ユリア樹脂系接着剤は、合板（ベニヤ板）を製造するための接着剤として使われます。しかし1990年代に合板用木材の輸出規制などで熱帯木材産出国に合板製造会社が移転したため、ユリア樹脂系接着剤の生産量は大幅に減少しました。メラミン樹脂系接着剤も合板や繊維・紙の樹脂加工に使われます。ユリア樹脂系と同じ理由で生産量が減少しました。

　フェノール樹脂系接着剤も合板、木工製品に使われます。ユリア樹脂系、メラミン樹脂系に比べて高価なので従来はこれらに押されていました。しかし、ホルムアルデヒドの放散が少ない点（シックハウス症候群や繊維加工のホルマリン規制への対応）が評価されて、国内生産量が増加し、ユリア樹脂系、メラミン樹脂系をはるかに超える生産規模に成長しています。

　溶剤型接着剤、水性エマルション型接着剤には、酢酸ビニル樹脂系、EVA

樹脂系、アクリル樹脂系、ゴム系があります。生産量としてはエマルション型が中心です。**酢酸ビニル樹脂系接着剤**は、溶剤型が木材、スチレンフォームの接着、建築用木レンガの接着に、エマルション型が木材、家具、紙器、製本、繊維などの接着に広く使われています。ゴム系接着剤は、ゴム、皮、布、プラスチック、金属など幅広い素材の接着に使われます。

ホットメルト接着剤は、水や溶剤を含まない固形の接着剤です。加熱・溶融させて塗布し、冷えると固化して接着します。製本、包装、木工、製袋、ラミネートなどに使われます。連続した接着作業が可能なので高速の作業が可能になります。EVAがよく使われてきましたが、熱可塑性エラストマー（熱可塑性の合成ゴム）が急速に伸び、EVAを超える生産量になりました。このほか、アタクチックポリプロピレン、ポリアミド、ポリエステルも使われます。

反応型接着剤は、重合反応をしながら接着するので、接着力が強い点が強みです。**ポリウレタン系接着剤**がもっとも多く使われます。1液型と2液型があり、分子末端に反応性の高いイソシアネート基を持つプレポリマーを硬化剤に使います。布、金属、ゴム、皮、ウレタンフォームなどの接着に幅広く使えます。**エポキシ樹脂系接着剤**はエポキシ基を二つ以上もつプレポリマーに硬化剤としてポリアミンを混合する製品です。耐水性、耐湿性、耐薬品性、電気絶縁性に優れ、金属、プラスチック、陶器、ガラスなど幅広い素材に強く接着します。ただし、樹脂自体が硬く、柔軟性が欠けるところがあります。**シアノアクリレート系接着剤**は、生産量はポリウレタン系やエポキシ樹脂系に比べて少量ですが、**瞬間接着剤**としておなじみの接着剤です。空気中の水分によって重合し、多くの素材を瞬間的に接着します。

感圧型接着剤とは粘着剤のことです。多くの素材によく粘着するために包装用、マスキング用（塗装の際、塗装したくない部分に貼る）、結束・固定用、表示用などに使われます。樹脂としては、アクリル酸エステル樹脂、ポリイソブチレン、SBR、ブチルゴムなどが使われます。感圧型接着剤は、もっぱら粘着テープとして市場に出まわるので消費財化学製品の章で説明します。

シーリング材は、目地、接合部、亀裂部などに充塡して漏洩を防止する材料です。弾性のあるポリスルフィド系、シリコーン系、ポリウレタン系、アクリル系、ブチルゴム系、SBR系などの高分子が使われています。

　第2-3-25表に示すように、接着剤は、合板や木工製品のように製品をつくるためばかりでなく、自動車用、包装用のように省力化のためにも使われています。用途の構成割合としては、2003年から2019年の間に、木材・建築・土木関連、化学・生活産業関連、紙・製本関連は変わらず、組立産業関連が増加しています。生産量としては少ないものの、瞬間接着剤が1960年代に商品化されたあと、家庭用ばかりでなく、工業用にも新たな用途が生まれ、生産工程の改善に貢献してきました。

　第2-3-20、21表に示すように接着剤は数量面でも、金額面でも大幅な輸出超過です。しかし、第2-3-22表に示すように輸出比率が5％、輸入比率が2％と貿易のウェイトが低いことは意外です。1990年に合板製造会社が海外移転した際にユリア樹脂などの合板用接着剤製造会社も輸出ではなく、海外投資して現地生産に切り替えました。需要家の細かな要求に応えてきた日本の接着剤工業は、内需に大きく依存する工業といえます。このため、1990年代以後、合板や自動車の海外への生産移転のために接着剤の生産量は減少し、金融危機後の2009年生産量は1993年の67％にまで落ち込みました。しかし、その後の景気回復によって持ち直し、2019年は1993年の約8割にまで生産量が戻っています。この間にVOC規制に対応して溶剤型接着剤が大きく減少する一方、機械組立て産業において構造用接着剤としてよく使われる反応型接着剤が伸びています。

4. ファイン・スペシャリティケミカル

少量多品種生産の化学品を伝統的にファインケミカルと呼んできました。すでに前章で樹脂成形加工に使われる薬品（紫外線吸収剤、安定剤など）、ゴム成形加工に使われる有機ゴム薬品（加硫促進剤など）について紹介しました。これらもファインケミカル製品の範疇に入ります。これに対して、別の切り口として機能性を追求した化学品をスペシャリティケミカルと呼んでいます。本章では、樹脂成形加工薬品、有機ゴム薬品以外のファインケミカル・スペシャリティ製品を紹介します。

4-1 医 薬 品

医薬品の商品知識

医薬品は典型的なファインケミカル製品です。しかも現在の日本では、ファインケミカル分野で最大の付加価値額を誇るのみならず、日本の化学産業全分野の中でも最大の付加価値額を生み出しています。化学産業のなかでは、世の中の関心がもっとも高い業界のために、化学産業の中では珍しく、わかりやすい入門書、業界紹介書が多数出版されているので、本書では主要な点のみ説明します。

医薬品は、**医薬品医療機器法**（旧薬事法）によって、研究開発から生産・販売まで細かく規制されています。医薬品の製造や販売（卸、小売）を事業として行おうとするときには、すべて**許可**が必要です。**製造販売業**（医薬品の発売元のこと）の許可を得ていても、新しい医薬品（製剤）を製造し、販売しようとする場合には、さらに品目ごとに**承認**を得なければなりません。承認を得るには、動物実験や臨床試験のデータをそろえて提出しなければ審査を受けられません。試験は医薬品医療機器法に基づいて定められた方法・基準に従って行わなければなりません。現代の日本の主要な工業分野のなか

で、医薬品工業ほど厳しく規制されている産業はありません。

　そうなると、そもそも医薬品とは何かを明確にしておかなければなりません。これは医薬品医療機器法で定められており、本書第 4 部第 7 章の医薬品医療機器法において説明しています。なお、2013 年末の**薬事法**改正によって、薬事法は 2014 年に「医薬品、医療機器等の品質、有効性及び安全性の確保等に関する法律」に名称変更となりました。厚生労働省の正式略称は**医薬品医療機器等法**です。ただし「等」がいかにも嫌らしい役人言葉なので本書では医薬品医療機器法の略称を使用します。

　医薬品は、**第 2 - 4 - 1 表**に示すように、医薬品医療機器法の規制によって大きく**医療用医薬品**とその他の医薬品に分けられます。医療用医薬品は、病院で医師が使うか、病院窓口で直接に、あるいは医師の処方に基づいて薬局や販売店で購入しなければならない医薬品です。日本で生産される医薬品の 9 割が医療用医薬品です。テレビなどでかぜ薬の宣伝をよく見かけますが、意外にも広告宣伝に現れてこない医療用医薬品が医薬品のほとんどを占めています。

　医療用医薬品は、長らく病院や医師が病院内の薬局や医院窓口で診察料と一緒に販売してきました。これは厚生労働省の定めた公定価格と実際の納入

【第 2 - 4 - 1 表】医薬品用途区分別生産額推移

用途区分		1997 年		2008 年		2016 年		2017 年		2018 年	
		生産額	構成割合	生産額	構成割合	生産額	構成割合	生産額	構成割合	生産額	構成割合
		(10億円)	(%)	(10億円)	(%)	(10億円)	(%)	(10億円)	(%)	(10億円)	(%)
医療用医薬品		4,956	83.8	5,993	90.5	5,871	88.6	6,007	89.4	6,173	89.4
	国産			4,467	67.5	4,395	66.3	4,378	65.1	4,282	62.0
	輸入			1,525	23.0	1,477	22.3	1,630	24.2	1,891	27.4
その他の医薬品		956	16.2	627	9.5	752	11.4	714	10.6	735	10.6
	一般用医薬品	887	15.0	598	9.0	735	11.1	700	10.4	721	10.4
	配置用家庭薬	69	1.2	29	0.4	17	0.3	14	0.2	14	0.2
総数		5,911	100	6,620	100	6,624	100	6,721	100	6,908	100

〔注〕薬事法改正により 2005 年から生産・輸入の定義が変更された。1997 年は同一条件で表記。それ以前の修正は発表されていない。
資料：厚生労働省『薬事生産動態統計』

価格に大きな差額があったためです。しかし、近年相次ぐ**薬価改定（薬価引き下げ）**により、**薬価差額**は縮小してきました。しかも厚生労働省は**医薬分業**を推進し、医師は**処方箋**を書くまで、患者が医療用医薬品を処方箋に基づいて病院・医院外の薬局で購入するように勧めています。医師が処方箋にとくに明記しない限りは、薬局で**薬剤師**が同じ効用の**ジェネリック医薬品**（あとで説明します）の購入を勧めることもできるようになりました。医療用医薬品も医師が処方する中間財から、処方箋の範囲とはいえ、患者が選択して購入できる消費財に少し近づいたといえましょう。

　医療用医薬品以外の「その他の医薬品」は、2013年末の法改正までは、一般用医薬品と配置用家庭薬に分けられました。**配置用家庭薬**は、いわゆる置き薬です。江戸時代から続く富山の薬売りの販売方法による薬です。第２－４－１表に示すように、一般用医薬品に比べて配置用医薬品の生産額は現在では非常に小さな金額なので、詳しい説明は省略します。

　一般用医薬品は、2013年末法改正までは、医療用医薬品、配置用家庭薬以外のすべての医薬品ということになり、店舗販売業者が販売している医薬品が一般用医薬品ということになっていました。法律改正後は、一般用医薬品とは、その効能及び効果において人体に対する作用が著しくないものであって、薬剤師等から提供された情報に基づく需要者の選択により使用されることが目的とされる医薬品のうち、店舗販売業者が販売するものとなりました。しかし、実質上内容が大きく変わったわけではありません。一般用医薬品は、副作用などのおそれのリスクに応じて３種に分けられています。**薬剤師が書面による情報提供をしなければ販売できない第１類医薬品**と、**登録販売者がいれば販売できる第２類医薬品、第３類医薬品**です。第２類医薬品は薬剤師や登録販売者が情報提供に努めることになっているのに対して、第３類はそのような規制がない医薬品です。法改正によって、2014年６月から従来の第１類医薬品の一部を**要指導医薬品**として独立させ、薬剤師が**対面販売**によって販売しなければならないことになりました。それに対して、要指導医薬品とならなかった第１類医薬品及び第２類、第３類医薬品については、従来の販売法（薬局やドラッグストア）に加えて、**インターネット販売**も可能となりました。要指導医薬品とは、毒劇法によって**劇薬**に指定されている医薬品と、医療用医薬品が規制緩和によって一般用医薬品になった直後（ス

イッチ直後品目）のものです。ただし、スイッチ直後品目は、原則 3 年で要指導医薬品から一般用医薬品に移行します。制度が複雑になりましたが、一般用医薬品のインターネット販売を可能とするかどうかの議論のなかで、安全性確保の観点から要指導医薬品という区分が新たに導入された結果です。大きくみれば、一般用医薬品の規制緩和が一層進みました。

　登録販売者は、医薬品販売の規制緩和として 2009 年から実施された制度です。それまでは**薬剤師**（大学薬学部卒業で**国家試験**合格が必要）がいる薬局やドラッグストアでなければ、一般用医薬品は販売できませんでした。登録販売者は、高校卒業で 1 年間の医薬品販売業務従事経験と都道府県知事による試験に合格すれば取得できる資格です。薬剤師よりはるかに取得しやすい資格といえます。これにより一般用医薬品販売業への多くの異業種からの新規参入が期待されています。

　しかし、健胃・消化・整腸薬、殺菌消毒薬、ビタミン錠剤、カルシウム補給剤、うがい薬、栄養ドリンク剤などは、すでに 2009 年以前からコンビニエンスストアなどで販売されていました。これは大変に紛らわしい話ですが、**医薬部外品**と呼ばれるものです。医薬部外品は、医薬品でなく、医薬品に準ずるものとして医薬品医療機器法で定められた商品です。**医薬部外品製造販売業**や**医薬部外品製造業**の許可を得ること、医薬部外品の品目ごとの承認を得ることについては医薬品と同様に規制されています。しかし、医薬部外品の販売については許可が必要ないので、コンビニエンスストアなどで自由に販売できるのです。これも 1990 年代末から進められてきた**医薬品規制緩和**の一環です。健胃・消化・整腸薬などはかつて一般用医薬品でしたが、規制緩和によって医薬部外品に移し変えられました。このように常識的には医薬品と思われるものでも、医薬品にならないものがたくさん生まれました。

　第 2 部第 1 章から第 3 章で述べてきたような化学製品の製造と医薬品の製造との大きな差異は、医薬品の製造には**滅菌化工程**や**無菌操作**のある点です。食品産業などでは雑菌に対する注意が不可欠ですが、当然のことながら医薬品工業はそれ以上に厳密な管理が要求されます。製造工程はもちろんのこと、原料・包装資材の搬入、開封から製品の保管・出荷、作業者の行動に関してまで、通常の化学製品とは大きく異なる管理が行われます。

　このほか、医薬品工業に関連してしばしば聞く用語のいくつかを紹介して

おきます。一般用医薬品に関連してOTC（Over The Counter）医薬品とい
う表現がしばしば使われます。販売店のカウンターの向こうに展示してあっ
て、症状を薬剤師に相談することによって薬剤師が選択し、カウンター越し
に販売する医薬品という意味です。要指導医薬品と一般用医薬品の第1類や
第2類が該当するといえます。しかし、一般用医薬品すべてを指してOTC
医薬品と呼んでいる場合もあります。大衆薬、**市販薬**も同様です。**スイッチ
OTC**は、規制緩和の一環として、医療用医薬品のなかで実績があり、しか
も副作用の少ないものを一般用医薬品（第1類）に指定変更をした医薬品で
す。すでに説明した**スイッチ直後品目**はスイッチOTCの一部で、3年間の
リスク評価期間中の医薬品です。

　ジェネリック医薬品という言葉もよく耳にすると思います。**先発医薬品**の
特許（おもに**物質特許**）が切れた後に、先発品と有効成分が同じ医薬品を他
の医薬品会社が製造販売するものです。**後発品**とか**ゾロ**と呼ぶこともありま
す。ジェネリック医薬品の薬価は、先発医薬品に比べて大幅に低下するので、
医療費抑制の見地から政策的にも普及促進が図られています。一方、作用機
序、効能などの面でとくに画期的な新薬を**ピカ新**と呼んでいます。薬価算定
において画期的加算が加えられることもあります。ピカ新のなかで世界的に
大きな売上高をあげたものは**ブロックバスター**といわれます。おおむね年間
売上高10億ドル（約1000億円）を超える医薬品が該当します。

　用途対象者が少ない（日本では5万人未満）ものの、承認されれば優れた
使用価値をもつ医薬品を**希少疾病用医薬品（オーファンドラッグ）**と呼びま
す。1993年から希少疾病用医薬品開発への支援制度が始まり、医薬品医療
機器法においても優先的に審査されています。医薬品に限らず、医療機器、
再生医療等製品にも適用されます。

　先駆け審査指定医薬品という言葉もあります。海外で承認されているのに
日本で未承認という事態を避け、世界最先端の治療薬を早く提供することを
目指した制度に基づいて指定された医薬品のことです。この制度は2015年
から始まりました。医療機器、体外診断用医薬品、再生医療等製品にも適用
されます。

医薬品の分類と生産推移

　第2－4－2表には医薬品を効き目、薬効から分類した例を示します。これは**日本標準商品分類**による「医薬品及び関連製品」の分類項目（小分類、細分類）です。日本標準商品分類では、第2－4－2表に示す小分類（例：神経系及び感覚器官用医薬品）で9に、細分類（例：中枢神経系用薬）で47に、細々分類（例：全身麻酔剤）で243に、その下の6桁分類（例：亜酸化窒素製剤）で968に医薬品を分けています。厚生労働省の**薬事工業生産動態統計**は、日本標準商品分類に沿った薬効分類別の生産金額を調査しています。**第2－4－3表**に示すように、細分類（薬効大分類）レベルでは1990年代から2017年まで約40年間連続して第1位を占めてきた**循環器官用薬**が2018年に第2位に落ち、代わって**その他の代謝性医薬品**（リウマチ薬や糖尿病用剤など）が第1位に躍り出ました。第3位は**中枢神経系用薬**（解熱鎮痛消炎剤など）です。**腫瘍用薬**が急上昇して第4位を占めたことも注目されます。

　細々分類（薬効中分類）レベルでは生産金額第1位に**その他の腫瘍用薬**、第2位に**他に分類されない代謝性医薬品**（リウマチ薬など、免疫抑制作用のある抗体医薬品など）が占めました。これらは高額医療品として話題になった抗体医薬品が中心です。その一方で長らく上位を占めてきた**生活習慣病**（成人病）およびその予備軍向けの医薬品（**血圧降下剤**、**高脂血症用剤**、**血管拡張剤**）や**消化性潰瘍用剤**などがジェネリック医薬品の増加などによって単価が下がり、2018年には順位を下げていることが目立ちます。一方、長らく効果的な治療薬がなかったウイルス性疾患に対して、ウイルスの感染・増殖機構の解明の上に**抗ウイルス剤**（インフルエンザ、エイズ、ウイルス性肝炎などに対して）が開発されたことによって2018年に一挙に第9位に急上昇したことも注目されます。**抗ウイルス剤**だけで、薬効大分類の**抗生物質製剤**をはるかに超える生産額になっています。2020年に世界中に蔓延した新型コロナウイルスに対しても、予防薬である**ワクチン**とともに治療薬である抗ウイルス剤の早期開発が望まれており、抗ウイルス剤はさらに伸びると予想されます。

　2018年の日本人の死亡原因（人口動態統計）としては、第1位を**がん**

【第２－４－２表】日本標準商品分類による医薬品の分類

小分類	細分類	細々分類の例
	薬効大分類	薬効中分類
871	神経系及び感覚器官用医薬品	
	8711 中枢神経系用薬	
		87111 全身麻酔剤
		87112 催眠鎮静剤，抗不安剤
		87113 抗てんかん薬
		87114 解熱鎮痛消炎剤
		87115 興奮剤、覚せい剤
		87116 抗パーキンソン剤
		87117 精神神経用剤
		87118 総合感冒剤
		87119 その他の中枢神経系用薬
	8712 末梢神経系用薬	
	8713 感覚器官用薬	
	8719 その他の神経系及び感覚器官用医薬品	
872	個々の器官系用医薬品	
	8721 循環器官用薬	
		87211 強心剤
		87212 不整脈剤
		87213 利尿剤
		87214 血圧降下剤
		87215 血管補強剤
		87216 血管収縮剤
		87217 血管拡張剤
		87218 高脂血症剤
		87219 その他の循環器官用剤
	8722 呼吸器官用薬	
	8723 消化器官用薬	
	8724 ホルモン剤（抗ホルモン剤を含む。）	
	8725 泌尿生殖器官及び肛門用薬	
	8726 外皮用薬	
	8727 歯科口腔用薬	
	8729 その他の個々の器官系用医薬品	
873	代謝性医薬品	
	8731 ビタミン剤	

（第2－4－2表　続き）

	8732	滋養強壮薬
	8733	血液・体液用薬
		87331　血液代用剤
		87332　止血剤
		87333　血液凝固阻止剤
		87339　その他の血液・体液用薬
	8734	人工透析用薬
	8739	その他の代謝性医薬品
		87391　肝臓疾患用剤
		87392　解毒剤
		87383　習慣性中毒用剤
		87394　痛風治療剤
		87395　酵素製剤
		87396　糖尿病用剤
		87397　総合代謝製剤
		87399　他に分類されない代謝性医薬品
874	組織細胞機能用医薬品	
	8741	細胞賦活用薬
	8742	腫瘍用薬
		87421　アルキル化剤
		87422　代謝拮抗剤
		87423　抗腫瘍性生物質製剤
		87424　抗腫瘍性植物成分製剤
		87429　その他の腫瘍用薬
	8743	放射性医薬品
	8744	アレルギー用薬
	8749	その他の組織細胞機能用医薬品
875	生薬及び漢方処方に基づく医薬品	
	8751	生薬
	8752	漢方製剤
	8759	その他の生薬及び漢方処方に基づく医薬品
876	病原生物に対する医薬品	
	8761	抗生物質製剤
	8762	化学療法剤
	8763	生物学的製剤
	8764	寄生動物用薬
	8769	その他の病原生物に対する医薬品

（第２－４－２表　続き）

877	治療を主目的としない医薬品	
	8771	調剤用薬
	8772	診断用薬（体外診断用医薬品を除く。）
	8773	公衆衛生用薬
	8774	体外診断用医薬品
	8779	その他の治療を主目的としない医薬品
878	麻薬（細分類略）	
879	動物に使用する医薬品及び関連製品（細分類略）	

〔注〕細々分類の例は、第２－４－３表の細分類上位５種類についてのみ、その下にある細々分類をすべて示した。

（27%)、第２位を**循環器系疾患（心疾患、脳血管疾患**合計で23%）が占めます。このパターンは、1990年代以降、約40年間続いています。これに対して、医薬品生産額としては、従来は循環器官用薬が生産額第１位に対して、腫瘍用薬は第10位台半ばと、両者は大きく異なってきました。循環器系疾患ががんに比べて長期にわたる治療が行われるのに対して、従来の腫瘍用薬は副作用が強い一方で、生存期間を少し延ばす程度の効能しか期待できなかったためです。しかし、抗体医薬品の登場によってがんの効果的な治療が進み、腫瘍用薬の生産額が2010年代に急激に増加しました。

　少し長い目で薬効別医薬品の動向をみると、第２次大戦後から1980年代初めころまで１位を占めてきた**抗生物質製剤**が、国民医療の充実、衛生状態の改善のために細菌感染症が減少したことを反映して1990年代以後は大きく順位を下げてきました。また、**ビタミン製剤**や**滋養強壮薬**も徐々に順位を下げてきました。一方、1980年代から実用化された**第１世代バイオ医薬品**（ヒトインシュリン、各種サイトカインなど）は、騒がれた割には意外にも第２－４－３表では順位を大きく上げた医薬品として検証することができません。抗生物質製剤、ビタミン製剤などに代わって1990年代から上位を占めるようになった医薬品は、生活習慣病、**メタボリックシンドローム**（代謝症候群）関連の医薬品でした。これらの医薬品は、心疾患、脳血管疾患などの急性発症時に使われるというよりも、それらを予防するために毎日服用するものが多いことから、医薬品全体の市場規模を急激に大きくしました。生活習慣病治療薬は1970年代に確立された発症メカニズムの解明に基づく創

233

【第2-4-3表】医薬品薬効分類別生産額推移

薬効大分類／細分類	薬効中分類（日本標準商品分類 細々分類）	2018年 分類順位	2018年 生産額(億円)	2018年 構成割合(%)	2010年 分類順位	2010年 生産額(億円)	2010年 構成割合(%)	2000年 分類順位	2000年 生産額(億円)	2000年 構成割合(%)	1990年 分類順位	1990年 生産額(億円)	1990年 構成割合(%)	1980年 分類順位	1980年 生産額(億円)	1980年 構成割合(%)
8739 その他の代謝性医薬品		1	8,585	12.4	3	6,350	9.4	4	5,138	8.3	5	4,659	8.3	3	3,640	10.5
	他に分類されない代謝性医薬品	2	4,819	7.0	2	3,855	5.7	4	2,866	4.6						
	糖尿病用剤	4	2,753	4.0	13	1,535	2.3	23	751	1.2						
	痛風治療剤	37	461	0.7	40	248	0.4	55	267	0.4						
	総合代謝性製剤	45	343	0.5		424	0.6	24	748	1.2						
8721 循環器官用薬		2	8,026	11.6	1	14,017	20.7	1	11,226	18.2	1	8,283	14.8	2	3,778	10.8
	血圧降下剤	3	3,198	4.6	1	6,433	9.5	2	3,085	5.0						
	高脂血症用剤	15	1,511	2.2	5	2,768	4.1	6	2,429	3.9						
	血管拡張剤	19	1,180	1.7	6	2,710	4.0	5	2,863	4.6						
	その他の循環器官用薬	23	777	1.1	20	879	1.3	13	1,228	2.0						
	利尿剤	29	647	0.9	26	719	1.1	18	862	1.4						
	不整脈用剤	35	468	0.7				35	556	0.9						
	強心剤															
8711 中枢神経系用薬		3	7,848	11.4	2	7,685	11.3	3	5,276	8.5	3	5,483	9.8	4	3,442	9.9
	その他の中枢神経系用薬	10	2,072	3.0	9	1,896	2.8	43	374	0.6						
	解熱鎮痛消炎剤	11	1,908	2.8	14	1,508	2.2	12	1,574	2.5						
	精神神経用剤	16	1,495	2.2	12	1,764	2.6	21	827	1.3						
	総合感冒剤	22	817	1.2	29	662	1.0	14	1,065	1.7						
	催眠鎮静剤、抗不安剤	31	624	0.9	21	846	1.2	26	704	1.1						

(第2−4−3表　続き)

分類	順位	金額	構成比	順位	金額	構成比	順位	金額	構成比	順位	金額	構成比	順位	金額	構成比
抗パーキンソン剤	33	491	0.7	32	583	0.9	48	340	0.5						
抗てんかん剤	41	407	0.6	42	360	0.5	58	250	0.4						
8742　腫瘍用薬	4	6,114	8.9	14	1,421	2.1	16	1,470	2.4	13	1,642	2.9	9	1,074	3.1
その他の腫瘍用薬	1	5,538	8.0	34	560	0.8	37	519	0.8						
代謝拮抗剤	49	307	0.4	33	566	0.8	27	697	1.1						
8733　血液・体液用薬	5	4,693	6.8	5	4,467	6.6	7	3,430	5.5	10	1,787	3.2	12	827	2.4
血液凝固阻止剤	8	2,104	3.0	23	749	1.1									
その他の血液・体液用薬	13	1,788	2.6	4	2,941	4.3	8	2,260	3.7						
血液代用剤	28	686	1.0	28	679	1.0	20	844	1.4						
8726　外皮用薬	6	3,836	5.6	6	3,426	5.1	5	3,799	6.1	6	3,259	5.8	7	1,980	5.7
鎮痛、鎮痒、収斂、消炎剤	5	2,614	3.8	7	2,427	3.6	7	2,352	3.8						
外皮用殺菌消毒剤	46	332	0.5	47	267	0.4	38	516	0.8						
その他の外皮用薬	57	244	0.4												
8723　消化器官用薬	7	3,755	5.4	4	5,820	8.6	2	5,304	8.6	4	5,216	9.3	5	2,568	7.4
消化性潰瘍用剤	14	1,760	2.5	3	3,673	5.4	1	3,146	5.1						
その他の消化器官用薬	26	705	1.0	22	828	1.2	31	618	1.0						
複合胃腸剤	47	330	0.5	49	269	0.4	44	365	0.6						
下剤、浣腸剤	48	317	0.5	46	320	0.5	45	350	0.6						
制酸剤	56	245	0.4												
止しゃ剤、整腸剤							51	288	0.5						
8763　生物学的製剤	8	3,567	5.2	7	3,008	4.4	8	2,507	4.1	12	1,717	3.1	8	1,144	3.3
血液製剤類	7	2,212	3.2	10	1,894	2.8	10	1,763	2.9						
ワクチン類	30	637	0.9	25	731	1.1	53	271	0.4						

(第2－4－3表　続き)

品目番号	品目	事業所数	出荷金額	構成比	事業所数	出荷金額	構成比	事業所数	出荷金額	構成比	事業所数	出荷金額	構成比	事業所数	出荷金額	構成比
	その他の生物学的製剤	40	440	0.6	50	268	0.4	40	458	0.7						
	混合生物学的製剤	53	266	0.4												
8762	化学療法剤	9	2,765	4.0	19	843	1.2	15	1,590	2.6	14	1,621	2.9	20	295	0.8
	抗ウイルス剤	9	2,098	3.0	45	340	0.5	32	595	1.0						
	その他の化学療法剤	42	391	0.6	41	369	0.5	22	790	1.3						
	合成抗菌剤	54	252	0.4												
8774	体外診断用医薬品	10	2,700	3.9	11	2,001	3.0	13	1,702	2.8	9	2,022	3.6 (全診断用薬)	19	302	0.9 (全診断用薬)
	免疫血清学的検査用剤	20	1,165	1.7	24	739	1.1	29	670	1.1						
	生化学的検査用剤	21	1,059	1.5	18	1,037	1.5	17	876	1.4						
	血液学的検査用試薬	55	252	0.4												
8713	感覚器官用薬	11	2,686	3.9	10	2,187	3.2	9	2,286	3.7	16	1,081	1.9	15	450	1.3
	眼科用剤	6	2,322	3.4	11	1,837	2.7	9	1,827	3.0						
	耳鼻科用剤	52	271	0.4				46	348	0.6						
8752	漢方製剤	12	1,795	2.6	17	1,273	1.9	19	982	1.6	15	1,618	2.9	18	337	1.0
	漢方製剤	12	1,795	2.6	17	1,273	1.9	15	982	1.6						
8731	ビタミン剤	13	1,728	2.5	12	1,936	2.9	10	2,174	3.5	7	2,868	5.1	6	2,162	6.2
	ビタミンA及びD剤	32	608	0.9	35	504	0.7	39	474	0.8						
	混合ビタミン剤（ビタミンA・D混合製剤を除く。）	36	468	0.7	36	495	0.7	30	644	1.0						
	ビタミンB剤（ビタミンB1剤を除く。）	43	361	0.5	31	584	0.9	34	561	0.9						
8725	泌尿生殖器官及び肛門用薬	14	1,579	2.3	13	1,586	2.3	18	1,154	1.9	19	568	1.0	17	346	1.0
	その他の泌尿生殖器官及び肛門用薬	17	1,448	2.1	15	1,437	2.1	16	907	1.5						

(第2－4－3表　続き)

分類	順位	金額	割合	順位	金額	割合	順位	金額	割合	順位	金額	割合	順位	金額	割合
8724 ホルモン剤(抗ホルモン剤を含む。)	15	1,556	2.3	16	1,150	1.7	17	1,420	2.3	18	1,008	1.8	10	893	2.6
その他のホルモン剤(抗ホルモン剤を含む。)	27	687	1.0	27	686	1.0	28	692	1.1						
甲状腺、副甲状腺ホルモン剤	38	451	0.7												
副腎ホルモン剤							56	259	0.4						
8744 アレルギー用薬	16	1,470	2.1	9	2,367	3.5	12	1,875	3.0	20	336	0.6	16	360	1.0
その他のアレルギー用薬	18	1,422	2.1	8	2,244	3.3	11	1,670	2.7						
8732 滋養強壮薬	17	1,402	2.0	15	1,626	2.4	11	1,889	3.1	11	1,722	3.1	11	857	2.5
たん白アミノ酸製剤	24	767	1.1	19	962	1.4	19	852	1.4						
その他の滋養強壮薬	39	444	0.6	37	485	0.7	25	723	1.2						
8761 抗生物質製剤	18	1,255	1.8	8	2,402	3.5	6	3,739	6.0	2	6,241	11.2	1	8,143	23.4
主としてグラム陽性・陰性菌に作用する抗生物質製剤	25	730	1.1	16	1,376	2.0	3	3,055	4.9						
主としてグラム陽性菌、マイコプラズマに作用する抗生物質製剤				30	619	0.9	41	411	0.7						
8722 呼吸器官用薬	19	1,121	1.6	18	1,232	1.8	14	1,621	2.6	8	2,654	4.7	14	800	2.3
去たん剤	51	294	0.4	38	439	0.6	42	389	0.6						
気管支拡張剤	58	240	0.3	48	271	0.4	36	546	0.9						
8743 放射性医薬品	20	475	0.7	23	350	0.5	23	344	0.6	その他に算入			その他に算入		
放射性医薬品	34	475	0.7	43	350	0.5	47	344	0.6						
8772 診断用薬(体外診断用医薬品を除く。)	21	448	0.6	20	570	0.8	20	726	1.2	体外診断用薬に算入			体外診断用薬に算入		
X線造影剤	44	348	0.5	39	437	0.6	33	586	0.9						

237

(第2-4-3表　続き)

		順位			順位			順位			その他に算入			その他に算入		
											順位			順位		
8734 人工透析用薬	人工透析用薬	22	427	0.6	21	517	0.8	21	551	0.9	17	1,047	1.9	13	803	2.3
	人工腎臓透析用剤	50	298	0.4	44	345	0.5	49	308	0.5						
8712 末梢神経系用薬		23	222	0.3	22	437	0.6	22	470	0.8	22	268	0.5	21	199	0.6
8773 公衆衛生用薬		24	170	0.2	25	208	0.3	24	327	0.5						
その他			857	1.3		912	1.4		827	1.3		854	1.6		423	1.0
総数			69,077	100.0		67,791	100.0		61,826	100.0		55,954	100.0		34,822	100.0

〔注〕順位は薬効大分類、薬効中分類内のそれぞれの

薬手法（後述する世界の医薬品開発史参照）による合成医薬品でした。また、生活習慣病ではありませんが、発症メカニズムに基づく創薬手法により開発された効能の大きい消化性潰瘍用剤（とくに胃潰瘍治療薬）は薬効中分類レベルで2000年には1位になっています。しかし、2010年頃にはこの創薬手法による合成新薬開発も種切れ感が明確になりました。

　それに代わって現われたのが**第2世代バイオ医薬品**といわれる抗体医薬品です。第1世代バイオ医薬品と同様にタンパク質から成る高分子医薬品であり、製造にもバイオ技術の活用が不可欠です。一方、抗ウイルス剤は低分子の合成医薬品です。もちろん、抗体医薬品も抗ウイルス剤も発症メカニズムの解明に基づく創薬手法を活用しており、がん、リウマチ、ウイルス感染症のような、それまで有効な治療薬がなかった疾病に初めて「まともに」効く医薬品として登場しました。

　医薬品は、医薬品原料から医薬品中間体、**医薬品原薬**（原体）を経て**医薬品製剤**となって最終的に使われます。医薬品原薬が医薬品としての有効成分です。API（active pharmaceutical ingredients）と呼ぶこともあります。**原薬と調剤用薬**を使って**第2−4−4表**に示す錠剤以下の製剤をつくります。製剤は原薬の効き目を最大限に発揮させたり、使いやすくしたり、安全性を高めたりします。**剤型**としては、2018年には錠剤がほぼ半数を占めて他の剤型を大きく引き離しています。第3位のカプセル剤、第5位の散剤・顆粒剤、第9位の内用液剤、第11位の丸剤を合わせると、いわゆる飲み薬が59％を占め、それに次ぐいわゆる注射薬（注射液剤、粉末注射剤）13％を大きく引き離しています。しかし、ここにも抗体医薬品増加の影響が現れています。抗体医薬品はタンパク質なので低分子医薬品のような飲み薬にはなりません。2010年代後半から注射液剤の剤型が急増しています。

　調剤用薬は、第2−4−2表に示す日本標準商品分類では8771にあります。賦形剤（乳糖、デンプン、タルクなど）、軟膏基材（ワセリン、パラフィン、水溶性基材、懸濁性基材など）、溶解剤（精製水、食塩水、エタノールなど）、矯味・矯臭・着色剤（シロップ、有機着色剤、無機着色剤など）、乳化剤などが商品分類に示されています。そのほかに防腐剤、防湿剤なども調剤用薬として使われます。調剤用薬は医薬品医療機器法に基づく**日本薬局方**に掲載されたものが通常使われます。

【第２－４－４表】医薬品剤型分類別生産額（2018年）と構成推移

剤型分類	生産額 （億円）	構成割合（％）				
	2018年	2018年	2015年	2010年	2005年	2000年
錠剤	30,851	44.7	47.4	53.1	43.0	40.7
注射液剤	6,382	9.2	5.7	5.4	8.2	9.0
カプセル剤	4,541	6.6	6.5	6.0	7.9	8.6
外用液剤	4,410	6.4	6.7	4.4	5.1	5.1
散剤・顆粒剤等	3,563	5.2	5.6	5.7	5.6	7.6
粉末注射剤	2,390	3.5	3.6	3.0	6.2	7.2
硬膏剤・パップ剤・パスタ剤	2,044	3.0	3.2	2.9	2.8	2.8
軟膏・クリーム剤	1,658	2.4	2.5	2.0	2.1	2.4
内用液剤	1,505	2.2	2.4	2.6	2.4	3.5
エアゾール剤	279	0.4	0.2	0.2	0.2	0.2
丸剤	138	0.2	0.2	0.2	0.2	0.3
坐剤	97	0.1	0.2	0.3	0.3	0.6
その他	11,220	16.2	15.7	14.4	16.0	11.9
総数	69,077	100.0	100.0	100.0	100.0	100.0

資料：厚生労働省『薬事生産動態統計』

医薬品の開発から承認まで

　医薬品の開発から承認までの手続きは、医薬品と同じ医薬品医療機器法で規制されている化粧品、医薬部外品、医療機器、体外診断用医薬品、再生医療等製品ばかりでなく、食品衛生法で規制されている食品添加物、農薬取締法で規制されている農薬にも同様な手法がとられています。化学物質のなかで、その物質を使うことが目的にかなっているか（**薬効**）、ひどい副作用がないか（**薬害**）、安全性が保証されるか（**毒性**）という観点です。

　医薬品の開発は、まず基礎研究として医薬品の候補物質の選定から始まります。**スクリーニング**といいます。最初に、どのような薬効の医薬品を開発するかという目標分野を市場、競合者の動向、病気の発症メカニズムの知識などから決めます。その薬効が期待される化学物質を**リード化合物**といいます。それは天然物から見出されることもあれば、他社の製品がモデルになることもあります。低分子物質もあれば、タンパク質、核酸などの高分子物質

もあります。

　リード化合物をもとに様々に化学変化させた化合物をつくります。この際に、**ドラッグデザインの手法**や**コンピュータケミストリー**による検討が行われます。最近はAI（人工知能）やビッグデータの活用も始まったといわれています。

　1990年代に誕生した**コンビナトリアルケミストリー**によって一挙に系統的に多数の化合物の合成も行われるようになりました。そのなかから薬効と毒性を指標にスクリーニングが行われます。これも**ハイスループットスクリーニング（HTS）**といわれる手法が開発され、ロボット化されています。

　スクリーニングを経て、開発候補品が選択されると、動物を用いた**非臨床試験**が開始されます。この方法は医薬品医療機器法によって**GLP（医薬品の安全性に関する非臨床試験実施基準**）といわれる基準が定められているので、これに従って行わなければなりません。目的とする薬効が生体内でどのような反応を生じさせているのかを調べる**薬効薬理試験**、副作用を調べる**安全性薬理試験**、至適用量のおおよその目安などを得る目的で吸収・排泄などの体内動態を調べる**非臨床薬物動態試験**、急性、慢性、催奇形性、発がん性などを調べる**毒性試験**を行います。非臨床試験と並行して、開発候補品の**製造法の確立**、最適な**剤型**の決定、一定の品質を確保するための**規格**と**試験方法**の確立、**長期保存試験**などの安定性試験が行われます。この段階で3～5年が必要といわれます。

　非臨床試験を通過できた開発候補品は、**治験**（ヒトによる**臨床試験**）に入ります。この試験に関しても**GCP（臨床試験の実施基準**）と呼ばれる基準が医薬品医療機器法に基づいて定められているので、これに従わなければなりません。医薬会社と医師が勝手に治験を開始してはならず、あらかじめ厚生労働省に治験計画を提出しなければなりません。2013年から2014年に社会的に大きな問題となったノバルティスファーマ社事件は、臨床試験への医薬品会社社員の関与やデータ操作の疑惑でした。研究の信頼性を損なう事件です。

　治験はフェーズ1から3までの3段階で行われます。**フェーズ1**は少数の健康人で実施され、ヒトの吸収・排泄、ヒトにおける体内動態と毒性が調べられます。**フェーズ2**は少数の対象患者で実施され、医薬品としての有効性

の探索と最適な使用法・使用量の設定が行われます。**フェーズ3**は多数の対象患者で実施され、総合的な有効性・安全性の検証が行われます。各フェーズで問題が発生したら次のフェーズには進めません。臨床試験には3～7年が必要といわれます。しかもフェーズが進むほど実施規模も大きくなるので、費用が急速に増大し、**開発リスク**が高くなります。

　医薬品開発のはじめに、どのような薬効の医薬品を開発するかという目標分野を決めると述べました。しかし、医薬品開発では当初目標としていた分野と違う薬効があることが非臨床試験、臨床試験の過程で見つかり、目標を変更することもあります。

　非臨床試験、臨床試験が無事に終了したら、**承認申請**を行います。医薬品の承認というと、新しく開発した原薬の承認を思い浮かべますが、そうではありません。製剤で承認を受けます。この際に新しい原薬を含む医薬品（製剤）なのか、原薬を使ったある剤型はすでに製造販売されているものであり、新しい剤型を追加したり、投与方法を変えたりするだけなのかによって、承認に必要なデータ量が大きく異なります。新しい原薬による製剤の場合には、発見の経緯、製造方法・規格・試験方法、医薬品の安定性、薬理作用、代謝排泄、各種毒性、臨床試験成績などに関する資料すべてが必要になります。すでに承認を得た原薬を含む製剤の場合には、新しい剤型の目的に応じて、省略できる資料が決まっています。

　承認された医薬品（製剤）に使用している原薬については、医薬品医療機器法で登録制が設けられ、**原薬等登録名簿（マスターファイル）**に原薬の品質、製造方法などを任意に登録できます。新しい剤型を追加するというような医薬品（製剤）の承認申請については、マスターファイルのデータを利用することができます。これによって、新しい原薬を開発して一度ある剤型で承認を得た医薬品会社は、別の剤型による承認を得ることが容易になり、また、自社の原薬を多くの製剤会社に使ってもらうことができます。

　医薬品（製剤）は、承認を得てようやく製造、販売を行うことができます。しかし、製造にあたっては GMP（**製造管理、品質管理に関する基準**）に従っていることが必要です。また、販売後についても、GPSP（**製造販売後の調査、試験の実施に関する基準**）に従って、使用後の成績調査、製造販売後臨床試験を実施し、GVP（**製造販売後の安全管理基準**）に従って副作用や品

質の安全性などを監視する必要があります。

　新しい原薬を使った医薬品（製剤）や用法・容量が既承認のものと異なる医薬品については、承認後６年で**再審査**が行われます。再審査にはGPSPによるデータが使われます。承認された薬効が認められるか、著しく有害な副作用がないかなどが審査され、必要に応じて承認取消しや変更が行われます。

　一方、長年使用されてきた医薬品に関しても**再評価**が行われます。たとえば副作用はあるものの、他によい薬がなかったので承認されてきたが、その後副作用がもっと少ない薬効の高い新薬が承認されたので、以前から承認されてきた医薬品の承認を取り消すというような場合があります。

薬害事件

　医薬品工業が厳しく規制されてきたにも関わらず、過去には大きな薬害事件が何度も起き、近年でも発生しています。薬害事件を教訓にして、医薬品の規制は強化されてきました。医薬品工業で働くことを志す人は過去の薬害事件を知り、それをしっかりと心に刻んで仕事に取り組んでいくことが重要です。

　1950年代末から1960年代に起きた**サリドマイド事件**では、安全な睡眠薬として開発され販売されたサリドマイドを妊娠初期の女性が服用して、独特の奇形をもった新生児が日本だけでも約300人、全世界で3,900人も生まれました。障害は主に上肢の欠損症と耳の障害です。原因はサリドマイドの分子構造の１カ所に不斉炭素（４つの異なった置換基をもつ炭素）があるために、医薬品合成ではラセミ体（エナンチオマーの等量混合物）が生成し、このうち片方の**エナンチオマー**に**催奇形性**があったためです。この事件のあと、毒性試験項目に催奇形性が追加されました。それとともに分子構造に**不斉炭素**をもつ化合物を医薬品候補とする場合には、エナンチオマーを分離することが当然のことになりました。

　1950年代から発生し、1960年代末に患者が大量発生して社会問題となった**スモン事件（キノホルム事件）**では、整腸薬キノホルムを服用した人が、激しい痛みを伴う下痢を起こし、続いて足から次第に身体全体にしびれ、麻痺が広がり、機能回復が困難な下肢の運動機能障害と視力障害が残りました。スモンは、この症状の医学用語の頭文字をとった略号です。大規模な訴訟が

起き、原告数が7,500名以上、和解によって補償を受けた被害者数だけでも約6,500人という大きな事件になりました。

　1993年に起きた**ソリブジン事件**では、当時の厚生省の承認を得て帯状疱疹治療薬ソリブジンの発売開始から1年間に15人もの死亡者が発生しました。フルオロウラシル系抗腫瘍薬を服用している患者に併用投与したことによる医薬品の相互作用が原因でした。しかも治験段階での死亡者発生を治験総括者がたいしたことはないと判断したこと、発売後の死亡者発生報告を受けてから社員約170名が短期間に自社株を売却するという**インサイダー取引**を疑われる行為をしたことでも批判を浴びました。この事件は、**医薬分業**、とりわけ**薬剤師**の役割の重要性（お薬手帳による服用薬チェック）を社会に認識させることになりました。

　1980年代に起きた**薬害エイズ事件**（日本で1,800人の血友病患者が感染）、1980年代から1990年代に起きた**薬害肝炎事件**（推定患者数1万人以上）は、いずれも**血液製剤**によるウイルス感染事件でした。まだ記憶に新しい事件です。

　2020年12月に起きた経口真菌剤（ジェネリック医薬品の水虫薬）への睡眠導入剤成分大量混入事件は、事件発表後2週間で死亡1名、入院33名、車などの運転事故発生15名、ふらつき、意識朦朧等の健康被害146件に上りました。承認を得た製造手順書にない原料追加投入操作を行い、その際に原料を取り違えたこと、さらに真菌剤1錠当たり睡眠導入剤が最大投与量の2.5倍も混入したのに、真菌剤の品質試験で本来はない成分を検出していながら厳密にチェックしなかったことが原因でした。ずさんとしか言いようのない事件であり、ジェネリック医薬品の信頼を揺るがす重大な問題です。

医薬品工業の歴史と動向

　現在の日本の医薬品会社の発祥にはいくつかのパターンがあります。江戸時代には大阪の**道修町**や江戸の**日本橋本町**に**薬種問屋**が集積し栄えました。この薬種問屋を発祥とする医薬品会社は武田薬品工業、塩野義製薬、小野薬品工業をはじめ、かなりの数があります。明治になると、政府は西洋医学、薬学を取り入れ、**洋薬**の輸入も増大しました。それまで**和漢薬**を扱ってきた薬種問屋は洋薬の輸入販売も行うようになります。当時の洋薬は、生薬（キ

ナ皮、モルヒネ、アトロピン、ジキタリスなど）や消毒薬（フェノール）などでした。

　既存の薬種問屋以外にも、洋薬輸入を始めたことにより、後に医薬品生産に入っていった会社が生まれました。横浜の**洋薬輸入商**から生まれた鳥居薬品や友田製薬（現在の共創未来ファーマ）などです。

　しかし、粗悪品も多く出回ったため製薬事業の国産化の必要性が認識され、1883年には政府が半官半民の製薬会社を設立します。それとともに医薬品医療機器法の祖先となる法律も制定され、1887年に**日本薬局方**が定められ、消毒薬などを中心に最初の医薬品の規格基準が決められました。このような医薬品を生産する会社として**局方メーカー**と呼ばれる会社が生まれています。大日本製薬（現在の大日本住友製薬）、丸石製薬などです。

　明治20年代には**ヨード製剤**（ヨードカリ・ヨードナトリウム・ヨードホルム）の生産が始まりました。現在、ヨード（IUPAC元素名ヨウ素）は千葉県の天然ガス採取の際に地下水から得ていますが、当時は海藻灰から得ていました。武田（武田薬品工業）、田辺（現在の田辺三菱製薬）、塩野（塩野義製薬）などの薬種問屋が廣業舍という会社を設立してヨード製剤事業を開始し、輸出するまでになりました。これに対してチリ、ドイツなどの業者がシンジケートをつくり、日本製品と激しく争いました。このころに薬種問屋（商業資本）から医薬品会社（産業資本）への転換が始まりました。藤澤商店（のちの藤沢薬品、現在のアステラス製薬）も、この時期に道修町で創業し、防虫剤の樟脳を発売しています。

　一方、**高峰譲吉**は、現在の日産化学の前身の会社を設立し、リン酸肥料事業を軌道に乗せます。しかし、それに満足することなく、高峰はこの会社を他に譲り、渡米して、アメリカで**消化酵素タカジアスターゼ**の開発やアドレナリンの発見などを行いました。タカジアスターゼやアドレナリンはアメリカの会社によってアメリカで製造が始まりました。1899年には三共商会（現在の第一三共）が設立され、消化酵素剤やホルモン剤の販売を始めます。三共商会は20世紀に入ると製薬事業に進出しました。

　第1次世界大戦による欧州からの化学品の輸入途絶は、日本の化学産業の多くの分野で国産化を促すきっかけとなりました。これは医薬品工業にも当てはまります。欧州からの医薬品輸入途絶を期に、**サルバルサン**（梅毒治療

245

薬）の国産化を目指して、第一製薬（現在の第一三共）、万有製薬（現在のMSD）が設立され、生産を開始しました。このように新薬の生産によって新規参入するというルートがもう一つの医薬品会社の発祥パターンです。また、大正製薬はこの時期に創業しました。

　薬種問屋出身の会社も、洋薬輸入商出身の会社もこの時期に一斉に医薬品生産に本格的に乗り出し、医薬品会社に変わっていきました。こうして1930年代には医薬品の国内需要をおおむね国内生産でまかなうことができるようになりました。しかし、医薬品後進国であったために、日本は物質特許制度を採用せず、**製法特許制度**を採用したので、技術導入や欧米の製法特許を迂回するような国産製造技術による医薬品の生産が中心でした。

　第2次世界大戦後、**抗生物質**のような新薬が紹介され、日本でも生産が始まりました。この時期には、他分野の既存の化学会社、食品会社などが医薬品事業に多数参入してきました。住友化学（現在の大日本住友製薬）、明治製菓（現在のMeiji Seika ファルマ）、興和、大塚製薬などです。異分野の新規参入会社の多くは、医薬品の流通ルートをつかめずに撤退しましたが、異分野企業の参入の影響もあって、医薬品工業はこの時期に近代化学工業として大きく生まれ変わりました。もう一つの注目すべき動きは、この時期に新薬生産による新規参入や急成長する医薬品会社が生まれたことです。エーザイ、協和発酵工業（現在の協和キリン）です。

　1950年代から1960年代においては、**ビタミン剤**などを中心とする**大衆薬ブーム**が起き、医薬品工業は大きく発展しました。1961年に**国民健康保険制度**が改正され、**国民皆保険**が達成されました。国民健康保険制度は、1927年に始まっていましたが、対象が狭く、多くの国民は大衆医薬品を購入して自分で治療することが主体でした。国民皆保険の制度は、患者が医療機関に行くことを容易にしました。これは医薬品工業に大きな影響を与えます。一般用医薬品から医療用医薬品への需要のシフトです。1950年代では一般用医薬品と医療用医薬品の生産比率はほぼ同じでしたが、その後医療用医薬品が伸び、現在では9割にもなっています。

　1960年代までは日本の医薬品工業は、もっぱら技術導入に依存していましたが、1970年代から国産医薬品の開発も志向するようになりました。それとともに特許法が改正され、1976年に**物質特許制度**が導入されました。

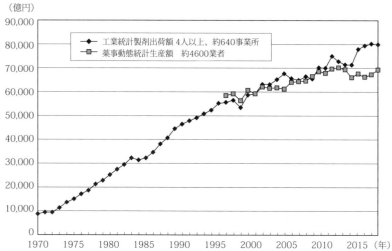

（億円）

凡例：
- ◆ 工業統計製剤出荷額 4人以上、約640事業所
- ■ 薬事動態統計生産額 約4600業者

〔注〕 工業統計は医薬品製剤製造業、生物学的製剤製造業、生薬・漢方製剤製造業の出荷額合計。
薬事工業生産動態統計は、製剤品の生産額。なお、薬事法改正により2005年から薬事動態
統計の内容が変更になり、1996年まで変更後現行ベース基準による修正値が発表されている。
資料：工業統計、薬事工業生産動態統計

【第２－４－１図】医薬品生産・出荷額の推移

　医薬品会社は新薬開発のために研究開発に注力するようになり、売上高に占
める研究開発費の比率も1970年3.39％から1975年4.54％、1980年5.45％、
1985年7.04％、1990年8.02％と急上昇しました。それとともに海外にも
販売されるようになる新薬の開発数も急激に増加しました。
　1980年代には**バイオテクノロジーブーム**、オイルショック後の既存事業
の成長力低下から再び異分野から医薬品工業への新規参入が増加しました。
遺伝子組換え技術を活用した第1世代バイオ医薬品が工業化されました。し
かし、アメリカではバイオテクノロジーによる**ベンチャー**から大企業に急成
長した企業が生まれたのに対して、日本ではそのようなことは起こらず、バ
イオテクノロジーによる医薬品工業の飛躍的な成長の夢はしぼんでしまいま
した。
　第２－４－１図に示すように医薬品工業は、化学産業の他の多くの分野と
異なって、1980年代も1990年代も成長を続けています。しかし、政府は
医療費負担軽減を図るために大幅な**薬価切り下げ**を行うようになり、工業統

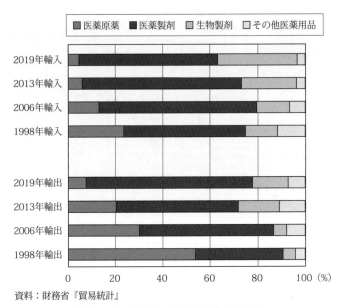

資料：財務省『貿易統計』

【第２－４－２図】医薬品貿易額の構成変化

計の製剤出荷額ベースで1970年代に年率11％、1980年代に６％であった
年成長率も、1990年代には2.5％、2000年代には1.6％、2010年代（2018
年まで）には1.7%に低下しています。薬事工業生産動態統計は2005年に
生産・輸入の定義が変更され、新定義に基づく統計変更が1996年までしか
行われていません。**第２－４－１図**に示すように、工業統計出荷額とはか
なり異なった動きを示しますが、年成長率は2000年代に1.4%、2010年代
（2018年まで）に0.2%に過ぎません。

　それとともに**第１－８図**に示したように1990年代には輸出の増大によっ
て減少傾向にあった**医薬品の貿易赤字**が、2000年代に入って再び大きく増
加するようになり、医薬品の貿易赤字額（貿易統計、概況品目医薬品ベース）
は2000年の0.2兆円から2019年には2.35兆円にもなりました。

　1970年代からの医薬品会社の研究開発の蓄積によって海外にも販売でき
る新薬が生まれ、この力を背景に輸出が増加し、さらに大手医薬品会社は米
国を中心に**海外進出**を始めました。しかし、医薬品工業全体をながめたとき
には、2000年代は欧米からの医薬品輸入の増加の方がはるかに大きかった

【第2−4−5表】医薬品の地域別輸出額推移

単位：億円

年	1990	1995	2000	2005	2010	2015	2019
韓国台湾	146	182	193	288	378	526	632
中国香港マカオ	173	160	124	220	390	843	1,691
東南アジア	51	75	90	87	143	205	295
南アジア	27	17	20	33	29	26	36
中東	21	8	15	29	44	47	39
その他アジア	1	4	5	1	3	3	5
アジア計	420	446	447	657	987	1,652	2,698
大洋州計	20	25	27	39	14	19	27
西欧	478	698	1,017	1,357	1,376	1,318	1,683
中東欧ロシア	13	6	5	7	11	19	33
欧州計	491	704	1,022	1,363	1,388	1,337	1,716
北米	295	468	1,375	1,472	1,288	1,517	2,756
中南米	32	78	68	140	73	54	57
米州計	327	546	1,443	1,611	1,362	1,572	2,813
アフリカ計	10	7	6	6	37	44	77
世界合計	1,267	1,729	2,944	3,677	3,787	4,623	7,331

〔注〕製品範囲：貿易統計概況輸出品目コード507
資料：財務省『貿易統計』

ことになります。**第2−4−2図**には医薬品の輸出入の構成内訳を示します。かつては輸入に原薬が多く、日本の医薬品会社が原薬を輸入して国内で製剤として販売してきました。しかし、2000年代には欧米の医薬品会社が製剤まで海外工場で行い、製剤として日本で輸入販売することが多くなり、2010年代には、それがほとんどを占めるまでになりました。また、バイオ医薬品、特に**第2世代バイオ医薬品**といわれる**抗体医薬品**の国産開発・国内生産に大きく後れをとったため、その輸入が著しく増加しています。**第2−4−5表**、**第2−4−6表**には世界地域別・主要国別に医薬品の輸出額、輸入額を示します。2019年には、主要な貿易相手である欧州、米州、アジアの三地域すべてで貿易赤字です。シンガポールに欧米医薬品会社が生産拠点を持って日本に輸出してくるために2010年代にはアジアに対しても貿易赤字になっています。この点は第2部1〜3章に示した石油化学基礎・有機薬品、合成樹脂、樹脂成形加工品などとは大きく異なります。

【第２－４－６表】医薬品の地域別輸入額推移

単位：億円

年	1990	1995	2000	2005	2010	2015	2019
韓国台湾	66	63	54	119	198	541	563
中国香港マカオ	71	121	157	301	539	899	807
東南アジア	34	21	60	90	734	1,364	1,476
南アジア	8	6	9	18	30	82	150
中東	3	14	21	23	27	49	46
その他アジア	0	0	0	0	0	0	0
アジア計	181	225	302	551	1,529	2,936	3,042
大洋州計	11	19	31	76	130	91	106
西欧	2,717	3,232	3,552	6,319	10,181	19,987	19,906
中東欧ロシア	34	12	9	22	59	76	144
欧州計	2,751	3,244	3,561	6,341	10,240	20,063	20,050
北米	985	1,019	1,052	1,602	2,658	4,875	5,849
中南米	177	108	199	487	668	1,265	1,872
米州計	1,163	1,127	1,251	2,089	3,326	6,140	7,721
アフリカ計	0	0	4	3	1	0	0
世界合計	4,106	4,615	5,149	9,060	15,226	29,230	30,919

〔注〕製品範囲：貿易統計概況輸入品目コード507
　　　資料：財務省『貿易統計』

世界の医薬品開発史

　化学物質として、医薬品原薬には様々なものがあります。医薬品に関する専門書を開くと、たくさんの薬効分類別に、非常にたくさんの化学物質名が脈絡なく並んでいます。筆者のような工業化学を専攻してきた者にとっても、全く辟易します。何度もこの種の本を買ってきては理解しようと挑戦してみましたが、毎回、深い森に迷い込み、失敗に終わりました。薬学や医学を学ぶ人は、この森の中でどのように道を見出して歩いているのだろうかと長年疑問に思い、医薬品の開発史のような本を漁ってみましたが、期待通りの本になかなか巡り合えません。しかし、たまたま日本製薬工業協会のホームページで「20世紀の代表的なくすり」という短いＱ＆Ａを読んだら、目からうろこが落ちた気分になりました。**第２－４－７表**はそれを筆者なりに改変し、拡張したものです。

　古くからの製薬会社の歴史を読んでいると、18世紀には**天然薬効成分を**抽出し、精製して、いかに純度の高い化学物質を得るかということに注力していたことが印象的です。もちろん、まだ近代化学が誕生していないので、その物質がどのような化学構造なのかはもちろん、分子式とか、分子という概念すらありません。しかし、意外に多くの物質が精製され、活用されていたことに驚きます。18世紀末にラボアジェらによって近代化学が確立された後、19世紀前半には多くの新しい化学物質が合成されるようになりました。当時の化学者は、合成した新化学物質がどのような物性や化学反応性を持つかはもちろん、生物活性にも大変に興味を持っていました。現在からみ

【第２－４－７表】医薬品開発史上、画期的な製品

区分	医薬品名	薬剤種類薬効分類番号	発明年	発明者	工業化会社
合成有機化学品の薬効発見と適用	亜酸化窒素	麻酔剤 8711	1844	ウェールズ（米）	
	エーテル		1846	ジャクソン、モートン（米）	
	抱水クロラール	催眠剤 8711	1869	リーブライヒ（独）	
天然薬効成分の化学的改変	アスピリン	解熱鎮痛剤 8711	1899	ホフマン（独）	バイエル（独）
化学療法剤	サルバルサン	梅毒治療薬 8762	1910	エールリッヒ（独）	ヘキスト（独）
	サルファ剤	抗菌剤 8762	1935	ドーマク（独）	ＩＧバイエル（独）
抗生物質	ペニシリン	抗菌剤 8761	1928 (1942)	フレミング（英）	ファイザー他米国医薬品会社
発症メカニズムに基づく創薬	βブロッカー	降圧剤 8721	1965	ブラック（英）	ＩＣＩ（英）
	Ｈ２拮抗薬	抗潰瘍薬 8723	1976	ブラック（英）	スミスクライン＆フレンチ（米）
	アシクロビル	抗ウイルス薬8762	1974	エリオン（米）	バローズ・ウェルカム（英）
バイオ医薬品	ヒトインスリン	血糖降下薬 8739	1982	ボイヤーら（米）	ジェネンテック（米）
	トラスツマブ（ハーセプチン）	乳がん治療薬 8742	1998	スレイモン、ウルリッヒ（米）	ジェネンテック（米）

〔注〕薬効分類番号は第２－４－２表の日本標準商品分類細分類（薬効大分類）による

ると、非常に危険な人体実験までたくさん行われました。そのような中から、単純な化合物でありながら、医薬品として使える化学物質がいくつか発見されました。それが**麻酔剤**（第2-4-2表薬効大分類8711、以下薬剤種類に付した番号は同様）や**催眠剤**（8711）です。亜酸化窒素やエーテルなどの麻酔剤の発見は、有名な日本の華岡青洲の例にみるように、外科手術に伴う患者の苦痛軽減という面では医薬品開発史上、画期的と言えましょう。このような手法によって、効能がわかりやすい**解熱鎮痛剤**（8711）とか、**狭心症治療剤**（8721）などの発見が続きました。無菌外科手術の開拓者として有名なリスター（英）が使用して成功を収めた**殺菌消毒剤**（8773）としてのフェノールの発見も、これに該当します。

　次の画期的業績は、19世紀末のアスピリンの開発です。天然の薬効成分という意味では、ヤナギに鎮痛効果があることは世界中で古くから知られていました。19世紀前半には、その成分も精製され、当時の化学知識によって単純な有機化合物であるサリチル酸が本当の有効成分であることもわかりました。19世紀半ばにはサリチル酸の構造が解明され、合成することも可能となりました。しかし、サリチル酸は、胃を強く荒らすので、そのまま飲むわけにはいきません。アスピリンは、サリチル酸をアセチル化することによって、胃への副作用を軽減した医薬品です。これ以後、天然薬効成分を**化学的に改変**することによって、副作用を減らしたり、薬効を高めたりすることが普通に行われるようになりました。医薬品開発の項で述べた**リード化合物**を合成化学によって改良するという手法が生まれたという意味で画期的です。

　その次の**化学療法剤**（8762）と**抗生物質**（8761）は、20世紀前半における医薬だけでなく、広く科学史上においても、人類史の上からも画期的な出来事でした。人類は長年**伝染病（感染症）**に苦しんできました。ペストによって、ヨーロッパの人口が数分の1に激減したこともありました。しかし、それまでに開発された解熱鎮痛剤も、胃腸薬（8723）も、あくまで病気に伴う苦痛を和らげる**対処療法薬**に過ぎません。身体に入った微生物を克服するのは、あくまでも各人に備わった免疫機構に頼るしかありません。現在でも、風邪をはじめとする多くのウイルスによる感染症は同様のレベルです。しかし、化学療法剤と抗生物質は、身体に大きなダメージを与えることなく、

身体に入った細菌を殺滅する根本治療薬です。人類の長年の苦しみを救うというだけでなく、病気の原因を根本から治す医薬品という新しいコンセプトを生み出した点において画期的でした。

　なお、予防薬としての**ワクチン**（8763）の発明は、化学療法剤や抗生物質よりはるかに昔になります。天然痘ワクチンの開発者として有名なジェンナー（英）が研究成果を最初に発表したのが1797年です。もちろん伝染病の原因が細菌やウイルスによることが解明されるよりも、ずっと前のことでした。一方、2010年代に日本でも抗インフルエンザ薬のような**抗ウイルス薬**（8762）の生産額が急速に伸びていることを述べました。抗ウイルス薬の研究は1950年代から行われてきましたが、1977年にエリオン（米）によるＡＣＶ（アシクロビル）がウイルスのみを標的とした画期的な抗ウイルス薬の発明といえます。ＡＣＶは帯状疱疹を引き起こすヘルペスウイルスに対する治療薬です。薬害事件の項で述べたソリブジン事件のソリブジンも抗ヘルペスウイルス薬であり、抗ウイルス薬の開発史上に起きた不幸な事件でした。しかし、ＡＣＶによって拓かれた抗ウイルス薬開発の道に沿って、1980年代には抗エイズウイルス薬、抗肝炎ウイルス薬、1990年代には抗インフルエンザウイルス薬の開発に成功しています。

　1960年代、1970年代のブラックによる**降圧剤**（8721）βブロッカーと**抗潰瘍薬**（8723）Ｈ２ブロッカーの開発は、それまでの創薬手法を逆転させた点で画期的でした。医薬品開発は、長い間、まず物質があり、その物質に特異な薬効があることを見出して医薬品にするという順番でした。さらに、医薬品となった後、なぜ医薬品として効くのかという研究が行われ、その成果に基づいて、医薬品の改良が行われました。1950年代から化学の手法による生物現象の解明、すなわち、生化学とか、分子生物学と言われる学問が本格的に発展しました。その成果は、基礎医学にも広く波及し、なぜ高血圧になるのか、痛みが起こるのか、炎症が起こるのかなど、病気の原因だけでなく、身体の反応メカニズムも分子レベルで、すなわち化学の言葉で解明されるようになりました。この結果、医薬品開発において、身体の中にある**ターゲット**となる部分（細胞膜にある受容体やイオンチャンネル、細胞の内外で様々な働きをしている酵素）が明確になりました。ターゲット分子は、いずれもタンパク質なので、その正確な高次構造解析には時間がかかりました

が、徐々に解析が進みました。ターゲットとなるタンパク質のポイントとなる部分にうまくはまり込んで、**発症メカニズム**をうまく調整するような化学物質を見出すことが、医薬品開発の最大の鍵になりました。話が前後しますが、エリオンによる画期的な抗ウイルス薬の発明も、この流れの中にあります。ブラックとエリオンは、「薬物療法における重要な原理の発見」という理由で1988年にノーベル生理学医学賞を受賞しました。

　先進国の高齢化に伴い、生活習慣病が増加するなかで、高血圧症、高脂血症、糖尿病などの発症メカニズムが解明されるとともに、生活習慣病の治療薬も発症メカニズムに基づく創薬によって続々と開発されました。これらの医薬品は、それまでの治療薬と異なって毎日服用するものが多く、医薬品市場は、1980年代から急速に拡大し、**ブロックバスター**と言われる大型医薬品が続出するようになりました。

　一方、1953年にワトソンとクリックが**DNAの二重らせん構造**を解明し、さらに1973年にコーエンとボイヤーが大腸菌を使った**遺伝子組換え**実験に成功すると、バイオテクノロジーは一挙に実用化に向かって走り出しました。医薬品における最初の成果が、遺伝子組換え微生物によるヒトインスリンの産生です。その後、同じ発想による**第1世代バイオ医薬品**の創成が続きました。多くがタンパク質医薬品でした。ヒトが産生するホルモンやサイトカイン（微量生理活性タンパク質）とまったく同じ高分子物質をつくることができるようになった点が画期的と言えます。

　さらに20世紀末には**分子標的薬**と言われる**抗体医薬品**が誕生しました。**第2世代バイオ医薬品**です。抗原抗体反応により、ターゲットにぴったりの高分子医薬品をつくり上げる点で画期的と言えます。第2世代バイオ医薬品は、第1世代バイオ医薬品によって開発されたバイオテクノロジーとブラックらによる「薬物療法における重要な原理の発見」を組み合わせて生まれたといえます。第2世代バイオ医薬品によって、従来、治療の難しかったがんやリウマチを医薬品で治す時代が来ています。

　このような医薬品開発史上の画期的出来事を踏まえると、非常に数が多く、しかもバラエティに富んだ化学物質である医薬品を少しでも理解しやすくなるのではないかと期待します。

4－2　再生医療等製品

　薬事法から医薬品医療機器法に名称変更した2013年末の法改正では、法律の新たな対象に「**再生医療等製品**」が追加され、新たな規制が設けられました。

　この規制導入の意味が、化学会社の方々には今ひとつ理解されていないように思えるので分かりやすく説明します。

　この法律改正までは医師・医療機関が医師法・医療法に基づいて再生医療等製品をつくり、治療に使ってきました。急性骨髄性白血病の治療法として、造血幹細胞移植（骨髄移植、末梢血幹細胞移植、さい帯血移植）が行われていることは、しばしば耳にするようになりました。また、関節の軟骨損傷に対して自分の身体の他部位の軟骨を採取して損傷部に移植したり、自家培養軟骨を移植したりすることも行われています。また、患者から採取した細胞にがん抑制遺伝子を導入し、培養後、患者体内に投与したり、がん抑制遺伝子とRNAなどの核酸医薬を患者に点滴で投与したりする遺伝子治療がすでに行われています。

　2020年の新型コロナ蔓延時に、新型コロナ治療薬として承認された医薬品がない状況においても医師の判断によって様々な既存の医薬品を治療に使うことは可能でした。再生医療等製品についても、医療機関の認可等色々な手続きがあるにせよ、それとほぼ同様の状況であったといえます。

　これに対して、医薬品医療機器法によって再生医療等製品の製造販売業の許可制、再生医療等製品の承認制が設定されたことにより、医師や医療機関でない者でも製造販売業の許可と個別の再生医療等製品の承認を得れば、医薬品とまったく同様に、再生医療等製品を製造し、再生医療等を行う医師や医療機関に販売することが可能となりました。つまり、医薬品医療機器法による再生医療等製品の規制導入は、再生医療等製品の市場を開いたといえます。再生医療等製品は、今後、化学会社が手がける新事業となるべき分野です。化学会社がもつ豊富な化学知識や1980年代のバイオテクノロジーブーム以来蓄積してきた技術と人材は、この分野で活用できます。この分野を医薬品会社だけの領分と考えているようでは、日本の化学会社の発展はありえ

【第２－４－８表】医薬品医療機器法で定める再生医療等製品

区分	医薬品名
ヒト細胞加工製品	ヒト体細胞加工製品
	ヒト体性幹細胞加工製品
	ヒト胚性幹細胞加工製品
	ヒト人工多能性幹細胞加工製品
動物細胞加工製品	動物体細胞加工製品
	動物体性幹細胞加工製品
	動物胚性幹細胞加工製品
	動物人工多能性幹細胞加工製品
遺伝子治療用製品 バイオ医薬品	プラスミドベクター製品
	ウイルスベクター製品
	遺伝子発現治療製品

〔注〕胚性幹細胞がES細胞、人工多能性幹細胞がiPS細胞
ベクターは「遺伝子の運び屋」
資料：医薬品医療機器法施行令　第１条の２（別表第２）

ません。

　医薬品医療機器法で定義する再生医療等製品とは次の２種類です。

　１）人または動物の身体の構造、機能の再建・修復・形成、疾病の治療・予防に使用される目的のもので、人または動物の細胞に培養その他の加工を施したもの

　２）人または動物の疾病の治療・予防に使用される目的のもので、人または動物の細胞に導入され、体内で発現する遺伝子を含有させたもの

　もう少し明確に示せば**第２－４－８表**になります。ヒト細胞加工製品、動物細胞加工製品が１）に該当し、遺伝子治療用製品が２）に該当します。

　第２－４－９表に示すように、すでに2015年から承認を得た再生医療等製品が続々と誕生しています。2020年の新型コロナウイルスに対するワクチンの開発においても、従来型製法によるワクチンに加えて、ウイルスのRNAの一部だけの合成RNAを使う遺伝子発現治療製品やウイルスベクター製品など再生医療等製品に該当するワクチンが有力候補になっています。今後、iPS細胞やゲノム編集技術を活用して、さらに多くの再生医療等製品が生まれることが期待されます。

【第２－４－９表】承認された再生医療等製品の例

承認年	分野	類別名称	一般的名称	治療対象
2015年9月	再生医療製品	ヒト体性幹細胞加工製品	ヒト（同種）骨髄由来間葉系幹細胞	骨髄液から分離した有核細胞を拡大培養。造血幹細胞移植後の急性移植片対宿主病治療
2015年9月	再生医療製品	ヒト体性幹細胞加工製品	ヒト（自己）骨格筋由来細胞シート	骨格筋芽細胞を培養して増殖。虚血性心疾患による重症心不全の治療
2016年9月	再生医療製品	ヒト体細胞加工製品	ヒト（自己）表皮由来細胞シート	重篤な広範囲熱傷治療で承認済み、先天性巨大色素性母斑切除部位への移植への追加承認
2018年12月	再生医療製品	ヒト体細胞加工製品	ヒト（自己）表皮由来細胞シート	上記と同様で、栄養障害型表皮水疱症及び接合部型表皮水疱症への追加承認
2018年12月	再生医療製品	ヒト体性幹細胞加工製品	ヒト（同種）骨髄由来間葉系幹細胞	骨髄液中の間葉系幹細胞を体外で培養・増殖。脊髄損傷に伴う神経症候及び機能障害の改善治療
2019年3月	再生医療製品	ヒト体細胞加工製品	チサゲンレクルユーセル	末梢血由来のT細胞に、遺伝子組換えレンチウイルスベクターを用いてCD19を特異的に認識するCARを導入し培養・増殖。CD19陽性B細胞性急性リンパ芽球性白血病、びまん性大細胞型B細胞リンパ腫の治療
2019年3月	遺伝子治療	プラスミドベクター製品	ベペルミノゲンペルプラスミド	ヒト肝細胞増殖因子をコードするcDNAを含む5,181塩基対。慢性動脈閉塞症における潰瘍の治療
2020年3月	再生医療製品	ヒト体細胞加工製品	ヒト（自己）表皮由来細胞シート	角膜上皮幹細胞疲弊症患者の眼表面に移植し、角膜上皮再建
2020年3月	遺伝子治療	ウイルスベクター製品	オナセムノゲンアベパルボベク	ヒト生存運動ニューロン遺伝子を搭載した非増殖性の遺伝子組換えアデノ随伴ウイルス。脊髄性筋萎縮症の治療

資料：(独) 医薬品医療機器総合機構

４－３　食品添加物

食中毒の実態

　日本では食品添加物と後で述べる農薬は消費者運動家、マスコミなどから目の敵にされる化学製品です。第２次大戦後の混乱期に起きた粉ミルクへの

ヒ素混入事件、当時の毒性の強かった農薬による自殺多発などが未だに語られ、化学物質が危険であるという神話がいつまでも再生されています。しかし、**第2−4−10表**に示すように、2000年以後に起きた食中毒の統計をみると、件数で最も多いのは細菌による食中毒（かつてのサルモネラ菌、ぶどう球菌、O157よりも、ウェルシュ菌と鶏肉に多いカンピロバクター）であり、患者数で最も多いのはウイルスによる食中毒（もっぱらノロウイルス）です。死亡者数が多いのは細菌とともに、植物性自然毒（主に毒キノコ）、動物性自然毒（主に資格のない人が調理したフグ）です。2013年から統計が取られ始めた寄生虫（サバ、イカなどに寄生するアニサキス、ヒラメに寄生するクドア）による中毒の件数が多いことも注目されます。第2−4−10表に示す化学物質による中毒とは、主にヒスタミン中毒です。ヒスタミンは必須アミノ酸のひとつであるヒスチジンを多く含むマグロなど赤身魚の常温放置で産生する化学物質です。食品添加物として加えられたものではありません。

　このように食中毒統計から得られる食中毒の原因は、圧倒的に細菌・ウイルス・寄生虫と天然毒物です。天然物は安全で、合成化学物質は危険とマスコミなどでしばしば声高に語られますが、食中毒の実態をまったく無視した感情的な意見に過ぎないことを知って下さい。食品添加物は、厳しい安全性

【第2−4−10表】食中毒の原因

原因	2000 〜 2009累計			2010 〜 2019累計		
	件数	患者数	死者数	件数	患者数	死者数
細菌	10,776	151,628	21	4,555	70,401	30
ウイルス	3,065	124,444	0	3,334	117,441	1
化学物質	123	2,497	0	128	2,055	0
植物性自然毒	750	2,907	17	578	1,855	16
動物性自然毒	439	809	23	284	476	6
寄生虫	−	−	−	1,599	3,104	0
その他	71	205	0	219	1,304	2
不明	790	15,782	0	372	7,542	0
合計	14,645	298,272	61	11,069	204,178	55

〔注1〕寄生虫は2013年から区分が新設された。それ以前は不明、その他に算入と思われる。
〔注2〕植物性自然毒で最も多いのはキノコであるが、有毒植物の誤食事故も多い。動物性自然毒で最も多いのはフグであり、貝毒、南海魚に含まれるパリトキシン様毒素もある。
出典：厚生労働省「食中毒統計」

試験を経た上で選抜され、使用基準が決められて、食品の製造・加工に、また保存・安定に、さらに食品の風味等の改善に貢献している化学製品です。

食品添加物と食品衛生法

食品添加物は食品衛生法により厳しく規制されています。食品衛生法では「添加物」と呼ばれていますが、「食品の製造の過程において又は食品の加工若しくは保存の目的で、食品に添加、混和、浸潤その他の方法によって使用する物をいう」と定義されています。そして「人の健康を損なうおそれのない場合として厚生労働大臣が薬事・食品衛生審議会の意見を聴いて定める場合を除いては、添加物、これを含む製剤及び食品は、販売、製造、輸入、加工、使用、貯蔵、陳列してはならない。」と規制しています。

使ってよい食品添加物については、厚生労働省の告示（昭和34年12月厚生省告示第370号）「**食品、添加物等の規格基準**」に示されています。この告示は厚生労働省のホームページで見ることができますが、膨大な内容のために全体像をつかむのに大変に苦労します。さらに、1年間に何回も改正があることを念頭に置いておく必要があります。2020年7月時点の厚生労働省のホームページ「法令等データサービス」に掲載されている告示は132ページ（おおむね3万字／ページ）に亘ります。今後、仕事上、この規格基準を調査しなければならなくなることがあると思いますので、まず、この告示の全体構成を簡単に説明します。最初の1ページに延々と過去の改正が約18万字も書かれていますが、ここは読み飛ばします。1ページの最後の辺りに「第1　食品」がようやく現われます。そして60ページに「第2　添加物」、103ページに「第3　器具及び容器包装」、105ページに「第4　おもちゃ」「第5　洗浄剤」、さらに105ページから132ページには「第3」関連の別表が並んで、この告示の全体像となります。そのうち食品添加物に関しては、60ページにA通則が42項目、次にB一般試験法が60ページから45項目並びます。64ページにC試薬・試液等が12項目と項目数が少ない割には膨大な数の試薬・試液と標準液があいうえお順に並びます。そして74ページからD規格基準が定められている添加物ごとに成分規格・保存基準が並びます。ここでようやく食品添加物の名前が定義、性状、確認試験、純度試験などいくつかの試験法とともに出てきます。102ページにE製造基準として添加物

を製造する際の原料、製造条件などが添加物ごとに細かく規定されています。102ページにF使用基準があって、添加物ごとに、どのような食品にはどのくらいまで使ってよいとか、これには使っていけないということが細かく規定されて103ページで添加物が終わるという膨大なものです。なお、この告示は改正が多く、以上に示したページ数も今後の改正の積み重ねで微妙に変化する可能性があります。

　2021年1月時点で使ってよいとされている食品添加物は、**指定添加物**が468品目、既存添加物が357品目です。ただし指定添加物の「エステル類」と一括名称された1項目には3151品目の香料が含まれています。指定添加物とは、正確には食品衛生法施行規則別表1に収載されているものですが、上記告示に説明してきた化合物のことです。

　1995年の食品衛生法改正以前は、食品添加物は指定添加物だけを指し、天然化合物は対象外でした。しかし、天然化合物であっても安全性に疑わしいものもあるため、法律改正により規制対象になりました。その際に既存添加物名簿に収載された天然化合物（クチナシの実から取れるクチナシ色素、柿から取れる柿タンニンなど）は、**既存添加物**として長い食経験からその使用販売が認められるものとなりました。このほかに食品衛生法の規制対象外（添加物でなく食品として扱われる）になっているものとして、**天然香料**（バニラ果実から取れるバニラ香料、カニの身から取れるカニ香料など）が天然香料基原物質として614品目、一般に**飲食に供されるもので添加物として使用**されるもの（まんじゅうなどの着色に使われるいちごジュース、羊羹などの成形に使われる寒天など）が106品目あります。このように食品と食品添加物の境目は非常に微妙で錯綜しています。

　2002年には、無認可のアセトアルデヒドが香料として使用されていた事件が起き、その後2006年に指定添加物となり、食品添加物として認められるという訳のわからない結末になったこともありました。アセトアルデヒドは天然香料や既存添加物（天然化合物）のなかに普通に（自然に）含まれている化合物でありながら、指定添加物になっていなかった法律の穴で起きた事件といえます。食品衛生法には、まだ他にもこのような穴が開いているような気がします。

　食品添加物は、食品だけでなく、食品の容器包装に使われる合成樹脂等に

も使われることが多いので、化学製品に関わる仕事において意外なところで
上記のような法律上の検討を必要とすることがあります。

食品添加物の商品知識

　告示されている食品添加物を用途に応じて分類した例を**第2－4－11表**
に示します。この表はきちんと体系だっていませんが、食品添加物は、大ま
かにみれば、食品の製造過程を円滑に行うために使われる添加物（**殺菌料、
食品製造用剤、漂白剤、溶剤・抽出剤、消泡剤**など）、食品を加工するため
に使われる添加物（**乳化剤、膨張剤、増粘・安定剤**など）、食品の保存安定
のために使われる添加物（**保存料、酸化防止剤、乳化安定剤**など）、食品の
代替、風味・色合い・香りの改善としてつかわれる添加物（**ガムベース、強
化剤、調味料、着色料、香料、甘味料**など）に区分できます。

　食品製造用剤として、塩酸、硫酸、水酸化ナトリウムのような反応性の高
い薬品があることに驚きますが、「食品、添加物等の規格基準」告示では、
加水分解などでの使用後は塩酸などを中和して除去することになっていま
す。このように食品添加物と呼ばれているものには、使用基準のなかに「最
終食品の完成前に中和または除去しなければならない」とか、「着香の目的
以外に使用してはならない」など、使用法が厳しく制限されている化学物質
がたくさんあります。食品添加物のリストに掲載されたからといって、様々
な食品に自由に使える訳ではありません。

　食品添加物のなかで生産量の大きな商品としては、**調味料、甘味料、酸味
料**があります。他は、種類は非常に多いけれども生産量は少ない典型的なフ
ァインケミカル製品です。

　一般に**調味料**としては、しょうゆ、味噌、砂糖、塩、酢などがありますが、
これらは食品であり、食品添加物としての調味料に含めません。調味料には
大きく分けて**アミノ酸系**と**核酸系**があります。1908年に東京帝国大学理学
部化学科の**池田菊苗**教授が日本料理などに使われる「**昆布だし**」のうまみ成
分をとらえようとして見出したのが、すでに知られている化学物質であった
グルタミン酸ナトリウムでした。池田菊苗は辛味、甘味、酸味、苦味のほか
にうまみがあることを明らかにしました。続いて、1913年に池田菊苗門下
の**児玉新太郎**が鰹節のうまみが**イノシン酸ナトリウム**によること、1957年

【第2−4−11表】食品添加物の種類

大分類	用途	添加物	食品適用例
食品製造過程の円滑化（終了後は除去または少量残存）	殺菌料	過酸化水素	カズノコへの使用のみ
		次亜塩素酸ナトリウム	
	食品製造用剤	塩酸、硫酸、シュウ酸	加水分解用
		水酸化ナトリウム	中和用
		プロテアーゼ*、アミラーゼ*	アミノ酸系調味料・水飴製造
		活性炭*、ケイソウ土*	脱色ろ過剤
		微粒二酸化ケイ素	固結防止剤、香料担体
		ステアリン酸カルシウム	潤滑剤、固結防止剤
	漂白剤	亜塩素酸ナトリウム	カズノコ加工品、生食用野菜
		ピロ亜硫酸カリウム	
		L-アスコルビン酸	
	小麦粉等改良剤	二酸化塩素	漂白
		臭素酸カリウム	小麦粉改良
	溶剤・抽出剤	アセトン、ヘキサン*	ガラナ豆、油脂の抽出
		酢酸エチル	食品用溶剤エタノールの変性
		プロピレングリコール	香料・色素の溶剤
	豆腐用凝固剤	硫酸マグネシウム、硫酸カルシウム	
	消泡剤	シリコーン樹脂	豆腐製造時の消泡など
	醸造用剤	リン酸二水素カリウム	発酵力強化、PH調整
	離型剤	流動パラフィン*	パンの離型改善
	品質改良剤	L-システイン塩酸塩	パン生地発酵促進
		ステアロイル乳酸カルシウム	パン生地改善
食品加工工程を担う	乳化剤	グリセリン脂肪酸エステル	クリーム乳化など
		ショ糖脂肪酸エステル	乳化・分散剤
		分別レシチン*、卵黄レシチン*	乳化・分散剤、湿潤剤
	膨張剤	炭酸水素ナトリウム＋L-酒石酸水素カリウム	製菓、製パン
	糊料・増粘・安定剤	アルギン酸ナトリウム	麺質安定、食品ゲル化剤
		カルボキシメチルセルロース	ゼラチン、寒天の代用
	結着剤・品質改良剤	ポリリン酸カリウム	たんぱく質、デンプンの粘性増
		メタリン酸ナトリウム	増粘、食感改善
	発色剤	亜硝酸ナトリウム	食肉、魚肉発色
		硫酸鉄	黒豆、ナスの発色

（第２－４－11表　続き）

食品の保存安定	粘着防止剤	D-マンニトール	ガム、あめの粘着防止
	保水乳化安定剤	コンドロイチン硫酸ナトリウム	マヨネーズ等の乳化安定
	被膜剤	酢酸ビニル樹脂、天然ワックス	鮮度保持に果実表皮に使用
		モルホリン脂肪酸塩	天然ワックスの乳化剤
	保存料、防カビ剤	安息香酸およびその塩	食品防腐剤
		ソルビン酸およびその塩	食品防腐剤、菌発育阻止
		パラオキシ安息香酸エステル	化粧品、医薬品の防腐剤
		デヒドロ酢酸ナトリウム	乳製品保存料
		プロピオン酸カルシウム	パン、ケーキ防カビ剤
		チアベンダゾール（TBZ）	かんきつ類バナナの防腐剤
	防虫剤	ピペロニルブトキシド	コクゾウムシの殺虫
	酸化防止剤	エリソルビン酸とその塩	
		ジブチルヒドロキシトルエン（BHT）	
		没食子酸プロピル	
食品の風味、色合い、香りの改善	ガムベース	エステルガム	
		酢酸ビニル樹脂	
		合成ゴム（ポリイソブチレン、ポリブテン）	
	中華そば製造用アルカリ剤	かんすい（炭酸カリウム等）	風味調和剤
		リン酸水素二カリウム	かんすい原料
	強化剤	アミノ酸（イソロイシン、リシン、フェニルアラニン、メチオニン）	
		ビタミン類	
		グルコン酸第１鉄、リン酸第２水素カルシウム、クエン酸鉄、ヘム鉄*	
	着色料	食用色素赤色２号、黄色５号、緑色３号、青色１号	
		β-カロテン、水溶性アナトー（ノルビキシン塩）	
		天然色素類*（アナトー色素、ウコン色素）	
		銅クロロフィリンナトリウム、	
	酸味料	クエン酸	
		乳酸	
		グルコン酸	
	甘味料	アスパルテーム	
		キシリトール	
		D-キシロース*	
		スクラロース	
		アセスルファムカリウム	

（第2－4－11表　続き）

食品の風味、色合い、香りの改善	甘味料	サッカリン
		ソルビトール
	調味料	L-アスパラギン酸ナトリウム
		L-グルタミン酸ナトリウム
		イノシン酸ニナトリウム
		グアニル酸ニナトリウム
	香料	アセト酢酸エチル、アセトアルデヒドほか多数

〔注〕無印は指定添加物、＊は既存添加物

にヤマサ醤油の**国中明**が**しいたけのうまみ成分**が**グアニル酸ナトリウム**であることを明らかにしました。

　さらにこれら調味料の製造法の開発が行われました。たとえば、L-グルタミン酸ナトリウムの製造は、当初は小麦粉のタンパク質グルテンを塩酸で分解し、続いて水酸化ナトリウムで中和する方法で行われましたが、1930年代に脱脂大豆への原料転換が行われました。1956年には協和発酵工業（現在の協和発酵バイオ）がブドウ糖を原料に発酵によりL-グルタミン酸を製造する技術を開発しました。さらに石油化学製品アクリロニトリルを原料とする完全な化学合成法も開発され、工業化されました。しかし、現在ではL-グルタミン酸ナトリウムはすべて**発酵法**により生産されています。

　日本のグルタミン酸ナトリウムの生産は近年輸入品に押されて急速に低下しています。工業統計の出荷量も2000年の7万9,000ｔから2012年3万1,600ｔ、2017年8,494tと急激に減少しています。一方、輸入品は、2007年8万9,000ｔ、2012年9万7,000ｔ、2019年11万7,000tとなっています。主な輸入先は、インドネシア3万5,000ｔ、ブラジル3万5,000ｔ、ベトナム3万1,000ｔ（2019年）です。海外投資先からの逆輸入が多いと考えられます。

　甘味料は、もともとは砂糖（ショ糖）の代替品として開発された製品です。しかし、最近は消費者がノンカロリー、低カロリーの甘味料を好むようになっていることから、需要が増加しています。砂糖使用量の減少（農林水産省の集計では消費量が2009年210万トンから2018年181万トン）に対して、代替甘味料のうち、アスパルテーム、スクラロース、アセスルファムカリウムの使用量が大きく増加しています。

　アスパルテームは1983年に、スクラロースは1999年に食品添加物に指定された新しい甘味料です。甘味度はアスパルテームが砂糖の200倍、スクラロースが約600倍、アセスルファムカリウムが200倍であり、同一重量当たりのカロリーはアスパルテームが砂糖と同じ、スクラロースとアセスルファムカリウムはノンカロリー（ゼロ）です。

　このように甘味料は、砂糖の数百分の1の量で同じ甘味を出せ、しかもカロリーが少ないことやゼロである点が消費者に好まれる原因になっています。2007年には砂糖の1万倍の甘味のあるネオテームも食品添加物告示に掲載されました。

　なお、第2次大戦前に工業化された甘味料ズルチン（(4-エトキシフェニル)尿素）、第2次大戦後に工業化されたチクロ（N-シクロヘキシルスルファミン酸ナトリウム）は、発がん性の疑いなどで1970年前後に相次いで使用禁止になりました。一方、第1次大戦頃から広範に使用されてきたサッカリン（$1H$-1 λ^6,2-ベンゾチアゾール-1,1,3($2H$)-トリオン）も一時は発がん性等安全性が疑われて使用禁止になりましたが、その後、見直され、サッカリンおよびその塩は、現在では指定添加物となって再び使われています。

　酸味料は大部分が**有機酸**です。**クエン酸**がもっとも代表的です。発酵法で生産され、用途としては清涼飲料水、菓子などへの添加です。**リンゴ酸**と**フマル酸**は、マレイン酸を加圧下で水と反応させて併産し、分離してつくります。フマル酸はクエン酸と併用して清涼飲料水に使われます。リンゴ酸は清涼飲料水のほか、加工食品の酸味剤（マヨネーズ、ソースなど）にも使われます。

4－4　農　　　薬

農薬工業の動向

　農薬は、農薬取締法で「農作物を害する菌、線虫、だに、昆虫、ねずみ、草その他の動植物又はウイルスの防除に用いられる殺菌剤、殺虫剤、除草剤その他の薬剤及び農作物等の生理機能の増進又は抑制に用いられる成長促進

剤、発芽抑制剤その他の薬剤をいう」と定められています。農作物には、樹木及び農林産物を含みます。農地はもちろん、ゴルフ場・公園・競技場の芝生、山林、花壇など、人が栽培・管理している植物はすべて農作物です。法律を逆に読めば、河川堤防、道路、鉄道、住宅敷地などで勝手に生えてくる植物（いわゆる雑草）は農作物の対象外であり、このために使用する除草剤は厳密には農薬取締法の対象外となります。

　農薬は殺虫剤、殺菌剤、除草剤、その他に大きく分類されます。世界の農薬消費量のうえでは除草剤がもっとも多く中心的な存在です。第2－4－12表に示す世界の農薬売上高からは除草剤の市場規模が圧倒的に大きいことがわかります。除草は大変に労働集約的な作業です。除草剤は、農業労働の省力化のために使われているといえましょう。近年、世界で広く作付けされている遺伝子組換え作物（GMO）も、特定の除草剤を分解する酵素をつくる遺伝子を組み込んだ作物を除草剤とともに使うことによって、効率よく遺伝子組換え作物だけを生育させようとするものが主流です。遺伝子組換え作物というと、殺虫成分をつくる遺伝子を組み込むことによって殺虫剤を使わなくてすむようなイメージを持ちますが、遺伝子組換え作物市場も農薬の市場規模を反映しています。

　農薬は増大を続ける世界の人口を支えるために不可欠な農業資材として、世界全体としては順調に成長を続けています。とくに遺伝子組換え作物とバイオエネルギー用作物生産（発酵エタノール、発酵ブチルアルコール、バイオディーゼル油＝高級脂肪酸メチルエステルなど）が今後増加することが予想されるので、世界の農薬需要はさらに伸びると予想されます。ただし、近い将来、ゲノム編集による農作物が出現すると、風味の改善や収穫物保存期

【第2－4－12表】世界の農薬売上高の推移

（単位：100万ドル）

種類別	1997年	2000年	2005年	2010年	2016年
殺虫剤	7,328	7,090	9,619	12,170	15,676
殺菌剤	5,622	5,620	8,916	11,475	15,419
除草剤	15,034	14,140	16,052	19,335	22,312
その他	1,102	980	1,508	1,215	1,682
合計	29,086	27,830	36,095	44,195	55,089

資料：化学工業日報社『化学経済　世界化学工業白書』

間の延長などの性質を備えた農作物も生まれることが予想されるので、農薬市場規模への反映が薄くなることも予想されます。

　一方、日本の農薬市場は、米国に次ぐ世界第2位の規模ですが、日本農業の不振から市場の低迷が続くうえに、**消費者の農薬嫌い**を反映して、農家も減農薬志向が強く、日本の農薬工業の環境は厳しさを増しています。

　第2−4−13表によって2003年と2019年を比較して日本の動向を中期的にみると、従来、日本農業の中心であった稲作が大きく低下していることが農薬に影響していると読み取れます。水稲作付面積の減少傾向は止まることなく続いており、この影響から1990年代前半に4,000億円に到達寸前まで伸びた農薬出荷額も3,500億円台を割りこんで低迷しています。水稲向け農薬は、出荷数量で55%も落ち込み、金額でも1%の伸びに止まっています。とくに水稲向け出荷が多かった殺虫剤と殺虫・殺菌剤の出荷量が大きく落ち込んでいます。殺虫・殺菌の両方を兼ね備えた農薬はもっぱら水稲用です。**いもち病**と、**ニカメイチュウ**、**うんか**を対象とした農薬です。

　一方、野菜・畑作向けは数量で18%の落ち込みに対して、金額では44%も伸びています。また、果樹やその他用途（ゴルフ場、家庭園芸、林野、非農耕地）は合計出荷金額が約2倍に伸びています。このため野菜・畑作やその他用途によく使われる除草剤の出荷量の落ち込みが3%と農薬の中ではもっとも小さく、金額は約2倍になっています。日本の農薬需要も殺虫剤中心から除草剤中心に変わりつつあります。

　現在のようなファインケミカル製品による農薬市場が誕生したのは、意外に新しく、第2次大戦後の1948年にスイスのガイギー社から技術導入によってDDT原体を製造してからです。戦後の食糧危機を救うためでした。DDTの有用性が広く知られるようになってからは、**有機塩素系農薬**、**有機リン系農薬**が続々と誕生して現代の日本農薬工業が確立しました。

　それまでは**除虫菊剤**などの天然殺虫剤や硫酸銅と生石灰混合液（**ボルドー液**）、**石灰硫黄合剤**、亜ヒ酸塩類などの無機化合物が農薬として使われました。また、1920年代に初めての有機合成農薬といえる**クロルピクリン**を倉庫燻蒸剤、さらに土壌殺菌剤として使うことが始まりました。しかしクロルピクリンは催涙剤に使われるほど刺激性の強い劇薬でもあるので、取り扱いが難しい農薬でした。1930年代から種もみを**ホルマリン消毒**することも始まり

【第2－4－13表】日本の農薬出荷量・出荷額推移

(単位：1000 t 、億円)

種類別	2003年 出荷量	2003年 出荷額	2010年 出荷量	2010年 出荷額	2015年 出荷量	2015年 出荷額	2019年 出荷量	2019年 出荷額	2019/2003 出荷量	2019/2003 出荷額
殺虫剤	100.2	898	76.4	983	63.1	985	58.2	960	-41.9%	6.9%
殺菌剤	57.7	583	43.3	748	38.0	749	37.6	747	-34.8%	28.1%
殺虫・殺菌剤	32.7	306	22.0	345	20.3	368	16.5	336	-49.6%	9.7%
除草剤	68.9	638	59.3	1,059	60.4	1,160	66.6	1,270	-3.3%	99.1%
その他小計	8.1	78	5.6	110	4.9	96	5.0	90	-38.3%	15.9%
植物成長調整剤	2.9	27	1.9	69	1.4	51	1.5	52	-49.4%	92.6%
補助剤	5.1	50	3.6	31	3.4	30	3.4	30	-32.4%	-39.2%
その他	0.1	0	0.1	10	0.1	16	0.1	8		
合　　計	267.7	2,503	194.2	3,245	186.6	3,359	184.0	3,403	-31.3%	36.0%
作物別										
水稲	122.1	1,125	72.3	1,183	63.3	1,202	54.6	1,142	-55.3%	1.5%
果樹	26.4	260	19.1	485	18.7	500	18.3	472	-30.7%	81.6%
野菜・畑作	93.3	868	82.0	1,166	77.6	1,192	76.6	1,246	-17.9%	43.6%
その他	17.8	172	15.2	302	22.2	368	29.5	452	65.7%	162.7%
分類なし	8.1	78	5.6	110	4.9	96	5.0	90	-38.3%	15.9%
合　　計	267.7	2,503	194.2	3,245	186.6	3,359	184.0	3,403	-31.3%	36.0%

〔注1〕作物別のその他は、非農耕地、林野、ゴルフ場、家庭園芸向け。　分類なしは分類を特定しないもの。
〔注2〕農業年度は前年10月～当年9月
資料：農薬工業会　会員のみの集計値

ました。

　除虫菊の殺虫効果は約300年前にセルビアの女性により発見されましたが、粉末が殺虫剤として使われるようになったのは19世紀です。ボルドー液も19世紀末から殺菌剤として使われるようになりました。このようにDDT以前の農薬もそれほど昔から使われていたわけではありません。DDTは1939年にガイギー社（現在のノバルティス）のミュラーによって殺虫効果が発見され、第2次大戦中に工業化されています。BHCをはじめとする多くの塩素系殺虫剤も1940年代前半に発明されました。最初の除草剤2,4D（2,4PA）の開発も1944年です。世界の農薬生産開始に比べて日本の農薬生

産開始はそれほど遅れたわけではありません。

　農薬も医薬品と同様に、有効成分である**農薬原体**とそれを使いやすく、効力を発揮するように調合加工した**製剤**とに区分されます。農薬会社も原体を製造する**原体メーカー**と製剤・販売を行う**製剤メーカー（フォーミュレーター）**の分業体制が長く続いてきました。さらに製剤メーカーも、農協組織を通じる系統ルートに依存する会社と、商社や問屋を通じて小売店に商品が流れる商系ルートに依存する会社に分かれていました。製剤メーカーは、戦前から農薬の調合を行い、病害虫や農業に詳しく、末端への販売網を持っていました。これに対して、原体メーカーは戦後技術導入によって原体製造に参入してきた大手化学会社が多く、化学知識はあっても、農業知識や農家への販売網を持っていなかったので分業体制が生まれました。しかし、近年は日本の農薬市場が縮小するなか、事業の縮小撤退・業界再編成が起こり、明確な分業体制は崩れています。

　また、経済のグローバル化が進展するなかで、農薬事業もグローバル競争が激化しています。世界の農薬会社の間で大規模なM＆Aが起こり、欧州では**バイエル クロップサイエンス**と**シンジェンタ**の巨大農薬会社が誕生しましたが、2017年にシンジェンタは、中国国有化学会社である中国化工集団（ケムチャイナ）に買収されました。ケムチャイナは2011年にイスラエルのアダマ・アグリカルチュラル・ソリューションズ（旧マクテシム・アガン）を傘下に収めており、国有企業が買収により農薬技術と遺伝子組換え技術を国策として入手している構図が見えます。一方、米国ではダウ・ケミカルのアグリビジネス事業をデュポンに売却し、デュポンのアグリビジネス事業と合わせて、世界トップのアグリビジネス会社を設立する構想がまとまり、その第一歩としてダウ・ケミカルとデュポンが2017年9月に合併して**ダウ・デュポン**が誕生しました。それに対して、バイエルは、世界トップの米国アグリビジネス会社モンサントを2018年6月に買収して世界トップの地位を取る行動に出ました。しかし、この両方とも、米国や欧州の独占禁止法に抵触する部分があるため、ダウ・デュポンのアグリビジネス事業の一部が米国FMCに、バイエルのアグリビジネス事業の一部がドイツ・BASFに売却されました。2019年6月にダウ・デュポンからアグリビジネス部門が分離独立して**コルテバ**が誕生しました。

　それとともに農薬事業を買収して、オーストラリアのニューファーム、デンマークのケミノバ、インドのUPLなどが、世界の大手農薬会社に急速に成長してきました。世界の大手農薬会社は、かつては原体を日本の製剤メーカーに販売するだけのビジネスでしたが、最近は直販体制の構築を進めています。このような動きのなかで、日本の農薬会社は、**住友化学以外は農薬事業のグローバル展開**が大きく出遅れています。一方、住友化学は2010年に上記ニューファーム社への出資、2016年にインドのエクセルクロップケアECCに続いて、2018年にはニューファームの南米子会社4社を買収して、従来からの北米に続いて南米での農薬事業基盤を強化するなど、農薬事業のグローバル展開を活発に進めています。

農薬の商品知識

　農薬が殺虫剤、殺菌剤、除草剤、その他（**植物成長調整剤**、**展着剤**、**殺鼠剤**、**誘引剤**、**忌避剤**など）に分類されることはすでに述べました。**第2－4－14表**に示すようにそれぞれの中がさらに分類されます。分類方法としては、**化学構造**による分類（例：ピレスロイド系、ベンズイミダゾール系）、**作用の様式**による分類（例：接触型、吸収型）、**作用機序**による分類（例：光合成阻害、神経伝達阻害、ある酵素の働きを阻害）、**対象**による分類（例：殺草選択型、殺ダニ剤、線虫剤）、**製剤**による分類（例：水和剤、乳剤、粒剤、燻蒸剤）があります。殺虫剤、殺菌剤は化学構造による分類が、除草剤は作用機序による分類がよく使われますが、必ずしもそればかりとは限りません。しかも第2－4－14表に示す作用機序で神経情報阻害といっても、さらにその内容は神経のナトリウムチャンネルに作用するものや、酵素アセチルコリンエステラーゼの働きを阻害するものなど様々なので、定まった分類法はありません。

　個々の農薬の名称に関してはIUPAC命名法による正式な化学物質名がありますが、これは長すぎるので**慣用名（一般名）**がよく使われます。さらに製造会社による商品名もあり、それに製剤別呼称が付くこともあるので、農薬の名称はなかなか複雑です。

　その他の農薬のうち、**植物成長調整剤**はPGR（Plant Growth Regulator）、植物生長調整剤、植物生育調節剤などとも呼ばれます。植物ホルモンやそれ

【第2－4－14表】農薬の分類例

分類1	分類2	分類3	主要な商品
殺虫剤	有機塩素系	神経情報阻害	DDT、BHC
	有機リン系	神経情報阻害	フェニトロチオン、アセフェート、パラチオン、マラソン、ジクロフェンチオン、ホスチアゼート
	カーバメイト系	神経情報阻害	カルバリル、プロポクサー、フェノブカーブ、アラニカルブ、イソプロカルブ
	ピレスロイド系	神経情報阻害	ピレトリン、ペルメトリン、エトフェンプロックス、フェンバレレート
	クロロニコチニル系（ネオニコチノイド系)	神経情報阻害	イミドクロプリド、アセタミプリド、ジノテフラン
	ベンゾイルフェニルウレア系	昆虫生育制御	ジフルベンズロン、テフルベンズロン
	ジベンゾイルヒドラジン系	昆虫生育制御	クロマフェノジド、メトキシフェノジド
	フェノキシピラゾール系	細胞内呼吸阻害	フェンピロキシメート
殺菌剤	ジチオカーバメート系	多作用点接触	チウラム、ジラム
	ベンズイミダゾール系	細胞分裂阻害	チオファネートメチル、ベノミル
	ストロビルリン系	呼吸阻害系	アゾキシストロビン、クレソキシムメチル
	アゾール系	細胞膜ステロール合成阻害EBI	テトラコナゾール、イミベンコナゾール、メトコナゾール、トリアジメホン
	多様な物質	細胞膜メラニン合成阻害	ファサライド、カルプロパミド、ジクロシメット
	抗生物質		カスガマイシン、ポリオキシン
	生物農薬		バチルス・ズブチリス、タラロマイセスフラバス
除草剤	光合成阻害剤	フェニルウレア系	ジウロン
		トリアジン系	シマジン、アトラジン
		フェノール系	ジノセブ
	PPO阻害剤		オキサジアゾン、ピラクロニル、フルチアセットメチル、CNP
	エネルギー代謝阻害系	フェノール系	

（第２－４－14表　続き）

除草剤	アミノ酸合成阻害系	ＡＬＳ阻害系	スルホニルウレア系（クロルスルホン）、イミダゾリノン系（イマザキン）、ピリミジリルカルボン酸系（ビスピリバックナトリウム塩）、
		グルタミン酸阻害系	グルホシネート、ビアラホス
		芳香族アミノ酸阻害系	グリホサート
	超長鎖脂肪酸合成阻害系	クロルアセトアミド系	ブタクロール、ブレチラクロール、アラクロール
	ホルモン作用攪乱系	クロロフェノキシ系	ＭＣＰＡ、２，４ＰＡ
	細胞分裂阻害系	ジニトロアニリン系	トリフルラリン、プロジアミン
		カーバメート系	プロファム、ＩＰＣ
	ラジカル生成系		パラコート
その他	植物成長調整剤	オーキシン系	インドール酢酸
			ジクロルプロップ
			ナフチルアセトアミド
		その他	ジベレリン
	展着剤		ポリオキシエチレンアルキルフェノール
			ポリオキシエチレン脂肪酸エステル
			ポリオキシエチレンアルキルエーテル
	殺ソ剤		硫酸タリウム
			クマリン系（ワルファリン）
	誘引剤		
	忌避剤		
	その他		石灰窒素

に類似した活性をもつ有機化合物（生理活性物質）が主に使われ、水稲、畑作物、野菜、果樹、花き、芝生など幅広い分野で、生育の促進、生育の抑制、開花期・熟期の調整、品質の向上など様々な目的で使われます。種なしぶどうをつくる植物ホルモンのジベレリンが有名です。そのほか、水稲や畑作物の節間短縮による倒伏軽減、野菜や果樹の着果増進、果実肥大促進、芝の草丈抑制による刈込み労力軽減、刈りカス量削減などの目的に使われます。

　展着剤は界面活性剤です。植物や害虫の表面は水をはじくことが多く、水

溶性の農薬を散布しても付着せず、多くが流れ落ちてしまいます。展着剤は、農薬の付着性や浸透性を高めます。

　誘引剤は害虫が特定の臭いや性フェロモンに引き寄せられる性質を利用して害虫を一定の場所に集めます。身近なところでは、穀物粉や糖蜜を駆除成分であるメタアルデヒドと混ぜてナメクジを誘引駆除します。また、農薬としての使い方ではありませんが、ゴキブリを誘引して粘着剤によって捕らえる商品は性ホルモンを誘引剤としています。しかし、性フェロモンを誘引剤として使い、オス成虫を誘引して駆除することにより、野外の性比を極端にメスに偏らせて次世代の害虫発生を抑制する農薬（大量誘殺剤）として商品化に至っている例は意外に少なく3種のみです（日本生物防除協議会ホームページ）。一方、性フェロモンの誘引効果を逆手にとった交信撹乱剤は、多数商品化されています。人工的に合成した性フェロモンを散布することによってオスがメスにたどり着くための交信を混乱させます。

　忌避剤は害虫・害獣が嫌うニオイや成分によって農作物を守ります。ネズミにはハッカ、モグラにナフタリン、ノラ猫・イノシシ・シカなどには木酢液、木タール、ニンニク、カプサイシン（唐辛子やハバネロ）などと対象によって異なります。

　農薬の開発は、医薬品開発とよく似ています。最初に**探索研究**といわれる農薬候補化合物を探す研究が行われます。分類法で化学構造による分類を紹介しましたが、すでに農薬としての効力がわかっている化学物質の作用機序の研究から、農薬として効力を発揮する基本構造は変えずに化学構造をいろいろ変えてみるという手法は、探索研究ではしばしば使われます。除虫菊の主要成分ピレトリンから多くのピレスロイド系殺虫剤が生まれました。それとともにDDTの殺虫効果の発見のように、まったく偶然に新しい農薬の系統が見つかることもあります。

　合成した多数の化合物について殺虫試験や殺草試験を行い、**薬効・薬害**（作物に対する悪影響）を調べます。**スクリーニング**です。スクリーニングは、1次、2次と何段階かに分けて行い、候補化合物を絞り込んでいきます。薬効、薬害データから絞り込まれた化合物は、次の**小規模圃場試験**に移されます。これと並行して候補化合物の毒性に関する予備試験も実施されます。

　このような社内での試験を終了し、薬効・薬害データからさらに絞り込ま

れた候補化合物は、公的試験機関での**委託圃場試験**に移されます。それとともに GLP（Good Laboratory Practice：**試験実施適正基準**）に従った毒性試験も行われます。毒性試験項目は、**急性毒性**（経口、経皮、吸入）、**刺激性**（皮膚、目、アレルギー）、これらの**反復投与による中期的毒性**、**繁殖毒性**、**発がん性**、**催奇性**、**変異原性**など多くの項目が決められています。**生体内運命残留試験**も行い、動植物体内での農薬の分解経路と分解物の構造、影響が調べられます。

このような毒性試験に加えて**環境中での影響**を調べる試験が行われます。これは医薬品開発における試験と大きく異なる点です。農薬が土壌や水中でどのように分解され、何が生成してくるのかを調べたり、**水産動植物への影響**を調べたり、**水質汚濁への影響**を調べたりします。それに加えて**水中や土壌での残留性**に関する試験も行います。このような農薬の毒性試験、環境影響試験は、現在では化学物質全体に拡張され、**化学物質の安全性評価**のモデルになっています。

農薬開発では委託圃場試験の前に製剤法、分析法、原体や製剤品の**製造プロセス**の研究も行わなければなりません。探索研究段階で**出願**した特許について、**審査請求**、公告の手続きも必要です。探索研究、小規模圃場試験研究段階に比べて、委託圃場試験研究段階では一挙に大きな費用がかかります。このため委託圃場試験研究段階に進むかどうか、どの化合物に絞り込むかは、農薬を開発する場合には非常に重要な決断になります。これは医薬品開発における治験へのステップアップと同じです。

委託圃場試験研究段階が成功裡に終了すると薬効、薬害、毒性、残留性に関するデータを添えて農林水産省に農薬の**登録申請**を行います。農林水産省は環境省、厚生労働省とともに**審査**を行い、審査に合格すれば農薬として**登録**され、生産販売や輸入販売することができるようになります。

審査の基準が**農薬登録保留基準**です。まず厚生労働省が食品中の安全な残留量の最高濃度として**残留農薬基準**を定めます。残留農薬基準は、食品添加物の項で説明した食品衛生法に基づく「**食品、添加物等の規格基準**」に示されます。環境省は農薬の作物残留、土壌残留、水産動植物の被害防止、水質汚濁を防止する四つの観点から農薬登録保留基準を決めます。このうち、農薬の作物残留に関しては、厚生労働省が定める**残留農薬基準**が使われます。

これを受けて農林水産省は農薬を収穫の何日前までに使用できるか、何回使用してよいかなど農薬を使用する者が守るべき農薬使用基準を定めます。農薬使用基準を遵守して農薬を使用していれば基本的に問題は起こりませんが、市場に出回る農産物、食品に残留する農薬量は、食品衛生法によって厳しく規制されます。

4－5　殺菌剤・消毒薬・抗菌剤

近年、清潔志向の高まりの一方、院内感染や多剤耐性菌の出現などによって、殺菌・抗菌に対する関心が高まっています。2020年の新型コロナ禍では、アルコール消毒液が品不足となり、また次亜塩素酸水が手指に付着した新型コロナウイルスの消毒に有効なのか否か、さらに噴霧の可否について様々な情報が流れ、混乱したことは記憶に新しいと思います。

様々な殺菌、除菌、抗菌商品が生まれており、用語も混乱しています。**第2－4－15表**に日本石鹸洗剤工業会が公表している用語の整理を示します。滅菌という用語がもっとも強く、殺菌、消毒は医薬品医療機器法に基づくので、一般商品には使うには注意が必要な用語です。このため、除菌、抗菌、滅菌というあいまいな用語が使われるようになったことが窺われます。

用語の正確な使い方とは別に様々な殺菌・消毒・抗菌を目的とした化学商品が存在します。農薬のひとつに殺菌剤があります。これは、4－4で説明したように、「農作物を害する菌またはウイルスの防除に用いられる殺菌剤」です。対象が農作物に限定されます。農薬取締法によって、製造、販売、使用が規制されています。また4－3で述べた食品添加物にも、食品の保存安定に使われる保存料、防カビ剤があります。食品衛生法によって規制されています。さらにプラスチック製品にも防カビ剤、抗菌剤が使われることは、**第2－3－7表**に示しました。

消　毒　薬

消毒薬は、手指、医療機器の消毒だけでなく、患者によって汚染された可能性のある個所を消毒します。感染予防の上で重要であり、医薬品医療機

275

【第２－４－15表】「菌」に関する紛らわしい用語

滅菌	「滅」とは「全滅」の滅であり、滅菌といえば意味的には菌に対しては最も厳しい対応。日本薬局方では微生物の生存する確率が100万分の1以下になることをもって、滅菌と定義。　しかし、これは現実的には、人体ではあり得ない状況で、器具などの菌に対しての用語。
殺菌	細菌を死滅させる、という意味だが、殺す対象や殺した程度を含んではいない。厳密には有効性を保証したものではない。「殺菌」という表現は、医薬品医療機器法の対象となる消毒薬などの「医薬品」や、薬用石けんなどの「医薬部外品」で使うことはできるが、洗剤や漂白剤などの「雑貨品」については、使用できない。
消毒	物体や生体に、付着または含まれている病原性微生物を、死滅または除去させ、害のない程度まで減らしたり、あるいは感染力を失わせるなどして、毒性を無力化させること。消毒も殺菌も、医薬品医療機器法の用語。
除菌	物体や液体といった対象物や、限られた空間に含まれる微生物の数を減らし、清浄度を高めること。法律上では食品衛生法の省令で「ろ過等により、原水等に由来して当該食品中に存在し、かつ、発育し得る微生物を除去することをいう」と規定されている。洗剤・石けん公正取引協議会が定義する除菌とは、「物理的、化学的または生物学的作用などにより、対象物から増殖可能な細菌の数（生菌数）を、有効数減少させること」。この細菌にはカビや酵母などの真菌類は含まれない。
抗菌	「菌の繁殖を防止する」という意味。経済産業省の定義では、抗菌の対象を細菌のみとしており、JIS規格の試験法による抗菌仕様製品では、カビ、黒ずみ、ヌメリは効果の対象外とされている。
減菌	「微生物を特に限定せずその量を減少させる」という意味。「消毒」と同じように器具・用具などについて使われることがある。

資料：日本石鹸洗剤工業会資料を整理

器法によって規制されています。1999年４月から施行された**感染症法**でも、旧伝染病予防法と同様に感染症の分類に応じて消毒法、使用消毒薬が決められています。

　液体消毒薬は、**第２－４－16表**のように、炭疽菌がつくる芽胞のようなものまで死滅させる高水準消毒薬、そこまでではないものの、ほぼすべての微生物を殺滅させる中水準消毒薬、抵抗性のある菌以外の多くの微生物を殺滅する低水準消毒薬があります。高水準消毒薬や中水準消毒薬のハロゲン化合物は、微生物の酵素タンパク質や核タンパク質と反応して破壊することによって効果を発揮します。アルコール類は、タンパク質を変性させます。低水準消毒薬は、おもにカチオン界面活性剤、両性界面活性剤です。微生物の細胞膜の損傷、酵素タンパク質の変性によって機能を発揮します。消毒薬の選択には、微生物死滅の強さだけでなく、消毒する機材への腐食性やタンパク質凝固付着の可能性、蒸気吸引、眼や身体付着などによる身体への危険性、引火性などを考慮する必要があります。

【第2－4－16表】消毒薬の分類

分類	消毒レベル	薬品名
高水準消毒薬	滅菌	過酢酸、グルタルアルデヒド、オルトフタルアルデヒド
中水準消毒薬	芽胞以外の微生物を殺滅するが、芽胞を必ずしも殺滅できない	次亜塩素酸ソーダ、ポビドンヨード、ヨードチンキ、消毒用エタノール、イソプロピルアルコール、クレゾール
低水準消毒薬	多くの微生物を殺滅するが、結核菌など抵抗性のある一部の菌は殺滅できない	カチオン界面活性剤系（ベンザルコニウム塩酸塩、ベンゼトニウム塩酸塩）、両性界面活性剤系（アルキルジアミノエチルグリシン塩酸塩）、クロルヘキシジングルコン酸塩

　このほかに、医療用器具、機器の消毒に使われる気体消毒薬として、酸化エチレン、ホルムアルデヒド、過酸化水素、オゾンがあります。もちろん、高温や放射線、紫外線のような物理的な消毒法もあります。

　口蹄疫やトリインフルエンザのような家畜の伝染病には、**家畜伝染病予防法**に基づいて対策が取られます。蔓延防止のため、車両消毒には次亜塩素酸ナトリウム、カチオン界面活性剤（逆性石けん）、炭酸ナトリウム4％溶液、水酸化ナトリウム2％溶液のいずれかを、身体消毒には、消石灰10％液、両性界面活性剤（アルキルジグリシン塩酸塩）、アルコール類（エタノールまたはイソプロピルアルコール）が消毒方法に応じて使い分けられます。テレビで防除の実際を見かけることがあると思います。

木材防腐剤

　上記のような消毒薬とは、まったく違う商品もあります。**木材防腐剤（木材保存剤）**は、木材をシロアリや木材腐朽菌から防除するために使われます。住宅建築現場で、特に土台の設置時などに処理した木材を見かけます。

　公益社団法人木材保存協会は木材保存剤の認定を行っています。そのうち、特に防腐成分としては、ナフテン酸銅などの銅化合物、ナフテン酸亜鉛、アルキルアンモニウム化合物（AAC剤）（ジデシルジメチルアンモニウムクロリドDDACのような4級アンモニウム塩、すなわちカチオン界面活性剤）、IPBC（3-ヨード-2-プロピニルブチルカーバメート）、IF-1000（p-クロロフェニル-3-ヨードプロパギルホルマール）、さらに農薬の殺菌剤にも同類があるトリアゾール系、ベンゾイミダゾール系などの化合物が使われています。

銀系抗菌剤

　近年、銀系抗菌剤が、抗菌プラスチック製品によく使われるようになりました。当初はハロゲン化銀が使われましたが、最近はより抑止効果がある**チオサルファイト銀錯体**をシリカゲルに担持させたものがよく使われています（第2－3－7表）。約230℃の耐熱性があるので、ほとんどの汎用プラスチックに混練することが可能です。ただし、塩素化合物があると抗菌性能が低下します。このほかにも合成ゼオライトに銀を含有させた無機系、ニトリル誘導体、イミダゾール誘導体、ピロール誘導体など様々な有機系の銀化合物も使われます。

　抗菌プラスチックは、1970年代に家庭用浄水器に使われ始め、その後、掃除機、洗濯機など家電製品に広く使われ、現在ではタッチパネル、携帯電話、空調フィルター、食品包装用フィルム、床材などにも使われています。

加湿器用殺菌剤による韓国での多数死亡事件

　加湿器は長年使用していると水槽部分に水垢（スケール）が蓄積し、そこに雑菌が繁殖しているようで気持ちが悪く感じられます。韓国のオキシー社が**ポリヘキサメチレングアニジン**を殺菌成分として含む加湿器用殺菌剤を2001年に発売し、その後、数社が参入しました。ポリヘキサメチレングアニジンは1994年に韓国のある化学会社が開発した比較的新しい化学製品でした。2006年に小児の間質性肺炎が発見され、その後、子供、妊婦に肺疾患が多発しました。

　韓国政府が疫学調査した結果、加湿器からの噴霧に含まれる殺菌成分を長年の間吸引したことが原因と懸念されるとして、この加湿器用殺菌剤は発売禁止となりました。2001年から発売禁止になるまでに450万個販売され、2011年までに罹患者は300人以上、死亡者は95人となりました。2012年に韓国政府はこの加湿器用殺菌剤を発売していた4社に課徴金500万円弱を課して、この事件は韓国内で知られるだけで一旦終息したかに見えました。

　しかし、オキシー社を2001年に英国の大手家庭用化学製品会社レキットベンキーザー社が買収しており、2016年にレキットベンキーザー社の幹部が韓国で謝罪会見を開いた際に、遺族がこの幹部を殴打する事件が発生した

　ことから、この加湿器用殺菌剤による死亡事件は世界中に知られるようになりました。その後、2017年に業務上過失致死傷罪などにより、加湿器用殺菌剤製造会社の元社長らに懲役刑などの判決が下され、また2016年末までに韓国政府に寄せられた患者数約4,300人、死亡者数1,006人と大幅に増加したことが報道されています。

　グアニジンが2分子連なった構造のビグアニド系のポリヘキサメチレンビグアニド（PHMB）は古くから知られた殺菌剤で、ソフトコンタクトレンズの洗浄液やウェットティッシュの抗菌成分として使われています。第2－4－16表の低水準消毒薬に示すクロルヘキシジンもビグアニド系化合物です。その一方、ポリヘキサメチレングアニジンの安全性データが十分に揃っているのかどうかは良く分かっていません。

　殺菌剤・消毒薬の噴霧、空間散布については、十分な吸引毒性試験が必要であることを教えた事件です。**空間除菌**ということでは、2014年に消費者庁から景品表示法違反として排除命令（第4－4表参照）が出た二酸化塩素を使った空間除菌グッズ（部屋置き、首から吊り下げ）事件があります。2009年から2010年に世界的に流行した新型インフルエンザへの対策として広まった商品です。対象商品から放出される二酸化塩素が、生活空間において、ウイルス除去、除菌、消臭などをするかのように表示することが消費者に**優良誤認**させるという命令内容でした。

　二酸化塩素は融点－59℃、沸点11℃（101.3 kPa）の常温では空気より重い気体です。塩素に似た強い刺激臭を持ち、強い酸化力を利用してプールの消毒、パルプの漂白に利用され、小麦粉の漂白用に食品添加物（指定添加物）にもなっています。日本二酸化塩素工業会のホームページでは、2001年に米国で発生した炭疽菌の芽胞が送りつけられるバイオテロの際には建物の除染に用いられたことが紹介されており、二酸化塩素は医薬品、医薬部外品ではないものの、低濃度で**空間除菌剤**として使うことができるとしています。したがって、「利用環境により成分の広がりが異なる」旨の注意書きを表示して、その後も空間除菌グッズは発売されています。それに対して、政府から特に何の反応もなく、黙認されています。

　日本二酸化塩素工業会では自主基準値として室内濃度指針値0.1ppmを設定しています。この濃度は、25m³閉鎖空間における浮遊細菌（黄色ブドウ

球菌）と浮遊ウイルス（大腸菌ファージ）の低減効果を確認する一方、海外の規制値や内外の毒性データを考察して設定したことが工業会ホームページで説明されています。米国職業安全衛生局（OSHA）は、二酸化塩素ガスの職業性暴露の基準値として、大多数の労働者がその濃度に1日8時間、1週40時間曝露されても健康に悪影響を受けないとされる濃度（8時間加重平均値TWA）として0.1ppmを定めています。日本では労働安全衛生法などの規制値はありません。

　感染症法に基づく消毒・滅菌の手引きでは、消毒薬は第2－4－16表に掲げるものだけであり、二酸化塩素は入っていません。病室等の患者環境の消毒は、対象微生物に応じた消毒薬の清拭（せいしき）で行うこととされており、ガス燻蒸や噴霧による消毒は認められていません。

4－6　染料・顔料

染料の商品知識と需給動向

　染料は水や化学薬品溶液に溶けて繊維を染色する天然物や化学製品をいい、顔料は水に不溶で溶剤に懸濁させて塗料、インキをつくったり、合成樹脂や合成ゴムを着色するためにまぜたりする無機化合物、有機化合物をいうと長らく区別されてきました。しかし、水に溶けにくい分散染料がアセテート染色のために生まれ、合成繊維の染色に広く使われるようになるとともに、従来の水への可溶、不溶という基準では染料と顔料の明確な区別がつかなくなりました。このため染料と顔料をまとめて色素とか色素材料と呼ぶことも多くなりました。機能性色素という言葉は広く普及しています。

　合成染料の歴史は化学史上、非常に有名です。19世紀なかばにイギリスのパーキンがアニリンを酸化して最初の合成染料モーブをつくり、事業化しました。しかし、合成染料工業は、有機化学が発展したドイツに中心が移ります。合成染料からバイエル、BASF、ヘキストをはじめとするドイツの有名な会社が続々と生まれ、アリザリン（茜（あかね）の主成分）、インジゴ（藍（あい）の主成分）の合成と工業化により天然染料をまたたく間に駆逐していきました。その後、発色・染着と化学構造の関係の研究が進み、天然染料を超えた性能を

持つ合成染料が続々と開発されました。合成染料を生み出した有機化学技術によって**合成医薬**も誕生し、合成抗菌剤など**化学療法剤**が続々と生まれました。1940年代に工業化された合成繊維、とくにポリエステルとアクリルは、それまでの染料では染色がむずかしい繊維でした。ここから分散染料とカチオン染料が生まれ、現代の合成染料工業につながっていきます。

染料の種類と需給動向を**第2−4−17表**に示します。**直接染料**はスルホン酸基またはカルボン酸基をもち、そのナトリウム塩を水に溶かし、食塩・ボウ硝または炭酸ナトリウムを加えた染液に、木綿やレーヨンを入れて加熱すれば直接染色できる染料です。物理的吸着やイオン結合で繊維に結びつきます。

分散染料はアゾ系、アントラキノン系、アゾイック系などの化合物で水に難溶です。分散した懸濁状態でアセテートやナイロン、ポリエステルなどの合成繊維を120〜130℃の高温で染色する染料です。合成繊維の生産とともに伸び、1970年代から1990年代までは日本でトップの生産量の地位を保ってきました。しかし、2000年代に輸出競争力を失い生産量が急速に減少しました。近年は輸入量が生産量を上回るようになりました。

蛍光増白染料は**蛍光増白剤**とも呼びます。繊維、紙、合成樹脂に添加して白さを増大させます。普通の白布、白紙は黄味を帯びるのに対して、蛍光増白染料があると紫外線を吸収して紫青色の蛍光を発し、黄味を打ち消すので白さが増したようにみえます。蛍光増白染料も2000年代に競争力を失い、生産量が壊滅的に減りました。

反応染料は発色団の部位と繊維の水酸基やアミノ基と反応して共有結合を形成する部位及び両部位を連結する部位で構成された染料です。洗濯堅牢度、耐光度に優れ、色相も鮮明です。

有機溶剤溶解染料は水に不溶、油類に可溶な染料です。親水基を含まないアミノ基・水酸基をもったアゾ染料が代表的な構造です。水を使用した染色では染料を含んだ排水の処理が困難なために、染色工程を非水化するために開発されました。パークロロエチレンなどを溶剤とした糸の染色法や転写捺染への利用開発も行われてきました。しかし、課題が多く、いま一つ普及していません。

その他の染料としては、ジーンズの藍色で有名なインジゴの**建染染料**、羊

【第 2 － 4 － 17 表】染料・顔料の種類と需給動向

（単位：t）

		1995 年	2000 年	2005 年	2010 年	2015 年	2019 年
合成染料 合計	生産	70,818	51,091	31,512	24,495	17,000	16,303
	輸出	27,401	20,113	11,306	9,983	7,953	7,576
	輸入	18,249	26,283	36,132	36,587	29,588	28,670
	内需	61,666	57,261	56,338	51,099	38,635	37,397
直接染料	生産	5,696	5,840	7,489	5,238	na	na
	輸出	403	585	481	644	341	412
	輸入	3,744	4,836	3,998	5,927	6,336	6,166
	内需	9,037	10,091	11,006	10,521	na	na
分散染料	生産	23,406	12,567	7,841	4,758	na	na
	輸出	12,191	6,204	3,894	3,211	1,827	1,759
	輸入	2,496	6,044	5,656	4,444	3,491	3,359
	内需	13,711	12,407	9,603	5,991	na	na
蛍光増白 染料	生産	9,316	8,562	797	529	na	na
	輸出	884	664	475	261	102	51
	輸入	3,360	6,926	16,968	16,812	12,713	12,340
	内需	11,792	14,824	17,290	17,080	na	na
反応染料	生産	15,139	10,989	6,479	4,227	na	na
	輸出	6,610	5,689	3,004	1,968	1,342	1,288
	輸入	2,270	2,268	3,520	2,376	1,865	1,716
	内需	10,799	7,568	6,995	4,635	na	na
有機溶剤 溶解染料	生産	3,961	3,393	2,232	3,340	na	na
	輸出	2,232	2,201	1,346	2,013	2,257	2,038
	輸入	392	562	518	556	459	423
	内需	2,121	1,754	1,404	1,883	na	na
その他 染料	生産	13,300	9,740	6,674	6,403	na	na
	輸出	5,081	4,770	2,106	1,886	2,084	2,028
	輸入	5,987	5,647	5,472	6,472	4,724	4,666
	内需	14,206	10,617	10,040	10,989	na	na
有機顔料	生産	26,907	31,008	29,044	22,510	17,603	14,143
	輸出	22,820	22,292	12,408	11,339	6,938	6,841
	輸入	5,807	5,334	22,286	22,838	21,541	18,683
	内需	9,894	14,050	38,922	34,009	32,206	25,985

（第２－４－17表　続き）

レーキ	生産	13,493	15,522	13,900	11,435	9,070	8,248
	輸出	642	151	111	151	46	94
	輸入	82	109	195	252	200	46
	内需	12,933	15,480	13,984	11,536	9,224	8,200
フタロシアニン系	生産	13,414	15,486	15,144	11,075	8,533	5,895
レーキ以外の有機顔料	輸出	22,178	22,141	12,297	11,188	6,892	6,747
	輸入	5,725	5,225	22,091	22,586	21,341	18,637
無機顔料	輸出	48,796	74,074	92,372	86,473	61,535	63,102
	輸入	92,039	79,013	73,576	84,103	82,491	76,909
二酸化チタン顔料	輸出	39,542	64,147	74,011	74,353	50,350	48,968
	輸入	80,296	64,861	58,632	68,871	63,913	55,168
クロム化合物系顔料	輸出	1,362	1,416	775	973	230	184
	輸入	1,087	2,270	2,287	1,343	949	471
ヘキサシアノ鉄酸塩系顔料	輸出	2,293	1,908	2,075	—	—	—
	輸入	0	0	0	0	32	21
その他無機顔料	輸出	5,599	6,603	15,511	11,147	10,955	13,950
	輸入	10,656	11,882	12,657	13,889	17,597	21,249

〔注〕内需は生産－輸出＋輸入で計算
　　　有機顔料の生産量はレーキとフタロシアニン系の合計、輸出入はそれ以外の有機顔料も含む
　　　ので、内需は正確でない。
資料：経済産業省『生産動態統計 化学工業統計編』、財務省『貿易統計』

　毛・絹・ナイロンなどのポリアミド結合をもつ繊維を酸性浴で直接染めることができる**酸性染料**、アクリル繊維の染色に使用される**カチオン染料**（**塩基性染料**の一つ）、黒色の染めによく使われる**硫化染料**などがあります。これらは直接染料とともに古くからの合成染料です。

　日本の合成染料工業は、1915年に三井鉱山大牟田でコールタールから得たアントラセンを原料にアリザリンを工業化したことから始まりました。その後、硫化染料により多くの会社が参入しました。ドイツ染料工業との競争に苦難の道を歩みながらも、第２次世界大戦前は有機化学工業の中核を占めてきました。第２次大戦後、有機化学工業が石油化学工業に内容を転換しながら大きく発展するなかで、合成染料の地位は低下したものの、合成繊維の発展とともに分散染料、反応染料、カチオン染料などの新分野を拡大して着

実に成長しました。1970 年代からは 6 万 t 台の生産量を保ってきました。しかし、日本の繊維産業が中国等からの輸入繊維製品に押されて縮小したために、その一翼を担う**染色整理加工業**の加工高も 1990 年 58 億㎡から 2000年 34 億㎡、2013 年 14 億㎡、2019 年 14 億㎡と大幅に落ち込みました。このため合成染料の内需が落ち込んだことに加えて、日本の合成染料工業自体の競争力も著しく低下しました。2000 年代半ばからは輸入品が国内市場を支配するようになり、生産量は 1990 年に 7 万 5,000t（分散染料 2 万 t 、反応染料 1 万 6,000 t 、蛍光染料 1 万 t ）であったのが、1990 年代半ば以降に生産量が急速に減少し、2019 年には 1 万 6,000 t になりました。**第 2 － 4 － 18 表**に 1990 年と 2019 年の輸入染料の種類別内訳と輸入先上位国を示します。1990 年時点では主要輸入先国の上位 1，2 位をドイツとイギリスが合計で数量、金額とも 45％を占めていました。2019 年には大きく変わり、主要輸入先国の上位 1，2 位は中国とインドで、合計で数量の 68％、金額の 61％を占めました。輸入平均単価は、染料全体及び直接染料、反応染料でほぼ半額、蛍光増白染料に至っては 2 割以下にまで低下しています。輸入単価がほぼ半額になっているのは、中国を除く主要輸入先国すべてです。これに対して、中国からの平均輸入単価は約 2 倍半に上昇しています。中国は1990 年時点で安値製品から国際市場に登場し、その後、ほぼすべての種類の染料を生産・輸出するようになったと考えられます。

顔料の商品知識と生産動向

顔料には**無機顔料**と**有機顔料**があります。無機顔料は、白色系の**酸化チタン**、**鉛白**、**リトポン**（硫酸バリウム／硫化亜鉛）、赤色系の酸化鉄（**ベンガラ**）、鉛丹、銀朱、モリブデン赤、黄色系の**黄鉛**、**リサージ**（一酸化鉛）、チタンイエロー、ジンククロメート、青色系の**群青**（ウルトラマリン）、**紺青**（ヘキサシアノ鉄酸塩）、黒色系の**鉄黒**などです。陶磁器、漆器塗料、朱肉、朱墨などに古くから使われてきました。これに対して、有機顔料は大正時代に染料工業から生まれてきました。現在では顔料は塗料、印刷インキ、ガラス、ゴム充填材、合成樹脂着色料、合成樹脂安定剤、化粧品などに広く使われています。

炭酸カルシウム、カオリン、タルクなど、隠ぺい力は小さいが、塗料の塗

【第２－４－18表】輸入合成染料の内訳変化

（数量合計はt、金額合計は百万円、平均単価は円／g）

1990年			2019年			
	数量	金額	平均単価		数量	金額	平均単価
直接染料	15%	9%	1,201	直接染料	22%	13%	627
酸性染料	20%	23%	2,527	酸性染料	5%	8%	1,748
塩基性染料	6%	6%	1,913	塩基性染料	6%	9%	1,564
建染料	3%	4%	3,015	建染料	2%	5%	2,459
分散染料	10%	12%	2,473	分散染料	12%	26%	2,275
反応染料	22%	24%	2,334	反応染料	6%	6%	1,104
蛍光増白染料	15%	13%	1,827	蛍光増白染料	43%	12%	288
その他染料	9%	9%	2,170	その他染料	5%	21%	4,046
合計	18,221	38,497	2,113	合計	28,669	29,500	1,029
ドイツ	33%	37%	2,317	中国	46%	46%	1,028
英国	12%	8%	1,492	インド	22%	15%	721
韓国	9%	5%	1,236	台湾	9%	5%	548
台湾	7%	4%	1,247	ドイツ	5%	7%	1,374
中国	5%	1%	420	タイ	4%	2%	486
米国	5%	4%	1,981	米国	3%	3%	900

資料：財務省『貿易統計』

膜の強化、増量の目的で使われる顔料を**体質顔料**といいます。体質顔料に染料を染め付けて沈殿剤で沈降させたものが**レーキ**です。これが最初に大量に生産された有機顔料でした。その後、着色した有機化合物で水に不溶な有機顔料が開発されました。

　レーキ以外の有機顔料には、不溶性の有機化合物だけから成るものと有機化合物と金属イオンから成るものがあり、有機化合物の構造を微妙に変えて様々な色を出しています。青から緑系のフタロシアニン系、黄色、橙、赤、青と広範な不溶性アゾ系、縮合多環化合物としては、黄色から青のスレン系、橙から紫のキナクリドン系、鮮明な紫のジオキサジン系などがあります。

　フタロシアニン顔料は、無水フタル酸、尿素、塩化銅からつくられます。アゾ顔料にはいくつかの種類があります。**アゾレーキ**は、アゾ染料（溶性アゾ）をカルシウムやバリウムのような金属塩でレーキ化（不溶性金属塩にすること）したものです。**不溶性アゾ**は、芳香族アミンをジアゾカップリング反応

でアゾ染料をつくるときに、カルボン酸、スルホン酸のような水可溶性基を
もたないために不溶性になったものです。アゾ染料を酸クロリド化し、ジア
ミンを縮合させて不溶にしたものが**縮合アゾ顔料**です。アゾ顔料はジアゾ成
分、カップリング成分の組み合わせによって非常に広い色相をつくりだすこ
とができます。そのほかに有機顔料としてはフォトルミネセンスを活用した
蛍光顔料があります。

　顔料は、不溶性なので高分子に固着させることが必要です。印刷インキ、
塗料はこの原理を使っています。**ビヒクル**（展色剤）とかワニスと呼ばれる
高分子成分のなかに顔料を閉じ込めます。

　顔料でありながら染料のように布の捺染（プリント）に使われのが、**顔料
捺染（ピグメントレジンカラー）**です。水中にバインダーとなる油滴が浮い
ているエマルションをつくります。このバインダーに顔料を分散させます。
顔料入りエマルションで布に捺染（プリント）をしたあと、乾燥または熱処
理をするだけで染色が終了です。染料による染色のような水洗い工程が不要
であり、しかも耐候性、耐洗濯性に優れた着色ができます。**バインダー**とし
ては、当初の**SBRラテックス**から現在では**アクリル樹脂エマルション**に主
流が移りました。

　有機顔料工業の生産動向は合成染料と似ています。2000年代以降は輸出
競争力が低下した分だけ生産が落ち込みました。2000年代後半から輸入が
急増し、輸入量が輸出量を上回るようになり、さらに2010年代には輸入量
が生産量を超える状態に陥りました。

機能性色素

　機能性色素は、色素を従来の繊維の染色や塗料、印刷インキなどの色材と
して使うのでなく、色素の新しい機能と用途を追求して生まれました。

　色素分子の電子は、光や電気エネルギーを吸収すると、**エネルギー準位**の
高い**軌道**に移ります。しかし、ここにいつまでも存在しているわけでなく、
ナノ秒オーダーの短い時間でもとのエネルギー準位の軌道に落ちてきます。
このときに発生するエネルギーが、色素自身の振動エネルギーや溶媒など周
りの分子の熱運動に変わってしまうのでは面白みがありません。このエネル
ギーをうまく蛍光やリン光、あるいは**電子移動**に使えると様々な活用ができ

ます。

　光感応性色素を光電変換に使うのが有機薄膜太陽電池です。原理が異なりますが、色素増感太陽電池も色素の光励起を活用しています。色素を光波長変換に使うと、色素レーザー、非線形波長変換デバイス、可視光領域で使える光触媒などができます。

　色素を記録媒体に使っているのが、CD-RやDVD-Rに使われている高吸光係数色素です。特定波長の光（実際にはレーザー光を使っています）を強く吸収して色素が破壊されることを活用して、オン・オフ情報を記録しています。光の吸収によって異性化のように分子構造が変化する色素は、フォトクロミック色素と呼ばれます。これをうまく活用して、サングラスがつくられています。今後、書き換え型の光ディスクのような大きな市場を開拓することが期待されています。

　電気を光に変換する色素は、電気によって発光する素子になります。低分子有機ELです。無機のLEDは、すでにクリスマスシーズンの飾りライトばかりでなく、信号機や電光掲示板に使われ、さらに家庭用の電球にまで急速に普及しています。有機ELは、それより一歩遅れていますが、スマートフォンのディスプレー材料や面照明材料として実用化が始まっています。

　二色性色素は細長い棒状の構造をしており、偏光を選択的に吸収します。このため偏光フィルムをつくる材料となり、液晶ディスプレーに使われます。

　このように、色素は、染料や顔料だけでなく、機能性材料をつくるための鍵となる材料になり、今後さらに幅広く活用されることが期待できるようになりました。

安全性問題

　染料、顔料の安全性については、食品用色素、医薬品用色素、化粧品用色素が、食品衛生法、医薬品医療機器法で厳しく規制されています。また、合成樹脂製品に添加する顔料についても、食品容器・包装、おもちゃに使われるものは、食品衛生法によって特定の化学物質の含有量や溶出量を指標として規制されています。

　また衣料用染料について、1994年にドイツ、続いて2000年代にEUや中国で規制が始まりました。これは分解してベンジジン、トルイジンなど指定

された約20種のアミン類（有害芳香族アミン）を生成する可能性があるア
ゾ染料を対象とした規制です。これら染料の生産自体を禁止するという規制
方法でなく、衣料製品などからこれら染料が検出されるか否かをチェックし
て、検出されるような衣料製品の製造、輸入、販売を禁止するという規制で
す。2012年に経済産業省が繊維業界（日本繊維産業連盟）に業界自主基準
の策定と運用を要請したことにより、日本では行政指導による規制が始まり
ました。皮革製品、毛皮製品にも同様な規制が行われています。

4-7　触　　媒

触媒の商品知識

　触媒は化学反応を促進させる機能材料といえます。触媒というと化学産業
だけで使うものと思われるかも知れませんが、化学産業以外にも石油精製業、
自動車産業の二つの産業は、量の面でも金額の面でも触媒の6割以上を占め
る大きな需要産業です。そのほか環境保全用触媒は、化学産業以外にも幅広
い産業で窒素酸化物などの排ガス処理のために使われている触媒です。
　石油精製用触媒としては、**水素化分解**にゼオライトやシリカ・アルミナ担
持のニッケル、モリブデンなど、**接触分解**に古くはシリカ・アルミナ、現在
ではゼオライト、**接触改質**にアルミナ担持の白金、**重油脱硫**にアルミナ担持
のコバルト、モリブデン、ニッケルが使われます。ガソリン中のメルカプタ
ンを除去する**スイートニング**には、**マーロックス触媒**として鉄のキレート化
合物が使われています。
　石油化学用触媒としては、**水素添加**にニッケル、コバルト、モリブデン、
銅、鉄、白金、ルテニウム、パラジウム、ロジウムが、**選択水添**にはニッケ
ル、コバルト、モリブデン、パラジウム、**脱水素**には鉄、クロム、**酸化**には
バナジウムや銀、**アルキル化**にはフッ化ホウ素、リン酸、**脱アルキル**にはク
ロム、**異性化**にはシリカ・アルミナ、**塩素化**には水銀や銅、**脱ハロゲン**には
リン酸カルシウム、**アンモオキシデーション**にはモリブデン、ビスマス、ウ
ランなどが使われます。**カルボニル化**にはヨウ化コバルトやヨウ化ロジウム、

ヒドロホルミル化にはロジウム錯体、コバルト錯体などが使われています。石油化学には多彩な反応があり、それに対応した多くの触媒があります。また、石油化学用触媒の**担体**としては、活性炭、シリカ、アルミナ、ゼオライト、ケイソウ土がよく使われます。

高分子重合用触媒のうち、**ラジカル重合開始剤**として、過酸化ベンゾイル、AIBN、クメンヒドロペルオキシド、ターシャルブチルヒドロペルオキシド、過硫酸塩があります。

カチオン重合触媒としては、硫酸、塩酸などのプロトン酸、塩化アルミニウム、４塩化チタン、フッ化ホウ素などのルイス酸が使われます。**アニオン重合触媒**としてはアルキルリチウム、金属アルカリが使われます。チーグラー系の**配位アニオン重合触媒**としては、アルキルアルミニウムと３塩化チタン、４塩化チタンを組み合わせ、塩化マグネシウムへの担持が行われます。また、ジルコニウムを含むメタロセン化合物とトリメチルアルミニウムを部分加水分解したメチルアルミノキサン（MAO）担持触媒系も使われています。従来のチーグラー系触媒に比べて触媒活性点が均一なので**シングルサイト触媒**と呼ばれます。

無機化学品合成用触媒としては、アンモニア合成に鉄、硫酸合成にバナジウム、硝酸合成に白金触媒網、ロジウムが使われます。

油脂加工や化粧品・医薬・食品製造には、還元ニッケル、スポンジニッケル、銅－クロム、貴金属などが触媒として使われます。

自動車排ガス浄化用触媒には**三元触媒**が使われます。これは**白金、パラジウム、ロジウム**を組み合わせた触媒で、排ガス中の一酸化炭素、炭化水素（ハイドロカーボン）の酸化と窒素酸化物の還元を同時に行います。自動車に搭載するために**ハニカム型担体**という特殊な形状の担体が使われます。低熱膨張、耐熱衝撃性の特性をもつコージェライト（コージライト）というマグネシア・アルミナ・シリカから成る特殊なセラミックスです。

工場やゴミ焼却場排ガス中の窒素酸化物除去にはアンモニアを還元剤とし、シリカ・アルミナ担体に銅、鉄、バナジウム、タングステン、モリブデンなどの遷移金属が触媒として使われます。**揮発性有機化合物（VOC）除去**には、アルミナ担体の白金、パラジウム触媒による触媒燃焼方式がよく使われています。

触媒の需給動向

第2－4－19表に示すように触媒の生産は2000年代半ばから減少してきました。自動車用触媒と石油の水素化精製・脱硫用触媒が大きく減りました。いずれも自動車排ガスの浄化に関係あるものです。しかし、2015年を底にして2019年までは回復基調にあります。

日本の触媒工業は、最近は輸出も順調に伸び、生産に対する輸出比率は約5割になっています。輸出量としては、ニッケル、貴金属以外の触媒が中心なので、アジア地域の石油精製、石油化学プラントの新増設に対応したものと考えられます。一方、輸入は最近数量が伸びて輸出数量の6割程度の規模になりました。輸入の中心が単価の低い非担体の触媒であり、しかも大きく数量が伸びているので、触媒メーカーが生産コスト削減のため、安価な中間製品の輸入を増加させていると考えられます。

4－8　電子情報材料

電子情報材料は、1980年代に日本の化学会社が化学産業の機能化を目指した際に、もっとも多くの会社が目標とした分野でした。1980年代にはまだ電子情報材料という市場は小さくて、こんな分野に日本の化学産業の将来を託せるのかという不安がありました。しかし、多くの化学会社が、この分野に多額の研究開発費を投入しました。

この結果、1990年代から、まず**半導体レジスト**、**半導体用封止材料**、**半導体用薬品・特殊ガス**、**記録材料・記録メディア**などの**電子材料**市場が成長しました。しかし、まだほとんどの会社の電子情報材料事業部門は、大きな赤字を計上していました。1990年代末になるとテレビジョンが**液晶**や**プラズマ方式**に変わり、**パソコン・携帯電話・デジタルカメラ**が急速に普及したので、**情報材料市場**が成長しました。

電子情報材料の個々の商品については、第1章の**半導体用ガス**、高純度な酸・アルカリ、有機溶剤、第2章で述べた**機能性樹脂**（感光性樹脂、光学用樹脂など）に加えて、エンジニアリングプラスチックやスーパーエンジニア

【第2－4－19表】触媒の用途別生産量・出荷額推移

(単位：t、百万円)

			2003年	構成比	2005年	2010年	2015年	2019年	構成比
工業用	石油精製用	水素化処理用（含む重油脱硫）生産量	12,514	13.6%	18,054	50,921	16,496	18,298	17.7%
		出荷額	9,350	4.5%	23,442	21,471	15,550	22,404	5.0%
		その他石油精製用 生産量	27,855	30.2%	31,432	－	29,557	29,412	28.5%
		出荷額	6,296	3.1%	6,985	－	9,388	10,578	2.4%
	石油化学製品製造用	生産量	14,377	15.6%	17,486	17,716	17,776	20,612	20.0%
		出荷額	35,115	17.1%	44,501	46,214	62,812	72,881	16.3%
	高分子重合用	生産量	15,636	16.9%	16,289	13,333	13,655	16,670	16.2%
		出荷額	14,536	7.1%	20,502	21,095	23,277	24,590	5.5%
	油脂加工・食品・医薬製造用	生産量	780	0.8%	723	－	495	388	0.4%
		出荷額	1,388	0.7%	1,281	－	1,582	8,152	1.8%
	その他工業用	生産量	1,943	2.1%	2,045	1,077	383	452	0.4%
		出荷額	3,150	1.5%	3,407	3,364	1,900	2,651	0.6%
	小　計	生産量	73,105	79.2%	86,029	83,047	78,362	85,832	83.2%
		出荷額	69,835	33.9%	100,119	92,144	114,509	141,257	31.6%
環境保全用	自動車排ガス浄化用	生産量	13,481	14.6%	15,959	11,589	9,908	11,185	10.8%
		出荷額	124,774	60.6%	196,102	181,299	200,548	294,088	65.8%
	その他環境保全用	生産量	5,664	6.1%	4,744	6,913	9,099	6,097	5.9%
		出荷額	11,322	5.5%	9,646	13,408	16,497	11,308	2.5%
	小　計	生産量	19,145	20.8%	20,703	18,502	19,007	17,282	16.8%
		出荷額	136,096	66.1%	205,747	194,707	217,044	305,396	68.4%
触媒生産・出荷合計		生産量	92,250	100%	106,732	101,549	97,369	103,114	100.0%
		出荷額	205,931	100%	305,866	286,851	331,554	446,654	100.0%
触媒貿易量・金額		輸出量	34,018	36.9%	40,708	47,996	51,192	49,399	47.9%
		輸出額	54,488	26.5%	79,575	95,888	120,227	163,709	36.7%
		輸入量	20,273	25.8%	18,321	20,431	30,568	27,426	33.8%
		輸入額	54,755	26.6%	72,618	52,497	49,569	62,573	18.1%

〔注1〕触媒貿易量・金額欄の2003年、2019年構成比は、輸出比率＝輸出／生産、輸入比率＝輸入／（生産-輸出＋輸入）
〔注2〕2010年の石油精製用触媒は、内訳が公表されなかったので、水素化処理用の欄に一括記載
〔注3〕2010年の油脂加工・食品・医薬製造用とその他工業用も、非公表項目の都合上、その他工業用の欄に一括記載
資料：経済産業省『生産動態統計 化学工業統計編』、財務省『貿易統計』

リングプラスチック、さらに第3章で述べた**機能性樹脂加工製品**（各種の機能性フィルムや精密成形加工品など）など、様々な化学製品分野にわたっています。ここでは重複を避けるために個々の商品の紹介は省略します。

　こうして2000年代なかばには、電子情報材料事業に成功した会社、失敗した会社の優劣が明確になり、成功した会社のなかには事業構造を大きく転換した会社も現れました。一方、皮肉なことに1980年代までは世界のなかで破竹の勢いであった日本のエレクトロニクス会社は、1990年代以後、韓国・台湾・中国のエレクトロニクス会社の台頭もあって、苦難の事業運営が続くことになりました。特に2000年代末の金融不況後はテレビなどの生産が急激に縮小しました。

　日本の電子情報材料工業は、韓国・台湾のエレクトロニクス会社にも電子情報材料を提供し、さらに欧米にも輸出するようになっています。電子情報材料は、量の大きな製品ではないので、いままでは日本を生産拠点として輸出を主体としたグローバル展開を行ってきました。しかしアジア地域で競合会社が続々と現れ、エレクトロニクス製品と同じ道をたどる可能性も現実化してきました。

　それとともに、情報材料市場をさらに拡大する可能性がある次の候補（**有機EL**）などの開発が進んできましたが、電子情報材料事業もまったく新たな次世代成長分野を求める段階に入りました。

　2000年代半ば以後、急速に浮上してきたのが2次電池材料です。それ以前から電子機器の小型化・モバイル化に対応して単5乾電池やボタン型の1次電池が普及し、また2次電池（蓄電池）としてはニッケルカドミウム電池、ニッケル水素電池もハイブリッドカー用や電子機器用に普及していました。リチウムイオン2次電池は、1991年に日本で最初に工業化され、その後も改良が積み重ねられて、2000年代にモバイル電子機器用に普及しました。これに応じて**電極材料**、**電解液**、**セパレータ**などの市場ができあがりました。さらに今後は**ハイブリッドカー**の普及、さらに**電気自動車**の本格的な普及、太陽電池の普及に伴う家庭用・業務用蓄電池需要の高まりにより、リチウムイオン2次電池及びその材料・部材の市場拡大が期待されます。急速充電、有機電解液による火災の危険性除去の必要から全固体リチウムイオン2次電池の研究開発をはじめとして、2次電池自体の進化も続いています。2次電

池の進化を支える材料開発は電子情報材料工業にとって魅力的な目標です。

　さらに地球温暖化対策として**太陽電池**の普及促進が国家政策として図られるようになり、太陽電池材料への期待も高まりました。しかし、太陽電池は構造が簡単なために、日本の化学会社が得意とする技術集約的な電子情報材料が決め手とはならず、中国からの安価な輸入パネルが増加するなど期待外れに終わっています。化学会社を含めて日本勢の巻返しを期待したいと思います。

4－9　香　　　料

　香料は、**第2－4－20表**に示す日本香料工業会の会員統計で生産量が7万t弱、生産金額1,780億円、経済産業省の工業統計（3人以下事業所を含む2018年総数）でも79事業所、従業員数4,076人、出荷金額1,770億円程度の小さな業界です。しかし、香料は**食品香料**として加工食品、嗜好食品に使われ、また香粧品香料として化粧品、洗剤・トイレタリー用品、日用品に広く使われている商品です。そのほかに家畜飼料、たばこ、医療用にも使われています。漏れた場合の警告用に燃料ガスに不快感を与えるにおいをつけるという変わった用途もあります。

　香料は三つの目的に使われるといわれます。第1は**嗜好性の付与**です。心地よい香りを付けること（着香）です。第2は**マスキング**です。嫌な臭いを隠してしまう効果です。第3は**機能性の付与**です。たとえば、第1の目的も当然ありますが、食品に使うスパイスには抗菌作用、抗酸化作用が、ハーブ類には害虫忌避作用が、漢方に使われる生薬には生理作用や薬効が期待されています。

　香料は原料素材によって天然香料と合成香料に大きく分類されます。主に植物を原料として、これから抽出、圧搾、蒸留などの物理的手段によって得たものが天然香料です。天然香料は様々な化学物質の混合物です。しかし、これから再結晶などによって結晶を取り出すと食品衛生法では天然香料と認められなくなります。ハッカ油とこれから得たℓ-メントールがこの例です。

　天然香料を工業規模で得るには**水蒸気蒸留**が最もよく使われます。水蒸気

【第2－4－20表】香料の需給推移

(単位： 　t 、百万円)

			2005年	2010年	2015年	2019年
国内生産	天然香料	数量	441	555	691	638
		金額	1,834	2,125	3,086	3,209
	合成香料	数量	17,737	14,284	9,706	10,728
		金額	28,647	32,732	22,134	27,158
	食品香料	数量	60,396	65,027	45,215	48,201
		金額	143,227	158,041	118,302	127,778
	香粧品香料	数量	6,740	6,872	6,891	7,401
		金額	17,324	18,700	17,891	20,300
	合計	数量	85,314	86,738	62,503	66,968
		金額	191,032	211,598	161,413	178,445
輸入	天然香料	数量	15,750	12,648	8,463	13,903
		金額	17,857	14,349	20,811	25,884
	合成香料	数量	45,905	139,978	137,507	141,871
		金額	24,113	36,505	30,278	33,921
	食品香料	数量	4,950	3,831	3,788	3,928
		金額	26,004	21,889	23,029	24,495
	香粧品香料	数量	3,399	4,018	8,109	10,435
		金額	6,177	7,614	16,394	19,211
	合計	数量	70,004	160,475	157,867	170,137
		金額	74,151	80,357	90,512	103,511
輸出	天然香料	数量	173	97	191	129
		金額	524	658	1536	911
	合成香料	数量	83,240	33,395	27,900	31,878
		金額	21,375	17,996	21,339	21,060
	食品香料	数量	5,071	5,395	4,044	4,190
		金額	14,748	14,951	12,890	14,083
	香粧品香料	数量	3,429	5,751	3,744	3,686
		金額	5,384	7,687	8,296	10,124
	合計	数量	91,913	44,638	35,879	39,883
		金額	42,031	41,292	44,061	46,178

※国内生産は日本香料工業会会員からの香料統計資料の製造の合計。
※輸出入は財務省の貿易統計に収載されているもの。
資料：日本香料工業会

と天然香料成分を冷却すると**アロマ精油**と**フローラル・ウォーター**が得られます。ただし、水蒸気蒸留法では加熱に弱い成分が分解する可能性があります。これを改良したスピニング・コーン・カラム（SCC）蒸留という水蒸気蒸留法があります。有機溶媒（ヘキサン、石油エーテル、アルコール、酢酸エチルなど）を使った**抽出法**も使われます。抽出法は加熱に弱い成分も得られます。抽出後、有機溶媒を蒸発させ、天然香料成分を乾固し、天然香料が**コンクリート（固体状）**または**レジノイド（粘稠状）**として得られます。コンクリートをエチルアルコールに溶解したものが**アブソリュート**です。有機溶媒に代わって、超臨界炭酸ガス抽出法も使われています。**圧搾法**は主に柑橘類に使われます。**天然香料**は同じ植物でも植物体の部位により、また時期、産地、得る手段（水蒸気蒸留か、抽出かなど）によって内容が変わります。食品衛生法では、天然香料の原料として使ってよい動植物名を天然香料基原物質リストとして約600品目示しています。

　合成香料は、化学反応を利用して合成した**単品香料**です。混合物ではありません。しかし、すでに述べた ℓ-メントールのように天然香料から純品を取り出した**単離香料**も含みます。合成香料は、石油化学製品などを出発原料とする場合と、天然香料から得た単離香料を出発原料とする場合があります。パルプ製造時の副生物テレビン油から得られる β-ピネンを出発原料に、ノーベル化学賞を受賞された野依良治先生の開発された**不斉合成触媒**を使って ℓ-メントールは工業規模で生産されています。

　合成香料は品質が安定しています。世界の市場で取引される合成香料は約500品目といわれています。食品衛生法では約100品目と18類の合成香料が指定添加物として使ってよいことになっています。

　多くの香料成分は分子量が350以下、骨格炭素数が20以下、おおむね6〜15程度、沸点が20℃から300℃程度です。揮発性物質なので、それほど複雑な構造の分子ではありませんが、不斉炭素や幾何異性体をもつものが多いので、その点が合成香料をつくる際の難しさになります。すでに述べた不斉合成触媒や**酵素**が合成香料の生産にはよく使われます。

　香料分子の炭素骨格としては、芳香族と脂肪族（環状も含む、二重結合をもつものが多い）に大別されます。炭素原子以外の原子（多くは酸素）を環内にもつ複素環骨格の場合もあります。官能基はヒドロキシ基、アルデヒド

基、ケトン基、カルボキシ基、エステル基（環状エステルのラクトンを含む）、エーテル基が多く、窒素や硫黄を含む香料（悪臭物質を除く）も少数（とくに後で述べるフレーバーには）ありますが、塩素、リンを含む香料はほとんどありません。波長のスペクトルで捉えられる色や音と違って、香り・臭いは物理的数字によって全体像を捉えることができません。しかし、香りをある程度嗅ぎ分けることはできます。このため、香りの表現は物理的数字ではなく、フローラル（花の香り）、フルーティ（果物の香り）、シトラス（柑橘類の香り）、グリーン（草や葉の香り）、ハーバルまたはアロマティック（ハーブの香り）、ウッズ（材木の香り）、モッシー（苔の香り）などのような、例示的・感覚的な言葉が使われます。1991年に嗅細胞のにおい分子受容体タンパク質遺伝子群が発見され、現在までに数百以上ものにおい分子受容体の存在が確認されました。しかし、におい分子受容体とにおい分子が1対1に対応する訳でないこともわかりました。したがって、さまざまに表現される香りと分子構造との関係はあまり解明されていません。色と染料の分子構造のようにコンピュータケミストリーによって設計できるレベルには、まだほど遠い状況です。

　天然香料、合成香料の単品をそのまま使うことは少なく、目的に合わせて複数の香料を使って調合香料にしてから使います。一般に調合香料は、トップ・ノート、ミドル・ノート、ベース・ノート（フレグランスの場合）またはラスト・ノート（フレーバーの場合）の3階層に分類して設計されます。トップ・ノートは香り立ち、ミドル・ノートは香りの中核、ベースまたはラスト・ノートは残り香です。

　食品向けの調合香料が食品香料（フレーバー）です。水溶性、油溶性、乳化、粉末などの形態があります。食品の香りはおいしさの重要な要素であり、食品香料は食品をおいしく食べられるようにするために加えられます。食品自体のもつおいしい香りを強化したり、加工・流通過程で少なくなってしまう香りを補ったり、加工過程で発生する加熱臭などをマスキングしたりします。「かに風味かまぼこ」（1972、3年）は、インスタントラーメン（1958年）、レトルトカレー（1968年）とともに戦後日本の加工食品三大発明のひとつとされます。スケトウダラを主原料としますが、かにフレーバーが決め手です。

　化粧品、トイレタリー製品向けの調合香料が**香粧品香料（フレグランス）**です。**香水**は香り成分の揮発性（分子量にある程度相関）に応じて、**トップ・ノート、ミドル・ノート、ベース・ノート**の３階層に分類して設計されます。したがって、香水はつけてからの時間に応じて香りが変化していきます。トップ・ノートは香水を付けて最初に香るもので第一印象といわれます。持続時間は20分程度です。柑橘系、ハーブ系、フルーティ系がよく使われます。ミドル・ノートは香水の中心となる香り成分です。フローラル系が代表的です。持続時間は３時間程度です。ベース・ノートは１２時間程度持続する残り香です。ウッズ系やムスク系がよく使われます。

　フレグランスの安全性については、国際的な組織である香粧品香料原料安全性研究所（RIFM）が設立されて、安全性評価を行っています。この評価に基づき、使っていけない香料成分を定めたり、化粧品に使う場合の上限を定めたりしています。香料は大量に食べたり、吸入したりするものではないので、毒物劇物のような急性毒性が問題になるケースは少なく、最も注意されるのがアレルギー反応です。化粧品として肌に付けることが多いためです。アレルギーを起こす可能性のある物質（天然香料に含まれるものも含め）は相当数あり、使用濃度（PPMオーダー）を決めている場合があります。

　フレーバーの安全性については、食品に関する国際政府間機関CAC（FAO/WHO合同食品規格委員会、コーデックス委員会）が2008年に「香料使用に関するガイドライン」を採択し、国際的整合化に向けて動いています。CACに科学的な提言をする委員会として、JECFAが設置され、多くの食品香料の安全性評価を逐次進めています。日本ではフレーバーは、食品添加物として食品衛生法による安全性評価を受けています。

　第２－４－20表に示すように香料は数量、金額ともに輸入超過で、しかも入超幅が拡大しており、2019年には入超金額が570億円になっています。内需に占める輸入比率は40％を超えています。

４－10　製紙用薬品

　パルプの製造には、**か性ソーダ、亜硫酸ソーダ、塩素、過酸化水素**などを

大量に使いますが、パルプから紙をつくる**製紙工程**ではファインケミカルに属する多くの薬品が使われています。サイズ剤、紙力増強剤、歩留向上剤、濾水剤、填料などです。

　サイズ剤は、紙の耐水性、インクのにじみ防止、表面滑性、印刷適性を向上させます。パルプに調合して使う内添サイズ剤と紙の表面に塗布する表面サイズ剤があります。**内添サイズ剤**には、ロジン誘導体、アルキルケテンダイマー（AKD）、アルケニル無水コハク酸（ASA）が使われます。ロジン誘導体のような内添サイズ剤のパルプへの定着性を高めるために、過去においては**硫酸アルミニウム**が**定着剤**として広く使われてきました。しかし**酸性紙**問題（紙の長期保存を難しくする）から最近は硫酸アルミニウムを使わないようになってきました。**表面サイズ剤**としてはスチレン系樹脂、アクリル系樹脂、オレフィン系樹脂などが使われています。

　紙力増強剤は、紙の繊維間の水素結合を強化して紙の強度を高めるために使われます。高速印刷のために、紙の強度向上が求められます。ポリアクリルアミドを主成分とするものが主流で、アニオンタイプ、共重合タイプ、マンニッヒタイプ、ホフマンタイプなどがありますが、アクリル酸とアクリルアミドの共重合タイプが伸びています。

　歩留向上剤は、抄紙の際のパルプや填料が紙に留まる割合を向上させるために使われます。硫酸アルミニウムがよく使われてきましたが、酸性紙問題のためにポリアクリルアミドやデンプンに切り替えられるようになってきました。

　濾水剤は、抄紙工程での水切りをよくするために加えられます、しばしば登場するポリアクリルアミドやポリエチレンイミンが使われます。

　填料は、紙に不透明性をつけ、白色度を増すために使われます。炭酸カルシウム、カオリン、タルク、ホワイトカーボン、カチオン変性のユリア樹脂などが使われます。インキを紙に付けたときにインクが裏に染み出してしまうことを防ぎます。新聞紙を軽量化するために薄くすることが進んでくると、裏面の印刷が透けてみえるようになるので、これを防ぐ役割もします。

　製紙工程を離れて古紙を再利用する際に不可欠な薬品として、**脱墨剤**があります。印刷インキを除去するために、脱墨剤とか性ソーダのようなアルカリが使われます。脱墨剤は界面活性剤で、紙の繊維に付着した印刷インキを

剥離し、泡に付着浮上させます。ポリオキシエチレンアルキルエーテルやポリオキシエチレンアルキルフェニルエーテルが使われます。

4－11　コンクリート用薬品

　コンクリート用薬品はセメント混和剤とも呼ばれます。コンクリートは、体積の大きな順から骨材、水、セメント、コンクリート用薬品から成ります。コンクリートの性能向上はセメントの改良を主体に行われてきましたが、最近は新しいセメントの出現が少なくなっており、コンクリートの改良はもっぱらコンクリート用薬品に依存しています。**第2－4－21表**は、セメント混和剤と呼ばれる薬品の範囲を少し拡張してコンクリート用薬品としてまとめました。

　セメント硬化時には、主成分であるケイ酸カルシウムの水和反応が起こっており、発熱します。セメントの硬化過程の研究が進むとともに、無機物だけでなく、有機物も含めて、様々な薬品が開発されてきました。

　セメント粒子は凝集性が高く、水と混ぜたときにかなり激しく撹拌しても粒子の凝集体になってしまいます。これに界面活性効果をもつ**分散剤（減水剤）**を加えると、セメント粒子の表面を界面活性剤分子が覆い、お互いに静電反発するようになるので、水のなかでのセメント粒子の分散性が向上し、流動性が増します。加える水の量を少なくできるので**減水剤**とも呼ばれます。添加する水を減らせ、セメントの分散性がよくなるために、コンクリートの強度の向上、水密性や化学的侵食に対する抵抗性も向上します。

　AE剤も界面活性剤です。コンクリート中に微細な空気（Air）の泡を連れ込む（Entrain）ことによって、コンクリートの流動性を高め、減水効果も発揮させます。

　セメント硬化遅延剤は、生コンの長時間輸送や大規模なコンクリート打ちの際に、コンクリートの凝結、硬化を遅らせるために使われます。有機系のカルボン酸塩や糖類は遅延効果だけでなく、減水効果も持っています。無機系のケイフッ化マグネシウムは超遅延剤として使われます。

　セメント硬化促進剤は、寒冷時にコンクリートを早期に硬化させることに

【第２－４－21表】コンクリート用薬品

項　目	機　能	化合物例
AE剤（空気連行剤）	コンクリート内の気泡を独立気泡とし、流動性を付与する。また、軽量化、凍害防止にも寄与する。	天然樹脂、アルキルベンゼンスルホン酸塩、ポリオキシエチレンエーテル
減水剤（表面活性剤、分散剤）	セメント粒子を分散させ、使用水量を減らし、コンクリートの強度を高める。	リグニンスルホン酸類、芳香族スルホン酸類、メラミンスルホン酸類、ポリカルボン酸類
凝結・硬化促進剤	セメントの水和反応を促進し、コンクリートの強度を早期に発現させる。	塩化カルシウム、硝酸塩、亜硝酸カルシウム、チオシアン酸カルシウム、アミン類
凝結・硬化遅延剤	セメントの凝結時間を延長し、コンクリートの取り扱い時間に余裕を持たせる。	けいフッ化物、りん酸塩、亜鉛・鉛・銅酸化物、カルボン酸類、糖類
急結・急硬剤	セメントの凝結時間を著しく短縮し、コンクリートが凝結前に施工面から流動、落下するのを防ぐ。	けい酸塩、カルシウムアルミネート、カルシウムサルホアルミネート
増粘剤	モルタルやコンクリートの粘度を上げ、養生中の材料分離や乾燥を防止する。	セルロース誘導体、ポリアクリルアミド、ポリビニルアルコール、多糖類
防錆剤	コンクリート中の塩分による鉄筋の腐食を防止する。	亜硝酸リチウム、りん酸塩、けい酸塩、アミン類、有機りん酸塩、アルキルフェノール類、メルカプタン類
発泡剤・起泡剤（気泡剤）	気泡を発生させる。軽量気泡コンクリート製造用。	アルミニウム粉末、ポリエーテル類、アルキルベンゼンスルホン酸塩、高級アルキルエーテル硫酸エステル
繊維質補強材	コンクリートの曲げ強度を向上し、脆性を改善する。	石綿、ガラス繊維、鋼繊維、合成繊維、セルロース繊維、炭素繊維
ポリマー混和材	コンクリートに防水性、防食性、接着性などを付与する。	天然および合成ゴムラテックス、合成樹脂エマルション
微粉	コンクリートの強度、耐久性流動性を向上する。	スラグ、フライアッシュ、シリカヒューム、無水石こう、石灰石
膨張剤	コンクリートの収縮による亀列発生を防止したり、プレストレスにより強度を向上する。	生石灰、カルシウムサルホアルミネート、マグネシアクリンカー
その他の添加剤	着色、防凍など	ベンガラ、酸化クロム、フタロシアニン

資料：特許庁『特許マップ』

より、凍結によるトラブルを防止したり、型枠の回転率を早くしたりするために使われます。19世紀後半から塩化カルシウムが有用であることが知られており、使われてきました。しかし、1980年代に鉄筋コンクリートの鉄

筋のサビ発生を抑え、コンクリート構造物の耐久性を向上させるために、塩化物イオン量がJISで規定されるようになりました。このため塩化カルシウムに代わる促進剤の開発が図られ、無機系の硝酸塩、亜硝酸塩、チオシアン酸塩、有機系のジエタノールアミン、トリエタノールアミン、酢酸カルシウムなどが開発されました。

4－12　水処理用薬品

　水処理用薬品は、用水、排水、水回収処理に使われる薬品類です。広く産業ばかりでなく、ビルなどの水処理・水管理にも使用されます。既に機能性樹脂としてイオン交換樹脂、また機能性樹脂加工製品として逆浸透膜を紹介しました。これらの製品も水処理資材ですが、ここではファインケミカルに属する水処理薬品を紹介します。第2－4－22表に主要な水処理用薬品を示します。

　ボイラー薬品は、産業革命で水蒸気が動力として使われるようになって以来使われてきた代表的な水処理用薬品です。蒸気機関車にも不可欠でした。ボイラーは、水を蒸発させて蒸気をつくり、蒸気に動力や加熱の仕事をさせる機械です。火力発電所、原子力発電所には巨大なボイラーがあります。そのほか多くの工場が大小のボイラーを持っています。仕事を終えた蒸気は復水器で水に戻して再び使います。復水はろ過機、イオン交換樹脂で固形物やカルシウムを除去します。

　ボイラー用水は、pH、塩化物イオン濃度、リン酸イオン濃度、残留ヒドラジン濃度、シリカ濃度などを管理し、ボイラー配管の腐食や管内へのスケール付着の防止を行います。脱酸素剤は腐食の原因となる溶存酸素を除去する薬品です。ヒドラジンが代表的な化合物です。しかし、ヒドラジンに変異原性が認められるために最近は他の脱酸素剤や物理的な脱気法（減圧など）が検討されています。

　清缶剤はスケール防止のためにpHやリン酸イオン濃度を調整する薬品です。清缶剤に脱酸素剤も一緒にした製品として販売されることもあります。

　冷却水をつくるための冷却塔（クーリングタワー）は、ビルの上や工場で

【第2－4－22表】水処理用薬品

用途	種類	化学物質例
ボイラー薬品	清缶剤	アルカリ、リン酸塩
	脱酸素剤	ヒドラジン、亜硫酸塩、ジエチルヒドロキシルアミン
	復水処理剤	脂肪酸アミン塩
	軟水化	イオン交換樹脂
冷却水薬品	防食剤	トリルトリアゾール
	分散剤	アミノトリメチレンホスホン酸
	スライム防止剤	殺藻剤
	スライム洗浄剤	過酸化水素、次亜塩素酸ソーダ、グルタルアルデヒド
排水処理薬品	高分子凝集剤	アクリルアミド共重合物、ポリアクリル酸系、ジメチルアミノエチルメタクリレート系ポリマー
	無機凝集剤	塩化アルミニウム、硫酸アルミニウム、塩化第二鉄－シリカ
	凝集助剤	水ガラス、ベントナイト、アルギン酸ナトリウム
	有機凝結剤	ポリアミン、ＤＡＤＭＡＣなど、無機凝集剤の使用量削減、スラッジ発生量抑制
	バルキング制御剤	活性汚泥沈降不良の防止剤
	栄養剤	活性汚泥微生物用ＮＰＫ栄養素
	消泡剤	シリコーン系、ポリエーテル系、高級アルコール系
	重金属捕集剤	硫化鉄、ピペラジンビスカルボジチオ酸塩
	消臭剤	香料マスキング剤、中和剤

しばしば見かけます。冷却水は循環使用されるので、腐食防止、スケール付着防止、**スライム**（細菌のコロニーや藻）付着防止が重要です。都市部でビル屋上からの冷却水飛沫による**レジオネラ菌**による感染が問題となりました。レジオネラ菌は自然界（河川、湖水、温泉や土壌など）に生息している細菌です。レジオネラ菌に汚染されたエアロゾル（霧・しぶき）を吸入することによって重度の肺炎を引き起こすことがあります。抗レジオネラ用空調水処理剤協議会という業界団体もつくられ、レジオネラ防止対策の普及に取り組んでいます。

　排水処理はpH調整、凝集沈殿、活性汚泥処理などの工程で行われます。それぞれの工程に各種の水処理薬品が使われます。**凝集沈殿**には、無機、有機の凝集剤に加えて、凝集助剤、有機凝結剤などが使われます。凝集沈殿後の**ろ過**、**汚泥脱水**を円滑に進めるためにも、凝集沈殿用の処理薬品を適切に

使うことが重要です。**活性汚泥処理**は、水に溶けた有機物を除去するために
行います。活性汚泥中の微生物を良好な状態に保つために栄養剤が使われま
す。また、糸状菌が増殖すると**バルキング**という沈降槽での活性汚泥の沈降
不良が起きてしまいます。このような活性汚泥のトラブル防止のために様々
な水処理薬品が開発され販売されています。そのほか**重金属捕集剤**、**硝酸性
窒素分解剤**、**消臭剤**、**消泡剤**など多くの排水処理剤があります。

　水処理については、単に水処理用薬品を販売するだけでなく、水処理装置
とともに、工場やビルなどの現場が抱える水処理問題を総合的に解決する**ソ
リューションビジネス**として展開する動きが近年強まっています。最近は広
い面積を必要とする最終沈殿池が必要な従来型の活性汚泥法に代わって、活
性汚泥槽の中に膜分離装置（膜の孔径が細菌より小さい）を併設する膜分離
活性汚泥法など、新しい水処理技術が生まれています。

４－13　試　　　薬

　試薬は研究や検査のために、化学産業以外にも多くの産業に提供されるファ
インケミカル製品です。品数は３万以上といわれ、常時生産している品目
と受注生産の品目があります。

　試薬は、**化学物質審査規制法**では「化学的方法による物質の検出若しくは
定量、物質の合成の実験又は物質の物理的特性の測定のために使用される化
学物質」と定義され、製造等の届出規制の対象外とされています。**第２－４
－23表**に現在の日本の試薬会社が提供している製品を示しますが、化学物
質審査規制法の定義に該当するのは、**一般用試薬**、**標準品・標準物質**および
特定用試薬の一部だけと考えられます。特定用試薬には、高感度の機器分析
のために一般用試薬では対応できない高品質を保証するものがあります。

　試薬は高純度であることから、最近はエレクトロニクス産業で使う電子情
報材料の一つに加わりました。エレクトロニクス製品を製造する際に使われ
るエッチングやメッキなどの反応薬品や洗浄剤です。また、特定用試薬には、
大学や企業研究所で行う有機合成実験や素材合成実験を効率化するために、
水分を含まないように調製した化学製品を提供し、さらに使用に当たっても

【第2－4－23表】試薬の種類

種類			目的
一般用試薬	特級、1級		一般的研究、分析
特定用試薬 （用途別試薬）	機器分析用試薬		高感度分析
	環境分析用試薬	機器分析用	微量・高感度分析
		簡易分析用試薬・キット	試験効率化
	有機合成研究用試薬		研究効率化
	素材研究用試薬		研究効率化
	生化学用試薬	血液中のたんぱく質、酵素、窒素化合物、コレステロール、脂肪、金属イオン、糖の測定	疾患有無の1次検査
	微生物試験（細菌検査）用試薬		食品検査、環境検査
		培養培地、発色剤、確認培地、染色剤、DNA抽出キット	増殖、分離培養、鑑別・同定
標準品・標準物質			検量線作成、機器校正
	混合標準液（農薬など）		試験効率化
臨床検査用試薬	処方箋医薬品以外の医療用医薬品に属する		
	体外診断用医薬品		検体検査（血液、尿、便、細胞、組織等）、バイオマーカーの検出
	体内診断用医薬品		造影剤
少量高純度物質、少量特異機能物質	光学活性（キラル）化合物、グリニャール試薬等		医薬、農薬等の中間体
	不斉触媒		キラル化合物合成
	エレクトロニクス産業用高純度薬品		歩留り向上

空気中の水分が入らないように工夫された容器を使うというようなものがあります。さらにユーザー側での研究や製造の効率化を図るために、キラル化合物（自らの鏡像と重ね合わすことができない構造の化合物、光の偏光面を回転させる光学活性をもつ）や不斉触媒（キラル化合物をつくり分けることができる触媒）のような少量の特異機能物質を提供することにまで、試薬会社の仕事が広がってきました。こうなると化学物質審査規制法の試薬の範囲を超えています。このように試薬という商品は、一般に考えられる検査用・実験用試薬の範囲を超えて拡大しています。

　なお、体外診断用医薬品は2013年薬事法大改正（医薬品医療機器法に名称変更）とともに、従来の医薬品とすべて同等の規制（品目ごとに厚生労働大臣の承認）が大きく変わり、品目の内容に応じて、大臣承認、第三者機関

認証、届出の3区分が導入され、規制緩和されました。

4−14　その他ファインケミカル

　ファインケミカル製品には以上紹介した製品のほかにも、まだ多くの製品があります。たとえば、石油添加剤、産業火薬、有機金属、飼料添加物、動物薬、乾燥剤、食品用脱酸素剤、金属表面処理剤などです。

　石油添加剤は、燃料油添加剤と潤滑油添加剤に大別されます。いずれも油の酸化防止、タンク内面の防錆、帯電防止などの機能を担っています。市場としては潤滑油添加剤の方が大きく、**潤滑油添加剤**のなかでも清浄分散剤がその半分を占めています。**清浄分散剤**は、不溶性スラッジやススの油中への分散、有機酸の中和、水などの不溶化の機能をもちます。スルホネート、フェネート、サリシレート系化合物やアルケニルコハク酸イミド、アルケニルベンジルアミンなどが使われます。

　燃料油添加剤の一つである**オクタン価向上剤**（アンチノッキング剤）として長年使われてきた4エチル鉛の代替として、MTBEやETBEが1980年代に米国で大規模に使われました。しかしガソリンスタンドの老朽化した地下タンクからの漏洩によってMTBEの地下水汚染が各地で発覚し、使用禁止になりました。ガソリンに比べて、エーテルであるMTBEなどは水に溶解しやすいので、ガソリン中のMTBEが微量に溶解していくためでした。

　産業火薬は、土木・砕石用、石灰石採取用に使われています。かつては炭鉱や金属鉱山の用途もありましたが、現在ではほとんどなくなり、約6割が土木・砕石、4割が石灰石採取用になっています。しかも2000年代に入って公共工事の減少が続いたために産業用火薬の需要も2000年から2013年の間に数量、金額ともに半減しましたが、その後は横ばいです。

　火薬類取締法では、銃の発射薬のような推進力を得るための**火薬**、岩石の破砕のような破壊力を得るための**爆薬**、火薬や爆薬をある目的に適するように加工した**火工品**（雷管、実包・空砲、信管・火管、導火線、信号焔管、煙火など）に分類しています。産業火薬は爆薬と火工品が該当します。爆薬にはダイナマイト、アンモン爆薬、硝安爆薬、カーリット（過塩素酸塩）、含

水爆薬（エマルションタイプ）、硝安油剤爆薬（**ANFO**）などがあります。1950年代はダイナマイトが産業火薬の主流でしたが、1960年代からANFOが伸び、1970年ころにはダイナマイトとANFOが産業火薬の半分ずつを占めるようになりました。1970年代からは含水爆薬が徐々に増加し、現在ではANFOが数量の約7割、含水爆薬が約3割を占め、ダイナマイトは1％程度にまで落ちたと推定されます。金額では安価なANFOが約4割に過ぎず、含水爆薬その他が約6割を占めます。

　自動車のエアバッグ装置（モジュール）は、自動車衝突時に急激に膨らみドライバーや同乗者を守る装置です。現在の自動車には7から十数個搭載されています。エアバッグ装置は、衝突を感知するセンサー、センサーからの信号を受けて点火薬によって着火するスクイブ（点火具）、スクイブの着火によりガスを発生させるインフレータ（ガス発生器）、発生したガスにより膨らむバッグ（袋）から成ります。2017年に日本の大手エアバッグ装置会社が欠陥エアバッグ問題により製造業としては戦後最大の負債額を抱えて経営破綻しました。このような事業の難しさを痛感させる事件でした。スクイブやインフレータは、火薬、爆薬を使っている火工品であり、現在の日本の火薬製造会社の経営を支える重要な柱です。しかし、欠陥エアバッグ問題によって明確になりましたが、多くのインフレータは災害の発生の防止及び公共の安全の維持に支障を及ぼすおそれがない火工品として告示により火薬類取締法の適用除外になっています。日米市場開放問題に関連して1986年に最初の告示が行われ、その後、多くの種類のインフレータなどに関する適用除外の告示が出されています。

　有機金属は金属に有機官能基が共有結合した化合物です。有機酸の**金属塩**や金属イオンに有機配位子が配位した**錯体**とは異なります。有機官能基と金属の両方が変わることによって、非常に多種類の化合物が存在し、また多くの製品がつくられています。そのなかで産業上重要なものは、シリコン単結晶の原料やシリコンウェハーのエピタキシャル成長に使われる**トリクロロシラン**、シリコーン（ケイ素樹脂、ケイ素ゴム）の製造用中間体となる**ジメチルジクロロシラン**、**トリメチルクロロシラン**、表面処理剤などに使われる**シランカップリング剤** $RSiX_3$（Xは主に塩素とアルコキシ基）、医薬品合成で活性水素の置換保護に使われる**シリル化剤**、半導体製造におけるエピタキシャ

ルガスとしての**シラン**、太陽電池用アモルファスケイ素膜生成に使われるジ
シラン、重合触媒として不可欠な**アルキルアルミニウム**、**トリアルキルボラ
ン**、有機合成反応触媒として使われる**ホスフィン類**（IUPAC名では**ホスファ
ン**）などがあります。現在では使用禁止になっている４エチル鉛、同じく現
在は使用禁止となっている酢酸フェニル水銀などの有機水銀系農薬、水俣病
の原因物質であるメチル水銀化合物（塩化メチル水銀など）も有機金属です。
メチル水銀化合物や爆発性の銅アセチリド、銀アセチリドなど、生成させる
つもりがなくても生成してしまって思いがけない事故・事件を引き起こす有
機金属もあるので注意が必要です。

　飼料添加物は、飼料の品質保持や栄養成分補給、飼料が含有する栄養成分
の有効な利用促進のために加えられます。飼料安全法に基づき使用可能な化
合物として157種が指定されています。**第２－４－24表**に利用目的別に指
定された飼料添加物の例を示します。

　第２－４－３図に主要なファインケミカル製品および前章で紹介した塗
料、印刷インキ、接着剤、有機ゴム薬品（硫化促進剤と老化防止剤のみの集
計値）および次章で紹介する化粧品、界面活性剤の出荷金額（工場出荷額ベ
ース）推移を示します。ただし医薬品は厚生労働省の薬事生産動態統計にあ
る生産金額のため、2005年から生産の定義が変わり連続性が失われていま
すが、大まかな動向をみるために単純に並べました。なお、これらの数値は
工場出荷価格と末端市場価格が大きく異なる化粧品などでは見方に注意する
必要があります。

　市場規模としては、医薬品（製剤）が圧倒的に大きく約７兆円。しかもな
お増加トレンドが読み取れます。次の化粧品は2010年代後半に輸出増加に
より市場が増加して約1.7兆円、その次の塗料はこの20年間ほぼ横ばいの
約7,000億円です。触媒の市場規模はこの20年間、貴金属価格の乱高下の
影響を強く受けて2,000億円から5,500億円を乱高下して2019年は4,500
億円になりました。接着剤が2000年代、2010年代と増加中で4,000億円
規模に到達しました。農薬は横ばいで3,300億円規模、印刷インキは長期
縮小傾向で2,800億円規模。界面活性剤はこの20年間ゆっくり増加を続け
て2,600億円程度になりました。香料も同様で1,700億円規模です。試薬
は2015年に1,600億円に達しましたが、その後減少に転じて2018年には

【第2－4－24表】飼料安全法による指定飼料添加物

飼料の品質の低下の防止（17種）	抗酸化剤（3種）	エトキシキン、ジブチルヒドロキシトルエン、ブチルヒドロキシアニソール
	防かび剤（3種）	プロピオン酸、プロピオン酸カルシウム、プロピオン酸ナトリウム
	粘結剤（5種）	アルギン酸ナトリウム、カルボキシメチルセルロースナトリウムなど
	乳化剤（5種）	グリセリン脂肪酸エステル、ポリオキシエチレンソルビタン脂肪酸エステルなど
	調整剤（1種）	ギ酸
飼料の栄養成分その他の有効成分の補給（87種）	アミノ酸等（13種）	DL-アラニン、塩酸L-リジン、L-グルタミン酸ナトリウム、タウリン、DL-トリプトファン、L-トリプトファン、DL-メチオニンなど
	ビタミン（33種）	L-アスコルビン酸、d-ビオチン、ビタミンA油、ビタミンD粉末、ビタミンE粉末、葉酸、リボフラビン、リボフラビン酪酸エステルなど
	ミネラル（38種）	塩化カリウム、クエン酸鉄、水酸化アルミニウム、炭酸コバルト、炭酸マンガン、ペプチドマンガン、ヨウ化カリウム、硫酸亜鉛、硫酸銅、リン酸二水素ナトリウムなど
	色素（3種）	アスタキサンチン、β-アポ-8'-カロチン酸エチルエステル、カンタキサンチン
飼料が含有している栄養成分の有効な利用の促進（53種）	合成抗菌剤（6種）	アンプロリウム・エトパベート、クエン酸モランテル、デコキネート、ナイカルバジンなど
	抗生物質（18種）	亜鉛バシトラシン、アビラマイシン、エフロトマイシン、エンラマイシン、クロルテトラサイクリン、サリノマイシンナトリウム、セデカマイシン、ナラシン、ノシヘプタイド、硫酸コリスチン、リン酸タイロシンなど
	着香料（1種）	着香料（エステル類、エーテル類、ケトン類、脂肪酸類、脂肪族高級アルコール類などのうち、1種又は2種以上を有効成分として含有）
	呈味料（1種）	サッカリンナトリウム
	酵素（12種）	アミラーゼ、プロテアーゼ、キシラナーゼ、β-グルカナーゼ、セルラーゼ、フィターゼ、ラクターゼ、リパーゼなど
	生菌剤11種）	エンテロコッカス　フェカーリス、クロストリジウム　ブチリカム、バチルス　コアグランス、ビフィドバクテリウム　サーモフィラムス、ラクトバチルス　サリバリウスなど
	その他（4種）	ギ酸カルシウム、グルコン酸ナトリウム、二ギ酸カリウム、フマル酸

1,000億円に縮小しています。合成染料は1990年代後半から縮小が止まらず、最近では300億円を割り込む市場規模になりました。図には示していませんが、産業火薬の最近の市場規模は生産動態統計 化学工業統計編で

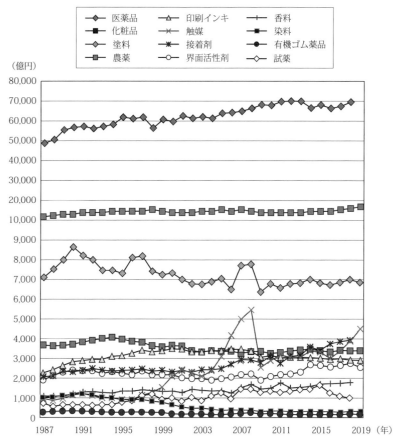

〔注〕医薬品は生産額、農薬は農薬年度。
資料：経済産業省『生産動態統計 化学工業統計編』、『工業統計』、
厚生労働省『薬事生産動態統計』、農薬工業会

**【第2－4－3図】主要ファインケミカル品、塗料、印刷インキ、接着剤、化粧品等の
出荷額推移**

は90億円程度です。これに対して工業統計による火薬類製造業の出荷額は
900億円規模で、よくわかりません。2010年代に工業統計の数値が急に大
きくなり、長期的なトレンドが分からなくなりました。エアバッグ装置用の
火薬の統計算入が不統一のためかも知れません。

　このように各製品群の市場を比較してみると、ファインケミカル製品とい
っても、ずいぶん規模が違っていることに気付かれると思います。

5. 消費財化学製品

5-1 写真感光材料

写真感光材料の歴史と動向

写真感光材料は長い歴史をもつ化学産業の有力な一分野でした。しかし、20世紀末に一挙に普及した**デジタルカメラ**の登場によって、世界中で市場が急激に縮小し、生産が大幅に減少し存亡の危機に直面しましたが、2010年代前半に日本では出荷額が底を打ち生き残りの道が見えてきました。

写真は、光に反応する化学薬品が感光し、さらにこれを現像・定着・焼付けして、カメラで見た像を紙等の上で見る技術です。写真感光材料は、**感光**、**現像**、**定着**、**焼付け**に使用する材料を指します。

ハロゲン化銀が光に反応して銀を生成することは、18世紀に知られていました。これをカメラと組み合わせて、写真として像を紙の上で見ることができるようになるのは、19世紀に入ってからです。いくつかの写真技法が生まれました。そのなかで19世紀なかばの湿式コロジオン法、19世紀後半のゼラチン乾板の発明が現在の写真技術につながっていきます。しかし、この頃までは写真技術は一部のもの好きな人たちが楽しむものでした。

19世紀末にアメリカの**イーストマン**が紙に乾燥した感光材料を塗布した**フィルム方式**を発明し、**コダック社**を設立したころから写真感光材料工業は始まったといえましょう。フィルム方式によって写真家が薬品を持ち運ぶ必要がなくなり、また現像サービスも生まれたので、20世紀に入ると写真は広く普及し始めました。20世紀前半には、持ち運びしやすいカメラが開発されるとともに、写真フィルムも紙から**セルロイドフィルム**、さらに**酢酸セルロース（トリアセテート）フィルム**へと変わっていきました。1930年代にはカラー写真フィルムも開発されます。写真フィルムの発展とともに、映画産業も生まれました。

　日本では明治初期の1873年に**杉浦六三郎**が**小西屋六兵衛商店**で、輸入した写真材料の取扱いを始めました。これが現在の**コニカミノルタ**につながるので、日本の写真感光材料工業の始まりといわれています。杉浦六三郎は、1882年にはカメラ、写真台紙の国産化を、1902年には写真乾板の国産化を始めます。さらに小西六本店は1929年に**さくらフィルム**を発売します。一方、**大日本セルロイド**（現在のダイセル）は、セルロイドを使った写真フィルムの開発を進め、1934年には**富士写真フイルム**（現在の**富士フイルム**）を分離独立させ、セルロイドフィルムを使った純国産の写真フィルムの生産を開始しました。1940年には小西六本店が**カラーフィルム**の国産化を発表します。ようやく日本の写真感光材料工業も世界から10年遅れのレベルにまで追いついてきました。

　戦後の写真感光材料工業は、フィルムベースの不燃化としてセルロイドからトリアセテートへの転換とカラー写真化の二つの流れで再開されました。政府は写真感光材料工業の保護育成のために、1950年代から1970年代初頭までカラーロールフィルムには30％から40％もの高関税をかけてイーストマンコダックなど海外大手会社からの輸入攻勢を防護しました。この間に、日本の写真感光材料工業はDP店（写真材料販売店）網などの国内販売体制の整備と国際競争力の強化を図りました。

　戦後の世界の写真感光材料工業は、アメリカの**イーストマンコダック**、ヨーロッパの**アグファゲバルト**、日本の**富士写真フイルム**、**小西六写真工業**（コニカ）の4社による寡占体制になりました。化学産業の各分野は、他分野の化学会社が参入しやすいために多数の会社が競合することが多いなかにあって写真感光材料工業は珍しい業界でした。

　富士写真フイルムは、日本の化学会社ではもっとも早い時期から海外投資を始めました。1950年代末から1960年代には海外販売網の整備のための海外投資を始め、輸出を伸ばしました。続いて1970年代からは現地生産も開始しています。

　日本の写真感光材料工業は、**第2－5－1図**に示すように1990年代初めまで順調に成長してきました。石油化学工業など戦後急成長した化学産業分野の多くが1970年代ころから成熟化したのに対して、写真感光材料工業は1980年代にも依然として高度成長を続けることができた分野でした。1992

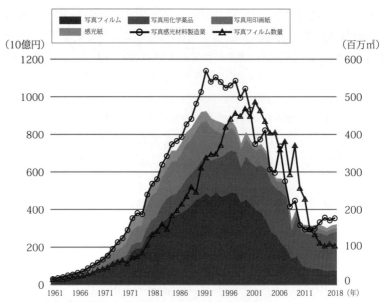

〔注1〕写真感光材料工業（折れ線グラフ、左軸）の出荷金額は工業
　　　統計産業編、写真フィルム〜感光紙（積上げグラフ、左軸）及び
　　　写真フィルム生産量(折れ線グラフ、右軸）は工業統計品目編、
　　　写真感光材料工業と積上げグラフ4品目の差異は写真付きフィル
　　　ムなどの製品の出荷額
〔注2〕工業統計品目編で2008年以降非公表となった品目は筆者推定値を入れた

【第2−5−1図】写真感光材料の出荷額推移

　年のピーク時には、**写真フィルム**、**写真用化学薬品**、**写真用印画紙**だけで、
工場出荷額合計で9,230億円、写真フィルム製造業全体で1兆1,370億円の
市場規模になりました。写真フィルムの出荷額ピークは1990年代前半でし
たが、出荷量はなお伸び続け、2002年にピークとなりました。1980年代、
1990年代は生産拡大によって生産コストが低下し、それによってさらに市
場拡大がもたらされるという好循環が続きました。
　しかし、**デジタルカメラ**が1990年代なかばに出現し、1998年ころから
急速に普及しました。続いて2000年にはデジタルカメラ内蔵の携帯電話が
登場しました。デジタルカメラによってカラー写真フィルムを中心に写真
感光材料工業は大きな打撃を受けました。2000年時点ではまだ1兆円を超
えた市場規模が、2000年代に年率マイナス8.1％で縮小し、2010年には

4,460億円になりました。1980年の市場規模にまでたった10年間で急激に縮小したことになります。

　この影響は製造業のみに止まらず、街中のDPE店のような小売業にまで及びました。**第2－5－2図**に示すとおり、写真機・写真材料小売業は1980年代後半のバブル期が終了したあと、事業所数も、従業員数も、販売額も大きく落ち込みますが、1990年代後半からはさらに一気に縮小しました。ピーク時に比較して、2012年は事業所数で4％、従業員数で8％、商品販売額で6％の水準にまで低下しています。商業統計は毎年調査が行われるわけではありませんが、写真機・写真材料小売業も2012年に底を打ち、以後横ばいとなりました。ただし、2016年を最後に写真機・時計・眼鏡小売業に組換えられたので2017年以後は把握できなくなりました。

　市場の急速な縮小のため2003年にコニカがミノルタと合併し、2008年にはカメラと写真事業から完全に撤退しました。アグファゲバルトもフォト事業を分離しましたが、2005年には一度倒産しました。2012年1月にはイーストマンコダックがアメリカ連邦破産法を申請し倒産しました。コダックの再建計画提出は大きく遅れましたが、写真フィルム事業などを売却し、法

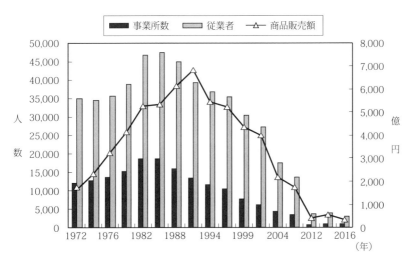

資料：経済産業省『商業統計』、2012年は総務省『経済センサス』

【第2－5－2図】写真機・写真材料小売業の推移

人向けに特化したイメージングテクノロジー会社として再建され、2013年
9月に連邦破産法を脱却しました。写真感光材料事業を継続している富士フ
イルムも、設備処理などのために巨額の特別損失を数年にわたって計上しま
した。

　写真感光材料工業は、第2−5−1図に示すように、生き残った白黒写真
フィルムよりも、写真用化学薬品に中心が移りました。一般消費者を主要な
顧客とした消費財産業から、映画産業、広告産業、印刷産業、医療産業が使
う中間財産業に生き残る道を見出したといえましょう。

写真感光材料の商品知識

　写真フィルムの製造工程は、フィルム生地の製造と感光乳剤の製造、塗布
に大別されます。**フィルム生地（フィルムベース）**にはセルローストリアセ
テート（TAC）かポリエチレンテレフタレート（**PET**）が使われます。TAC
の場合は、フィルムの通常の成形加工法である押出法をとらず、トリアセテ
ートを塩化メチレンに溶解し、回転するエンドレス金属バンドの上に流延し
ながら乾燥して巻き取ってつくります。PETの場合は熱延伸法でフィルムを
つくります。X線用フィルムは1960年代末にPETフィルムベースに完全に
切り替わりました。

　感光乳剤の製造は、まずゼラチンに水、ハロゲン塩を加えて撹拌・溶解し
ます。これに暗中で硝酸銀を加えるとハロゲン化銀（**臭化銀**など）が生成し、
乳剤になります。さらに添加剤やカラーフィルムでは色素のもとになる**カプ
ラー**を加えます。添加剤としては感度を高くする増感剤、感光層の強度を高
める硬膜剤、感光波長域を決める感光色素を使います。カラーフィルムでは
青、緑、赤に感光する3種類の乳剤をつくります。

　フィルム生地に感光乳剤を塗布し、乾燥させて巻き取ります。カラーフィ
ルムでは、10層程度に塗っていきます。もちろんこれらはすべて暗室で行
います。

　印画紙も写真フィルムと同じですが、フィルム生地の代わりにパライタ紙
（黒白印刷用）、ポリエチレンコート紙（カラーペーパー用、黒白印刷用）が
使われます。

　写真用化学薬品としては、まず**現像薬品**があります。現像は感光した銀微

粒子を中心に還元反応を進行させて銀の量を増幅させる操作です。感光しなかったハロゲン化銀はそのまま残ります。白黒写真フィルム用には**ハイドロキノン**、レントゲンフィルム、一般用、航空写真用には**メトール（硫酸モノメチルパラアミノフェノール）**が使われますが、実際には両方を併用しています。カラー写真用には**芳香族ジアミン化合物**が用いられます。一例をあげるとネガ現像に4-アミノ-*N*-エチル-*N*-ヒドロキシエチル-*m*-トルイジンサルフェート、カラーポジ、カラー印画紙用には上記の化合物の*N*-ヒドロキシエチルの代わりに*N*-(メタンスルホンアミド)エチルが入った化合物のような複雑なジアミンが使われます。

　次に感光しないで残っているハロゲン化銀を取り除く操作が必要です。これが定着です。定着用薬品としては**ハイポ（チオ硫酸ナトリウム）**が使われます。カラー写真の場合には、ハロゲン化銀だけでなく析出した銀も除くためにハイポと**エチレンジアミン四酢酸鉄(Ⅲ)(FeEDTA)**が使われます。なお、亜硫酸ソーダは現像液にも定着液にも加えられる重要な写真用化学薬品です。

5－2　化　粧　品

化粧品と規制

　化学産業のなかで化粧品工業は、医薬品工業に次いで世の中の関心が高い分野です。化学産業のなかでは、もっとも広告宣伝も多く、華々しい分野です。化粧品業界を紹介する就職活動本や入門書は医薬品業界に次いでたくさん出版されています。その多くは化粧品会社の販売・流通戦略に中心をおいて書かれています。化学産業（産業資本）というよりも流通業（商業資本）に近い産業といえるでしょう。

　2016年の化粧品工業（製造業）の従業員数が3万9,000人に対して、卸売業の従業員数は7万4,500人、小売業（ドラッグストア、医薬品・化粧品格付け不能小売兼業を含む）の従業員数は31万8,000人になります。化粧品は製造従事者の約2倍の卸売従事者、さらに8倍の小売従事者を抱える、

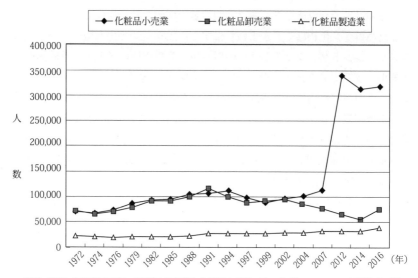

〔注〕 1999 年調査までは、医薬品小売業と化粧品小売業であったが、2002－7 年調査は医薬品小売業が調剤薬局と医薬品小売業に分割され、2012 年調査は、さらに化粧品小売業、医薬品小売業、調剤薬局、ドラッグストアが統計分類に加わり、さらに産業小分類と細分類合計の差額（格付け不能）が発生している。2012 年以後は化粧品小売＋ドラッグストア＋格付け不能を化粧品小売業とした。2019 年以降は商業統計が廃止され、経済構造実態調査となったが、卸売業、小売業とも医薬品・化粧品となったため化粧品のみは不明になった。

資料：経済産業省『工業統計』、『商業統計』、2012年は総務省『経済センサス』

【第2－5－3図】化粧品製造業、卸売業、小売業および医薬品小売業の従業員数推移

合計43万人規模の大きな産業と考えられます（**第2－5－3図**参照）。

　化粧品の製造事業を始めるには、医薬品と同じく**医薬品医療機器法**で**製造販売業、製造業の許可**が必要です。この許可を得るには、製造所の構造設備が基準を満たしていなければなりません。また、製造販売業の許可を得るには、**品質管理に関する基準**（GQP）を満たしていなければなりません。化粧品の製造は、化学反応というよりも、**調合、混合、包装**という工程が中心です。医薬品ほどの無菌は要求されませんが、製造過程のみならず使用過程での雑菌の混入・増殖に対する警戒は医薬品と同様に非常に重要です。この点は、他の化学産業の製造と違います。

　本書の第4部関連法規のなかで医薬品医療機器法について説明しますが、

製造販売業というのは自分で製造したり、他の製造業者に生産委託したりしてつくった化粧品、または輸入した化粧品を発売元として販売しようとする事業者をいいます。自社はもちろん他社に生産を委託する場合にも製造販売業者が品質管理に関する責任をもちます。医薬品と同じ規制です。

製造販売業者の許可を得るには、さらにもうひとつ基準をクリアしなければなりません。**製造販売後の安全管理基準**（GVP）です。副作用によると疑われる疾病、障害などが発生したら厚生労働省に報告しなければなりません。GVPは、このための情報収集体制などを定めています。2013年に発生した**美白化粧品白斑問題**では、6月下旬に報告が行われ、7月初旬にメーカーが問題発生を公表し、自主回収を開始しました。製造における品質管理、製造販売後の安全管理業務を行うために、製造販売業者は**総括製造販売責任者**を置かなければなりません。ただし医薬品の場合と違って、薬剤師の資格はいらず、大学で化学または薬学を履修した者でよいとされています。

これに対して化粧品の製造業というのは、他社からの受託を受けて化粧品を製造しようとする業者を指します。

さらに、厚生労働大臣が指定する成分を含有する化粧品については、品目ごとに**承認**を得る必要があります。承認申請には、毒性試験などのデータを添えなければならず、時間とお金がかかります。外国で製造する業者が、化粧品を輸入して販売する場合には、国内で製造販売後の安全管理業務を実施する製造販売業者を選んだ上で、品目ごとに製造販売の承認を得ることとなっています。

このように化粧品も製造段階については医薬品医療機器法で厳しく規制されています。とくに品目ごとの承認を得ることは、毎年季節ごとに配合を変えて新商品を出したり、色素の量を少しずつ変えたシリーズ商品を出したりすることが多い化粧品会社にとっては大きな負担でした。

このため近年の**規制緩和**の流れのなかで化粧品の承認規制が何回かにわたり緩和され、2001年から事実上大幅に緩和されました。化粧品は、容器に製造販売業者の氏名、化粧品の名称、製造番号、成分名称などを記載しなければなりませんが、その際**化粧品の全成分を表示**すれば承認が不要になりました。ただし、化粧品として使ってはならない化学物質（ネガティブリスト）や配合量が制限されている化学物質（リストリクテッドリスト）が**化粧**

品基準（平成12年9月29日厚生省告示第331号）として公表されています。新しい成分を開発し使用しようとする場合には、通常の承認手続きが必要になります。

　最近の化粧品の承認状況を厚生労働白書で調べると、2006年から2019年の14年間の実績として承認はゼロです（医薬品は年2,000 〜 4,000件、医薬部外品は年2,000件の承認実績がありました）。これに対して、化粧品製造販売業、製造業の許可は更新も含めてそれぞれ年間3,000 〜 4,000件あります。このように品目ごとの承認に関する規制緩和の効果は、化粧品工業にとって非常に大きいといえましょう。実際の全成分表示の内容については、家庭にある化粧品、シャンプーの容器をじっくりとみてください。

　一方、**化粧品の販売業**については、医薬品と違って許可などの規制はありません。このため、化粧品の流通販売業については、後述の歴史のなかで述べるように、製造発売元の販売戦略と関連して多くの販売ルートが生まれています。

　広告についても、医薬品医療機器法で医薬品と同等に規制されていますが、あくまでも効能、効果、性能に関して虚偽または誇大広告を禁止しているにすぎず、医薬品ほど厳しい広告規制があるわけではありません。しかし、厚生労働省の**医薬食品局長通知**によって、具体的に56種類の**効能効果の表現**が定められており、化粧品メーカーは大変に注意しています。分野別には肌・皮膚で16、頭皮・毛髪で16、口唇で7、歯・口中で7、爪で3、日焼けで2、ひげで2などの表現が定められています。たとえば「肌を整える」「肌のキメを整える」「肌荒れを防ぐ」「肌をひきしめる」「皮膚にうるおいを与える」「肌を柔らげる」「肌にはりを与える」というものです。医薬品や医薬部外品と思わせる「肌荒れを改善」というような逸脱表現や強調表現（「強力な」「最高の」）、保証表現（「安心」「必ず効果あり」）はすべて違反とされます。2011年に追加された56番目の表現「乾燥による小じわを目立たなくする」だけでも、メーカー側と厚生労働省の間で大きな攻防があったと仄聞します。悪名高い通達行政の見本をみる気がしないでもありません。日本の社会は、いまだにお上（役所）が細かく介入していることを教えられます。

　ただし、紛らわしい話になりますが、いわゆる薬用化粧品（**医薬部外品に属する**）は、上記の化粧品の広告規制の対象外になるので、「育毛」とか、「メ

ラニン生成を抑える」「ニキビを防ぐ」など、医薬部外品の承認を得た範囲内での薬理効果を述べることができます。そのような商品は医薬部外品である旨の表示が必要です。2017年に発売され話題になった「しわを改善する」と述べている化粧品も医薬部外品です。

商品表示に関しても、医薬品医療機器法、家庭用品品質表示法等の法律に基づく基準、**工業会自主基準**（日本化粧品工業連合会、日本石鹸洗剤工業会、日本ヘアカラー工業会、日本パーマネントウェーブ液工業組合、日本浴用剤工業会、日本歯磨工業会）および**景品表示法**（不当景品類及び不当表示防止法）に基づいた**公正競争規約**（化粧品公正取引協議会、洗剤・石けん公正取引協議会、化粧石けん公正取引協議会、歯磨公正取引協議会）によって、表示言語、文字の大きさ、表示内容などに関して細かく規定されています。

化粧品の商品知識

化粧品は、理容・美容業者が使う以外のほとんどすべてを消費者が使う商品です。化学産業のなかでは珍しい典型的な**消費財産業**といえましょう。したがって化粧品という商品自体もなじみの深いものばかりです。

第2−5−1表に日本標準商品分類に載っている化粧品の分類と具体的な商品の例を示します。聞きなれた商品が多いと思いますが、少し説明を加えます。オードトワレはオーデコロンより濃度が濃い香水です。タルカムパウダーはタルク（滑石）を主成分とした化粧粉のことで、ベビーパウダーと呼ばれることもあります。日本標準商品分類ではシャンプー・リンスを化粧品に位置づけているため、生産動態統計 化学工業統計編、工業統計などでも、シャンプー・リンスが化粧品に入っています。化粧品業界を紹介する本によっては、シャンプー・リンスを化粧品業界でなく、洗剤・トイレタリー業界の商品と位置づけている場合もあります。シャンプー・リンスは生産量も金額も大きな商品なので、統計などをみる際にはこの点の注意が必要です。歯磨き、化粧石鹸も、同様に化粧品に扱われたり、洗剤・トイレタリーに扱われたりします。

第2−5−2表に代表的な化粧品の構成要素と具体的な成分例を示します。ただし、化粧水、乳液欄にある構成要素、成分が、ファンデーション以下の欄の製品にも入っていることは、しばしばあります。

【第2−5−1表】日本標準商品分類による化粧品の分類

細分類	細々分類	例
8811　香水及びオーデコロン	88111　香水	
	88112　オーデコロン	オーデコロン、オードトワレ
8812　仕上用化粧品	88121　口唇用化粧品	口紅、リップクリーム
	88122　眼・まゆ・まつげ化粧料	アイシャドウ、アイライナー、アイメイクアッププリムーバー、まゆ墨、まつ毛化粧料
	88123　つめ化粧料	ネイルクリーム、ネイルエナメル、除光液
	88124　おしろい	
	88125　ほほべに	
	88126　化粧下	ファンデーション、メークアップベース
	88127　化粧粉	ボディパウダー、パフュームパウダー、タルカムパウダー
	88129　その他の仕上用化粧品	
8813　皮膚用化粧品	88131　クリーム	マッサージ・コールドクリーム、モイスチャークリーム
	88132　乳液	
	88133　洗顔料	クレンジングクリーム・ミルク・ローション、洗顔クリーム・フォーム
	88134　フェイシャルリンス	
	88135　化粧水	
	88136　化粧液	
	88137　パック	
	88138　化粧用油	化粧用油、ベビーオイル
	88139　その他の皮膚用化粧品	
8814　頭髪用化粧品	88141　洗髪料	シャンプー、ヘアリンス
	88142　パーマネントウェーブ液	
	88143ヘアスプレー	
	88144　養毛料	ヘアトニック、ヘアトリートメント
	88145　整髪料	ポマード、チック、ヘアクリーム、ヘアリキッド、セットローション
	88146　スキャルプトリートメント（頭皮料）	
	88147　染毛料	ヘアダイ、ヘアブリーチ、カラースプレー、カラーリンス
	88149　その他の頭髪用化粧品	

（第2−5−1表　続き）

8815　特殊用途化粧品	88151　日やけ止め・日やけ用化粧品	日やけ止めクリーム・ローション、日やけ用クリーム・オイル・ローション
	88152　脱毛料	
	88153　浴用化粧品	バスオイル、バスソルト、バスフォーム
	88154　ひげそり用化粧品	シェービングクリーム・フォーム・ローション
	88155　デオドラント用品	デオドラント、制汗剤
	88156　化粧紙	
	88159　その他の特殊用途化粧品	
8819　その他の化粧品		

　化粧品は、効果、効能からも、また安全性からも**皮膚科学**、**毛髪科学**などの基礎科学が重要です。それとともに製品を安定して製造するためには、**コロイド科学**、**界面科学**が重要です。代表的な皮膚用化粧品の乳液やクリームが界面活性剤による乳化製品であることは明白ですが、化粧水は水、アルコール、少量の油分を、界面活性剤を使って白濁させることなく、ミセルをつくらせて可溶化させ、透明にした製品です。化粧品製造に当たっては、第2−5−2表の主要成分の混合順序、混合方法、さらに少量追加成分などが、化粧品メーカー各社の独自技術、ノウハウとなります。

　皮膚は、**水分**、**脂質**、**天然保湿因子**（**NMF**）（アミノ酸とその誘導体が主成分）が重要といわれ、皮膚用化粧品も、**水分**、**油分**、**保湿剤**の3成分から構成されます。しかし、水と油は分離するので、これを結びつける**界面活性剤**を加えることによって、**可溶化**または乳化し、各種の皮膚用化粧品がつくられます。

　頭髪用化粧品のなかで量の多いシャンプーとリンスは、後述する界面活性剤の**洗浄**作用、**柔軟**作用を活用した商品です。頭皮や目に対する刺激性などの安全性にも十分に配慮して界面活性剤が選択されます。整髪料は、様々な**水溶性高分子**の開発によって、かつてのポマード、チックのような油やワックス主体の製品からすっかり変わりました。頭髪用化粧品には、化学反応が前面に出る商品がいくつかあります。パーマは、毛髪ケラチンタンパクのジスルフィド（S−S）結合を**還元剤**で切断し、軟化した毛髪を望みの形にセットしたあと、**酸化剤**によってジスルフィド結合を再生し、元とは別のケラチンタンパク同士を結合させることによって毛髪の形（カールや直毛な

【第2-5-2表】化粧品の

化　粧　品	目　　的	構　成　要　素
化粧水、乳液、マッサージクリーム、洗顔クリーム、モイスチャークリーム	洗浄、整肌、保護	水分
		アルコール
		油分
		保湿剤
		柔軟剤、エモリエント剤
		可溶化剤、乳化剤
		増粘剤、乳化安定剤
		緩衝剤
		防腐剤
		酸化防止剤
		金属イオン封鎖剤
ファンデーション	メイクアップベース	粉末
		油分、保湿剤、水
口紅	ポイントメークアップ	色材
		油分、ワックス
		パール剤、ラメ剤
マスカラ	ポイントメークアップ	繊維
		色材
		ワックス
		分散剤
		皮膜剤
化　粧　品	目　　的	構　成　要　素
ネールエナメル	ポイントメークアップ	皮膜剤
		色材、可塑剤、溶剤
シャンプー	洗浄	アニオン界面活性剤、両性界面活性剤
		感触向上剤
		殺菌剤
		不透明化（パール化）剤

代表的な化学成分

具 体 的 な 成 分
精製水、イオン交換水
エタノール、イソプロパノール、ブタノール
油脂、高級脂肪酸、エステル類、シリコーン油、炭化水素、高級アルコール
グリセリン、プロピレングリコール、ポリエチレングリコール、ヒアルロン酸ナトリウム、ピロリドンカルボン酸ナトリウム、乳酸ナトリウム、ソルビトール
エステル油、オリーブ油、ホホバ油
ノニオン界面活性剤（ポリオキシエチレン型、多価アルコールエステル型、ポロキサマー（EO・POブロック共重合体）型）、アニオン界面活性剤
アルギン酸塩、キサンタンガム、カルボキシビニルポリマー、アクリル酸系ポリマー、セルロース誘導体
クエン酸、クエン酸ソーダ、乳酸、アミノ酸
パラオキシ安息香酸エステル（パラベン）、フェノキシエタノール、安息香酸ナトリウム
トコフェロール(ビタミンE)、アスコルビン酸(ビタミンC)、BHT（ジブチルヒドロキシトルエン）、没食子酸エステル
エデト酸(EDTA)塩、メタリン酸塩
体質顔料（タルクシリカ、マイカ、ナイロン等有機粉末）、白色顔料（酸化チタン、酸化亜鉛）、着色顔料（ベンガラ、群青、有機色素、カーボンブラック）、パール剤、ラメ剤
化粧水等の欄参照
無機顔料、有機顔料
ミツロウ、キャンデリラロウカルナウバロウ
雲母チタン、アルミ蒸着PET、高積層フィルム
ナイロン、ポリエステル
酸化鉄、パール剤、ラメ剤
ミツロウ、カルナウバロウ
ジステアリン酸スクロース、酢酸ステアリン酸スクロース
アクリル酸アルキルコポリマー、ポリ酢酸ビニル
具 体 的 な 成 分
ニトロセルロース、アクリル樹脂
顔料、アセトン、エタノール
アルキル硫酸エステル型（ラウリル硫酸ナトリウム）、ポリオキシエチレンアルキルエーテル型（ポリオキシエチレンラウリルエーテル硫酸ナトリウム）、アルキルアミドプロピルジメチルアミノ酢酸ベタイン型（コカミドプロピルベタイン）
カチオンポリマー（カチオン化セルロース、カチオン化でんぷん、カチオン化グアガム）
カチオン界面活性剤（塩化ベンザルコニウム）
ジステアリン酸エチレングリコール

（第2-5-2表　続き）

		カチオン界面活性剤
リンス、ヘアトリートメント	柔軟、保護	高級アルコール
		その他
ポマード	整髪	半固形油
ヘアリキッド	整髪	セット成分
		溶剤、可溶化剤
ヘアジェル	整髪	セット成分
		増粘剤
ヘアスプレー	整髪安定	セット樹脂
		噴射剤
パーマ剤	パーマネントウェーブ	還元剤
		酸化剤
ヘアカラー	染毛	酸化染料
		カプラー
		アルカリ剤
		髪脱色、酸化開始剤
ヘアマニキュア	染毛	酸性染料
		浸透剤
育毛剤	育毛	薬効成分
香水	芳香	香料
サンスクリーン剤、日焼止め	紫外線防御	紫外線散乱剤
		紫外線吸収剤
美白剤	メラニン生成を抑え、シミ、そばかすを防ぐ	美白有効成分

〔注〕ファンデーション以下は、表に明記していなくても水、エタノール、油分、界面活性剤、防

ど）を固定します。ヘアカラーに使われる**酸化染料**は、繊維用にはあまり使わない染料です。まずアルカリ剤によって毛髪を膨潤させ、酸化染料やカプラーを髪に浸透させます。次に**過酸化水素**によって、毛髪中のメラニンを分解して脱色するとともに、酸化染料を酸化・重合させて三量体とすることによって発色します。その際、カプラーが存在すると、反応して色調が様々に変わります。育毛剤は、アルコール水溶液に**薬効成分**、保湿剤、油分、可溶化剤などを添加した化粧品です。薬効成分の多くは、血行促進、毛

塩化アルキルトリメチルアンモニウム、塩化ジアルキルジメチルアンモニウム
セタノール、ステアリルアルコール
シリコーン油、エステル油、ジプロピレングリコール
ひまし油、モクロウ、ワセリン、水添ひまし油
ポリアルキレングリコールペンタエリスリトールエーテル
エタノール、水、ポリオキシエチレン水添ひまし油
ビニルピロリドン／ビニルアセテートコポリマー、シリル化ポリウレタン、カルボキシベタインアクリルポリマー
カルボキシビニルポリマー、ヒドロキシエチルセルロース
アクリル樹脂、ポリビニルピロリドン、アクリル樹脂アルカノールアミン
ＬＰＧ、ＤＭＥ、炭酸ガス
チオグリコール酸塩、システイン塩
過酸化水素、臭素酸塩、過ホウ酸塩
パラフェニレンジアミン、オルトアミノフェノール、パラアミノフェノール
レゾルシン、メタアミノフェノール、メタフェニレンジアミン
アンモニア、モノエタノールアミン
過酸化水素
黒色401号（ナフトールブルーブラック）
ベンジルアルコール、ベンジルオキシエタノール
ミノキシジル、塩化カプロニウム、グリチルレチン酸、パントテン酸、t-フラバノン
植物性天然香料、動物性天然香料、合成香料
酸化亜鉛、酸化チタン
メトキシケイ皮酸誘導体（パラメトキシケイ皮酸2-エチルヘキシル）、4-$tert$-ブチル-4'-メトキシジベンゾイルメタン、ベンゾフェノン誘導体（2-ヒドロキシ-4-メトキシベンゾフェノン）、パラアミノ安息香酸誘導体（PABA）、サリチル酸誘導体（サリチル酸ホモメンチル）
m-トラネキサム酸、トラネキサム酸セチル、ニコチン酸アミド、エラグ酸、アルブチン、ルシノール、カモミラET、リノール酸、アスコルビン酸(ビタミンC)誘導体

腐剤、酸化防止剤などを含むことがある。

母細胞賦活剤、抗炎症剤、頭皮鎮痒剤などがあります。医薬品医療機器法の広告規制によって、「フケ、カユミがとれる」「フケ、カユミを抑える」「頭皮、毛髪をすこやかに保つ」を述べることはできますが、発毛促進、育毛を積極的に謳う場合には、化粧品でなく**医薬部外品**となります。いわゆる**飲む育毛剤**（薬効成分フィナステリドなど）がありますが、これはそもそも化粧品の範疇に入りません。

　仕上用化粧品（メイクアップ化粧品）は、**粉末（顔料を含む）**、**油分**、**保湿剤**、

水を主体としているので、ここでもコロイド科学、界面科学は重要です。粉末の形状は、板状、球状、微粒子などがあり、これらの配合度合いによって、使用時のすべり、のび、カバー力、さらさら感、つや、透明感などを調整します。

　特殊用途化粧品に分類されるサンスクリーン剤、日焼け止め化粧品は、**紫外線散乱**という物理的効果と、**紫外線吸収**という化学的効果を併用した商品です。

　いわゆる美白化粧品は、医薬品医療機器法では化粧品ではなく医薬部外品です。厚生労働省から承認を得た美白有効成分が入っていなければなりません。今までに承認された**美白有効成分**は20種類程度ありますが、最近、美白に関心が高まっているために1990年代後半以降に承認されたものが、ほぼ半分を占めます。「しわを改善する」成分とともに化粧品各社の開発競争の激しい分野になっています。

化粧品工業の歴史

　明治時代になると、輸入化粧品が紹介されるとともに国内製造業者も生まれました。明治から昭和戦前期を通じて化粧品業界のトップ企業は1878年に創業した**平尾賛平商店**（のちに**岳陽堂**、**レート**と社名変更）でした。同社は化粧水でヒットしたあと、大胆な広告宣伝戦略を実施し、「レート」の商標でヒット商品を出しました。一方、1903年に神戸で創業した**中山太陽堂**は「**クラブ**」の商標で業績を伸ばし、大正期には東のレート、西のクラブといわれるようになりました。現在、最大手の化粧品会社である**資生堂**は1872年に東京銀座で洋風調剤薬局としてスタートし、1897年に**化粧水**「オイデルミン」で化粧品業界に参入しました。

　大正期には女性の職場進出が進み、化粧品は日用必需品になりました。1916年ころに日本でも棒状口紅が発売されます。1925年（大正14年）の工業統計生産額において化粧品生産額の第1位は歯磨粉と白粉で19％ずつ、第3位が化粧水で10％を占めていました。しかし、当時の化粧品工業は、大阪と東京を中心に事業所数で約50、従業員数で2,400人程度にすぎず、化学産業のなかでも従業者数1万7,000人のゴム加工業、1万1,000人のマッチ製造業、1万人の人造肥料製造業に比べてはるかに小さな工業であり、

化学工業生産額の３％を占めるにすぎませんでした。しかし、早くも乱売合戦が始まりました。このなかで資生堂は1923年に**チェーンストア制度**を採用しました。

　昭和期に入ると1927年にチックで有名になる**丹頂**（現在の**マンダム**）、1929年にポマードのシボレー、訪問販売の**ポーラ化粧品本舗**（現在の**ポーラ**）が創業しています。1936年には大手紡績会社の**鐘ヶ淵紡績**（現在の**カネボウ化粧品**）が化粧品事業に進出しました。化粧品工業も成長し、1927年（昭和12年）の事業所数は1925年（大正14年）の約２倍に伸びました。しかし、昭和前期はゴム加工業、レーヨン工業、薬品工業などの発展に押されて化学産業のなかでのウエイトはむしろ低下します。これに追い討ちをかけるように、第２次世界大戦によって、化粧品は不要品とされて高額の物品税を課せられるようになり、さらに戦災によって壊滅的な打撃を受けました。

　戦後になると資材統制中にも関わらず、1946年には**小林コーセー**（現在の**コーセー**）、**シャンソン**、**ジュジュ化粧品**、**サンスター**などが創業しました。戦争中に抑えられていた化粧品需要が復活したからです。1945年（昭和20年）の石鹸・化粧品の事業所数は127、従業員数は4,500名でしたが、1950年には化粧品・香料の事業所数は219、従業員数7,600名、石鹸の事業所数は329、従業員数は9,700名と急激に増加しました。

　統制がほとんど解除となった1950年を境に化粧品は再び乱売合戦となりました。このため化粧品業界は**公正取引委員会**に**独占禁止法**の適用除外として**再販売価格維持制度**を陳情し、1953年に制度が発足しました。再販売価格維持制度は製造会社が付けた定価で小売業者が販売することを義務付ける制度です。現在では書籍の販売が該当します。この制度により自社直営の販売ルートをもつメーカー、とくに資生堂がシェアを拡大しました。一方、明治から昭和戦前期にトップであったレートは乱売合戦の1954年に倒産し廃業しました。

　戦後の化粧品工業は、四つの販売方式という特異な業態が続きました。制度品、一般品、訪問販売品（訪販品）、通信販売品（通販品）です。

　制度品は、メーカーで製造した化粧品がメーカー直営の販売会社、支店を通じて小売店に販売される**直販システム**です。資生堂が大正末期の化粧品乱売合戦の際に、生産、流通、消費の共存共栄主義を打ち出して市場の安定を

327

図るためにチェーンストア制度を設けたことに始まります。**チェーン契約**した小売店は基本的にはチェーン契約したメーカーの全商品を扱うとともに、メーカーから店舗設計、陳列などの販売助成を得ます。さらにメーカーからは美容部員が派遣され、顧客への美容相談、指導にあたってくれます。メーカーにとって美容部員は、販売促進者であり、しかも小売店の販売価格の監視役でもありました。美容部員派遣のために小売店内の一定スペースをメーカーが専有するコーナー制度も生まれました。メーカーは消費者への無料会誌配布や美容部員の優先利用のサービスをもとに、資生堂の**花椿会**（1937年発足、「花椿」も同年創刊）のような消費者の組織化も行っています。

　一般品は通常の消費財と同じ流通ルートです。メーカーから卸売業へ、さらに卸売業から小売業へというルートで、メーカーからみると、卸売業者がどの小売業者に化粧品をどんな価格で売っても自由という流通制度です。多くの男性用化粧品が該当します。小売店も量販店、バラエティストア、ドラッグストア、薬局、化粧品専門店、雑貨店、文具店など非常に幅広く、しばしば安売り合戦が起きます。近年ではコンビニエンスストアに商品を置いてＤＨＣが急成長しました。

　訪販品はセールスレディが家庭を訪問して販売する方式です。日本ではポーラが昭和初期から始めました。

　通販品は消費者にカタログを送ったり、新聞折込み広告を入れたり、テレビなどで商品を紹介したりして、注文を受けて販売する方法です。**ファンケル化粧品**などが行っている販売方法です。通販品は販売ルートへの初期投資が少なくて済む方式のために、新規参入会社がしばしば採用する販売方法です。最近のインターネット販売も、これに該当します。

　1960年代には制度品メーカーの優位が明確になり、これに対して一般品メーカーが巻き返しを何度か図りますが、押されてきました。しかし、1970年代になると消費者団体から化粧品の再販売価格維持制度反対運動が起きました。その後も再販売価格維持制度をめぐる業界内及び消費者団体との綱引きが続き、ようやく1993年に香水、シャンプー、日やけ止め化粧品など13品目が解除されたことを皮切りに、徐々に指定解除が進み、1997年4月にすべて指定が取り消されました。

　再販売価格維持制度の指定解除は、1980年代後半からのバブル景気がは

じけた時期にも重なったために化粧品の流通業に大きな影響を与えました。**第2－5－4図**に示すように化粧品の卸売・小売事業所数は、1990年代初頭をピークに1990年代に3割以上減少しました。とくに個人営業の小売事業所数は4割以上も減少しています。かつての制度品、訪販品の事業所が大きく減少したと推定されます。

　なお、再販売価格維持制度の指定品目は化粧品だけでなく、**一般用医薬品**にも多数ありましたが、化粧品と同様に1997年4月にすべて指定が取り消されました。しかし、一般用医薬品については、メーカー1社ですべての一般用医薬品分野の商品品揃えを行うことが困難なために、化粧品における制度品メーカーと一般品メーカーのような流通ルートの違いによる競争は生まれていません。

　2012年の商業統計調査では、再販売価格維持制度の指定解除ばかりでな

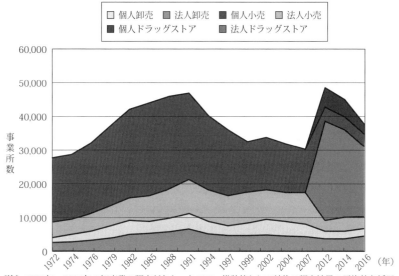

〔注〕 1999年、2004年の卸売業の調査がなかったので、推計値として前後の調査結果の平均値を採用
〔注〕 2012年から医薬品・化粧品小売業の統計分類が大きく変わり、調剤薬局、ドラッグストアが新設された。さらに産業中分類(医薬品・化粧品)と産業細分類（医薬品、化粧品、調剤薬局、ドラッグストアなど）合計の差額として格付け不能が生じている。化粧品小売は数字の接続性が悪化したので、化粧品小売にドラッグストア＋格付け不能が化粧品の小売も行っていると考えて図に加えた。

資料：　経済産業省『商業統計』

【第2－5－4図】化粧品卸売・小売事業所数の推移

く、医薬品医療機器法の規制緩和も考慮して、化粧品、医薬部外品、一般用医薬品をすべて取り扱う卸売業者、小売業者の増加を見こして、新たに「ドラッグストア」「医薬・化粧品格付け不能」という項目をつくったために、第2－5－3図、第2－5－4図にみるような著しい不連続が発生しました。これは規制緩和によって、業態が不連続に変化したことの表れです。

化粧品の生産動向

　第2－5－5図に2019年の化粧品出荷額の構成比を示します。現在、化粧品のなかで最大の出荷額を占める分野は皮膚用化粧品です。全体の50％を占め、この10年で7％ポイントも増加しています。**クリーム類、化粧水、美容液、乳液**などで、**基礎化粧品、スキンケア化粧品**ともいわれます。

　次がシャンプー・リンスを加えた**頭髪用化粧品**です。全体の22％を占め、最近5年間で5％ポイント減少しています。シャンプー・リンスで7％、その他頭髪用化粧品で16％です。その他頭髪用化粧品には**ヘアトニック、ヘアトリートメント、液状・泡状整髪料、ヘアスプレー**などがあります。**ヘアケア化粧品**ともいわれます。

　第3位が**仕上用化粧品**です。**メイクアップ化粧品**とも呼ばれます。全体の21％を占めます。そのなかで出荷額の大きいのは**ファンデーション**で、メイクアップ化粧品の38％を占め、**口紅、アイメーク、まゆ墨・まつ毛化粧料、おしろい**がおのおの1割強を占めています。最近5年間でメイクアップ化粧品出荷額の多様化が進み、長年1位のファンデーションが5％ポイントもメ

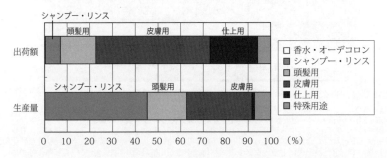

〔注〕香水・オーデコロンは生産量で0.04%、出荷金額で0.28%に過ぎないので図にはほとんど見えない。
　　資料：経済産業省『生産動態統計 化学工業統計編』

【第2－5－5図】化粧品の用途別生産量・出荷額割合(2019年)

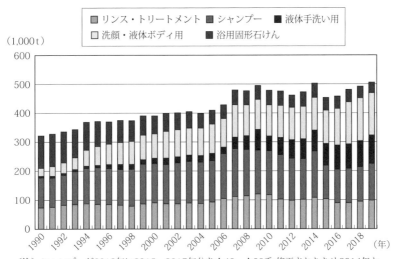

〔注〕シャンプーが2018年に2015～2017年分を▲40～▲30千t修正されたため2014年と
　　　2015年の接続性が悪い
資料：経済産業省『生産動態統計 化学工業統計編』

【第2－5－6図】シャンプー等の販売量推移

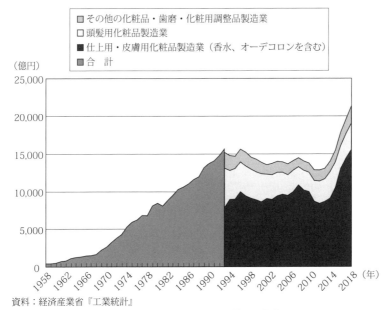

資料：経済産業省『工業統計』

【第2－5－7図】化粧品出荷額の推移

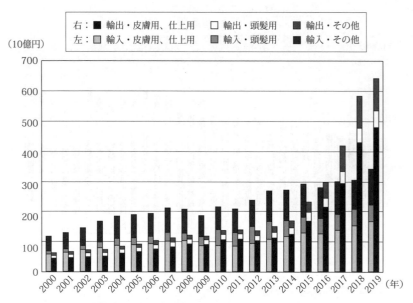

右：■ 輸出・皮膚用、仕上用　　□ 輸出・頭髪用　　■ 輸出・その他
左：▨ 輸入・皮膚用、仕上用　　▨ 輸入・頭髪用　　■ 輸入・その他

〔注〕その他は香水、ひげ剃り、ボディシャンプー、デオドラント用品など
資料：財務省『貿易統計』

【第2−5−8図】化粧品の貿易額推移

イクアップ化粧品内のシェアを失っています。

　第4位の**特殊用途化粧品**は、日やけ止めや日やけ用化粧品、ひげそり用化粧品、デオドラント用品（制汗剤）などです。全体の6％を占め、最近10年間で1％ポイント増加しています。欧米では化粧品のなかで大きなウエイトを占める**香水・オーデコロン**などの**フレグランス化粧品**は、日本ではほとんど使われず、出荷額の1％にも達しません。

　生産量の面からみると、シャンプー・リンスを含めた頭髪用化粧品が67％と圧倒的になります。とくにシャンプー・リンスで45％を占めます。第2位が皮膚用化粧品で26％です。仕上用化粧品は1％、特殊用化粧品は6％にすぎません。化粧品は分野によって極端に単価差の大きな商品なので、金額面と数量面で大きな違いが現れます。

　第2−5−6図にシャンプー・リンス等の販売量（数量ベース）の推移を示します。シャンプー、リンスはともに成熟した商品です。最近の10年間は両方とも年率マイナス1.1％で減少しています。液体手洗い用石鹸、洗顔・

【第2－5－3表】化粧品需給状況の変化

（単位：100万円）

年	化粧品分野	出荷額	輸出	輸入	国内消費	輸出比率	輸入比率
2 0 1 3	香水・仕上用・皮膚用化粧品	870,330	112,358	128,527	886,500	13%	14%
	頭髪用化粧品	302,409	18,611	59,397	343,195	6%	17%
	その他（歯磨き、浴用品、髭剃り）	138,984	21,233	96,812	214,563	15%	45%
	化粧品合計	1,311,723	152,202	284,737	1,444,258	12%	20%
	輸出先国	中国 34%	台湾 20%	東南ア 13%	韓国 12%	欧州 11%	米国 7%
	輸入先国	フランス 20%	タイ 18%	米国 17%	中国 14%	韓国 5%	アイル 3%
2 0 1 8	香水・仕上用・皮膚用化粧品	1,563,810	430,860	180,447	1,313,396	28%	14%
	頭髪用化粧品	351,827	49,159	54,975	357,643	14%	15%
	その他（歯磨き、浴用品、髭剃り）	229,803	113,118	93,219	209,904	49%	44%
	化粧品合計	2,145,440	593,138	328,641	1,880,943	28%	17%
	輸出先国	中国 62%	東南ア 12%	韓国 10%	台湾 7%	米国 4%	欧州 4%
	輸入先国	フランス 23%	中国 15%	タイ 15%	米国 13%	韓国 10%	イタリア 4%

〔注1〕工業統計出荷額には歯磨きを含むので輸出額、輸入額に歯磨きを加えた。第2－5－8図の輸出入額と少し異なる。

〔注2〕中国には香港、マカオを含む、アイルはアイルランド

資料：経済産業省『工業統計』、財務省『貿易統計』

ボディーシャンプーは年率1.9％で増加しています。これに対して、浴用固形石鹸は1990年から2019年の間に7割も減ってしまいました。

　第2－5－7図には、工業統計による化粧品工業（歯磨きも含む）の出荷額の推移を示します。工業統計では1994年以降、化粧品工業の内訳が示されますが、それ以前はないので化粧品工業合計で示しています。内訳も出荷金額の第1位の皮膚用と第3位の仕上用を一緒にしているので、非常におおざっぱな内容です。

　化粧品工業は、日本の一人当たりGDPが上昇するにつれて、成長が加速されました。1950年代は7％、1960年代は18％の年平均成長率です。1970年代に石油危機の影響を受けたとはいえ、なお12％の成長率でした。1980年代でも5％成長を続けてきました。このため1970年代後半から多くの新規参入者が現れました。

【第2－5－4表】家庭用化学製品

882　歯みがき	8821　練り歯みがき
	8822　潤製歯みがき
	8823　粉歯みがき
	8824　水歯みがき（洗口液）
	8829　その他の歯みがき
883　石鹸（シャンプーを除く。）	8831　化粧石鹸
	8832　薬用石鹸
	8833　洗たく石鹸
	8834　繊維用石鹸
	8835　工業用石鹸（繊維用石鹸を除く。）
	8839　その他の石鹸（シャンプーを除く。）
884　家庭用合成洗剤	8841　合成洗剤（衣料用）
	8842　合成洗剤（衣料用を除く。）
885　家庭用化学製品（包装されたもの）	8851　家庭用洗浄剤，みがき剤及びクリーニング剤（石けん及び合成洗剤を除く。）
	8852　家庭用つや出し剤，ワックス及び関連製品（自動車用つや出し剤及びワックスを含む。）
	8853　家庭用染料
	8854　家庭用接着剤（ゴムセメントを除く。）
	8859　その他の家庭用化学製品（包装されたもの）

資料：日本標準商品分類（1990年改訂版）

　しかし、1990年代には成長率が0.4％に落ち、2000年代の成長率はマイナス0.4％となっています。1990年代からは完全に日本の化粧品市場は成熟しました。しかし、それでも富士フイルム、ロート製薬、東レ、ライオン、杏林製薬、大正製薬、メルシャンなど化学産業の他分野や食品産業からの新規参入が続きました。一方、資生堂など既存の化粧品会社は、アジア、中国市場への事業展開に注力しました。ところが、2010年代後半に中国輸出を中心に輸出が急増するともに、国内消費量も増加に転じ、2010年から2018年の8年間の化粧品工業の出荷額は年率5.6％と1980年代を上回る高率で成長しました。

　第2－5－8図に化粧品貿易額の推移、**第2－5－3表**に2013年と2018年の化粧品需給状況を示します。化粧品貿易は、明治以来、赤字続きでしたが、2000年代後半に輸出額が急激に伸び、2016年に史上初めて貿

易黒字となり、2019年には輸出額が輸入額の約2倍にまで増加しています。第2−5−3表には2013年、2018年の輸出先国、輸入先国を示します。輸入先第1位がフランスは変わりませんが、タイ、中国など日本の化粧品会社の海外投資先からの逆輸入も増えました。一方、輸出先は2013年に比べて2018年には圧倒的に中国が占めるようになるとともに、東南アジアの躍進も目立ちます。来日旅行者増加により日本の化粧品が知られるようになり、帰国後も続けて日本品を購入するようになったためといわれています。しかし、あまり中国のウェイトが高すぎるのも、日本の化粧品工業にとって不安定要因になりかねません。政治的に利用されて、いつ不買運動をおこされるかわかりません。

5−3　洗剤・トイレタリー

洗剤・トイレタリーの商品知識

　日本標準商品分類では、化粧品以外の家庭用化学製品として、**第2−5−4表**のように歯磨き、石鹸、家庭用合成洗剤（衣料用、それ以外）、家庭用洗浄剤、みがき剤、クリーニング剤、つや出し剤、ワックス、家庭用染料、家庭用接着剤が示されています。

　しかし、スーパーマーケット、ドラッグストア、コンビニエンスストアなどに行ってみれば、このほかにも入浴剤、消臭・脱臭・芳香剤、洗濯仕上剤、冷却枕、冷却シート、紙おむつ、生理用品、入れ歯用品、除菌剤、使い捨てカイロなどが**トイレタリー用品**として並んでいます。家庭用化学製品は、次々と製品開発が行われ、新しいジャンルが生まれてくるために、日本標準商品分類の改訂が間に合わない状態です。

　家庭用合成洗剤は、**衣料用、台所用、住居用**に大別されます。衣料用は、石鹸に代わる製品として1930年代に一部製品化されましたが、本格的な普及は1950年代半ばに電気洗濯機とともに使われるようになってからです。それまでは石鹸とたらい、洗濯板で衣服を洗っており、洗濯は家庭の女性にとって負担の大きな労働でした。衣料用とほぼ同じころに台所用、住居用の

合成洗剤も製品化されました。

　しかし、合成洗剤の普及とともに、**河川の泡公害**が起き、分解しにくい合成洗剤への社会的な批判が高まりました。この批判にこたえて、1960年代後半には分解しやすい合成洗剤が開発され、広く使われるようになりました。

　合成洗剤には、主成分の**界面活性剤**のほか、補助剤として、**ビルダー**、**酵素**、**蛍光増白剤**、**漂白剤**などが使われています。ビルダーは、洗剤の浄化力を著しく高める物質をいいます。水に含まれるカルシウムイオンやマグネシウムイオンをとらえて水を軟化させる**トリポリリン酸ソーダ**、**ゼオライト**、水をアルカリ性にする炭酸ソーダ、ケイ酸ソーダ、鉄イオンなどをとらえるキレート剤（クエン酸、ニトリロ3酢酸など）、界面活性剤のミセルをつくりやすくする硫酸ソーダなどがあります。

　合成洗剤の消費量の増加とともに、補助剤の消費量も増加しました。とくに水を軟水化するためにビルダーとして使われたトリポリリン酸ソーダにより、湖沼、瀬戸内海などの閉鎖性水域では、**水の富栄養化問題**が起きました。リン酸分が過剰になると、アオコなどの植物プランクトンが大量発生する問題です。このため滋賀県が琵琶湖の富栄養化を防止するために**リンを含む合成洗剤の使用・販売を禁止する条例**を1979年に制定し、全国に大きな影響を与えました。このため1980年代前半にトリポリリン酸ソーダからゼオライトへの切り替えが一斉に行われ、**無リン化洗剤**が急速に普及しました。1980年代後半には、酵素入り**コンパクト洗剤**が開発され、現在に至っています。このように、合成洗剤は、しばしば消費者からの苦情、批判にさらされる商品であり、適切な対応が重要です。

　第2-5-9図に1980年代末から2019年までの洗剤の販売量の推移を示します。洗剤のうち、洗濯用がほぼ7割弱、台所用が2割、住居用が1割を占めます。石鹸は、工業用、洗濯用を合わせても、現在では、洗剤の2%弱に過ぎなくなりました。日本では長らく洗濯用に**粉状洗剤**が好まれるという特徴があり、液状洗剤の販売量は粉状品の1割以下という状態が続いてきました。しかし、2000年代なかばから急に**液状洗剤**の販売が伸び、2011年には粉状品を超え、2019年には8割を占めるほどになりました。

　歯磨きには、練り歯磨き、潤製歯磨き、粉歯磨き、水歯磨き・洗口液があります。昔は粉歯磨きがありましたが、最近は見かけることもなくなり、**第**

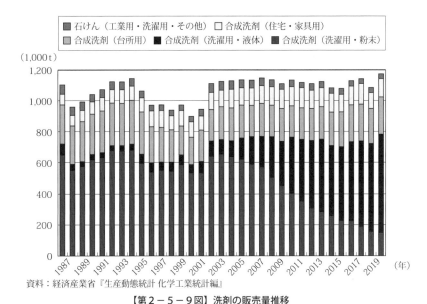

凡例：
■ 石けん（工業用・洗濯用・その他）　□ 合成洗剤（住宅・家具用）
▨ 合成洗剤（台所用）　■ 合成洗剤（洗濯用・液体）　■ 合成洗剤（洗濯用・粉末）

資料：経済産業省『生産動態統計 化学工業統計編』

【第2－5－9図】洗剤の販売量推移

2－5－5表に示すように、現在、日本ではほとんど**練り歯磨きと水歯磨き・洗口液**のみが市場に出回っています。洗口液は歯ブラシを使わず、口に含んですすぐ商品であるのに対して、水歯磨きは歯ブラシでブラッシングをする商品として、歯磨きの業界では区別し表示しているそうですが、現実には区別なしに口すすぎだけに使われているのではないかと思います。

　歯磨きは、**研磨剤**としての粉末成分、**保湿剤**、**界面活性剤**、**結合剤**、**香料**、**甘味料**、その他特殊成分からなります。練り歯磨きは、粉末成分としてリン酸水素カルシウム（2水和物）、炭酸カルシウム、ピロリン酸カルシウム、無水ケイ酸、水酸化アルミニウムで約5割、保湿剤としてグリセリン、ソルビット、プロピレングリコールで約2割、粉末成分の分離を防ぐ結合剤としてカルボキシメチルセルロースナトリウムCMC、発泡作用のある界面活性剤としてラウリル硫酸ナトリウム、甘味料としてサッカリンナトリウム、香料が、各々1～2％程度からなり、あとは精製水です。特殊成分は、口臭除去、むし歯予防、歯肉炎予防、歯槽膿漏予防などのための薬剤で、フッ素系化合物、グリチルリチン系化合物、ラウロイルサルコシンナトリウム、ヒノキチオール、ポリエチレングリコールなどが使われています。通常の歯磨き

337

【第2-5-5表】歯磨きの出荷内訳（2019年）

	出荷中味総量（t）			出荷金額（億円）		
	化粧品	医薬部外品	合計	化粧品	医薬部外品	合計
練	714	53,861	54,575	18	1,038	1,056
半練・潤製・粉	26	23	49	3	1	4
小　計	740	53,883	54,624	20	1,039	1,059
液　体	1,721	24,846	26,567	12	182	193
洗口液	10,507	22,632	33,139	49	142	191
小　計	12,228	47,478	59,706	61	323	384
合　計	12,968	101,362	114,329	81	1,362	1,443

〔注〕日本歯磨工業会会員の出荷集計値
資料：日本歯磨工業会

は医薬品医療機器法の上で**化粧品**になりますが、**薬効成分を含む歯磨きは医薬部外品**として扱われます。日本歯磨工業会のホームページには、会員会社の製品一覧が掲載されています。それをみると、意外にも医薬部外品となる製品が非常に多いことがわかります。これは第2-5-5表からもわかります。化粧品扱いならば全成分表示を行えば品目ごとの承認を得る手続きを省略できますが、薬効を謳った製品の方が販売戦略上有利であること、他の化粧品ほど新製品を季節ごとに発売するような商品でないために承認手続きが必要な医薬部外品が多いと考えられます。

　歯磨きの需給状況を**第2-5-10図**に示します。歯磨きは、2000年頃には輸出比率1％前後、輸入比率10％程度の内需型商品でした。しかし、化粧品と同様に2010年代後半に輸出、輸入とも増加し、2017年には輸出比率6％、輸入比率15％になりました。内需は2000年代にはほぼ飽和状態の横ばいでしたが、2010年代に入って再び成長し、2017年には2010年の1.5倍になっています。

　クレンザー、ワックス、靴クリームなどの**洗浄剤・磨用剤**の需給を**第2-5-11図**に示します。国内出荷量は、工業統計品目編に掲載されている4品目（その他を含め）を累積値（積上げグラフ）で示しました。輸出入は、貿易統計のどの項目を採ったら、工業統計の品目に該当するのか判断に迷いましたが、みがき料（履物用、家具・木工用、自動車用、すりみがき用、その他）（貿易統計コード3405）を採っています。出荷統計をみると、クレンザーや靴クリームが昔はもっと大きなウエイトを占めたのでしょうが、近

338

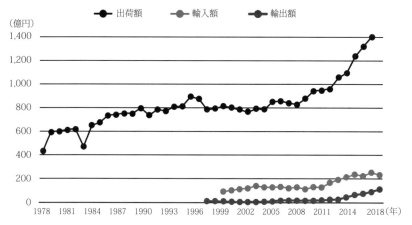

〔注〕貿易の歯磨きはコード3306(口腔衛生用の調製品及びデンタルフロス)なので洗口剤
　　を含む。ただしデンタルフロスの金額はそれほど大きくない。工業統計品目編の歯磨
　　きも第２−５−４表から含むと考えられる。
資料：経済産業省『工業統計』、財務省『貿易統計』
【第２−５−10図】歯磨きの出荷額・貿易額推移

　年ではこの二つ合わせても数％で、ワックスが２割程度、その他が７割以上
を占めるようになっています。ワックスのかなりの部分を現在では自動車磨
用ワックスが占めていると推定されます。その他の内訳は、明らかではあり
ませんが、事務所ビルの**床みがき用剤**として、**アクリル樹脂系**や**ウレタン樹
脂系**、あるいは**ワックス系**の**水性床磨用剤**が、従来の油性ワックスタイプに
比して大きく伸びているようなのでこのような製品が含まれると考えられま
す。したがって、現在では、洗浄剤・磨用剤は、消費財化学製品というより
も、**ビルメンテナンスサービス**業が使用する中間財の性格を強めていると考
えられます。また、2000年以降、磨用剤の輸出が急速に伸び、輸出比率が
2000年の10％から2018年には67％にまでなっていることも注目されます。
主要輸出先は、台湾、韓国、中国の近隣国です。2008年金融不況以来、内
需が大きく落ち込み回復しないので、輸出に逃れていると考えられます。

　トイレタリー用品のなかで、現在のような**高吸水性樹脂**を使った**紙おむつ**
は比較的新しい商品です。1980年代なかばに開発されました。紙おむつは
1940年代に開発されたといわれますが、その後もなかなか普及しませんで
した。しかし、高吸水性樹脂が開発されると、吸収力が大幅に増加して使い

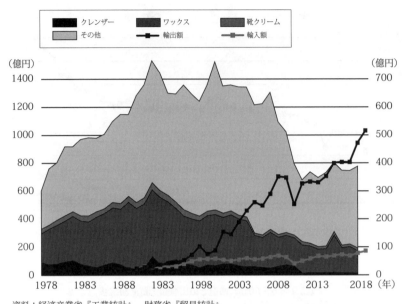

資料：経済産業省『工業統計』、財務省『貿易統計』
【第2－5－11図】洗浄剤・磨用剤の出荷額・貿易額推移

やすい商品になり、一気に普及しました。すでに乳幼児用は不可欠な商品として十分に普及し2017年をピークに、その後は減少しています。**第2－5－12図**に示すように、2000年代になって大人用、とくにパンツタイプに併用して使うパッドタイプが急速に伸び、乳幼児用の半分くらいの枚数にまで生産量が増加してきました。新生児が減少する一方、老人人口が増加していることから大人用の生産枚数が今後も増加すると予想されます。第2－5－12図に示すように、2010年代に乳幼児用を中心に輸出が急増したので輸出を除けば、2013年に大人用内需が乳幼児用内需を超えたと考えられます。

　高吸水性樹脂は、**ポリアクリル酸やポリアクリル酸ナトリウム**を網目状にした**機能性樹脂**です。自重の数十倍から数百倍の水を吸収します。しかし、尿のようにイオンを含んだ水の場合には吸収倍率が低下するので、この点を高吸水性樹脂のメーカー各社はいろいろ工夫しています。紙おむつには高吸水性樹脂のほかにも、ポリエチレンやポリプロピレンの**不織布**、**通気性フィルム**、**ポリウレタン伸縮材料**など多くの化学製品が使われています。

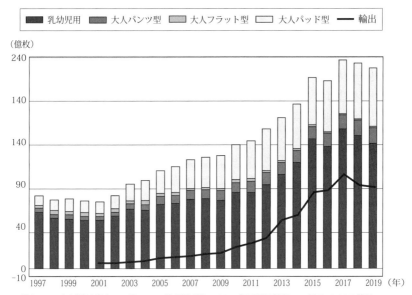

〔注〕2012年以後は輸出コード9619の数量(枚数)、2011年以前は輸出コード4818.40の数量
　　（重量）を、1枚28gとして枚数を計算して推定
資料：日本衛生材料工業連合会、財務省『貿易統計』

【第2－5－12図】紙おむつの生産量推移

　入浴剤は、医薬品扱いの商品がごく少数ありますが、大部分は医薬部外品
か化粧品に該当し、医薬品医療機器法の規制を受けます。化粧品の場合には
化粧品の項で説明したように、表示できる効能が「皮膚を清浄にする」「皮
膚をすこやかに保つ」「皮膚にうるおいを与える」などに限定されます。医
薬部外品の場合には商品ごとに承認が必要ですが、あせも・荒れ性の改善、
肩のこり・疲労回復など承認を得た効能を謳うことができます。また医薬品
医療機器法及び日本浴用剤工業会の自主基準に基づいて全成分表示を行って
います。

　第2－5－6表に入浴剤の種類を、第2－5－7表に入浴剤の成分を示し
ます。無機塩類系は入浴後の保温効果が高く、湯冷めしにくくなる効果があ
ります。炭酸ガス系は炭酸ガスの血管拡張作用により、全身の新陳代謝が促
進され、疲れや痛み等が緩和されます。薬用植物系は生薬に含まれている成
分の様々な働きと独特な香りの働き（リラックス効果）からなりたっていま
す。酵素系は皮膚に無理な刺激を与えず清浄にします。**第2－5－7表**に示

すパパインは、パパイヤの実から抽出した耐熱性のある植物プロテアーゼです。パンクレアチンはブタやウシの膵臓からつくられるデンプン、脂肪、タンパク質を分解する消化酵素です。清涼系はメントールにより冷感を付与し、また炭酸水素ナトリウム、硫酸アルミニウムカリウム等により肌にサッパリ感を付与します。スキンケア系はセラミド、米胚芽油、エステル油、スクワラン、ホホバ油、ミネラルオイル、植物エキス、米発酵エキス等の保湿成分を主に配合してスキンケアを行うものです。

　日本では昔から温泉の効用が知られ、また菖蒲湯や柚子湯のような薬用植物を利用した薬湯が使われてきました。現在のような入浴剤は、1897（明治30）年に婦人薬の生薬製剤「中将湯」をもとに銭湯向けに発売されたくすり湯『浴用中将湯』が始まりといわれます。「中将湯」を精製する過程で品質に不適合とされた原料（刻み生薬）を自宅の風呂に使ったら、夏には子供のあせもが消え、冬には身体がよく温まった。このうわさを伝え聞いた日本橋や目黒界隈の銭湯経営者が津村順天堂に要望したので商品化されたといいます。その後、温泉成分を乾燥、粉末化したものが商品化され、さらに昭和初期に無機塩類系入浴剤が商品化されました。1980年代に炭酸ガス系入

【第2－5－6表】入浴剤の種類

種類	主な構成成分	主な剤型
無機塩類系	無機塩類を主成分とし、保湿剤、色素、香料、その他の成分を添加したもの	粉末 顆粒
炭酸ガス系	炭酸ナトリウム、炭酸水素ナトリウム等の炭酸塩と有機酸類を組み合わせて配合し、保湿剤、色素、香料、その他の成分を添加したもの	錠剤 粒状
薬用植物系 （生薬系）	生薬類をそのまま刻んだものと、生薬エキスを取り出して無機塩類等と組み合わせたものがある	粉末 顆粒 液体 生薬の刻み
酵素系	酵素を配合したもので、無機塩類と組み合わせることが多い	粉末 顆粒
清涼系	無機塩類系や炭酸ガス系の基剤に、清涼成分等により冷感を付与させ、入浴後の肌をサッパリさせるもの	粉末 錠剤
スキンケア系	保湿成分を含むもの。白濁するものや無機塩類に保湿成分を含ませたもの	液体 粉末

資料：日本浴用剤工業会ホームページ

342

【第2－5－7表】入浴剤の成分

	配合目的	主な成分
無機塩類	入浴による温熱効果や清浄効果を高めたり、湯を軟らかくする。	炭酸ナトリウム、炭酸カルシウム、炭酸水素ナトリウム（重曹）、セスキ炭酸ナトリウム、塩化ナトリウム（食塩）、塩化カリウム、硫酸ナトリウム（芒硝）、硫酸マグネシウム、メタケイ酸ナトリウム
生薬類	入浴による温熱効果を高める。	ウイキョウ、オウゴン、オウバク、カミツレ、コウボク、米発酵エキス、ジュウヤク、ショウブ、センキュウ、チンピ、トウキ、トウヒ、トウガラシ、ニンジン、ユズ、ヨモギ、ボウフウ、ハッカ葉、ショウキョウ、甘草、ケイヒ
酵素類	皮膚を清浄にする。	パパイン、パンクレアチン、蛋白質分解酵素
有機酸類	重曹等の炭酸塩と組み合せて配合し、湯のｐＨを調整して炭酸ガスを発生する。	コハク酸、フマル酸、リンゴ酸、クエン酸、マレイン酸、酒石酸、乳酸
保湿剤（油成分を含む）	肌をしっとりさせる。	液状ラノリン、ホホバ油、グリセリン、カゼイン、ステアリルアルコール、オリーブ油、大豆油、流動パラフィン、白色ワセリン、プロピレングリコール、脱脂粉乳、スクワラン、ハチミツ、ポリエチレングリコール、コメ胚芽油
着色剤	お湯に色をつける。	リボフラビン（ビタミンＢ２）、カロチン、クロロフィル、色素［黄色202号-（1）、黄色4号、青色1号、緑色201号、緑色204号等］
その他		無水ケイ酸、カンフル、サリチル酸メチル、テレビン油、メントール、デキストリン、酸化チタン、香料

資料：日本浴用剤工業会ホームページ

浴剤が開発され、また多くの温泉系入浴剤も発売されて、入浴剤市場は急拡大しました。正式の統計がありませんが、現在では400億円の市場規模といわれています。**使い捨てカイロも日本で開発された消費財化学製品です。**1978年ロッテ電子工業（現在はロッテに統合）が商品化し大成功しました。1989年には桐灰化学（2020年7月に小林製薬に吸収合併で解散）が「貼る」タイプを商品化し、市場をさらに拡大しました。

　カイロ工業会16社の販売実績としては、2019年度は**第2－5－8表**に示

すように貼るタイプが7割、貼れないタイプが2割強、その他タイプ及び輸出合計が1割弱となっています。日本市場はすでに成熟しており、この10年間の販売実績は15億枚から20億枚の間を暖冬か否かに左右されながら上下しています。製造会社の淘汰も進んでおり、カイロ工業会会員数も1981年発足時は46社でしたが、2020年7月時点では15社となっています。

　使い捨てカイロの原理は鉄が空気中で酸化する（錆びる）際の発熱です。内容物の成分は鉄粉、水、塩分、活性炭（酸素を吸着して早く錆びさせる）、保水剤（バーミキュライト、吸水性樹脂）です。さらに忘れてならない必須の成分は、空気を通すけれども内容物を外に漏らさない不織布製内袋と、破り捨てるまで内容物に空気を触れさせないプラスチック多層フィルムから成る外袋です。外袋は、カイロの有効期限を決めるもっとも重要な要素です。ちなみにカイロの有効期限とは、表示してある温度規格を保証する期間であって、製品を使用できる期間ではありません。発熱温度、発熱時間は内容物の種類、粒度、内袋の通気性でコントロールしています。

　洗剤・トイレタリー工業は、典型的な消費財産業と思われますが、意外にも洗剤・シャンプーの主原料である界面活性剤を製造している会社が重複し、さらにその元になる油脂化学工業を行っている会社もある程度重複しています。したがって、洗剤・トイレタリーと一緒に、中間投入財である界面活性剤や油脂化学製品も説明することにします。

界面活性剤の商品知識

　石鹸や合成洗剤、シャンプーなどの主成分は、界面活性剤といわれる化合

【第2-5-8表】使い捨てカイロの販売量（2019年度）

	サイズ	百万枚、足	構成比
貼れないカイロ	レギュラー	268.7	18%
	ミニ	76.4	5%
貼るカイロ	レギュラー	719.7	47%
	ミニ	359.9	24%
足もと用カイロ		62.7	4%
海外販売量		29.5	2%
合計		1,516.9	100%

資料：日本カイロ工業会ホームページから作成

物です。界面活性剤は、洗剤、シャンプー用以外にも、**化粧品の可溶化剤・乳化剤、食品添加物の乳化剤、合成樹脂重合の際の乳化剤、農薬乳化剤・展着剤、帯電防止剤、分散剤、セメント減水剤、起泡剤、消泡剤、浸透剤、防錆剤、殺菌・抗菌剤、潤滑・平滑剤、繊維の染色助剤、精練剤、柔軟仕上剤**など多くの産業分野で使用されています。

　水と油のようにお互いに溶け合わない液体同士の境目を界面といいます。もっと広く、お互いに溶け合わない液体と固体、気体と液体、固体と固体の境目も界面です。界面にある分子は、内部にある分子と違って周囲に同一の分子がなくなります。このため界面をできるだけ小さくしようとする力が働きます。これが**界面張力**です。水滴が丸くなる原因です。

　界面活性剤は界面張力を弱める働きをする化合物です。この性質は界面活性剤分子が水になじむ親水基と油になじむ疎水基の両方を分子内にもつことから生まれてきます。このような分子構造のために界面活性剤は界面に吸着します。たとえば水と油の界面に界面活性剤が吸着すると、水分子は油に代わって界面活性剤の親水基に接するようになります。油分子も水に代わって界面活性剤の疎水基に接します。このため水と油が直接接していたときに比べると界面張力が弱まります。

　界面活性剤の濃度が高くなると、界面すべてが界面活性剤分子で覆われてしまいます。それ以上に濃度をあげると、水のなかであれば界面活性剤が疎水基を内側、親水基を外側にして集合しはじめます。これをミセルと呼びます。ミセルのなかは疎水性なので、水の中にある油がミセルに取りこまれ、油が水に溶けたようになります。これが**可溶化**です、透明な化粧水をつくる際に重要な技術です。

　さらに油を取りこむと水のなかに界面活性剤に囲まれた油滴が生じます。これが**乳化**です。どろ、セメント粒子、顔料粒子などの固体の粒子ならば**分散**という状態です。この作用によって、界面活性剤は洗剤として使われるほか、多くの用途に使われます。

　さらに界面活性剤の濃度を上げると、ミセルの形が変わり、球状から棒状、さらに層状になります。生物の細胞膜はリン脂質という一種の界面活性剤による二重層から成っています。水環境の中なので、二重層は疎水基同士を内側にして、親水基を細胞の内外に向けています。

　界面活性剤には、**第2－5－9表**に示すように水に溶解したとき親水基が陰イオン（アニオン）に電離する**アニオン界面活性剤**、陽イオン（カチオン）に電離する**カチオン界面活性剤**、分子構造にアニオン部分とカチオン部分の両方をもつ**両性界面活性剤**、水に溶けても電離しない**非イオン（ノニオン）界面活性剤**があります。

　石鹸は、昔から使われてきた**アニオン界面活性剤**です。油脂は高級脂肪酸のグリセリンエステル（トリグリセリド）です。油脂をか性ソーダと反応させると、油脂の**高級脂肪酸のナトリウム塩**が生成します。これが石鹸です。石鹸を水に溶かすと、高級脂肪酸イオンとナトリウムイオンに解離します。高級脂肪酸イオンのなかの長鎖アルキル基が親油基に、カルボキシ基が陰イオンになるので、石鹸はアニオン界面活性剤です。

　アルキルベンゼンスルホン酸塩は、代表的な**合成洗剤**原料です。かつては分岐の多いアルキル基製品が使われましたが、環境中での分解性が悪いので、**直鎖アルキルベンゼンスルホン酸ソーダ**に切り替えられました。**高級アルコール硫酸エステル塩**も代表的な合成洗剤やシャンプー原料です。環境中での分解性がよい界面活性剤です。おしゃれ着洗いのような洗剤によく使われます。

　ポリオキシエチレンアルキルエーテル硫酸塩は、**皮膚刺激性**が少ないことからシャンプーによく使われます。ポリオキシエチレンアルキルエーテルリン酸塩は、ポリオキシエチレン基の付加数、リン酸のエステル化度（モノ、ジ、トリ）、酸の中和度などの組み合わせによって、親水基・疎水基のバランスや界面活性能を比較的自由に変化させることができるので、様々な用途に使われる界面活性剤です。

　カチオン界面活性剤は、昔から逆性石鹸として消毒薬などに使われてきました。強力な殺菌作用を発揮するほか、柔軟化力、乳化力、分散力、吸着力、浸透力などの界面活性力をもち、帯電防止作用も発揮します。カチオン界面活性剤は、リン脂質などの界面活性剤から構成されている微生物の細胞膜に作用して殺菌作用を発揮すると言われています。また、カチオン界面活性剤は、マイナスに帯電している髪、繊維などに吸着し、長鎖の疎水基を外側にして髪などの表面を覆うので**リンス**、**トリートメント**の原料のほか、繊維の**柔軟仕上剤**、**染色助剤**、合成樹脂の**帯電防止剤**、**殺菌消毒剤**などに使われます。

【第2−5−9表】界面活性剤の分類と種類

分　類		種　類	代表的な分子構造	用　途
アニオン	カルボン酸塩	脂肪酸塩	R-COONa	石鹸
		N-アシルアミノ酸塩	RCON(CH₃)-CH₂-COONa	医薬品、化粧品の起泡剤
	スルホン酸塩(スルホネート)	分岐アルキルベンゼンスルホン酸塩(ABS)	R-C₆H₄-SO₃Na	洗濯用・台所用・住宅用洗剤、農薬乳化剤、染色助剤、精錬剤、金属メッキ洗浄剤
		直鎖アルキルベンゼンスルホン酸塩(LAS)	CH₃(CH₂)ₙ-C₆H₄-SO₃Na	
		α-オレフィンスルホン酸塩(AOS)	R-CH=CH-(CH₂)ₙ-SO₃Na	洗濯用・台所用・住宅用洗剤、化粧品基剤、古紙脱墨剤、乳化重合用乳化剤
	硫酸エステル塩(サルフェート)	高級アルコール硫酸エステル塩(AS)	R-OSO₃Na	シャンプー、洗濯用洗剤、精錬洗浄剤、繊維乳化剤、化粧品用乳化剤
		ポリオキシエチレンアルキルエーテル硫酸塩(AES)	R-(OCH₂CH₂)ₙ-OSO₃Na	シャンプー、台所用洗剤
	リン酸エステル塩	ポリオキシエチレンアルキルエーテルリン酸塩	R-(OCH₂CH₂)ₙ-OPO₃Na₂	帯電防止剤、防錆剤
		アルキルリン酸塩	RO-PO₃Na₂	液体洗浄剤
カチオン	アルキルアミン塩		RNH₂・HCl	乳化剤、浮遊選鉱剤、防錆剤、顔料分散剤
	脂肪族4級アンモニウム塩		R₂N(CH₃)₂Cl、RN(CH₃)₃Cl	繊維柔軟剤、リンス剤、除菌洗浄剤、帯電防止剤
	アルキルベンジルアンモニウム塩(塩化ベンザルコニウム)		RN(CH₃)₂(C₆H₅CH₂)Cl	除菌洗浄剤、リンス剤
	複素環4級アンモニウム塩	ピリジニウム塩	RC₅H₅NCl	殺菌剤、染料固着剤
両性	ベタイン型	アルキルカルボキシベタイン(アルキルベタイン)	R₃N(CH₂)ₙ(COO)	シャンプー、帯電防止剤、繊維仕上剤
		イミダゾリニウムベタイン	RC₃H₄N₂(CH₂CH₂OH)(CH₂COO)	シャンプー
	アミノ酸型	アルキルアミノ脂肪酸塩	RNHCH₂CH₂COONa	シャンプー、殺菌剤、帯電防止剤、柔軟剤
	アルキルアミンオキシド型	アルキルアミンオキシド	RN(CH₃)₂ONa	台所用洗剤

347

（第2－5－9表　続き）

分　類		種　類	代表的な分子構造	用　途
非イオン（ノニオン）	エーテル型	ポリオキシエチレンアルキルエーテル（AE）	$RO-(CH_2CH_2O)_n-H$	乳化剤、インキ分散剤、可溶化剤
		ポリオキシエチレンアルキルフェニルエーテル	$R-C_6H_4-O(CH_2CH_2O)nH$	洗浄剤、分散剤、パルプ浸透剤、メッキ浴添加剤
	エーテルエステル型	ポリオキシエチレンソルビタン脂肪酸エステル	$RCOO(sorbitan)\{(CH_2CH_2O)_nH\}_m$	乳化剤、乳化安定剤、可溶化剤
	エステル型	ポリエチレングリコール脂肪酸エステル	$RCOO(CH_2CH_2O)_nH$	乳化剤、合成樹脂滑材
	含窒素型	脂肪酸アルカノールアミド	$RCON(CH_2CH_2OH)_2$	乳化安定剤、増粘剤、顔料分散剤

　非イオン界面活性剤は、ポリオキシエチレン鎖および遊離の水酸基が親水基に、アルキル基が疎水基になります。油汚れの洗浄力に優れるので、**衣料用、台所用洗剤**に使われるほか、起泡を抑制する作用があるので**消泡剤**として配合されます。そのほか**繊維仕上剤、乳化剤、可溶化剤、帯電防止剤**などに使われます。非イオン界面活性剤やアニオン界面活性剤によく見られるオキシエチレン鎖は、石油化学基礎製品（1－1）で述べた**エチレンオキシド**を原料につくられます。

　両性界面活性剤は、第2－5－9表の分子構造で示すように疎水基（R）に加えて一つの分子内に親水基としてアニオン部分（COO）とカチオン部分（NR₃など）をもつので、水に溶けたとき、アルカリ性領域ではアニオン界面活性剤の性質を、酸性領域ではカチオン界面活性剤の性質を示します。アルキルジアミノエチルグリシン塩酸塩などアミノ酸型は、カチオン界面活性剤と同様に殺菌消毒剤として使われます。また、ベタイン型は皮膚や眼に対する刺激性が弱いので、他の活性剤と組み合わせて洗浄性や起泡性を向上させる補助剤としてシャンプーなどに広く使用されています。

油脂化学製品の商品知識

　やし油、パーム油、大豆油、アマニ油、綿実油、ナタネ油、ヒマシ油などの**植物油**、牛脂、魚油などの**動物油**を原料に、食用油脂、工業油脂、脂肪酸、

高級アルコール、グリセリン、副成分などの**油脂化学製品**がつくられます。

　油脂は、**高級脂肪酸**と**グリセリン**のエステルです。高級脂肪酸のアルキル基が飽和結合からなる油脂と不飽和結合を含む油脂があります。

　不飽和脂肪酸を多く含む魚油などの油脂に**水素添加**すると、固体の硬化油が得られます。硬化油は**マーガリン**、**ショートニング**などの食用油脂の原料となるとともに、界面活性剤などの原料にも使われます。油脂を**加水分解**すると、**高級脂肪酸**と**グリセリン**が得られます。高級脂肪酸には、**オレイン酸**、**ラウリン酸**、**パルミチン酸**、**ステアリン酸**などがあります。**金属石鹸**、**エステル原料**、**界面活性剤原料**、**化粧品原料**などになります。グリセリンは、アルキド樹脂、ポリエステル、ポリウレタンの原料、火薬、化粧品などに使われます。

　油脂の**水素還元**により、**高級アルコール**ができます。高級アルコールには、ラウリルアルコール、オレイルアルコールなどがあります。界面活性剤の重要な原料となります。

　副成分としては、レシチン（リン脂質の一種、食品添加物の乳化剤）、スクワレン・スクワラン（薬用クリーム）、ビタミンＡ油（医薬品、食品添加物）などがあります。

　油脂から大量につくられるようになった最近話題の製品は、**バイオディーゼル油**です。軽油に代わる自動車燃料になり、実際には軽油に混合して使われています。欧州では地球温暖化対策としてEU指令によって大量に使われるようになりました。油脂とメタノールを反応（エステル交換反応）させてつくられる**高級脂肪酸メチルエステル**がバイオディーゼル油です。その際に大量のグリセリンが副生します。原料油脂は、植物油、動物油脂、廃食用油のいずれでも可能ですが、実際には**パーム油**、**なたね油**、**ひまわり油**が大量に使われています。

　油脂以外の脂質としてはロウと複合脂質があります。ロウは高級脂肪酸と高級アルコールのエステルです。動植物から得られるロウとしては、高級脂肪酸の水素還元で生成するような直鎖状の高級アルコールが代表的ですが、コレステロール、スティグマステロールのような環状高級アルコールもあります。これらは医薬品、化粧品、食品添加物原料として使われます。複合脂質には、リン脂質、糖脂質、タンパク脂質があります。すでに述べたレシチ

ンはグリセリンと高級脂肪酸及びリン酸から成るエステル（ホスファチジン酸）ですが、リン酸基にさらにコリンなどの窒素化合物が結合しています。植物油の精製工程の副産物として得られます。今後ライフサイエンス事業を発展させる上で重要な分野になると思われます。

5－4　粘着テープ

粘着剤と粘着テープの歴史

　粘着剤は昔から膏薬として使われてきました。しかし、それは温めて柔らかくしてからでないと使えません。19世紀に松脂と蜜ロウからなる便利な膏薬が発明されましたが、まだ常温では粘着性が乏しく貼れません。19世紀なかばにはこれに天然ゴムが加えられて、粘着剤といえる商品が生まれ、ようやく19世紀後半に常温で使うことができる**感圧式絆創膏**が工業化されました。

　同じ頃に電気・電灯が普及するとともに、**絶縁用粘着テープ**も誕生しました。電線は絶縁物で被覆しなければ使えません。この被覆材としてゴムが使われました。それとともに絶縁用粘着テープも開発されました。ゴムを練りこんだ布に未加硫のゴムを粘着剤として付けた製品でした。日本でも20世紀はじめには生産が開始されました。

　20世紀になると自動車工業の発展とともに、塗装の際に余計なところに塗料が付かないように防止する**マスキング用紙粘着テープ**が生まれました。当初は自動車工が医療用テープを転用して使っていましたが、マスキングという新しい需要が生まれたことを知ったアメリカの3M（スリーエム）社がマスキング用紙粘着テープを開発しました。マスキングテープは、その後多くの**産業用・民生用粘着テープ**を生み出しました。その第1号が**セロハンテープ**です。これも3M社が開発しました。

　1930年代にアメリカは世界でも一番早く高分子工業が盛んになりました。ゴム被覆電線に代わって、燃えにくい塩化ビニル樹脂被覆電線がいち早く普及しました。ゴム電線の開発のときと同様に、ビニル電線の開発も、電線の

修理や接合部分の絶縁のために**ビニル粘着テープ**を生み出しました。しかし、ビニル粘着テープの開発には軟質塩化ビニルフィルムに入っている塩化ビニル用可塑剤が粘着剤に移行し、粘着力を弱める問題を克服することが必要でした。ビニルテープが開発されると、電気絶縁用だけでなく、缶入り食品の密封や配管の防食・保護などに転用され、そこから新たな粘着テープが生まれました。

　日本では、1940年代末から1950年代初めに絆創膏（布、紙粘着テープ）、セロハン粘着テープ、ビニル粘着テープが相次いで開発され、工業化されました。ちょうど日本の合成樹脂工業が本格的に誕生した時期にあたります。

　高分子工業の発展のうえに生まれた高性能の汎用テープが、**ポリエステルテープ**です。テープ（支持体）が**ポリエステルフィルム**、粘着剤が**ポリアクリル酸エステル**からなります。フィルムが薄いうえに、耐薬品性、耐水性、柔軟性に優れているために、電気絶縁用ばかりでなく、幅広い用途に使われています。

粘着剤と粘着テープの商品知識

　粘着剤は接着剤と似ていますが、少し違う商品です。モノとモノをつなぐとき、接着剤は液体ですが、そのあと硬い固体になって一体化するのに対して、粘着剤は硬くなりません。粘着剤は、温度をかけたり、ゆっくり力をかけたりすると柔らかい性質を示します。これに対して低温や急激に力をかけると硬い性質を示します。この性質によってものを接着させることができるし、必要なときにはがすこともできるのです。

　粘着剤には、ゴム（天然ゴム、IR、SBR、IIR）、ポリアクリル酸エステル、**ケイ素系樹脂（シリコーン）**などの高分子が使われます。ゴムは未加硫で使います。粘着剤をやわらかくして、濡れ性をよくするために、**液状ポリブテン**、**鉱油**、**液状ポリアクリル酸エステル**などの**軟化剤**、粘着力を高めるために**ロジン（松脂）**、**石油樹脂**、**ポリテルペン樹脂**などの**粘着付与剤**、粘着剤の老化防止のためにアミン系やフェノール系化合物の**老化防止剤**、さらに着色、増量のために亜鉛華、顔料、チタン白、炭酸カルシウム、クレーなどの**充填材**が加えられます。

　軽く押すだけでモノを貼り付けることができる便利な商品として粘着剤製

品は広く使われています。粘着剤単独で販売されるよりも、紙、布、合成樹脂テープに粘着剤が付いた商品として販売されています。この点も接着剤と粘着剤の商品としての大きな違いです。**第2－5－10表**に示すように身近な、あるいは産業用の様々な需要をつかんだ商品が次々に開発されています。

　粘着テープを使うときに、きれいにはがせるように、支持体の粘着剤の逆の面には**剥離剤**が塗られています。剥離剤としてはワックスのような長鎖アルキル基をもったポリマーがよく使われます。一方、両面テープやラベルでは、つるつるした紙が使われます。**剥離ライナー**といいますが、これには**シリコーン系ポリマー**が塗ってあります。

　このほか表に書き込めないくらいたくさんの用途に対応した粘着製品が開発されています。たとえば半導体産業ではシリコンウェハーを切り出したあと、ウェハーを磨く際に粘着テープが貼られます。磨いた後、粘着テープをはがしたときに粘着剤が一切残らないテープです。ウェハー上に回路をつくったあとで、ウェハーはダイヤモンドカッターで細かく切断されます。このときにも、ウェハーを裏から押さえて固定するために粘着テープが使われます。このように産業上の重要な工程で粘着剤製品は使われるようになっています。

　粘着剤製品は、高分子のような化学製品の機能を熟知した化学会社が、その知識を使って付加価値の高い機能製品にまでつくりあげていったモデルといえましょう。今後の日本の化学産業は、このように新しいニーズをいち早くつかんで、それに対応した付加価値の高い化学製品をつくっていく姿勢が重要になると思います。基幹となる技術をいくつか持って、新しいニーズを探し、それに対応した機能性化学製品を次々と産み出していった粘着剤商品開発の歴史は、他の多くの化学産業の新製品開発においても大いに参考になります。アメリカ3M社と日本の日東電工のホームページには、基幹技術をしっかりと押さえ、そこから面白い粘着剤新製品を生み出していった具体例がたくさん掲載されているので、是非参考にしてください。

【第2－5－10表】粘着テープの種類・用途

	支持体	粘着剤	用途
包装用テープ	ポリエステルフィルムと不織布・ポリエステルフィラメント・ガラスフィラメント	アクリル	重量物結束、梱包
	ポリプロピレンフィルム	ゴム	野菜・果物の結束
	セロハン、硬質塩化ビニルフィルム、延伸ポリプロピレンフィルム	ゴム	軽包装用
	クラフト紙、クレープ紙	ゴム	中包装用
	布とポリエチレンフィルム	ゴム	重包装用
	半硬質塩化ビニルフィルム	ゴム	容器の封口
電気絶縁用テープ	ポリエステルフィルムと不織布	アクリル	電子機器内部での絶縁
	クレープ紙	ゴム	電子部品搬送
	フラット紙	ゴム	コイル外装の絶縁用
	アセテート布	ゴム	トランスコイルの固定
	軟質塩化ビニルフィルム	ゴム	電気絶縁汎用
	アルミ箔	アクリル	電磁波遮蔽用
	フッ素樹脂	シリコーン	コイルの絶縁用
	ブチルゴム	ブチルゴム	電線ケーブル絶縁用
両面粘着テープ	ブチルゴム	アクリル	自動車のネームプレート固定
	布、不織布、ポリプロピレンフィルム、ポリエチレンフォーム	ゴム、アクリル、ウレタン	カーペットの固定、ポスター貼り
	不織布	アクリル	固定汎用
配管用テープ	フッ素樹脂	フッ素樹脂	水道管継手シール用
	軟質塩化ビニルフィルム	ゴム	地中埋設管の防食保護
表面保護用フィルム	ポリエチレンフィルム	アクリル	自動車・金属製品の輸送時保護
マスキング用テープ	和紙	ゴム	建築物塗装時、自動車塗装時
	クレープ紙	ゴム	自動車塗装時
ラベル・ステッカー	塩化ビニルフィルムとアルミ箔	アクリル	ラベルの原反
表示用テープ	半硬質塩化ビニルフィルム	ゴム	配管種類表示、危険個所表示
防音・耐熱・緩衝テープ	ポリウレタン発泡材	アクリル	配水館の防音など
離型用テープ	フッ素樹脂	シリコーン	型離れ

（第2－5－10表　続き）

	支　持　体	粘着剤	用　途
医療用テープ	紙、不織布、プラスチックフィルム、布、プラスチック発泡体	アクリル	サージカルテープ
	塩化ビニルフィルム、	ゴム	絆創膏
	ポリウレタンフィルム		サージカルドレープ
	布	ゴム	スポーツテープ
害虫害獣取りテープ			ごきぶり、ねずみ捕捉
メモ取りテープ			ポストイット
掃除用テープ			カーペットクリーナー、フローリングクリーナー、防塵マット
滑り止めテープ			階段用、浴室用、プールサイド用

資料：日東電工ホームページから作成

5－5　家庭用殺虫剤

市場動向

　農薬の一つである殺虫剤とは別に家庭用殺虫剤という商品分野がありま
す。農薬が農薬取締法で規制されるのに対して、家庭用殺虫剤は医薬品医療
機器法で規制されています。農薬としての殺虫剤があくまでも「農作物を害
する線虫、だに、昆虫」を対象とするのに対して、家庭用殺虫剤は「はえ、蚊、
のみその他これに類する生物」を対象とします。医薬品医療機器法上、医薬
品または医薬部外品になります。また、家庭用殺虫剤と似た商品として、自
治体環境衛生担当者やその委託を受けた業者などが使用する防疫用殺虫剤も
あります。

　フマキラー社が発表している資料によれば、**第2－5－13図**に示すよう
に世界の家庭用殺虫剤の市場規模は2019年で約7,440億円（末端価格）、
そのうち日本は約15%、アジア全体が約51%も占めると推定されています。
地域的・気候的な事情という面もあるのでしょうが、4－4で述べた農薬の

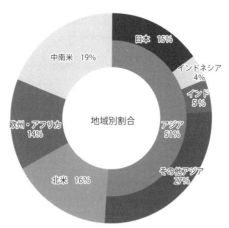

フマキラー社推定、末端価格で2019年約7,440億円、為替レート1US$=110円
資料：2019年6月4日フマキラー社2019年3月期決算説明会資料

【第2－5－13図】世界の家庭用殺虫剤市場規模

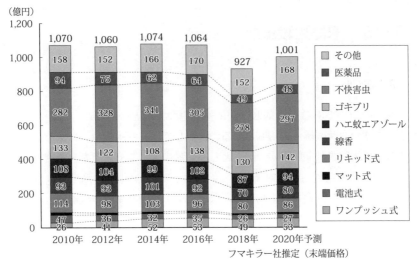

資料：フマキラー社 2014 年 3 月期、2020 年 3 月期決算説明会資料から作成

【第2-5-14図】日本の家庭用殺虫剤小売市場推移

　世界市場と日本市場の規模の差に比べて、家庭用殺虫剤の世界市場におい
ては、アジア、日本の存在感が大変に大きいことが印象的です。**第2-5-
14図**には日本の市場動向を示します。末端価格なので、一概に比較はでき
ませんが、農薬のうち殺虫剤の出荷金額（第2-4-13表）が2019年で
960億円、殺菌殺虫剤を加えても1,296億円であることに比べて、家庭用殺
虫剤の市場規模（1,000億円前後）は結構大きなものであることがわかりま
す。もともと蚊を対象とした商品（蚊取り線香、電気蚊取り）が最大の分野
でしたが、アリ・ハチ・その他不快害虫を対象とした商品が急速に伸びたた
めに、2010年代は首位交替期になりました。蚊、ハエ向けは減少傾向が続き、
ゴキブリと不快害虫向けが現在では中心になりました。

　家庭用殺虫剤の有効成分は、農薬と違って、ピレスロイド系が90％以上
を占めており、その他では、有機リン系、カーバメート系がわずかに使用さ
れているにすぎません。一方、防疫用殺虫剤は、正確な比率はわかりません
が、ピレスロイド系とともに、有機リン系もたくさん使われています。

356

ピレスロイドの化学と応用商品

セルビアが原産地の除虫菊を1886年に大日本除虫菊（キンチョール）の創業者・上山英一郎が日本で栽培し、さらに1890年に棒状蚊取り線香、1895年に渦巻き蚊取り線香を発明しました。その後、除虫菊の有効成分ピレトリンの構造解明と構造改変によるピレスロイド系殺虫剤の開発は、日本の企業研究者の寄与が非常に大きな分野となりました。ピレトリンもピレスロイドも、哺乳類、鳥類に対する毒性が非常に低いという特性があるので、早くから、その応用には関心が持たれました。

1950年代にピレトリンの化学構造が明らかになると、早速ピレスロイドの開発も進展しました。ピレトリンは、天然物では珍しいシクロプロパン環をもつ菊酸部分と、シクロペンテン環をもつアルコール部分から成るエステルです。**第2－5－15図**に示すように、最初はピレトリンの化学構造のうち、アルコール部分を改変することによって、熱安定性や揮発性などの物性や殺虫性能の違う物質がつくられました。それらをうまく商品化したのが、除虫菊を使わない現在の蚊取り線香、さらに電気蚊取りマット、液体電気蚊取り、さらには蚊のような小さな昆虫でなく、ハエやゴキブリにも効くエアゾール製品、臭いのない衣類用防虫剤でした。

ピレトリンを農薬として使おうとする試みは戦前からあり、1960年代にはアレスリンが農薬として市販されました。しかし、菊酸に含まれるシクロプロパン環が光、熱、酸化に対して不安定なために散布すると環境中で容易に分解して持続性が得られず、ピレスロイドの農薬への展開は困難でした。

ところが、1970年代にアルコール部分について安定構造（3-フェノキシベンジルアルコールやそのシアノ置換体）が見いだされ、また光に弱い菊酸部分の保護（ジハロビニル基の導入）が発見されたことにより、ペルメトリンなどシクロプロパン環を含んだピレスロイド系農薬が開発されました。

住友化学は、ピレスロイドの必須構造と考えられたシクロプロパンカルボン酸構造を含まず、これをα-置換フェニル酢酸にしたフェンバレートを1970年代に世界で初めて開発しました。さらに1980年代には三井東圧化学（現在の三井化学）がピレスロイドの最大の欠点である魚毒性の高さを解消しました。それは、ピレスロイドの開発過程で手が付けられていなかった

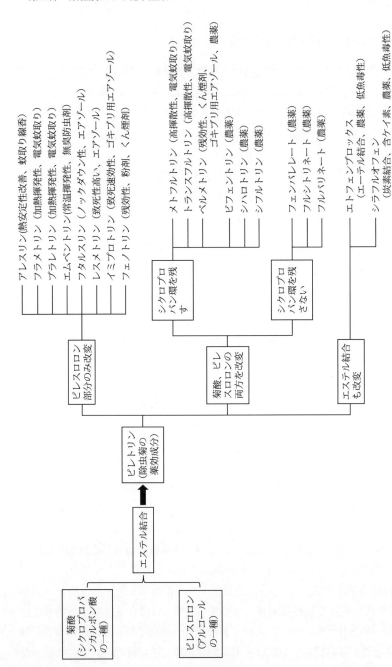

【第2−5−15図】 家庭用殺虫剤によく使われるピレスロイド

エステル部分の改変（エーテル結合）によるものでした。これがエトフェンプロックスです。1990年代には大日本除虫菊がエーテル結合を炭素鎖にすることによって、さらに魚毒性を低下させたシラフルオフェンを開発しました。

　ピレスロイドは、このように家庭用殺虫剤から農薬、さらに木材防腐剤（シロアリ駆除）に幅広く使われています。技術系の方は、第2－5－15図に示す各種のピレスロイドの化学構造をインターネットで調べてみて、構造改変と商品との関係を考えてみると勉強になります。

虫除け製品

　蚊などの虫除け製品には、手足など身体に直接つける製品と、玄関や窓などに吊り下げる製品が近年ヒットし、よく見かけます。

　玄関や窓などに吊り下げる虫除け製品に使われている有効成分は、前項ピレスロイドのうち、揮発性の高いエムペントリンまたはトランスフルトリンです。ピレトリンをはじめ、ピレスロイドはノックダウン性の高いものが多く、これを活用した製品といえましょう。

　一方、スプレーや塗って身体に直接つけ、蚊などに刺されることを防止する製品は、医薬品医療機器法の一般用医薬品第2類か、医薬部外品になっています。有効成分としてディート（IUPAC名 *N,N*-ジエチル-3-メチルベンズアミド）がよく使われてきました。ディートは第2次大戦中に米国で研究され、1946年に使用が開始された、幅広い吸血害虫（蚊、アブ、サシバエ、ナンキンムシ、ノミ、ダニ、ツツガムシ等）の忌避剤です。日本では1962年に医薬部外品製剤として発売され、毎年3,800万人が忌避剤として使用し、年間55億円の市場規模となりましたが、2005年現在までに副作用等は認められないとの報告（2005年8月、厚生労働省ディート（忌避剤）に関する検討会）があります。ディートのIUPAC名が示すように、非常に簡単な構造の化合物ですが、不思議なことに、これに競合できる忌避剤は50年近くも開発されず、世界中で独占的に使われてきました。日本でも身体に直接つける害虫忌避剤として、ながらく唯一の承認薬でした。なお、医薬品、医薬部外品の区別は、有効成分の濃度で決められています。

　1986年にドイツのバイエル社がイカリジン（IUPAC名2-(2-ヒドロキシエ

チル）ピペリジン-1-カルボン酸ブタン-2-イル）を開発し、1998年から市販を開始しました。日本でも2015年に身体に直接つける害虫忌避剤としては2番目の承認薬となり、2016年からこの有効成分を使った虫除け製品が発売されました。ただし、イカリジンの効果は、蚊、ブユ、アブ、マダニの4害虫のみに限られ、ディートほど広範ではありません。しかし、ディートが乳児には使用できず、12歳未満の小児にも1日の使用回数が限定されるのに対して、イカリジンには、そのような使用制限がありません。

　ディートも、イカリジンも、害虫忌避剤とは言っても、害虫がいやな臭いを避けるというよりも、二酸化炭素、体温等で吸血源を害虫が探知する能力を撹乱させることによって効果を発揮していると言われます。それにしても、自分の肌だけでなく、子供にも平気で虫除けスプレーを吹き付けている姿を公園などで見かけると、化学物質、とりわけ農薬を、日本では非常に嫌うのに、つくづく消費者は勝手なものだと思います。

5－6　オートケミカル製品

現代の自動車は化学製品の塊

　第2部では様々な化学製品が自動車の製造に使われていることを紹介してきました。

　タイヤは、自動車の普及／発展とともに成長してきた化学製品です。天然ゴムばかりでなく、SBR、BR、IRなどの汎用合成ゴムもタイヤの主力材料として使われます。最近は省エネタイヤ用にS-SBR（溶液重合SBR）が話題になりました。タイヤにはガスバリア性に優れたIIR（ブチルゴム）も不可欠です。また、タイヤはゴムだけで構成されている訳ではありません。補強材として合成繊維とカーボンブラックが大量に使われます。省エネタイヤ用にはホワイトカーボンが使われています。ゴムと補強繊維との接着にはレゾルシンホルムアルデヒド樹脂が有名です。合成ゴムはタイヤ用途以外にも自動車にたくさん使われています。耐油性に優れたNBRはオイルホース、潤滑油系シールに、耐候性に優れたEPRは外装・内装・窓枠に、強度・耐候性・

耐油性のバランスに優れたCRはブーツ周りに使われます。

　自動車への合成樹脂、合成繊維の進出も、1970年代、1980年代の石油危機以後急速に進み、現在も進行しています。それ以前から使われてきた合成樹脂には、シートクッション材のポリウレタン、レザーシート、表皮、電気配線などへの塩化ビニル樹脂、ランプカバーへのPMMA、シート繊維、安全ベルト、エアバッグなどへの合成繊維などがありました。今ではABS樹脂とポリプロピレンは、バンパーやインストルメントパネルのような大型用途から、様々な内装部品、外装部品に使われています。さらにエンジニアリングプラスチックとそのアロイは、耐熱性・耐衝撃性を要求される用途に進出しています。その他、自動車に使われる大型の合成樹脂加工製品としては、ガソリンタンクがあります。高密度ポリエチレンと、ガソリンバリア性に優れたエチレン/ビニルアルコール共重合体が中空共押出成形で効率よく製造されます。また、光配線用途にはPMMAが使われています。

　近い将来、自動車の車体に、炭素繊維とエポキシ樹脂のFRPが使われる可能性があります。また、燃料電池が普及する水素エネルギーの時代には、水素高圧タンクとしても使われる可能性があります。電気自動車用電池はリチウムイオン2次電池が最有力候補です。電気自動車では、ますます自動車の軽量化が求められるので、合成樹脂・合成繊維が一層進出すると予想されます。また、自動車の製造工程には多くの接着剤、シーラー、塗料、樹脂加工製品（工業用ファスナーなど）が使われ、製造工程のコストダウンと製品の高品質化に貢献しています。

　このように自動車にはすでに多くの化学製品が使われていますが、一般消費者が交換・補給に使う次のような**オートケミカル製品**もあります。

不凍液・クーラント

　不凍液は、水冷エンジンの冷却水の凍結を防ぎます。寒冷地では不可欠のオートケミカル製品です。不凍液には、当然のことながら水が凍る温度を下げる氷点降下性能に加えて、金属腐食性が低いこと、ゴムへの影響が少ないこと、低価格であること、化学的に安定で低毒性であることが要求されます。この要求を満たす化学製品として、不凍液にはエチレングリコールが最もよく使われています。凍結温度は、30vol%水溶液でマイナス16.5℃、50vol%

水溶液でマイナス40.0℃になります。プロピレングリコールも使われます
が、エチレングリコールに比べると氷点降下性能がやや劣ります。不凍液に
は、このほか防錆剤として亜硝酸塩、リン酸塩、アミン類などが、消泡剤と
してシリコーンが、また誤飲防止のための着色剤として合成染料が使われて
います。

ブレーキ液

　ブレーキ液は、200℃以上の高温になるので、高沸点・高温安定性ととも
に、適度な粘度と潤滑性が求められます。ブレーキ液が沸騰するベーパーロ
ック現象は、制動力が落ち、極めて危険です。これに加えて金属腐食性が低
いこと、防錆性も必要です。

　面白いことにブレーキ液には、不凍液と同類のエチレンオキシド誘導品で
あるグリコール類、グリコールエーテル類が昔から使われています。具体的
には、ジエチレングリコール、トリエチレングリコール、トリエチレングリ
コールモノメチルエーテル、トリエチレングリコールモノブチルエーテルな
どです。またプロピレンオキシド誘導体であるジプロピレングリコールモノ
メチルエーテルも使われます。これらの混合物に加えて、これらのホウ酸エ
ステルを加える製品もあります。なお、競技用などの特殊車両のブレーキ液
にはシリコーンオイルが使われます。

　ブレーキ液には酸化防止剤としてBHT（樹脂加工薬品や食品添加物に使
われる酸化防止剤ジブチルヒドロキシトルエン）など、防錆剤としてトリエ
タノールアミンなどが添加されます。

潤滑油

　自動車には様々な潤滑油が使われます。エンジン油、ディーゼルエンジン
油、スピンドル油、マシン油、様々なグリース（モーター油、ギヤー油、自
動変速機油など）です。

　これらの潤滑油の主成分（ベースオイル）は鉱油（炭化水素）です。パラ
フィン系は直鎖成分多いほど高粘度になります。飽和環をもつナフテン系は
低粘度です。潤滑油はベースオイルに様々な化学製品が添加されてつくられ
ます。酸化防止のためにBHTなどの酸化防止剤が、不溶物の堆積防止のた

めにスルホン酸塩、コハク酸イミド系ポリマーなどの清浄分散剤が加えられます。さらに粘度指数向上剤としてポリアルキルメタクリレートやポリイソブチレンが使われます。これらは、低温では分子鎖が丸まり、高温では分子鎖が大きく広がって、温度による潤滑油の粘度変化を小さくします。ポリアルキルメタクリレートは潤滑油流動点降下剤にもなります。ベースオイルからロウが結晶化して、低温流動性を悪化させることを防止します。潤滑油流動点降下剤としては、塩素化パラフィンとナフタリン縮合物も使われます。耐荷重添加剤も潤滑油には重要な添加剤です。低荷重下で摩擦面に油膜を形成（界面活性剤系）しやすくしたり、高荷重下で摩擦面に保護膜を形成（リン酸系）させたりします。その極限である焼付きを防止する極圧剤（モリブデン系、有機硫黄系）も使われます。このほかに潤滑油には防錆剤、消泡剤など様々な化学製品が添加剤として使われています。

関連情報の
入手法&活用術

1. 経 済 情 報

　経済情報は、新聞・雑誌などにニュースとして、解説記事としてあふれて
います。しかし、そのような一般情報は上司も知っていることで、特別に調
査することが必要になることはあまりないと思います。社会人になったら、
経済情報を中心とした新聞や雑誌を定期購読して読んでいることは当然のこ
とです。

　むしろ経済情報の内容をしっかり理解しているとか、自分の仕事にとって
関連の深い経済情報を知っていて日頃から注意していることが重要です。経
済情報全般を知る第一歩は、**日経文庫**の『**経済指標の読み方**』（上下）など
多くの入門書が様々な新書シリーズにあります。最初に広く浅く知っておき、
自分の仕事内容がわかってきたら、それに必要な経済情報だけを深堀りして
いけば十分です。

　経済情報はあふれかえっているので、幅広い情報を自分で原典まで遡って
調査し、整理することは、むしろ時間の無駄です。官庁がたくさんの白書を
出し、銀行や調査機関も多くの調査資料を公表しています。これらも必要に
応じて関係あるところだけを読めば十分です。全部読み通すことは不必要と
いえます。調べる必要があるときには、インターネットを活用して情報を活
用しましょう。

　それとともに経済情報を得るにあたっては、公共図書館を積極的に活用す
ることを勧めます。例えば東京都の区立図書館では、住まいの近くにある小
さな区立図書館でも、区内の全図書館、他の区立図書館、東京・広尾にある
都立中央図書館まで連携しています。身近な区立図書館にない書籍でも、リ

365

クエストすれば取り寄せてくれるサービスが充実しています。永田町にある国会図書館はさらに充実していますが、特別なテーマの深掘り調査や古い書籍・雑誌の閲覧目的以外には皆さんがわざわざ足を運ぶ必要はないと思います。国立大学の図書館も原則として国民に公開されていることを知っておくと何かの際に便利です。ただし、国会図書館や国立大学図書館は、入館する前に登録手続きの手間があります。

　経済情報は、日頃は新聞、雑誌、書籍として専門家が提供するものをフォローしておき、仕事上、必要なときだけ詳しく調査すれば十分です。ただし、そのような経済情報を活用できるためには経済学（マクロ経済学やミクロ経済学の入口程度）、経営学、社会学、歴史（日本の近現代史、特に戦後経済史）の基本的な知識をもつように心がける必要があります。**日経文庫**は、多くの分野について多彩な切り口と執筆者をそろえており、手軽な入門書として最適です。また岩波新書、中公新書、中公文庫、新潮選書、ちくま新書などにも多くの内容のしっかりした入門書がそろっています。

　今後の日本の化学産業を担う方は、現在、日本の産業・経済も、社会も、政治も大きな曲がり角にいることを忘れないでください。経済分野だけに限っても、米国第一主義の横行、英国のEU離脱、自国の勢力拡大だけを露骨にした中国の台頭などによって、1990年代以来続いてきた「グローバル化は善」とする価値観が大きく揺らぐようになりました。ノーベル経済学賞を受賞した米国の著名な経済学者の間にも、グローバル化賛美への迷いが生じています。さらに日本では高齢化と人口減少が進むとか、経済の縮小が続くということよりももっと根本的な変化が起こっています。1960年代から始まった日本の「経済の時代」、「成功した経済人が尊敬される時代」が終わり、日本全体が別の時代に入りつつあるように思えます。特に2008年金融不況、それに続いて追い打ちをかけた東日本大震災、2020年中国発の新型コロナウイルスの世界的な蔓延によって、時代がはっきり変わりました。日本人、日本社会が、もはや期待したようにならない経済はあきらめて、別の目標なり、生きがいを求めるようになってきたと思えます。その意味では、経済情報だけでなく、もっと広く政治情報、社会情報などにまでバランスよく関心をもつことが重要になっていると思えます。

366

2. 産業動向情報

政府統計

　産業動向を知る基本情報の一つとして**政府統計**があります。化学産業については、経済産業省（2019年度からは総務省と共管）の**工業統計**が年単位の基本的な統計です。工業統計は、年末時点（2017年調査すなわち2018年実績からは6月1日時点に変更）で全国の事業所（工場、事務所）単位で従業員数とか、その年の出荷額などを詳細に調査した統計です。統計の回収率も高く、信頼性の高い統計です。ただし、2017年調査から調査時点の変更があったために、2018年以降は、たとえば2018年実績ならば出荷額などの実績は1月1日—12月31日累計に対して、事業所数・従業員数などは2018年6月1日時点に変更になっていることに注意する必要があります。

　まとめ方として、産業編、品目編、工業地区編、市町村地区編、用地・用水編、企業統計編があります。産業編の利用頻度が最も高いと思います。工業統計は、主要な公共図書館には備えられています。また経済産業省のホームページにも掲載されています。ここにはアーカイブスとして大正8年以後の産業編がすべて（戦争中の昭和18年、19年は欠落）が載っています。古くは明治42年のものまで掲示されています。1978年以前のデータはPDF形式ですが、1979年以降はエクセル形式なので統計処理も容易です。医薬品工業については、工業統計に加えて、**厚生労働省**の**医薬品・医療機器産業実態調査**が毎年行われ公表されています。厚生労働省のホームページでみることもできます。医薬品や医療機器の製造業者だけでなく、卸売業者についても調査しています。化学製品の卸、小売業については、経済産業省の**商業統計**が5年単位の基本的な統計としてありましたが、2014（平成26）年実績をもって廃止されました。2019年実績からは経済構造実態調査に統合されました。統計データも標準産業分類小分類（化学製品卸売業、医薬品・化粧品小売業のレベル）までしか得られなくなりました。

　政府は経済の基本的な各種統計の調査年を揃え、整合性をもたせようと調

整中です。その最初の試みとして2011年工業統計、商業統計は、**総務省統計局**の**経済センサス活動調査**の製造業部分、卸・小売業部分として発表されました。経済センサス活動調査は5年ごとに行われ、すでに2016年データも発表されています。欠点は経済産業省単独で公表する年に比べて発表が遅くなることです。

　工業統計や商業統計に限りませんが、政府の統計を利用する場合、**日本標準産業分類**（**第3−1表**参照）を知っておく必要があります。これが、日本の政府統計において、産業の区分けの基本となっています。また、しばしば法律で産業を指定する場合にも使われます。**総務省統計局**が作成し、ホームページに掲載されています。

　日本標準産業分類では、農業、製造業、運輸業、金融・保険業など、産業を19の大分類（アルファベットA〜S）に区分けします。製造業は大分類Fです。大分類のなかを、例えば製造業では24の中分類（2桁数字）に区分けします。化学工業は中分類16です。プラスチック製品製造業は中分類18に、ゴム製品製造業は中分類19になります。本書の第1部で説明したように本書では化学産業の範囲を日本標準産業分類の16化学工業、17プラスチック製品製造業、19ゴム製品製造業を合わせたものととらえています。このため、三つ合わせたときには、化学産業という言葉を使っています。

　中分類のなかは、さらに1桁数字が追加されて小分類（3桁数字）に区分けされます。化学工業のうち、化学肥料製造業は161、医薬品製造業は165、ゴム製品製造業のうち、タイヤ・チューブ製造業は191という具合です。中分類のなかは、さらに1桁追加されて細分類（4桁数字）に区分けされます。例えば複合肥料製造業は1612、プラスチックフィルム製造業は1821、自動車タイヤ・チューブ製造業は1911です。

　日本標準産業分類は、産業の盛衰、産業構造の変化に応じて、おおむね5年から10年ごとに改訂されています。分類内容はもちろん、分類番号も変化します。したがって長期にわたって工業統計のデータを使う場合には注意し、必要に応じてデータを修正する必要があります。例えば化学工業については、2007年11月改訂によって化学繊維製造業（レーヨン、アセテート、合成繊維）が従来の化学工業（中分類）から繊維工業（中分類）に変更となりました。この改訂は、2008年4月調査から適用されたので、2008年12

【第3−1表】日本標準産業分類のうち、化学産業関連の産業

大分類　中分類　小分類　　細分類
F　製造業
11　繊維工業
111　製糸業、紡績業、化学繊維・ねん糸等製造業
1112　化学繊維製造業
1113　炭素繊維製造業
16　化学工業
160　管理、補助的経済活動を行う事業所（16化学工業）
1600　主として管理事務を行う本社等
1609　その他の管理、補助的経済活動を行う事業所
161　化学肥料製造業
1611　窒素質・りん酸質肥料製造業
1612　複合肥料製造業
1619　その他の化学肥料製造業
162　無機化学工業製品製造業
1621　ソーダ工業
1622　無機顔料製造業
1623　圧縮ガス・液化ガス製造業
1624　塩製造業
1629　その他の無機化学工業製品製造業
163　有機化学工業製品製造業
1631　石油化学系基礎製品製造業
（一貫して生産される誘導品を含む）
1632　脂肪族系中間物製造業（脂肪族系溶剤を含む）
1633　発酵工業
1634　環式中間物・合成染料・有機顔料製造業
1635　プラスチック製造業
1636　合成ゴム製造業
1639　その他の有機化学工業製品製造業
164　油脂加工製品・石けん・合成洗剤・界面活性剤・塗料製造業
1641　脂肪酸・硬化油・グリセリン製造業
1642　石けん・合成洗剤製造業
1643　界面活性剤製造業（石けん、合成洗剤を除く）
1644　塗料製造業
1645　印刷インキ製造業
1646　洗浄剤・磨用剤製造業
1647　ろうそく製造業
165　医薬品製造業
1651　医薬品原薬製造業
1652　医薬品製剤製造業
1653　生物学的製剤製造業
1654　生薬・漢方製剤製造業
1655　動物用医薬品製造業
166　化粧品・歯磨・その他の化粧用調整品製造業

369

（第 3 － 1 表　続き）

大分類　中分類　　小分類　　　細分類

		1661	仕上用・皮膚用化粧品製造業 （香水、オーデコロンを含む）
		1662	頭髪用化粧品製造業
		1669	その他の化粧品・歯磨・化粧用調整品製造業
	169		その他の化学工業
		1691	火薬類製造業
		1692	農薬製造業
		1693	香料製造業
		1694	ゼラチン・接着剤製造業
		1695	写真感光材料製造業
		1696	天然樹脂製品・木材化学製品製造業
		1697	試薬製造業
		1699	他に分類されない化学工業製品製造業
18			プラスチック製品製造業（別掲を除く）
	180		管理，補助的経済活動を行う事業所（18　プラスチック製品製造業）
		1800	主として管理事務を行う本社等
		1809	その他の管理，補助的経済活動を行う事業所
	181		プラスチック板・棒・管・継手・異形押出製品製造業
		1811	プラスチック板・棒製造業
		1812	プラスチック管製造業
		1813	プラスチック継手製造業
		1814	プラスチック異形押出製品製造業
		1815	プラスチック板・棒・管・継手・異形押出製品加工業
	182		プラスチックフィルム・シート・床材・合成皮革製造業
		1821	プラスチックフィルム製造業
		1822	プラスチックシート製造業
		1823	プラスチック床材製造業
		1824	合成皮革製造業
		1825	プラスチックフィルム・シート・床材・合成皮革加工業
	183		工業用プラスチック製品製造業
		1831	電気機械器具用プラスチック製品製造業（加工業を除く）
		1832	輸送機械器具用プラスチック製品製造業（加工業を除く）
		1833	その他の工業用プラスチック製品製造業（加工業を除く）
		1834	工業用プラスチック製品加工業
	184		発泡・強化プラスチック製品製造業
		1841	軟質プラスチック発泡製品製造業（半硬質性を含む）
		1842	硬質プラスチック発泡製品製造業
		1843	強化プラスチック製板・棒・管・継手製造業
		1844	強化プラスチック製容器・浴槽等製造業
		1845	発泡・強化プラスチック製品加工業
	185		プラスチック成形材料製造業（廃プラスチックを含む）
		1851	プラスチック成形材料製造業
		1852	廃プラスチック製品製造業

（第３－１表　続き）

大分類　中分類　小分類　細分類

189　その他のプラスチック製品製造業
　　1891　プラスチック製日用雑貨・食卓用品製造業
　　1892　プラスチック製容器製造業
　　1897　他に分類されないプラスチック製品製造業
　　1898　他に分類されないプラスチック製品加工業

19　ゴム製品製造業
　190　管理、補助的経済活動を行う事業所（19ゴム製品製造業）
　　1900　主として管理事務を行う本社等
　　1909　その他の管理，補助的経済活動を行う事業所
　191　タイヤ・チューブ製造業
　　1911　自動車タイヤ・チューブ製造業
　　1919　その他のタイヤ・チューブ製造業
　192　ゴム製・プラスチック製履物・同附属品製造業
　　1921　ゴム製履物・同附属品製造業
　　1922　プラスチック製履物・同附属品製造業
　193　ゴムベルト・ゴムホース・工業用ゴム製品製造業
　　1931　ゴムベルト製造業
　　1932　ゴムホース製造業
　　1933　工業用ゴム製品製造業
　199　その他のゴム製品製造業
　　1991　ゴム引布・同製品製造業
　　1992　医療・衛生用ゴム製品製造業
　　1993　ゴム練生地製造業
　　1994　更生タイヤ製造業
　　1995　再生ゴム製造業
　　1999　他に分類されないゴム製品製造業

28　電子部品・デバイス・電子回路製造業
　281　電子デバイス製造業
　　2812　光電変換素子製造業
　　2813　半導体素子製造業（光電変換素子を除く）
　　2814　集積回路製造業
　　2815　液晶パネル・フラットパネル製造業
　283　記録メディア製造業
　　2831　半導体メモリメディア製造業
　　2832　光ディスク・磁気ディスク・磁気テープ製造業
　284　電子回路製造業
　　2841　電子回路基板製造業
　　2842　電子回路実装基板製造業

29　電気機械器具製造業
　295　電池製造業
　　2951　蓄電池製造業
　　2952　一次電池（乾電池，湿電池）製造業

（第3－1表　続き）

大分類　中分類　小分類　　細分類

　I　卸売業、小売業

　　　53　　建築材料、鉱物・金属材料等卸売業

　　　　　532　　化学製品卸売業

　　　　　　　5321　　塗料卸売業
　　　　　　　5322　　プラスチック卸売業
　　　　　　　5329　　その他の化学製品卸売業

　　　55　　その他の卸売業

　　　　　552　　医薬品・化粧品等卸売業

　　　　　　　5521　　医薬品卸売業
　　　　　　　5522　　医療用品卸売業
　　　　　　　5523　　化粧品卸売業
　　　　　　　5524　　合成洗剤卸売業

　　　　　559　　他に分類されない卸売業

　　　　　　　5592　　肥料・飼料卸売業

　　　60　　その他の小売業

　　　　　603　　医薬品・化粧品小売業

　　　　　　　6031　　ドラッグストア
　　　　　　　6032　　医薬品小売業（調剤薬局を除く）
　　　　　　　6033　　調剤薬局
　　　　　　　6034　　化粧品小売業

　　　　　604　　農耕用品小売業

　　　　　　　6043　　肥料・飼料小売業

月時点での工業統計調査から化学繊維製造業の扱いが変わりました。なお、現行の2013年10月改訂（2014年4月から適用）では化学産業関連の変更はありません。

　化学産業の毎月の動向を知る政府統計が、**経済産業省の生産動態統計 化学工業統計編、生産動態統計 紙・印刷・プラスチック製品・ゴム製品統計編**です。医薬品については、厚生労働省の**薬事工業生産動態統計**があります。工業統計のように、6月1日時点という1時点の定点観測をする統計を静態統計と呼ぶのに対して、生産動態統計 化学工業統計編のように毎月の動向を観測する統計を動態統計といいます。経済産業省の**生産動態統計**は、生産量・金額、出荷量・金額、在庫量、原材料の受入消費量、生産能力などを調査しています。利用にあたっては、特に在庫に注意が必要です。調査対象が

事業所（工場、本社などの事務所）なので、プラスチックのように物流・流通過程で工場外に大きな倉庫をもったり、借りたりしている場合には、これがしばしば統計対象になっていないことがあります。在庫は景気動向を知るための重要な指標ですが、意外に正確な情報が得られません。

業界団体の調査

政府統計以外に担当行政官庁が独自に調査し発表するもの、業界団体が行っている調査で発表するものがあります。ただし業界団体が独自に調査を行うことは独占禁止法上、公正取引委員会に疑念をいだかれないようにする必要があるので、あまり多くありません。しかし業界団体では、政府統計を整理し、ホームページなどで発表していることも多いので役に立ちます。ホームページでの公表以外にもまとまった冊子を刊行していることも多く大変に便利です。

化学産業全般ならば日本化学工業協会の『グラフでみる化学工業』、石油化学工業ならば石油化学工業協会の『石油化学工業の現状』、日本化学繊維協会の『繊維ハンドブック』などは毎年更新される伝統のある著名な冊子です。このほか日本塗料工業会の『日本の塗料工業』や『塗料製造実態調査』、日本ソーダ工業会の『ソーダ工業ガイドブック』、日本植物防疫協会の『農薬要覧』、日本石鹸洗剤工業会の『統計年報』があります。日本プラスチック工業連盟の雑誌『プラスチックス』6月号（1950年3月－2010年9月は工業調査会から刊行、2011年1月以後は日本工業出版から刊行）には『統計で見るプラスチック産業の1年』が特集されます。

日本製薬工業協会医療産業政策研究所は、製薬産業の実態分析、実証分析を行うとともに、製薬産業の産業組織、産業構造、政策に関する提言を行っている化学産業のなかでは現在唯一の本格的な産業分析を行っている機関です。10名程度の専門研究員のほか、一橋大学などの研究者を客員研究員にするなどしっかりした陣容を整えています。医療産業政策研究所の刊行物「政策研ニュース」『産業レポート』などはホームページから無料でみることができます。

本来ならば、日本化学工業協会、日本プラスチック工業連盟、石油化学工業協会などもこのようなしっかりした産業研究を行うことが、業界団体の一

つの使命なのでしょうが、統計の整理程度の作業しか行っていません。日本化学繊維協会の調査部レポートには、かつては非常にすぐれた産業分析がありました。しかし、2000年代に合成繊維産業自体が急激に縮小してしまったので残念ながら影響力が薄れました。

年鑑・業界紙・業界専門誌

特定の産業動向を知る上で貴重な情報源は、業界新聞や業界専門雑誌です。化学産業で仕事をするならば、化学産業の業界新聞や業界専門雑誌を日頃からみる習慣をつけなければ、どんな分野の仕事を担当してもプロになれません。

化学産業では、かつてはいくつかの出版社から年鑑が刊行されていましたが、最近は廃刊が相次いでいます。それでも現在でもいくつか便利な年鑑・年報が発行されています。**化学工業日報社**の『**化学経済臨時増刊号**』として、毎年7月刊行の『**化学工業白書**』、3月発行の『**世界化学工業白書**』、11月発行の『**アジア化学工業白書**』がありましたが、2018年3月休刊しました。2019年に電子書籍『**e－化学工業白書**』として復刊しました。石油化学工業については、**重化学工業通信社**から11月に『**日本の石油化学工業**』、12月に『**アジアの石油化学工業**』が発刊されています。また重化学工業通信社からは、『**化学品ハンドブック**』も発行されています。これにも化学工業の動向が掲載されています。そのほか**ポスティコーポレーション**から『**ゴム年鑑**』、**週刊粧業出版局**から『**粧界ハンドブック（化粧品産業年鑑）**』、**株式会社じほう**から『**薬事ハンドブック**』、**シーエムシー出版**から『**ファインケミカル年鑑**』、**塗料報知新聞社**から『**塗料年鑑**』、**幸書房**から『**油脂産業年鑑**』などが刊行されています。

業界新聞としては、**化学工業日報、石油化学新聞、石油化学新聞日刊通信、石油化学新報、塗料報知、週刊粧業、石鹸日用品新報、日用品化粧品新聞、薬事日報、日刊薬業、週刊薬事ニュース、週刊薬事新報、薬局新聞、ゴム報知新聞、ゴムタイムス、繊研新聞、繊維ニュース**などたくさんあります。最近はパソコンやスマートホンで読むことができる電子版も充実しています。自分の仕事に関係深い業界紙は会社などでとっていることが多いと思います。読む習慣をつけてください。

　産業動向を知る業界誌としては『ファインケミカル』、『機能材料』、『バイオインダストリー』、『アロマティックス』、『月刊油脂』、『塗装技術』、『塗布と塗膜』、『ＪＥＴＩ』、『ラバーインダストリー』、『プラスチックス』、『プラスチックスエージ』、『プラスチックスタイムス』、『国際商業』、『ビューティビジネス』、『医薬経済』、『ドラッグマガジン』、『国際医薬品情報』、『繊維トレンド』、『コンバーテク』、『化学装置』、『化学工業』、『ケミカルエンジニヤリング』など化学産業のなかでもそれぞれの分野に特化した業界専門誌があります。ただし、このなかには業界動向を中心とするというよりも、あとで述べる技術情報誌の性格の強い雑誌もあります。

3. 貿易・海外動向情報

貿易統計

　日本から出国したり、帰国したりするときに法務省入国管理局による出入
国審査を受けることはご存知のとおりです。商品についても同様です。個人
旅行客でも帰国する際に税関の検査を受けるように、すべての商品の輸出入
にあたって、財務省の地方組織である**税関**の検査は必須です。商品の種類、
数量、金額、輸出入時期、輸出入先などを申告するとともに、輸出入禁止品
目の検査を受けたり、輸入品に関税を払ったりします。この申告書をもとに、
輸出入量、金額が、商品別、国別に毎月集計されて**財務省関税局**から発表さ
れます。これが日本の商品輸出入に関する基本統計である**貿易統計**です。書
籍としては日本関税協会から『**日本貿易月表**』という名称で毎月刊行されて
います。品別・国別編が毎月刊行され、12月のみ国別・品別編も刊行されます。
毎月発行の一冊だけでも電話帳並みの厚さです。

　税関のホームページから無料で1988年以後（集計項目によっては1998
年以後）の月別統計をみることができます。日本関税協会などからのオンラ
イン検索サービスも普及しています。会社などでオンラインサービスの契約
をしていれば活用してください。貿易統計で検索するコツは、まずコード表
で探したい商品のコードをしっかり調査することです。**輸出コード表、輸入
コード表（実行関税率表）**でコードが異なるので、注意してください。また
明記してある製品だけでなく、「その他」という項目がたくさんあるので、
これを加算するべきか、しないかの判断も必要になります。その商品に関係
ある業界団体のホームページをみると毎月のデータが整理された形で掲載さ
れている場合もあります。過去の数字を比較して、業界団体が整理している
統計コードを確認することも有効な方法です。

　財務省の貿易統計を基本データとしていますが、これを整理加工した貿易
情報として**日本関税協会**の『**外国貿易概況**』、日本貿易振興機構（ジェトロ）
の**統計ナビ**は便利です。最近はこのほかにも営利会社が運営しているデータ

ベースがいくつか販売されています。

　外国の貿易統計を調査する必要があるなら、その国の貿易担当官庁のホームページを探すと多くの国についてみることができるようになってきました。主要国の貿易統計も調査できるデータベースがいくつかの営利会社から販売されています。

　貿易統計を利用する場合、**国際統一商品分類**（HS）を知っておく必要があります。国際貿易に関して、各国が別々の商品分類を使っていたのでは不便なので統一しようとの国際的な動きが進みました。貿易統計に関しては、**標準国際貿易分類**（SITC）です。それがさらに統計、関税、輸送（航空、船舶）、保険など貿易に関する様々な申告事項に関してまでも統一的な商品分類を使おうという動きに発展し、1983年にHS条約が採択され、1988年に発効しました。

　したがって現在では貿易統計における商品分類は、実行関税率表（**第3－2表**参照）と同じ分類になっているので、外国の貿易統計を調査する場合にも、日本の実行関税率表を参照しながら行うことができます。ただし、同じなのは6桁までで、それよりさらに細分している場合には各国で異なります。

　また、統計作業のみならず貿易実務においても、ある商品が輸出統計品目表や実行関税率表のどの項目に該当するのか判断に迷うことがしばしば起こります。その際には税関ホームページの**関税率表解説・分類例規**を参照して下さい。税関内の通達集ですが役に立ちます。

　貿易統計のみならず、海外動向の情報を調査したいとき、東京・赤坂と大阪にあるジェトロ・ビジネスライブラリーは、無料で使える貿易・投資の専門図書館として便利でしたが、2018年2月末に閉鎖されました。2019年4月から東京はジェトロビジネスデータベースコーナー、大阪は資料閲覧コーナーとして、世界168カ国・地域の貿易統計データベースなどを無料で利用できるコーナーとして再開されました。有料でのプリントアウトはできますが、ダウンロードはできません。

　アジア経済研究所が1998年にジェトロと統合されたのでアジア情報が一段と充実しました。アジア経済研究所の図書館は幕張にあり、ほぼ全館開架で開発途上地域の経済、政治、社会等を中心とする学術的文献、基礎資料、最新の新聞・雑誌を無料で利用できます。

【第3－2表】実行関税率表（輸入統計品目表）のうち化学産業関連の商品分類

第6部　化学工業（類似の工業を含む。）の生産品		
第28類	無機化学品及び貴金属、希土類金属、放射性元素又は同位元素の無機又は有機の化合物	
第29類	有機化学品	
第30類	医療用品	
第31類	肥　料	
第32類	なめしエキス、染色エキス、タンニン及びその誘導体、染料、顔料その他の着色料、ペイント、ワニス、パテその他のマスチック並びにインキ	
第33類	精油、レジノイド、調製香料及び化粧品類	
第34類	せっけん、有機界面活性剤、洗剤、調製潤滑剤、人造ろう、調製ろう、磨き剤、ろうそくその他これに類する物品、モデリングペースト、歯科用ワックス及びプラスターをもととした歯科用の調製品	
第35類	たんぱく系物質、変性でん粉、膠着剤及び酵素	
第36類	火薬類、火工品、マッチ、発火性合金及び調製燃料	
第37類	写真用又は映画用の材料	
第38類	各種の化学工業生産品	
第7部　プラスチック及びゴム並びにこれらの製品		
第39類	プラスチック及びその製品	
第40類	ゴム及びその製品	
第11部　紡織用繊維及びその製品		
第54類	人造繊維の長繊維並びに人造繊維の織物及びストリップその他これに類する人造繊維製品	
第55類	人造繊維の短繊維及びその織物	

上記第39類のうち、例示としてポリエチレン以外のオレフィン重合体を抜き出すと次のとおりとなります。

39.02			プロピレンその他のオレフィンの重合体（一次製品に限る。）
	3902.10		ポリプロピレン
		010	－ 塊（不規則な形のものに限る。）、粉（モールディングパウダーを含む。）、粒、フレークその他これらに類する形状のもの
		090	－ その他のもの
	3902.20		ポリイソブチレン
		010	－ 塊、粉、粒、フレーク等（筆者注：ポリプロピレンの010と同じであるが略した。以下同様）
		090	－ その他のもの
	3902.30		プロピレンの共重合体
		010	－ 塊、粉、粒、フレーク等
		090	－ その他のもの
	3902.90		その他のもの
		010	－ 塊、粉、粒、フレーク等
		090	－ その他のもの

海外動向

　海外動向の情報に関しては、いくつかの化学業界では著名な週刊誌が役に立ちます。**アメリカ化学会ACS**発行の週刊誌『**C & EN**』（Chemical & Engineering News）は、学会が刊行しているにも関わらず、技術情報に限定されず、世界の化学産業動向を知るための重要な週刊誌です。毎年1月の2週目ころに世界の化学産業の展望が、また7月の終わりから8月のはじめにグローバルトップ50の化学会社ランキングが掲載されます。アメリカ化学会のホームページから無料で読むことができます。また1923年以降の毎月号が掲載されているので驚きますが、無料部分と有料部分があるので注意してください。

　IHSマークイット社(本社ロンドン)の『**CW**』（IHS Chemical Week）も世界の化学産業動向に関する著名な週刊誌です。IHS社は、化学産業の調査・コンサルティング会社旧**SRIコンサルティング**と週刊誌CWを持っていたアクセスインテリジェンス社を2010年に買収し、さらに2011年に化学産業の調査・コンサルティング会社CMAIを買収し傘下においた巨大な産業情報会社でした。2016年にIHS社とマークイット社が合併してIHSマークイットとなり、産業のみならず、金融、ITまで含むさらに巨大なビジネス情報会社になりました。また**ICIS社のニュース**、**フォーカスレポート**、**価格レポート**、**サプライ＆デマンドデータ**も、世界化学産業の市場分析、化学製品価格動向の情報が得られます。

　また、化学産業・化学技術（安全も含め）関係の業界団体で海外情報を調査できる場合もあります。ただし国内情報と違って、海外情報に関しては業界団体によって実力差が著しいのが実情です。最近は業界団体も、海外情報収集の充実、海外の団体との交流に力を入れていますが、資料収集・蓄積などにおいて十分に満足できる団体は、日本化学繊維協会などまだ数少ない状態です。

4. 他 社 情 報

　仕事を始めると競合する他社の動向とか、顧客の動向に関する情報が重要
になります。これらの情報収集は、産業動向で紹介した業界新聞が日常的に
便利です。他社の基本的な情報（組織・業績・製造営業品目など）を調べる
なら、化学工業日報社の『化学工業会社録』がありました。化学会社だけで
なく、プラントエンジニアリング、石油、鉄鋼、非鉄金属、セラミックス、
倉庫、商社流通業、情報・調査会社も調べられます。化学工業関連の業界団
体について網羅している唯一の情報源でしたが、2017年に休刊しました。

　最近は各社ともホームページを充実させています。他社情報は、その会社
のホームページをみることによって、中長期の経営計画、会社の公式発表ニ
ュースから毎年の経営成績、研究状況などについて、基本的な情報を得るこ
とができます。特にホームページのＩＲ情報に載っている**有価証券報告書**や
決算短信は重要な情報源です。これらの情報は、国内会社ばかりではあり
ません。海外の会社についても、英語表記のホームページから多くの情報
（**Annual Report**、**Financial Report**、アメリカの上場会社なら SEC の **Form
10-K** など）を得ることができます。特になじみの薄い会社の場合には、そ
の会社の沿革・歴史情報をしっかり読みましょう。決算情報を読み取ること
ができるようになるには、8．その他情報で述べる会計学の基礎をしっかり
固めてください。

　公表資料だから誰でも知ることができるので価値が低いと思ってはいけま
せん。国家情報機関などの調査報告書でも、その大部分は何らかの公表デー
タを使っているということを読んだことがあります。公表データをきっちり
整理分析して報告書に仕上げることが調査の基本です。

　さらに詳細な他社情報は有料になります。**三菱ケミカルリサーチのダイラ
スリポート、富士経済の調査レポート、シーエムシーの調査レポート、TPC
マーケティングリサーチの分野別レポート、IHSマークイット**（旧SRIコン
サルティングと旧CMAI）**の各種プログラム**（**Chemical World Analyses**、
PEP、CEH、SCUP）、**Nexant**（旧**ChemSystems**）**の TECH**（旧**PERP**）など、

380

内外の化学関係調査会社が市場情報、会社情報、技術情報に関して、公表資料のみならず、クライアント限定の調査資料も販売しています。これらの調査資料は、高価なものも多く、必要に応じて有効に利用することが肝心です。

　なお、化学産業の様々な分野から選ばれたグローバル企業21社について、その歴史、強みを簡潔に紹介した200ページの小冊子として、拙著「**世界の化学企業**」（東京化学同人）があります。他社情報の基本知識が得られるので、ご一読ください。

5. 商 品 情 報

　入社してすぐに困るのが、学校では商品知識を全く習ってきていないことです。工業化学系の学部を卒業しても、最近は化学産業に関する講義がほとんどなくなり、化学産業の商品知識がほとんどないのが実情と思います。商品学などは学問・学術でなく、単なる知識の寄せ集めであるという大学側の考え方から来ているのでしょうが、卒業後実務に就いた学生が一人で困り、悩むのが実情です。

　化学産業に関しては商品の数が多く、しかもお互いに入り組んだ関係にあるので、化学・工業化学の知識がない人には、まず化学物質の段階で大きな壁に当たります。しかも化学産業の商品は、化学物質そのものだけでなく、化学物質を混合したり、成形加工したりしたものも多く、さらに用途に関する情報も重要な要素なので、大学で習う化学・工業化学の知識だけでは全く足りません。例えば顧客からのクレームに対応する場合にも、幅広い商品知識をもっていなくては困難です。

　商品の分類については、産業の分類と同じように、統計調査を目的に日本**標準商品分類**があります。これは**総務省統計局**が作成しており、そのホームページでみることができます。日本標準産業分類と違って、日本標準商品分類の改訂頻度は少なく、1950年に設定されて以来今までで改訂は5回にすぎません。現在使用されているものは1990年6月改訂のものです。日本標準商品分類は、10個の大分類の下に一つずつ桁を増やして中分類（2桁）、小分類（3桁）、細分類（4桁）、細々分類（5桁）、6桁分類以下は必要に応じて10桁分類まで行われます。化学産業関連の商品は、大分類2加工基礎材及び中間製品、大分類5情報通信機器、大分類7食料品、飲料及び製造たばこ、大分類8生活・文化用品、大分類9スクラップ及びウェイストなど多くの分野に分散しています。

　貿易・海外動向情報で紹介した**標準国際貿易分類**（SITC）も商品の分類表です。これは財務省の実行関税率表がこの分類体系を使っているので、税関のホームページでみると便利です。化学産業関連の商品(第3-2表参照)

は、第6部化学工業の生産品、第7部プラスチック及びゴム並びにこれら
の製品、第11部紡織用繊維及びその製品などに分散しています。このほか、
粗グリセリンは第3部第15類、エチルアルコールは第4部第22類、石炭か
らのベンゼン、トルエン、ナフタレンなどは第5部第27類にあるので注意
が必要です。第3−2表の下段に第39類のうち39.01エチレンの重合体（ポ
リエチレン）を例示しましたが、このように各類の下には非常に多くの商品
が並んでいます。特に法規制上、詳細な輸出入管理が必要になった商品（た
とえば第29類のフロン類）については驚くほど細かな分類が行われていま
す。

　商品分類の視点ではありませんが、アメリカ化学会が化学物質を最大10
桁で特定するCAS番号（第1部4.参照）、国際連合が化学物質を危険有害性
の程度に応じて分類したGHS（化学品の分類および表示に関する世界調和
システム）分類番号、医薬品に関するWHOのATCコード（解剖治療化学分
類法）など、化学産業製品を分類している様々なシステムがあります。

　1990年代ころまでは、東洋経済新報社から刊行されていた**実際知識シリ
ーズ**が商品知識の入門書として活用されてきました。化学産業では、化学製
品、石油化学製品、プラスチック、接着剤、化粧品、包装材料、化学繊維、
繊維、香料などが刊行されました。現在では新刊や改版の発行が中止されて
いるようで残念です。

　代わって商品知識に限らず、易しい技術情報、産業動向なども含む入門シ
リーズが最近は多数出版されるようになりました。化学商品がさまざまな切
り口から取り上げられています。執筆者は産業界で経験を積んだベテランが
多いのですぐに役立ちます。**第3−3表**に代表例を示します。

　化学産業関連の商品知識に関する本としては、毎年1月に化学工業日報社
から刊行されている『**17221の化学商品（2021年版）**』（**第3−4表**参照）
があります。これは日本で生産されている数万の化学商品のうち、市場性
の高い商品を選んで30類に分類し、各種の分類システム番号、別名、概説、
荷姿、性状、規格、用途、製造業者、原料、製法、最近の生産・輸出・輸入量、
PRTR排出・移動量、価格、取扱注意、消火上の注意、保護具、毒・劇物の
廃棄法、毒性、応急措置、輸送コード、適用法規を記述しています。CD−
ROM版も発売されています。50音順索引、英語名索引も便利です。特にア

【第3-3表】化学商品に関する代表的な入門書

キーワード五十音順

シリーズ名	出版社	化学商品分野
おもしろサイエンス ○○の科学	日刊工業新聞社	アルミ、色、飲料容器、カビ、ガラス、貴金属、機能性野菜、身近な金属製品、元素と金属、コンクリート、錆、サプリメント・機能性食品、酸素、シリコンとシリコーン、食品包装、食品保存、接着、繊維、天然染料、匠の技/材料編、地下資源、鉄鋼、毒と薬、長もち、発酵食品、微生物、粉体、薬草、リップ化粧品、レアメタル
今日からモノシリーズ トコトンやさしい○○の本	日刊工業新聞社	アミノ酸、イオン交換、液晶、界面活性剤、金属材料、クロスカップリング反応、化粧品、建築材料、ゲノム編集、元素、高分子、ゴム、ゴム材料、シリコーン、自動車の化学、触媒、食品添加物、植物工場、蒸留、水素、接着、セラミックス、洗浄、染料・顔料、太陽電池、炭素繊維、電気化学、塗料、ナノセルロース、においとかおり、2次電池、燃料電池、バイオプラスチック、バイオミメティクス、発酵、光触媒、非鉄金属、微生物、プラスチック材料、プラスチック成形、プリント配線板、包装、膜分離、水処理、有機EL、ヨウ素
しくみ図解シリーズ ○○が一番わかる	技術評論社	化学製品(拙著)、金属材料、建築材料、高分子材料、上下水道、生活用品の化学、繊維の種類と加工、断熱・防湿・防音、電池のすべて、発光ダイオード、光触媒、複合材料、プラスチック、メモリ技術、ものづくりの化学
図解入門よくわかる○○の基本としくみ、○○の仕組みとはたらき、○○の基本と実際	秀和システム	金属材料、抗菌薬、射出成形、ディスプレイ技術、塗料と塗装、薄膜、プラスチック、分析化学、水処理技術
わかる！使える！○○入門	日刊工業新聞社	射出成形、接着、工業塗装、塗料

ルファベット略字で表記されている化学商品を検索するときに重宝します。ただしこの本は、電話帳並みの大きな書籍です。入門書というよりも、ハンドブックとして必要なときに使うものです。高価なので個人での購入はなかなか困難と思いますが、多くの会社、職場で購入しているので活用してください。

　このほか企業のホームページHPに、その企業が得意とする分野の商品知

【第3－4表】化学工業日報社『17221の化学商品（2021年版）』の分類

第1類　アンモニア・カーバイド・硫酸
　　　　・化学肥料
第2類　ソーダ工業薬品
第3類　無機薬品
第4類　レアメタル・ファインセラミックス
第5類　工業ガス
第6類　火薬類
第7類　タール製品・製鉄ガス
第8類　石油化学基礎製品
第9類　脂肪族系有機薬品
第10類　芳香族系・複素環状系有機薬品
　　　　（医薬・染料中間体）
第11類　キラル化合物（光学活性体）
第12類　有機ハロゲン化合物
第13類　有機金属・有機ケイ素化合物
第14類　プラスチックス・天然高分子
　　　　熱可塑性プラスチック
　　　　熱硬化性樹脂
　　　　二次加工樹脂
　　　　中分子ポリマー
第15類　プラスチックス添加剤
　　　　可塑剤
　　　　塩ビ安定剤
　　　　酸化防止剤
　　　　紫外線吸収剤
　　　　帯電防止剤
　　　　難燃剤
　　　　着色剤
　　　　有機発泡剤
　　　　滑剤
　　　　防カビ剤
　　　　結晶核剤

第16類　合成ゴム
第17類　有機ゴム薬品・カーボンブラック
　　　　加硫促進剤
　　　　老化防止剤
　　　　加硫剤
　　　　スコーチ防止剤
　　　　素練促進剤
　　　　粘着付与剤
　　　　ラテックス凝固剤
　　　　加工助剤
第18類　化合繊維・無機繊維
第19類　合成染料
第20類　顔料（無機・有機）
第21類　油脂・油剤・界面活性剤
第22類　塗料・印刷インキ
第23類　接着剤
第24類　香料・食品添加物
第25類　生化学製品
第26類　医薬品
第27類　触媒
第28類　農薬
　　　　殺虫剤
　　　　殺菌剤
　　　　除草剤
　　　　その他（植物成長調整剤、殺そ剤、
　　　　　　　　展着剤、誘引剤、その他）
第29類　天然薬品・鉱産物
第30類　試薬・イオン液体・臨床検査薬

識をまとめて掲示していたり、宣伝臭さが加わりますが、希望する性能から具体的な商品を検索できたりするものがあります。たとえば、日本農薬のHPには農薬の基礎知識がまとめられています。三洋化成工業など18社が共同で運用している添加剤ドットコムには樹脂添加剤入門講座が掲載されている上に、希望する性能から18社共通の商品検索を行うことができます。コンクリート新聞社HPのWebマガジンには、コンクリート自体はもちろん、コンクリート混和剤に関して詳しい説明が掲載されています。潤滑通信社のジュンツウネット21は、潤滑油の使用状況に応じた潤滑油選定検索やさらにメーカー商品検索を行うことができます。住化ケムテックス染料・化成品事業部の技術資料には染料の総論、各論が自社だけでなく他社製品も含めて掲載されています。合成樹脂、合成ゴム、合成繊維などは、多くの会社や業界団体のホームページに商品知識が載っています。このように自分の必要とする分野に関して、参考になり、役に立つ企業ホームページを探してみてください。

6. 技術・特許情報

専門技術情報・特許情報

　学生・院生のときに技術・特許情報の検索を行ってきた人は化学産業の仕事の上でそのまま使えます。化学会社の研究所では、化学情報に関するデータベース、電子雑誌、情報検索システムを外部から購入したり、独自に構築したりしていると思います。非営利団体としては、**化学情報協会**が多くのサービスを行っているので、そのホームページを活用してください。また化学情報協会では多種類の講習会も開催しています。化学文献の調べ方についても、**化学同人**の『**化学文献とデータベース活用法**』、『**化学文献の調べ方**』など多くの書籍が出版されています。また化学に限らず広く学術・技術情報としては、**科学技術振興機構JST**のホームページに文献、特許、研究者に関するデータベース・コンテンツサービスがあります。特許・実用新案の調査には、独立行政法人工業所有権情報・研修館のホームページにある**特許情報プラットフォームJ-PlatPat**が便利です。世界知的所有権機関ＷＩＰＯが提供する特許データベース検索サービス**PATENTSCOPE**、欧州特許庁が提供する特許データベース検索サービス**Espacenet**も無料でインターネットから利用できます。

　化学産業に特有の技術情報として化学物質の安全性に関する情報があります。化学物質の安全性は、毒性、労働安全、環境など様々な視点から法律で規制されており、法律運用にともなって多くの技術情報が蓄積されてきました。**製品評価技術基盤機構NITE**の**化審法データベース**（**J－CHECK**）は、化学物質審査規制法関連物質に関する情報を検索できます。また同じく**NITE**の**化学物質総合情報提供システム**（**CHRIP**）は、化学物質名などからその有害性情報、法規制情報、国際機関によるリスク評価情報などを検索するシステムです。日本化学工業協会の化学製品情報データベースを継承して日本ケミカルデータベース(株)（JCDB）が運営する**SDSライブラリー**は、化学製品やその成分である化学物質に関する**安全データシートSDS**のデー

タベースです。化学物質評価研究機構CERIの**化学物質ハザードデータ集**は、化学物質の有害性情報データを簡潔にまとめていますが、作成は2000年で終了しています。

このほかの技術情報として**産業標準規格JIS**があります。JISの検索と閲覧は、**日本産業標準調査会**のホームページから行うことができます。一方、各国の代表的な標準化機関から成る**国際標準化機構ISO**により、国際規格の作成作業が進められています。ISOの国際規格が成立した場合には、該当するJISもそれに合わせる形に逐次改訂されています。

化学製品のJISに関しては、化学製品自体の品質規格を決めているJISもありますが、試薬として以外には、全般にそのようなJISは減少傾向にあります。製造業者自身が責任をもって品質を保つようになっているからです。化学品関係のJISで多いのは、分析法、測定法、試験法に関するものです。

現時点で廃止されておらず、設定されているJISは、日本産業標準調査会のホームページから検索して内容を画面でみることができます。しかし印刷、コピーはできません。また東京・三田にある**日本規格協会ライブラリー**は規格の専門図書館です。JISはもちろん、ISO規格、欧州規格、欧米各国の国家規格、米国やドイツの団体規格、米国の軍規格、連邦調達規格230種類を所蔵しています。また日本規格協会では、個別のJISの印刷物や分野別にJISを集めたハンドブック、英訳JISハンドブックなども購入できます。

JISのほかに化学製品の規格を公的に定めているものとしては、医薬品に関して**日本薬局方**、食品添加物に関して**食品添加物公定書**があります。

一般技術情報・ハンドブック

化学会社では研究職以外の人にもわかりやすい学術・技術情報が必要です。そのような場合には、産業動向情報で紹介した業界団体ホームページや日本化学会をはじめとする化学関係の学会のホームページが役に立ちます。また業界専門誌には、プラスチックとその加工技術ならば『**プラスチックエージ**』や『**プラスチックス**』のようにそれぞれの分野ごとに技術情報が載ったものがあるので、自分の仕事に関係ある技術系の業界専門誌をみつけてください。

最近の大学ではプラスチックやゴムの成形加工技術とか、農薬、医薬品の製剤技術、化粧品、塗料、香料などの混合調合技術などを知る機会がほとん

どなくなりました。また、工場に配属された人にとって、すぐに必要となる
化学プラントの設計、建設技術をしっかり教える化学工学の講義も少なくな
りました。プラントどころか、工場ではもっと頻繁に修理や点検の機会が多
いポンプとか、各種のバルブ、計器類などについても、大学では知る機会が
ほとんどなくなったと思います。特に理学部、農学部を卒業した人は、今ま
でに化学工学に触れる機会もなく、化学工場に配属された場合に用語もわか
らない状態から仕事を始めることになっていると思います。

　そのように大学で履修してきた分野と全く違った技術が必要となる職場に
配属になった場合には、まずその分野での基礎的な教科書を探して読むこと
が肝心です。場合によっては、高校や工業高校の参考書・教科書が入門書と
して大変に役に立つことがあります。高校生や大学生の時には教科書や参考
書を読み、マスターすることに苦労したと思いますが、社会人になって仕事
の必要上、自分の知らない分野の教科書や参考書を初めて読んでみると、教
科書や参考書が分かりやすく書かれ、身につくことを実感すると思います。
このような基礎知識を固めた上で、はじめて知らない分野の入門書・技術書・
専門雑誌などに取り組むことが肝心です。また、装置・機器の取扱い法に関
する入門書もあるので探してください。化学工業日報社の『**プラント操作の
基礎知識**』（今西 忠 著）は、化学工学を履修したことがない人でも理解で
きる本です。新しい仕事の経験と並行して、それに必要な基礎を自分でしっ
かり固めることが重要です。

　工場技術者に便利な定評ある専門の技術ハンドブックもいくつかありま
す。私の経験も踏まえていくつか紹介しますと、基礎化学分野では東京化学
同人の『**工業有機化学**』（Weissermel, Arpe 著）が挙げられます。この本は、
ドイツの旧ヘキスト技術陣による執筆、住友化学技術陣による翻訳で、大学・
大学院の教科書というよりも、化学産業に携わるエンジニアが使うハンド
ブックとして大変に有用です。しかし、残念ながら2004年12月刊行の第5
版で翻訳改訂が中断しています。同じく東京化学同人から『**工業有機化学**』
（上下）（Wittcoff、Reuben、Plotkin 著）の翻訳（筆者田島らによる翻訳）が
2015年、16年に刊行されました。前記の本が有機薬品に限定されたのに対
して、そればかりでなく、高分子、油脂／炭水化物からの化学製品、工業触
媒／グリーンケミストリーなど幅広い内容になっています。

　プラスチックとその成形加工関係は、理学部や農学部の化学系出身者には、化学会社に入って最初に苦労する分野であると思います。プラスチック材料、副資材、成形加工法に関する幅広い分野の有名な入門書としては、プラスチック・エージ社の『**プラスチック読本**』があります。大阪市立工業研究所の研究者の執筆で、現在では第22版（2019年4月刊行）になるロングセラーです。日本分析学会高分子分析懇談会の『**高分子分析ハンドブック**』(2008年9月改訂版)は、高分子材料の分析・検査を行う方には大変に便利なハンドブックです。その他、日本ソーダ工業会刊行の『**ソーダ技術ハンドブック**』（2009年7月改訂版）、色染社発行の『**染色ノート**』(2006年3月第24版)、日本植物防疫協会発行の『**農薬ハンドブック**』（2016年1月版）、日本ゴム協会の『**ゴム工業便覧**』(1994年1月版)、日本芳香族工業会の『**芳香族及びタール工業ハンドブック**』（2000年3月第3版）などは、長年各分野で蓄積されてきた技術情報を掲載したハンドブックです。

　文系を卒業した人は、化学会社に入っても技術情報がすぐに必要になる職場に配属されることは少ないと思います。しかし、会社の製品体系とか、その背景になっている化学の基本的な知識は基礎的な教科書を自分で探して読み、身に付けることが重要です。まず、高校の化学参考書をじっくり読んでください。その際に数量計算のような部分は読み飛ばしてかまいません。

　文系に限らず、化学商品を身近に感じるようになりたい方に、面白い本を紹介します。P.ルクーター、J.バーレサン『**スパイス、爆薬、医薬品－世界史を変えた17の化学物質**』（中央公論新社）、佐藤健太郎『**炭素文明論－「元素の王者」が歴史を動かす**』（新潮社）、『**世界史を変えた新素材**』（新潮社）、『**世界史を変えた薬**』（講談社）です。化学商品の面白さ、重要さを実感してください。また、2008年翻訳刊行のR.シュック『**新薬誕生**』（ダイヤモンド社）は、現代の七つの新薬開発に関する世界の医薬品企業の情況を生々しく教えてくれます。ノンフィクション作家による著作なので、文系の方でも楽しく読むことができます。同様のテーマで『**新薬の狩人たち**』（早川書房、2018年翻訳刊行）もあります。絶版になっている本もありますので、1. 経済情報で紹介した公立図書館を活用してください。

7. 法律情報

法律体系

　第4部に化学産業で働くときに関連の深い法律を紹介しています。これらの法律はもちろん、紹介していない法律事項についても、仕事を進める上で調べなければならないことがしばしば起こります。

　法学部卒業でない人には、法令用語は親しみにくく、またわかりにくいものです。しかし、仕事上で調査しなければならない法律は、学校で習う民法とか商法のような一般的な大きな法律ではなく、特定分野に関する法律が多いと思います。そのような場合には、学校で教えているような難しい法律用語を知っているかどうかよりも、調べたい法律を素直に読むことが重要になります。まず目次をみて法律の全体像・構成を知ることが肝要です。次にその法律の目的を理解することです。通常は、法律のはじめに明確に書かれています。さらに、その法律が使う用語の定義もはじめに述べられていることが多いので、それをしっかり押さえることが重要です。あとは簡単なメモを取りながら、調査に必要なところを探して読んでいくことが必要です。関係ないところは読み飛ばして行きます。最近作られた法律はわかりやすい書き方のものが多くなりました。

　法律事項を調べる際には、法律の仕組みを知っておくことが重要です。憲法がすべての法律の基本であることは学校で習ったと思います。しかし、日常の仕事の上では、ここまで基本に戻らなければならないことはほとんどありません。**法律**は、その下に**政令**（**施行令**など）、**省令**（**施行規則**など）、**告示**、**通達**という体系をもっています。さらに**訓令**、**通知**、**公示**が出ている場合もあります。

　法律を執行する手続きとか、詳細な内容については、法律のなかで別に定めることを明記していることがしばしばあります。法律は国会で作成されますが、こまかな点や時代によってしばしば変更があると考えられることまですべて国会で決めることはできません。このため法律内容の一部の決定を、

法律を執行する政府やその担当省庁に任せます。これが政令・省令などです。そのうち政令は政府全体として作成されたもの、省令以下は担当省庁の責任で作成されたものです。法律、政令、省令、告示は、すべて官報に掲載されます。優劣関係としては、法律＞政令＞省令＞告示となります。このほか告示には裁判所や地方自治体が行うものもあります。告示で定められた基準に違反した場合には、告示に違反したのではなく、法律に違反したことになります。告示には、例えば食品衛生法に基づく「食品、添加物等の規格基準」（昭和34年厚生省告示第370号、食品添加物、食品残留農薬、プラスチックなどの食品包装容器の基準を定めているので、化学産業には関係深い）のように大冊の本になるほど膨大な量のものもあります。

　これに対して、通達は、法律の解釈とか運用方針などに関する行政機関の内部での連絡文書です。したがって本来、国民に向けたものではないので、官報に掲載されません。しかし、日本では大量の通達が出されており、税法のように、通達までしっかり見ておかなければ法律の施行内容がわからない法律もあります。

　法律が改正されて、条文が増えるときには新しい条文を関係深そうな条文の次に○条の2のようにして追加していきます。新しい条文が途中に追加されたために、それ以後の条文の番号が変更になることがないための知恵です。

法　律　検　索

　以前は、公共図書館や社内の図書室、総務部で六法全書とか、差換え式の法規集を調べたり、分野が特定されていれば社内関連部署がもっている特定分野の法規便覧を調べたりしました。これらは今でも大変に重要な情報源です。しかし、現在ではインターネットで容易に最新の法律を調査できるようになりました。

　検索エンジンに「法律検索」「法令検索」などと入力すれば多くの無料の法律検索サイトを知ることができます。一例として法務省ホームページの電子政府の総合窓口にある**法令データ提供システム**があります。日本の法律、政令、省令を調べることができます。

　しかし、仕事上ではさらに詳しく告示、通達まで調べることが必要なときがしばしばあります。その場合にはその法律を所管している省庁のホームペ

ージにアクセスし、その省庁の法令データシステムで調べることができます。法律、政令、省令ばかりでなく、告示、通達まで掲示している省庁が多く、大変に便利です。

　また過去の裁判の結果である判例を調べたいときには、裁判所のホームページに**判例検索システム**があります。

　なお、大変に古い本（初版は1958年）ですが、いまだに法令実務の入門書として広く読まれている本として、林修三『**法令用語の常識**』（日本評論社）があります。著者は元内閣法制局長官です。「及び」と「並びに」、「又は」と「若しくは」の使い分けをはじめとして、法令用語を易しく解説しています。文系理系を問わず仕事の上で法律に関係する必要が生まれたら、大失敗をしないために一読しておくべき本です。

8．その他の情報

　第３部では様々な情報の入手法と活用のための基本やノウハウを説明して
きましたが、最後に私の経験からその他実務上、必要と思われる情報につい
て述べます。

　いわゆる経営書は、本屋に行けば山積みされています。非常に流行が激し
く、昨年までもてはやされた経営法が、今年になると話題にもならないこと
がしばしばあります。フレッシュマンは、そのような情報を追いかける必要
はありません。

　理系出身の方は、経済学、法律学なら大学教養課程で多少講義を聞いた経
験はあるかもしれませんが、経営学については今まで全く関心をもったこと
もない人が多いと思います。しかし会社で働くと、経済学よりも経営学の基
礎知識が必要になることが多いと思います。

　入社早々から社長さんが当社の目指しているところはとか、当社を取り巻
く環境はなどと話をされたのではないかと思います。経営戦略の話です。ま
た、自分が配属された部署の役割について関心をもたれていると思います。
それは経営組織の話です。また、会社内の雰囲気、やる気や緊張感の有無、
人間関係について敏感に感じられているのではないかと思います。このよう
に会社の経営・運営の様々な点について、感じたこと、疑問に思ったことが
生まれるようになったら、やさしい経営学の教科書を開いてみることを勧め
ます。

　流行の経営書でなく、経営学の基本的な教科書は、自分が知りたい疑問や
問題意識をもつようになってから読んでみると意外に興味をもって読めま
す。ただ企画部とか、管理部に配属になったから勉強しなくてはと開いてみ
ても面白みが湧いてきません。

　同様にもっと仕事に直結した生産管理・工場管理・品質管理・安全管理とか、
マーケティング、販売管理、購買管理、在庫管理、人事・労務管理、研究開
発管理など様々な管理法・経営法についても同様です。実際に仕事を行って
みて、こういう点がうまく行かないとか、こういう点がよくわからないとい

う経験を踏まえてから、問題意識に該当する分野の本を探してみると、初め
て頭に入ると思います。もちろん周囲にいる先輩、上司に助けてもらうこと
も重要です。それとともに自分でぶつかっている壁に対応した分野の入門書
を探して研究するくせをつけてください。１．経済情報で紹介した**日経文庫**
は、広く浅く書いているものから、分野・テーマを絞って書いているものま
で様々な経営学の入門書がそろっているので、最初の手がかりとして活用し
てください。

　その際にマーケティングについては、消費財に関する本が多いことは注意
すべきです。多くの化学製品が中間投入財であるので、中間投入財に関する
マーケティングの本を探す必要があります。最近はそれに該当する本も出て
います。

　また、私の経験からの勧めですが、会社内で仕事をするようになったら、
文系・理系を問わず、早めに**簿記３級**の試験勉強をされて受験し、会計の基
礎をマスターすることが重要と思います。これは、会社の決算数値を理解す
るためばかりでなく、日々、仕事の上で使うお金、受け取るお金の意味を理
解するために必要です。理系出身の人は、簿記のような会計学については、
全く関心がなかったと思います。しかし会社内では、**会計学**の用語が飛び交
うことが普通であり、それをいつまでも理解できないでいるわけにはいきま
せん。そのための確実な入門ルートが簿記３級の資格取得であると思います。
ある化学会社では、入社した大学卒以上の人に簿記３級の資格を得るように
させていると聞いたことがあります。私も同感です。

　この壁を越えると、配賦共通費とか、製造原価（コスト）の削減など、周
囲の先輩たちが行っている議論に参加できるようになります。信越化学出身
の金児昭氏は、化学会社での経験を踏まえた多くの経理・財務に関する著作
を発表されています。読みやすい本が多いので、簿記３級に合格したら読ん
でみてください。

　また、化学産業については、第２部で述べたように、様々な業種がありま
す。しかし共通している点は、装置設備費が大きいことです。このために設
備投資の判断は、非常に重要な経営上のポイントになります。装置設備を購
入すると、その後、経営環境が急変して販売が急減し、生産が低下しても、
装置設備から発生する費用（減価償却費、維持補修費、保険、固定資産税な

ど）は減らすことができなくなります。このため多くの化学会社では、通常
の経費についての予算管理のほかに、設備投資については、別途個々の案件
ごとに検討し判断する管理を行っています。将来をにらんだ経済性の判断を
行う手法があるので研究してください。実際の経験からすると、判断指標数
値の多少の高い低いを議論するよりも、将来の売上計画が堅実なものかどう
かが最も重要であると思います。失敗した投資計画の多くは、売上計画を達
成できなかったことによります。

　企業の研究開発は、研究から開発、さらに事業化、事業の成功にまで結び
つかなければ、いくら学会や世間で高く評価される研究であっても、意味は
ありません。近年、**MOT（Management Of Technology）**の重要性が叫ばれ、
MOTに関する多くの入門書が出版されてきました。これらには、研究開発
の有効な進め方、管理の仕方が様々に書かれているので参考にしてください。
化学産業の先輩が書かれた本として、『**新化学産業創成のマネージメント－
研究開発・事業化の理論と実際**』（東 誠司 著、1999年3月、化学工業日報社）
は、旭化成出身の著者の経験を踏まえた好著です。

　最後に化学産業の過去、現在の優れた方々の業績を知ることは、化学産業
を知る入口としてだけでなく、今後、化学産業で大きな仕事をする際にも参
考になると思います。小説など気軽に読めるものも含めていくつか紹介しま
す。

　明治から大正の化学産業史において活躍した産業人・研究者として、**高峰
譲吉**がいます。タカジアスターゼやアドレナリンを発見した研究者として高
峰の名前を知っていると思います。しかし高峰は研究者に止まらず、はるか
に幅広く活動し、ニューヨークに巨大な邸宅を構えた国際人でもありました。
最初は政府の役人、米国女性と結婚、それから現在の日産化学の前身となる
硫酸・過リン酸石灰会社の創業、成功した事業を放り出して渡米、挫折から
タカジアスターゼの米国でのライセンス生産による成功、世界最初のホルモ
ンであるアドレナリンの発見（単離）と事業化成功、日本へのフェノール樹
脂・樹脂加工の紹介、三共初代社長、理化学研究所創立につながる提言など、
実に幅広い活動をした人です。高峰の生涯を書いた本は、いくつも出版され
ています。

　野口遵は、明治後期、大正、昭和戦前に活躍し、一代で日窒コンツェル

396

ンといわれる、現在のチッソ・JNC、旭化成、積水化学工業の前身となる事業を築いた企業家です。大学で電気工学を修め、日本最初の電気化学（カーバイド、石灰窒素）事業、アンモニア事業を起こし、戦前の日本の化学産業の二つの柱である化学肥料、レーヨンの両事業で大成功をおさめます。さらに朝鮮半島にも大きく事業を拡大しました。生涯にわたって常に果敢に新事業・新技術に挑戦することを貫いた企業家でした。野口の生涯を書いた本は、いくつも出版されています。戦後の旭化成を成長させた経営者、**宮崎　輝**についても、その経営哲学や経営法を書いた本がいくつもあります。宮崎自身が書いた『**取締役はこう勉強せよ**』は、取締役というよりも若い方に読んでもらいたい本です。

　野口がライバルと意識したといわれる**森　矗昶**は、明治後期、千葉外房で海藻を焼いてヨードを得る事業から身を起こし電気化学事業に飛躍し、アンモニア、化学肥料、アルミニウム事業で成功し、現在の昭和電工を創業した企業家です。**城山三郎**が『**男たちの好日**』として描いています。味の素を興した**鈴木三郎助**も登場します。

　同じく城山三郎が描いた化学産業の企業家として花王を創業した**長瀬富郎**がいます。『**男たちの経営**』です。長瀬富郎は明治の人です。「清潔な国民は栄える」を基本理念に創業期の花王を率いました。この小説は、明治の長瀬富郎一代で終わらず、大正、昭和まで花王をつくっていった人々を追います。最後に若いころの**丸田芳郎**（昭和40年代後半から平成初まで花王社長として花王を飛躍させた名経営者）も登場します。丸田は、桐生高等工業（現在の群馬大学工学部）出身で、高級アルコールをつくるための油脂の高圧水素還元法に挑戦する技術者として描かれています。

　城山三郎と同じく経済小説といわれるジャンルを描く**高杉良**は、1970年代なかばまで石油化学新聞に勤め、その後、小説家に転じた経歴をもちます。化学産業をテーマとした小説は意外なことにそれほど多くありませんが、いくつかあります。昭和電工大分石油化学コンビナート建設の技術者を描いた『**生命燃ゆ**』、三井グループによるイラン石油化学プロジェクトの挫折を描いた『**バンダルの塔**』、三菱商事サウジ石油化学プロジェクトや三菱油化（現在の三菱ケミカル）内の紛争を描いた『**男の決断**』、製薬会社のプロパーを描いた『**明日はわが身**』、日本触媒の創業者で戦後同社を国産技術により日

本有数の石油化学会社に育て上げた**八谷泰造**を描いた『**炎の経営者**』などです。同じく経済小説として、クラレをレーヨン会社から合成繊維会社に転身させた名経営者大原總一郎の生涯を描いた『**大原總一郎　へこたれない理想主義者**』があります。

　現代の経営者で大きな業績を挙げ、その経営哲学を述べた本があります。1980年代後半から10年間で資生堂の企業体質転換とグローバル化を進めた**福原義春『会社人間　社会に生きる』**、信越化学を超優良会社にした**金川千尋『毎日が自分との戦い』**、富士フイルムの本業であった写真フィルム事業崩壊の危機に当たって事業転換を成し遂げた**古森重隆『魂の経営』**などです。

　福原義春は、会社経営ばかりでなく、文化・社会活動にも熱心であり、それが資生堂の企業文化や広報活動にも相互作用するという、化学業界では珍しい幅の広い経営者です。多くの興味深い著書、エッセイがあり、また読書人としても知られています。2013年刊行の『**本よむ幸せ**』（求龍堂）は、忙しい会社員生活の間に、どのように読書を行っていくか、社会人としての生き方を教えられます。

　以上紹介した方々以外にも、多くの化学会社の創業期、発展期には優れた事業家がおり、その多くは波瀾万丈の生涯を送りました。若い方は読む機会がほとんどないと思いますが、世の中に知られていない偉大な事業家を探すことは社史を見る（必ずしも読むでなく）楽しみの一つです。社史は東京の国会図書館、神奈川県立川崎図書館（溝の口のかながわサイエンスパーク内）、大阪府立中之島図書館が充実しています。川崎と中之島は開架なので気軽に手に取ることができます。出張や旅行の際に立ち寄ってみてください。

第4部 関連法規の概要

　法律は気がつかないうちにも様々に関与してきます。会社や団体に就職する際に、様々な手続き書類を書いたと思います。そのなかには、契約に関する書類、報告・申告に関する書類がたくさんあったはずです。すでに民法や労働関係諸法に関与したのです。

　ところで就職した会社や団体って、いったい何でしょう。実は会社という組織や社長という役職は、すべて法律に基づいてつくられているのです。そればかりでなく、原料や設備の購入、従業員の雇用、特許の出願、製品の生産・販売、販売代金の回収、毎月の決算処理、税金の納入など、会社や団体の日々の運営は、様々な法律に沿って行わなければなりません。

　これらの法律すべてを知ることはとうてい不可能ですし、各自で分業して仕事をしている職場では、そんなことは不必要です。しかし、自分がまず行わなければならない仕事に直接関係する法律は、十分に勉強し、知っておくことが必要です。

　特に化学産業の仕事を始めると、様々な業種に関係ある一般的な法律ばかりでなく、化学産業に特に関係の深い特別な法律もたくさん知っておかなければなりません。さらに法律に基づいた国家資格を持っていないと、仕事を円滑に進められない場合もあります。ここでは、化学会社で働き始めた方を前提に、私の経験から是非知っておくべきと思う関連法規を身近な法律から逐次説明します。なお、法律の名称は略称を使っています。

1．労働関係・給与明細に関係ある法律

労働基準法

就職すると、まず、賃金、勤務時間や休暇制度などを知っておかなければなりません。こういうことをいきなり述べると、少し前までは日本の多くの職場では嫌われました。職場の新人に対しては、まず滅私奉公あるいは丁稚奉公を求める感覚が日本では強かったからです。しかし、時代は変わりました。こういうことは、働く上での基本ルールです。

これら労働条件は、働いている会社や団体が作成した就業規則に必ず書かれています。会社や団体は、**労働基準法**という法律で**就業規則**を作成し、労働者の代表の意見を添えて**労働基準監督署**に届け出ることが義務付けられているからです。したがって働き始めるにあたって、その会社や団体の就業規則は必ずみておきましょう。

労働基準法は1957年第2次世界大戦後の日本の民主化改革の流れのなかでつくられました。労働者の均等待遇や男女同一賃金の原則をはじめとして、様々な労働条件を定めたり、解雇制限を定めたりしています。この法律から1972年に**労働安全衛生法**が分離制定され、さらに1985年には**男女雇用機会均等法**が、また2008年3月に施行された**労働契約法**が生まれています。労働契約法の2012年改正により無期転換ルール（有期労働契約が5年を超えて反復更新された場合、労働者の申込みにより無期労働契約に転換させる仕組み）が導入されました。しかし、このルールを一律に適用すると反って不都合が生じる場合があるために、1）定年後引き続き雇用される有期雇用労働者、2）5年を超える一定期間内に完了することが予定されている業務に就く高度専門的知識を有する有期雇用労働者を対象に、無期転換ルールの例外を設ける**有期雇用特別措置法**が2013年に制定されました。

職業安定法も、1957年に制定され、戦後の雇用構造の基本を形づくってきた法律です。その第44条に労働者供給事業の禁止が明記されてきましたが、1985年制定の**労働者派遣法**によって、まず専門性の高い業種について

【第4-1表】労働法の体系

大分類	小分類	法律
労働基準	労働基準	労働基準法、労働契約法、最低賃金法、有期雇用特別措置法
	労働安全	労働安全衛生法、作業環境測定法、じん肺法
	労災補償	労働者災害補償保険法、石綿健康被害者救済法
	勤労者生活	勤労者財産形成促進法、中小企業退職金共済法
職業安定	職業安定	職業安定法、雇用対策法、雇用保険法、労働者派遣法
	高齢・障害者雇用	高齢者雇用安定法、障害者雇用促進法
職業能力開発	職業能力開発	職業能力開発促進法、勤労青少年福祉法
雇用均等	雇用均等	男女雇用機会均等法、次世代育成支援対策推進法
労政	労政	労働組合法、労働関係調整法、個別労働関係紛争解決促進法

資料：厚生労働省ホームページ　法令等データベースの体系

職業安定法第44条の例外措置がつくられ、順次例外が拡大して、1999年法改正により法律に明記している港湾運送業務、建設土木業務、警備業務その他政令で定める業務（病院、調剤薬局等）以外は、すべて禁止でなくなりました。すでに日本の雇用構造は**正規雇用**（終身雇用）中心からパート・アルバイトなどの**非正規雇用**のウエイトが急速に増加していましたが、労働者派遣法により、さらに雇用構造の多様化が進みました。しかし、労働者派遣法については、様々な課題が山積しており、2012年（日雇派遣の原則禁止）、2015年（派遣の常用代替防止）、2018年（同一労働同一賃金）と改正が続いています。

　グローバル化の波のなかで、1990年代から戦後の日本の雇用構造の特徴といわれた**終身雇用、年功序列賃金、企業内組合**などが大きく変わってきました。その一方で日本の人口構成の変化により、少子高齢化が進み、将来の労働力不足が懸念されています。2008年秋の急激な景気悪化に伴い、非正規雇用者を中心とした失業が急速に増加しました。**第4-1表**に現在の**労働法の体系**を示しましたが、将来の日本の雇用構造を規定する制度設計（労働法体系）のあり方については模索が続いています。

　さらに将来の日本社会の不安定要因にもなりかねない外国人労働者を巡る大きな政策転換が2018年に行われました。**出入国管理法**の改正です。近年の深刻な人手不足に対応するため、一定の専門性・技能（特定技能）をもち、即戦力となる外国人人材を受け入れることになりました。特定技能1号は、

相当程度の知識または経験を要する技能を持つ外国人に与えられ、単純作業など比較的簡単な仕事に就くことができます。更新を含めると最長5年間の在留資格が得られます。技能試験及び日本語能力試験に合格しなければならず、家族帯同は認められません。対象14業種は、農業、漁業、飲食料品製造、外食、介護、ビルクリーニング、宿泊業、建設、自動車整備、航空に加え、素形材産業、産業機械製造業、電気・電子情報関連産業、造船・舶用工業です。さらに高度な試験に合格した人に与えられる特定技能2号は、現場監督など熟練した技能を要求される仕事に就く外国人が対象で、資格更新回数に制限はなく、家族帯同も認められます。対象業種を中心に産業界が法改正に積極的に動きました。化学産業は対象になっておらず、蚊帳の外にいるため化学産業関係者は無関心です。景気の良い時は結構ですが、景気が悪化した際には不法移民問題で大きな社会的亀裂が起きている欧州の二の舞にならないか懸念されます。化学産業で働く皆さんも、日本の人口減少対策に無関心で成り行き任せにしている訳には行きません。

社会保険料

　最初に給与を受け取るときに、給与明細書をみると自分が契約した覚えがない名目で、ずいぶん多くの金額が給与から差し引かれていることに気付くと思います。その多くは社会保険料と税金です。**源泉徴収制度（所得税法、徴収法＝雇用保険、労災保険、厚生年金保険法等）**に基づいて、雇い主があなたの**社会保険料**と**税金**を給与から天引きし、徴収元に納めているのです。

　社会保険には、**医療保険（健康保険法）**、**年金保険**（国民年金法、厚生年金保険法）、**労災保険（労働者災害補償保険法）**、**雇用保険（雇用保険法）**、**介護保険（介護保険法）**の5種類があります。これらは、日本の**社会保障制度**として全国民を対象にした**強制加入**の保険です。これらは雇われている人のみならず、雇い主も負担しています。

　近年、年金記録問題をはじめとして社会保険制度のぶざまな運営、さらに老人人口の急増による社会保険制度の将来に対する不安、負担と給付見込みの不均等による若者の不満など、社会保険制度は様々な問題が噴出しています。しかし、そうだからといって、自分だけ社会保険の支払いを勝手に拒否することはできません。法律違反として様々な制裁措置が決められています。

社会保険制度の改革の問題は重要ですが、それは社会保険の支払いとは別の
ところで行っていくべきものです。

税 法

第４−２表に示すように税金にも様々な種類があります。大きく分けて、
国税と**地方税**があります。税金も当然のことながら法律に基づいています。
給与明細書のなかで大きな割合を占める税金は、国税としての**所得税（所得**

【第４−２表】税金の体系

課税する対象 による分類	国 税	地 方 税
所得課税	所得税 法人税 地方法人税 地方法人特別税 特別法人事業税 復興特別所得税 森林環境税（令和６年から）	住民税 事業税
資産課税等	相続税・贈与税 登録免許税 印紙税	不動産取得税 固定資産税 都市計画税 事業所税 特別土地保有税
消費課税	消費税 酒税 たばこ税 たばこ特別税 揮発油税 地方揮発油税 石油ガス税 航空機燃料税 石油石炭税 （＋地球温暖化対策税） 電源開発促進税 国際観光旅客税（出国税） 関税 とん税 特別とん税	地方消費税 地方たばこ税 軽油引取税 ゴルフ場利用税 入湯税 自動車税 軽自動車税 鉱産税 鉱区税

資料：財務省ホームページ　国税・地方税の税目

税法）と地方税としての**住民税**（**地方税法**）です。

　税金は、国や地方自治体が公共サービスを実施するために強制的に国民から徴収していることはご存知のとおりです。税金には、何に対して税金を課すかによっていくつかの種類があります。給与明細書にはありませんが、買物をすれば常にお目にかかるのが**消費税**です。これは消費金額に対して一律の消費税率（2014年4月から8％、2019年10月から10％）が課せられます。これに対して、所得税は給与（給与以外にも収入があれば全収入）から必要経費（社会保険料や各種の定められている控除）を差し引いた額に対して定まった税率で課せられます。控除には、**基礎控除**のように生活していくのに最低限必要な金額とか、**扶養控除**などがあります。所得の多い人ほど税率が高い**累進税率**です。累進制によって税引き後所得の極端な差が生まれることを防止しています。この点は、一律の税率である消費税と大きく異なります。

　住民税は、所得税と同じように所得に応じて負担する金額が決まる**所得割**と一人当たりいくらと決まっている**均等割**の合計額です。このような税金の計算根拠もすべて法律に定められています。これは法治国家としての基本です。

　税金にはほかにも多くの種類があります。今後、仕事の上で関係してくる可能性のある代表的な税金としては次のようなものがあります。国税としては、会社や団体の所得にかかる**法人税**（**法人税法**）、輸入品にかかる**関税**（**関税法、関税定率法、関税暫定措置法**）があります。すでに説明した消費税も国税です。一方、地方税としては、会社や団体にかかる**事業税**（**地方税法**）、所有する建物や機械設備にかかる**固定資産税**（**地方税法**）があります。これらは、経理関係の担当者だけが知っていれば済むものではありません。不要な設備をいつまでも抱え込んでいると余分な固定資産税を支払うことになります。

2．会社の仕組みや運営に関係ある法律

民法、商法、会社法

　学校の同期会幹事となり、同期の卒業生からお金を集めたので、収入と支出の公正な記録のために銀行に預金口座をつくろうとします。銀行はあなたの名義で口座を開設することは認めても、同期会の名義だけで口座をつくることを普通は拒否するでしょう。あなたは銀行からみて口座を開設する契約の相手として認められたのに対して、学校の同期の人の集合体である同期会は認められなかったのです。しかし、会社や団体は、それ自体の名義で認められます。

　この差は何なんでしょう。それは、生きている人と同じような法律上の権利能力をもつものの制度が**民法**で定められているからです。生きている人を**自然人**と呼ぶのに対して、民法で定められた法律上の権利能力をもつものを**法人**と呼びます。一定の要件を備えた人の集まりが**社団法人**であり、一定の要件を備えた財産の集まりが**財団法人**です。

　このうち営利（もうけること）を目的とした社団法人が**会社**です。会社は**会社法**（2005年制定、それ以前は**商法**のなか）に基づいて**株式会社**など、いくつかの種類が定められています。営利を目的としない法人には、**一般社団法人**、**一般財団法人**（一般社団・財団法人法）、**公益社団法人**、**公益財団法人**（公益法人法）、いわゆる**NPO**（**特定非営利活動法人法**）、**協同組合**その他多数の種類があります。街を歩けば、学校法人、宗教法人、医療法人などの名前を見かけます。これらも**非営利法人**の一つです。しかし、営利を目的としない法人だからといって赤字を続けているわけではありません。健全な経営が必要なことはいうまでもありません。

株 式 会 社

　法人の代表格として**株式会社**を考えてみましょう。学校の同期会を考えてもわかると思いますが、何か目的をもって人が集まった場合、その目的を達

405

成するためには中心になって実行する人とお金が必要です。法人も同様です。
学校の同期会であれば、幹事が中心となって実行する人であり、お金は同期
の会員から一律に集めたり、会合を開くならばその参加者のみから会合の開
催のために必要となるお金を集めたりします。同期会が実施した事業の内容
とお金の収支状況については、一定の期間ごとに幹事が同期会会員全員に報
告し、了承を得るでしょう。その場合、学校の同期会であれば、会員の負担
が過重な金額にならない範囲の事業を行い、その収支がトントンで十分です。

　一方、営利を目的とした事業を行う株式会社は、どのようにお金を集め、
中心となって実行する人を選び、一定期間ごとにその結果を検証していくの
でしょうか。名前が示すように株式会社は、法人の運営を決定する権利を細
分した**株式**を発行し、これを購入してくれる人（**株主**）から事業遂行に必要
となる元手の資金を集めます。これが**資本金**です。株主は、もっている株式
数に応じて、中心となって実行する人（**経営者**）の選定や事業計画の決定権、
事業実施の結果として生まれた利益の配分の決定権をもちます。これらが法
人の運営を決定する権利であり、決定の場が**株主総会**です。

　利益の配分が期待されるから、株主は株式を購入したのであって、お金を
貸したわけではありません。会社の運営がうまく行かず、株式の売却収入（資
本金）を会社がすべて使いつくしてしまえば、株主には何も残りません。し
かし、株式はいつでも自由に他人に譲渡することができます。これによって
株主は株式を購入した金額の範囲のみしかリスクを負わないですみます。

　しかし、株式の譲渡には譲渡相手を探さなければなりません。譲渡相手は、
その会社の事業の状況や経営者の能力をよく知っていなければ、安心して株
式を購入しません。また事業の将来性が低いと思えば、売りに出ている株式
を値切るのは当然です。このように株式の取引は個別で行うこともできます
が、この取引を公開市場で行うと非常に多くの人から資金を集めることが
できるようになります。これが**公開株式**、**上場株式**といわれるものです。し
かし事業が失敗したときの社会的な影響も大きくなるので、**金融商品取引法**
（2007年9月までは**証券取引法**）などの規制が加わります。

　一方、経営者は事業を実行するための資金をもっていなくても、事業の遂
行能力を株主に認めてもらえば多額の金額を必要とする事業を実行すること
ができ、それに成功すれば利益から多額の報酬を株主に求めることができま

す。

　以上が株式会社の基本的な仕組みです。様々な種類の非営利法人の仕組みは、これの応用問題として考えることができます。

企業会計原則

　会社などの法人の事業業績とは、ある製品の販売が大きく伸びたとか、新製品が生まれたということですが、最終的には金額で示され、集約されます。これが**財務諸表**と呼ばれるものです。このための処理方法が慣習として定着したのが**企業会計原則**です。企業会計原則に基づいて、**商法や金融商品取引法**、**法人税法**でそれぞれの法律の目的に沿った会計処理方法や財務諸表の作成方法が定められています。

　財務諸表には、**貸借対照表（B／S）**、**損益計算書（P／L）**、**キャッシュフロー計算書（C／F）**、**利益処分計算書**などがあります。財務諸表の見方、分析方法は、仕事をしていくために是非身につけてください。このような財務諸表は、事業が遂行されたあと、毎月あるいは四半期ごとに計算されます。

　会社などが外部の関係者に会計情報を提供するための会計を**財務会計**といいます。これに対して、日々の仕事を進めるうえで会社内では**管理会計**が使われます。たとえば予算を作成し、それに沿った業績があげられているかをチェックする**予算統制**や、設備投資計画の良否を判断したりする会計です。利益といっても、財務会計で決められた**売上総利益**、**営業利益**、**経常利益**、**純利益**などに対して、管理会計では**限界利益**という言葉が会社内ではしばしば使われます。このような会計用語の内容を理解しておくことは、ビジネス入門の第一歩です。

3. 事業の開始や運営に関係ある法律

事業許可・登録

　一般論が続きましたが、そろそろ化学産業に直接関係する法律に移っていきます。製品を製造したり、輸入したり、販売業者として仕入れたものを販売したりすることは現在の日本では原則自由です。しかし、**事業者としての許可や登録**を得なければ勝手に開始できない事業もあります。化学製品では、医薬品や化粧品を対象とした**医薬品医療機器法**（許可）、工業用アルコールを対象とした**アルコール事業法**（許可）、毒物劇物を対象とした**毒物劇物取締法**（登録）が代表的なものです。

　また、医薬品や化粧品（医薬品医療機器法）の製造販売者は**品目ごとの承認**が、農薬（**農薬取締法**）や肥料（**肥料品質確保法**）の製造者、輸入者は、品目ごとの**登録**（一部は届出）が必要です。承認や登録の申請のためには、製品が目標とする性能（効能）を満たすことや安全性の証明が必要です。承認や登録のない製品の生産や販売は禁止されます。

営業のルール

　仕事を始めると、他の会社・団体と取引をする機会が日常的に発生します。取引の合意内容を決めたものが**契約**です。契約は民法や商法に基本的なことが決められています。しかし、通常、このような大きな法律にまで遡ってチェックすることは行わないと思いますが、**契約書**をしっかり読んで自分で理解し判断することは重要です。

　独占禁止法（**第4−3表**参照）は、法律の言葉をそのまま引用すれば、「事業者間の公正、自由な競争を促進して、消費者の利益確保、国民経済の発達を図ることを目的」とした法律です。同業者と話し合って製品価格値上げを決めたり、それに抵抗する顧客に対して共同して販売停止措置をとったりすることは、この法律で**不当な取引制限**（いわゆる**カルテル**）として禁止されています。また、顧客（たとえば卸売業者や小売業者）に対して、さらにそ

【第４－３表】独占禁止法のポイント

総則（第一章）
    目的（第１条）   公正且つ自由な競争を促進   国民経済の民主的で健全な発達を促進
    定義（第２条）
        事業者とは、商業、工業、金融業その他の事業を行う者
        私的独占とは、事業者が、他の事業者の事業活動を排除、支配することにより、
          競争を実質的に制限すること
          排除型独占、支配型独占
        不当な取引制限とは、事業者が、相互にその事業活動を拘束、遂行することにより、
          競争を実質的に制限すること
          価格カルテル、数量カルテルなど
        独占的状態とは、年間１千億円を超える商品やサービスの事業分野で、次に掲げる
        市場状態および市場における弊害があること
          一事業者の占拠率が50％超、または二事業者の合計が75％超
          他の事業者の新規参入が著しく困難、価格が硬直的で事業者の利益率が業界
          標準を著しく超えていること
        不公正な取引方法とは、次の各号のいずれかに該当する行為
          共同の取引拒絶、差別対価、不当廉売、再販売価格の拘束、優越的地位の
          濫用
          その他公取委が指定するもの
私的独占又は不当な取引制限（第二章）
    私的独占又は不当な取引制限の禁止（第３条）   カルテル等の禁止
    特定の国際的協定又は契約の禁止（第６条）   国際カルテルの禁止
    排除措置命令（第７条）
    課徴金、課徴金の減免（第７条の２）
        行政罰としてのカルテルに対する課徴金   カルテル期間の売上高の10％（製造業）、
        ３％（小売業）、２％（卸売業）
        過去10年内の再犯者やカルテル主導者に対する課徴金強化（製造業15％）
        自発的離脱者への軽減（製造業８％）
        内部通報者への減免措置（リーニエンシー制度）（第１通報者免除、第２～５通報
        者減額）
        私的独占にも課徴金   製造業   支配型私的独占で10％、排除型私的独占で６％
独占的状態（第三章の二）
    独占的状態に対する措置（第８条の４）   事業の一部の譲渡等の措置命令
株式の保有、役員の兼任、合併、分割、株式の移転及び事業の譲受け（第四章）
    会社の株式保有の制限、事前届出義務   一定規模以上の場合
    役員兼任の制限（第13条）   競争を実質的に制限することとなる場合は禁止
    合併の制限、事前届出義務（第15条）   一定規模以上の場合
    分割の制限、事前届出義務（第15条の２）   一定規模以上の場合
    事業の譲受け等の制限、事前届出義務（第16条）   一定規模以上の場合
不公正な取引方法（第五章）
    不公正な取引方法の禁止（第19条）
    排除措置命令（第20条）
    優越的地位の濫用、同一違反を繰り返す共同の取引拒絶・差別対価・再販売価格の拘束・
    不当廉売にも課徴金（第20条の２～20条の７）   優越的地位濫用で１％、違反繰り返
    す差別対価等で３％

（第4－3表　続き）

適用除外（第六章）
　　知的財産権の行使行為に適用しない（第21条）
公正取引委員会（第八章）、犯則事件の調査等（第十二章）
　　調査のための強制処分権限（第47条）、質問、検査、領置権限（第101条）、臨検、捜索、
　　差押さえ権限（第102条）
　　公正取引委員会から検事総長への告発（第74条）（カルテルに対する刑事罰は懲役5年以下）

の先の顧客（卸売業者なら小売業者、小売業者なら消費者）に販売する価格
まで拘束しようとすることも**不公正な取引方法**として禁止されています。こ
のような違反事件は、化学業界でもしばしば起き、報道されます。最近は企
業活動がグローバル化しているので、日本の独占禁止法ばかりでなく、アメ
リカやEUなど各国の独占禁止法違反で摘発される事例もしばしば見かける
ようになりました。

　顧客や消費者、あるいは発覚をおそれた一部の同業者が公正取引委員会に
カルテルの存在の可能性を通報すると、公正取引委員会は強制的な立ち入り
検査を行ったり、出頭を命じたりして調査します。その結果、違反が判明す
れば違反を止めさせる**排除措置命令**や課徴金命令が出されます。**課徴金**は、
かつては不当に得た利益を吐き出させるとの考えで算定されましたが、最近
は社会的な制裁という考え方が強まり、大変高額な金額になっています。こ
れらは**公正取引委員会**という行政組織による対応措置で、**行政罰**と呼ばれま
す。しかし非常に悪質な違反であると公正取引委員会が判断した場合には、
これに加えて**刑事告発**が行われることもあります。これは一般の犯罪と同じ
扱いになり、通常の**裁判**にかけられます。

　これらの制裁や罰則は、独占禁止法に違反した個人ばかりでなく、法人と
しての**会社**あるいは上司である**会社役員**にまでかけられることもあります。
「会社の利益のために行ったのに」と本人は思っていても、結局は会社に大
損害を与え、社会的信用を落としてしまいます。場合によっては、懲戒解雇
や犯罪者の烙印をおされかねません。独占禁止法は営業活動を行ううえでの
基本ルールとしてしっかり身に付けることが必要です。

合併・事業の譲受・株式保有・役員兼任等の制限

　企業に長年勤めると、その間に勤務先の会社が他社と合併したり、自分が

所属する事業部が他社に売却されたりという大きな変化に遭遇することがあるかも知れません。独占禁止法を運用する公正取引委員会は独占的状態になっていると判断した場合には、事業の一部の譲渡を命じるなどの強い権限をもっています。世界中のIT市場を支配していると懸念されるようになったGAFA 4社に対して、欧州、米国ばかりでなく日本でも独占禁止法を適用して何らかの対策を取るべきか否かが話題になっています。

　一方、合併・事業譲受などによって独占的状態にならないか、競争を実質的に制限することにならないかを公正取引委員会は事前に審査します。このため一定規模以上の合併等には事前届出の義務が課されています。このようなルールは、日本の独占禁止法だけでなく、欧米各国でも、中国などでも行われています。日本の化学会社も、海外で大規模なM＆Aを行う機会が増えているので、日本の独占禁止法だけでなく、海外各国の独占禁止法とその運用を必要に応じて勉強する必要があります。

規格・標準

　商品を取引する際には、価格に加えて品質・性能が重要な要素です。取引の際には品質・性能を定めた**仕様書**を取り交わすことがしばしばあります。しかし、製造業者が、需要者の希望に応じて次々と別の品質・性能の製品を決めて生産していたのでは、品質、性能の切り替えロスが発生するために、生産コストが高くなってしまいます。また需要者にとっても、製造業者を選択できる幅が狭まり、取引上不便です。高価格の製品を買うことにもなりかねません。ここに品質・性能の種類を単純化、少数化する**標準化**の意義があります。標準化には強制的なものと任意のものがあります。また、国際的に定められる**国際規格**、国が定める**国家規格**、業者・社内だけで定める**業界規格・社内規格**などがあります。また、コンピュータソフトなどでしばしばみられるように、意図的に業界が規格を定めた訳ではないものの、ある会社が作成した方法や規格が競争の結果として勝ち残り、他社もそれに従うことによって、事実上の業界規格になる場合があります。これを**デファクトスタンダード**といいます。

　国際規格としては、**国際標準化機構（ISO）**が定める規格が有名です。商品の品質・性能ばかりでなく、会社、工場の運営管理まで規格化しています。

ISO9000シリーズは有名です。ISO品質マネジメント認証取得工場などの表示をみる機会は多いと思います。

　産業標準化法は、国が標準を定め、標準化を促進することにより、品質の改善、生産能率の増進などの生産の合理化、取引の単純公正化、使用・消費の合理化を図ろうとする法律です。経済産業省、農林水産省、厚生労働省、国土交通省など8省にまたがる法律です。長らく工業標準化法として親しまれてきましたが、サービス産業化の進展に対応するため、2019年7月1日から産業標準化法と名称が変わり施行されました。

　産業標準化法は**日本産業標準調査会**（JISC）による**日本産業規格**（JIS）の制定とこの規格への適合を証明する制度である**JISマーク表示制度**、試験事業者認定制度の2本柱からなります。JISには、基本規格（用語、単位など）、方法規格（試験分析方法など）、製品規格（製品の寸法、材質、性能、品質など）の3種類があります。現在、JISは約1万800件制定されており、そのうち化学分野は約1,800件と最も多い分野になります。化学には方法規格と試薬に関する製品規格がたくさんあります。現在、JISはISOと整合性をもって定められるようになっています。

　日本で取引されている化学製品のすべてについてJISが制定されているわけではありません。日本全体で取引されている化学製品の種類に比べれば、JISで製品規格が定められている製品はごく少数といってよい程度です。昔は製品規格に関するJISが制定されていたが、現在では廃止になっている製品もたくさんあります。

　このようにJISは取引の必要に応じて主に業界として申請して定められるものであり、定められているものでも強制的に使わなければならないものではありません。取引の際に、信用・信頼性が上がると考えればJISマークの認証を得ます。しかし、JISが他の強制力のある法律に引用されて使われている場合には、JISに適合した製品や方法を使わなければなりません。

　これに対して、法律で守らなければならない規格をつくっているものが、化学関連ではたくさんあります。これらは**強制規格**と呼ばれることもあります。たとえばすぐに思いつくものとして、医薬品についての規格があります。**医薬品医療機器法**により**日本薬局方**（厚生労働省告示）に収載されたものは医薬品として認められます。日本薬局方は、インターネットで調べてみると

すぐにわかりますが、厚生労働省のホームページにあるPDF版で約2,500ページという大きなものです。その最初の約350ページで一般試験法が述べられ、その次に医薬品が1点ずつ示されます。医薬品に関する内容は、物質名・構造式・性状もありますが、それよりも確認試験、純度試験などの品質規格に関することに多くのページが費やされています。**食品衛生法**では、**食品・添加物等に関する規格基準**という厚生労働省告示があります。このなかでは食品中の許容される残留農薬量や食品添加物の規格と基準について膨大な記載があります。食品の容器・包装についても、おもちゃについても、化学物質の含有量や溶出量に関する規格基準があります。これらを満たさない食品、添加物、容器包装、おもちゃについては、製造販売が禁止されます。**肥料品質確保法**では、農林水産大臣が肥料について**公定規格**を定めることになっており、公定規格に適合しない肥料は登録されないので生産できません。公定規格の内容としては、含有すべき有効成分の最小量、含有を許される有害成分の最大量、その他の制限事項が、肥料の種類ごとに告示されます。

表　　示

　公正な競争の促進を図る独占禁止法の特例法として、**景品表示法**（不当景品類及び不当表示防止法）があります。この法律は2009年9月に公正取引委員会から**消費者庁**に移管されました。この法律違反として**排除命令**が出た事例は食品・衣類・各種サービスが主で、化学製品については少数です。最近の化学製品に関する事例を**第4－4表**に示します。実際のものよりも著しく優良であると一般消費者に思わせる**優良誤認**の疑いで排除命令が出るケースが多数を占めます。対象となった会社には、有名な会社も含まれているので、消費者向け製品の表示や広告宣伝には十分な注意が必要です。

　家庭用品品質表示法によって、一般消費者向けのプラスチック成形加工品については、**合成樹脂加工品品質表示規程**による合成樹脂の種類などの表示が義務付けられているものがあります。また合成洗剤、洗濯用・台所用石鹸、住宅用・家具用洗浄剤、住宅用・家具用ワックスについては、**雑貨工業品質表示規程**により成分表示や使用上の注意などの表示が義務付けられています。

　最近では、**資源有効利用促進法**や**容器包装リサイクル法**に基づいてプラス

【第4－4表】化学製品関連の景品表示法による排除命令事例

年	案 件 内 容
2014	二酸化塩素を利用した空間除菌を標榜するグッズの効果がない
2015	遮熱・UVカットを謳う窓用フィルムの施工サービスにおいて表示している室温上昇抑制効果の合理的根拠が認められない
2016	顔を洗うだけでシミを軽減する石けんの合理的根拠が認められない
2017	健康増進法の特別用途食品として消費者庁長官の許可要件を満たすような表示にも関わらず，管理を行わず，要件を満たさない商品も販売した
2018	浄水器と交換用カートリッジのセット商品でカートリッジの数を誤認させる表示
2019	「簡単に自動車ボディの傷を補修できる」とする表示の合理的根拠が認められない
2019	誤認されるおそれのある化粧品の原産国表示
2019	「痩身効果」「免疫力増進効果」「美白効果」「白髪を黒髪にする効果」などを標榜する多数の健康食品の合理的根拠が認められない
2019	「アレルギー物質、ウィルスを分解する光触媒使用マスク」の合理的根拠が認められない
2019	「痩身効果を標榜するダイエットパッチ」の合理的根拠が認められない

チック製容器包装表示マークや材質表示識別マークをつけることが義務付けられているものも多くなりました。しばしば見かけると思います。

　このほかにも多くの法律によって、種類・成分の表示が義務付けられている化学製品は数多くあります。これらは一般消費者向け化学製品に限りません。代表的なものとして、医薬品医療機器法による医薬品、医薬部外品、化粧品の成分、食品衛生法及び食品表示法による食品における食品添加物成分、農薬取締法による農薬の種類・成分、肥料品質確保法による肥料の種類・保証成分量、毒物劇物取締法による毒物・劇物名称と成分、消防法による危険物の類別・品名表示などがあります。タンクローリーの表示に気づかれたことがあると思います。

　また化学物質排出把握管理促進法により、第1種指定化学物質462、第2種指定化学物質100、合計562物質（多くの液状、粉状化学物質を含みます。プラスチック・ゴム類は含みません）を一定割合（原則1％以上）含有する化学製品の取引（譲渡、提供）をする場合には、SDS（化学物質等安全データシート）を事前に提供することが義務付けられています（SDS制度）。SDSには、化学物質の名称、性状、安定性、有害性、取扱い上の注意措置、漏出した際の措置、廃棄・輸送上の注意などを記載しなければなりません。

2003年7月に国際連合は化学品の危険有害性（ハザード）ごとに分類基準及びラベルや安全データシートの内容を調和させ、世界的に統一されたルールとして**GHS（化学品の分類及び表示に関する世界調和システム）**を勧告しました。その後、2年に1度更新され、2019年には改訂第8版が発表されています。日本も世界各国とともにGHSの導入を進めており、化学物質排出把握管理促進法、労働安全衛生法、毒劇法、船舶安全法等によるラベル表示に使われています。

食品表示法によって食品（遺伝子組換え食品、食品添加物を含み、医薬品、医薬部外品、再生医療等製品を除く）の表示規制が一元的に消費者庁により運用されるようになりました。この法律は2013年6月に公布され、2015年4月に**食品表示基準**（内閣府令）公布とともに施行されました。食品の表示は、それまでは**食品衛生法**、日本農林規格等に関する法律（**JAS法**）、**健康増進法**によって規制されており、たとえば2001年から始まった遺伝子組換え食品の表示には食品衛生法とJAS法の両方の規制がありました。食品表示法によって事業者にも消費者にも分かりやすい表示規定になったといえましょう。

遺伝子組換え表示制度は安全性審査を経て流通が認められた8農産物（大豆、とうもろこし、ばれいしょ、なたね、綿実、アルファルファ、てん菜、パパイヤ）及びそれを原材料とした33加工食品群（豆腐・油揚げ類、納豆、みそ、コーンスナック菓子等組換えDNA等が残存し、科学的検証・検出が可能と判断された品目）が対象になります。なお、しょうゆや植物油などは、最新の技術によっても組換えDNA等が検出できないため表示義務はありません。また組換え農産物を飼料として育った家畜・家禽からの肉、卵、乳製品にも遺伝子組換えの表示義務はありません。

分別流通管理をして遺伝子組換え農産物を区別している場合やそれを加工食品の原材料とした場合には「大豆（遺伝子組換え）」のように表示し、分別生産流通管理をしていない農産物やそれを加工食品の原材料とした場合、また分別生産流通管理を行ったが意図せざる混入により遺伝子組換え農産物が5％以上混入した場合には「大豆（遺伝子組換え不分別）」のように表示する必要があります。分別生産流通管理を行って意図せざる混入を5％以下に抑えた場合には「大豆（遺伝子組換えでない）」表示が可能です。

遺伝子組換え大豆を表示した豆腐や納豆は消費者に人気がないので、日本ではほとんど見かけません。しかし、遺伝子組換え農産物は飼料として大量に輸入されており、日本でも遺伝子組換え農産物は間接的に大量に消費されています。

製造物責任

製品の何らかの欠陥によって損害を与えた場合、一般には民法によって**損害賠償責任**を追及されます。しかし、この責任追及には被害者が加害者に故意や過失があったことを立証しなければならず、なかなか困難でした。このために消費者救済の視点からつくられたのが**製造物責任法（PL法）**です。「欠陥により他人の生命、身体又は財産を侵害したときは、これによって生じた損害を賠償する責めに任ずる」として、過失の立証を必要とせず、欠陥の存在を立証することで製造業者等の責任が追及できることになりました。この法律は、化学産業においても、医薬品、化粧品、洗剤、食品添加物、農薬など、消費者から副作用を追及されるおそれのある製品については、十分に留意する必要があります。

一方、製造業者等には**免責事由**が明確に定められています。ひとつは製品を引き渡した時点での科学・技術上の知見から欠陥があることを認識できなかった場合です。これは新製品の開発意欲をなくさせないための措置です。もうひとつは、化学産業のような原材料を他産業に提供する場合に重要なことですが、他の製造業者の設計に関する指示に従って原材料が使用され、しかも欠陥が生じたことに対して原材料納入業者の過失がない場合です。

これに加えて、製造業者等は、こういう使い方をするとこういう危険があるというような表示を積極的に行うことによって製造物責任を追及されることを予防する措置をとるようになっています。

なお、損害賠償請求権の時効による消滅期間が民法改正により5年間に延長になったのに伴い、製造物責任法も同様の改正が行われ、2020年4月から施行されました。

営業秘密と特許

仕事を始めると、営業秘密や営業上のノウハウを知る機会が生じます。こ

【第４−５表】特許法のポイント

総則（第一章）
　　　目的（第１条）　　発明の保護及び利用により、発明を奨励し、産業の発達に寄与
　　　定義（第２条）
　　　　　発明とは、自然法則を利用した技術的思想の創作のうち高度のもの
　　　　　特許発明とは、特許を受けている発明
　　　　　実施とは、物の発明では生産・使用・譲渡、方法の発明では方法の使用

特許及び特許出願（第二章）
　　　特許の要件（第29条）　　次の要件に合致しないこと
　　　　　出願前に公然公知、公然実施、頒布刊行物に記載・電子媒体により利用可能
　　　　　出願前にその発明の属する技術の分野で通常の知識を有する者が容易に発明できる
　　　　　もの
　　　特許を受けることができない発明（第32条）　　公の秩序、善良の風俗又は公衆の衛生を
　　　　害するおそれがある発明
　　　特許を受ける権利は移転できる（第33条）
　　　職務発明（第35条）　　研究職が仕事上行った発明に対する使用者への権利移転とその対価
　　　特許出願（第36条）　　願書を特許庁長官に提出
　　　　　明細書、特許請求の範囲、必要な図面及び要約書を添付
　　　先願（第39条）　　最先の出願人のみが特許を受けられる

審査（第三章）
　　　特許出願の審査（第48条の２）　　特許出願の審査は、出願審査の請求をまって行う
　　　出願審査の請求（第48条の３）　　出願審査請求は出願から３年以内
　　　拒絶の査定（第49条）、拒絶理由の通知（第50条）
　　　特許査定（第52条）　　拒絶理由ないとき

出願公開（第三章の二）
　　　出願公開（第64条）　　特許庁長官が特許出願から１年半で特許公報に掲載して公開

特許権（第四章）
　　　特許権の設定の登録（第64条）　　登録により特許権が発生、特許料納付、特許公報掲載
　　　存続期間（第67条）　　特許出願の日から20年
　　　特許権の効力（第68条）、特許権の効力が及ばない範囲（第69条）　　試験研究のための
　　　　実施
　　　特許発明の技術的範囲（第70条）　　願書に添付した特許請求の範囲による
　　　専用実施権（第77条）、通常実施権（第78条）
　　　差止請求権（第100条）、侵害とみなす行為（第101条）、損害の額の推定等（第102条）
　　　特許料（第107条）

審判（第六章）
　　　拒絶査定不服審判（第121条）、特許無効審判（第123条）
　　　審決（第157条）審判の終了、再審の請求（第171条）　　30日以内

訴訟（第八章）
　　　審決等に対する訴え（第178条）　　東京高等裁判所の専属管轄、審決後30日以内に提起

のような営業秘密は、**不正競争防止法**によって保護されています。最近は政
策的に知的財産権の保護強化が図られているので、不正競争防止法も強化さ
れています。2014年３月に東芝の技術者を韓国企業が引き抜いた際に技術

情報を持ち出したとして技術者が不正競争防止法違反で逮捕されました。技術情報は重要な営業秘密に該当します。このような情勢を踏まえて、不正競争防止法2015年改正では罰金額の上限引き上げに加えて、従来規制のすき間になっていた次のような行為も対象に含めることになりました。1）他人の営業秘密の不正使用によって生産した製品の譲渡・輸出入、2）最初の不正者から開示を受けた以降の者による不正行為、3）海外サーバー等に保管された営業秘密を海外で不正取得（国外犯）、4）営業秘密の不正取得や不正開示の未遂行為

　化学産業で働き始めた皆さんも、ほかの会社と共同で新製品開発を行ったり、合弁会社を設立したりして、共同事業の検討を行おうとする際には、その検討に着手するに先立って**秘密保持契約**を締結する機会にしばしば直面すると思います。不正競争防止法違反はもちろん、秘密保持契約違反に問われることがないように十分に注意してください。

　ある事業者が成功したら、それを見習ってその事業に参入することは、競争促進の観点から推奨されます。しかし、新技術や新製品を発明したことによって成功した事業に、他人がその技術を勝手に使ったり、製品をそっくりまねたりして参入されたのでは、誰も苦労して発明をしなくなります。他人がまねできないように発明を一切隠してしまうでしょう。このため、国が一定期間に限って発明を発明者の財産と認めることによって発明を保護するとともに、発明の売買の道も開いて利用促進を図っている法律が**特許法**（**第4－5表**参照）です。特許は公表されるので、科学技術の進展にも役立ちます。

　特許は、発明という実体の見えないものに**財産権**を与えるものなので、その手続きが特許法で厳密に定められています。これら手続きや出願内容にミスがあれば、特許が認められなくなります。会社の研究所や開発部門で仕事を始めると、自社で行った発明を守ったり、将来の事業化への道を確保したりするために、特許を出願する機会が多くなると思います。本書では特許の出願手続きなどの詳細な説明を紙面の都合上省略しますが、特許法をしっかり勉強することは企業研究者が最初に行わなければならない関門です。

　医薬品などの新規物質の発明が重要な化学産業分野においては、特許法に規定されている**物質特許制度**は重要な制度です。これは1975年に日本にも導入されました。それまでは新規物質を発明しても、製造方法に対して特許

が与えられるだけだったので、別の製造方法を開発して同じ物質を製造し参入することが可能でした。物質特許制度により、新規物質の創造自体が特許対象になりました。**ジェネリック医薬品**は、特許の有効期間が終了した医薬品のことです。特許による独占期間が終了しているので、多くの会社が競合して生産し、価格が急速に低下します。

　特許は自分が独占的に使用するだけではありません。財産として有料で他の希望者に販売したり、利用させたりすることができます。特許法では、**専用実施権**や**通常実施権**を規定しています。戦後の日本では、海外の特許を購入して新製品を事業化する時代が長く続きました。しかし、1990年代に海外投資が活発になるとともに、海外子会社に技術導出することが増えました。特許法などの知的財産権の権利の行使と認められる行為には**独占禁止法**が、適用されないことを明記しています。しかし、技術取引に伴い特許権者が技術の実施許諾を受けた者に対して様々な事業活動の制限を行う場合には、独占禁止法違反とされることもあるので注意が必要です。

　なお、特許法は法改正が多い法律です。2010年代には2011年、14年、15年、19年と4回も改正がありました。特許に関連した業務に就いたときには、特許庁ホームページに掲載される法律改正をフォローすることが肝要です。

4．工場操業の安全に関係ある法律

　仕事に就くに当たって、安全は最優先課題です。事故を防止するには、み
なさん一人一人が普段の行動から安全に対する意識・感覚を身に着けること
が必要です。しかし、安全確保は、個人の意識の問題だけでなく、様々な法
律によって会社・工場にも義務づけられています。これら法律は、会社・工
場の幹部だけの問題ではなく、会社・工場で働くすべての人に課せられた課
題です。

労働安全

　労働安全は仕事をするに当たっての最優先課題です。工場は、高濃度の化
学物質にさらされる可能性のある労働環境です。過去に重大な労働災害を起
こした化学物質があります。たとえば染料の原料・中間体であったベンジジ
ンは、ぼうこうガンを引き起こすことが明らかになりました。最近では、多
くの産業で長年使われてきた石綿が、労働者ばかりでなく、工場周辺住民に
までガンを起こすことが明らかとなり、社会的にも大きな問題となりました。
　1972年に労働災害防止を目的に、**労働基準法**から分かれて**労働安全衛生
法**がつくられました。労働安全衛生法は、労働安全衛生体制の確立、自主的
活動の促進、労働者の危険防止措置の制定、危険物・有害物に対する規制な
どによって労働災害の防止を進めています。労働災害には、切ったり挟まれ
たりという物理的なものと、危険物・有害物による健康被害を受ける化学的
なものがあります。化学工場ではその両方がありえます。
　有害物質に対する規制は、労働安全衛生法のみならず、その下にある**労働
安全衛生施行令**、**労働安全衛生規則**、**有機溶剤中毒予防規則**、**特定化学物質
障害予防規則**などで細かく定められています。またボイラーや圧力容器の製
造・取扱い、タンク内の作業のような酸素欠乏の危険性のある作業も、この
法律及びその傘下の省令の一つである**ボイラー及び圧力容器安全規則**、**酸素
欠乏症等防止規則**で規制されています。一定規模の工場や機械設備を扱う工
場では、**衛生管理者**や**ボイラー技士**、**各種作業主任者**などの国家資格をもっ

た専門家が必要になります。

第４−６表に事業者や労働者の立場からみた労働安全衛生法のポイントを

【第４−６表】労働安全衛生法のポイント

１．総則（第一章）

　　　目的（第１条）　　職場における労働者の安全と健康の確保、快適な職場環境の形成を促進

　　　用語の定義（第２条）　　この法律の労働災害とは、化学物質とは

２．安全衛生管理体制の確立（第三章）

　　　総括安全衛生管理者、安全管理者、衛生管理者の選任（第10〜12条）

　　　産業医の選任（第13条）

　　　安全衛生委員会の設置（第17〜19条）

３．労働者の危険又は健康障害を防止するための措置（第四章）

　　　　　有機溶剤中毒予防規則

　　　　　特定化学物質障害予防規則

　　　　　酸素欠乏症等防止規則など多くの省令

４．機械等並びに危険物及び有害物に関する規制（第五章）

　　　危険な機械等の製造の許可・検査（第37〜42条）

　　　　　ボイラー及び圧力容器安全規則

　　　有害物質の製造等の禁止（第55条）

　　　　　黄リン、ベンジジン、石綿、ベンゼン含有ゴムのり等

　　　有害物質の製造の許可（第56条）

　　　　　特定化学物質第一類（ジクロルベンジジン、PCB等）

　　　譲渡提供時に容器包装への表示（第57条）

　　　　　爆発性の物、発火性の物、引火性の物その他

　　　譲渡提供時に相手方への文書交付（第57条の２）

　　　　　多くの化合物等で必要

　　　新規化学物質の有害性調査・届出（第57条の３）

　　　　　労働者の健康に与える影響についての調査

５．労働者の就業に当たっての措置（第六章）

　　　安全衛生教育（第59、60条）

　　　有資格者以外の就業制限（第61条）　　ボイラー、圧力容器取り扱い等

　　　作業環境測定（第65条）

　　　　　空調事務所、特定化学物質・有機溶剤取扱屋内作業場等

　　　健康診断（第66条）

６．免許等（第八章）

　　　免許（第72条）　　衛生管理者、ボイラー技士

７．監督等（第十章）

　　　一定規模以上の事業場の建設物、機械等の設置変更の届出（第88条）

　　　労働基準監督官の立入調査権限（第91条）

　　　都道府県労働局長、労働基準監督署長の使用停止命令権限（第98条）

示しますが、この法律は、政令、省令、告示などを含めると膨大な体系になります。特に化学物質と各種の規制との関係が入り組んでおり、それぞれの規制ごとに、法律レベルから告示レベルにおいて、様々な物質が指定されているので注意が必要です。インターネットで厚生労働省のホームページにある法令等データベースから、この法律等を呼び出し、物質名から検索してその物質に関わる規制を確認する方法が有効です。

火災、爆発の防止

労働安全衛生法に加えて、**消防法、高圧ガス保安法**を**保安3法**、さらにこれに石油コンビナート等災害防止法を加えて**保安4法**と呼ぶこともあります。

消防法（**第4−7表**参照）は、火災爆発の防止に関して、最も基本的で広範な対象をもつ規制法です。最近の消防法改正によりすべての住宅に火災報知器の設置が義務付けられたように、住宅までも規制対象になります。街中にあるガソリンスタンドも、また多くの人が集まる一定規模以上の建物（劇場、旅館、学校、飲食店、高層建築物、地下街など）も特別な規制の対象になります。しかし、ここでは化学産業に関係の深い点に限定して説明します。

消防法の法律体系は、労働安全衛生法に比べるとわかりやすいものになっています。**消防法**の下に**消防法施行令**、**施行規則**があるほかに、化学産業に関係の深い危険物に関しては特掲して**危険物の規制に関する政令、危険物の規制に関する規則**が定められています。

ほとんどすべての化学製品・化学物質が消防法の規制対象である危険物になります。危険物は、その性質に応じて**第1類**から**第6類**に分けられ、それぞれに応じて**指定数量**が定められています。危険物の取扱量や貯蔵量の指定数量に対する倍数に応じて技術上の規制基準（**保安距離、保有空地**など）が適用されます。労働安全衛生法が、個々の規制ごとに対象となる化学物質を示し、物質ごとに規制方法も異なるのに対して、消防法は化学物質を大きく6区分して、指定数量の倍数で規制内容を区分けしているのですっきりしています。

規制対象設備としては、**製造所**のほかに、**貯蔵所**（タンク、タンクローリー、

倉庫)、**取扱所**(詰め替え作業所、容器入りでの販売所、パイプラインなど)
の三つに区分します。製造所、貯蔵所、取扱所の設置はもちろん、変更もす
べて**許可制**(都道府県知事や市町村長)です。ちょっとした配管工事なども
変更となるので、大変に厳しい規制です。工事が完成しても、**完成検査**を受
けて技術上の基準に合致していることの認定を受けない限り設備の使用はで
きません。市町村長等は、技術上の基準に合致しない設備に対して**変更命令**

【第４－７表】消防法のポイント

体系　　消防法　－　消防法施行令　－　消防法施行規則
　　　　　　　　－　危険物の規制に関する政令　－　危険物の規制に関する規則
　　　　　　　　　　　－　その他技術上の規格を定める多くの省令

１．総則(第一章)
　　　目的(第１条)
　　　　　　火災を予防し、国民の身体生命財産を保護
　　　用語の定義(第２条)
　　　　　　防火対象物:建築物、工作物、山林、係留された船
　　　　　　危険物:第１類(酸化性固体＝塩素酸塩類、硝酸塩類など)
　　　　　　　　　　第２類(可燃性固体＝鉄粉、硫黄、マグネシウムなど)
　　　　　　　　　　第３類(自然発火・禁水性固体/液体＝ナトリウム、有機金属化合物など)
　　　　　　　　　　第４類(引火性液体＝第１～４石油類、動植物油類など)
　　　　　　　　　　第５類(自己反応性物質＝有機過酸化物、ニトロ化物など)
　　　　　　　　　　第６類(酸化性液体＝硝酸、過酸化水素など)
２．危険物(第三章)
　　　指定数量以上の危険物の規制(第10条)
　　　　　　技術上の基準に合致した製造所、貯蔵所、取扱所以外での貯蔵取扱禁止
　　　製造所、貯蔵所、取扱所の設置、変更の許可(第11条)
　　　　　　位置、構造、設備の基準、消火・警報・避難設備の基準
　　　　　　(保安距離、保有空地、防油堤など技術上の基準)
　　　　　　完成検査により技術上の基準適合認定まで使用禁止
　　　製造所、貯蔵所、取扱所の設備変更なしで品名、数量等の変更事前届出(第11条の４)
　　　危険物保安統括管理者の選任、届出(第12条の７)
　　　危険物保安監督者の選任、届出、甲種・乙種危険物取扱者(第13条)
　　　　　　甲種・乙種危険物取扱者自身か、またはその立会い以外での危険物取扱い禁止
　　　危険物取扱作業に従事することとなった危険物取扱者の保安講習(第13条の23)
　　　危険物施設保安員(第14条)
　　　予防規程(第14条の２)
　　　屋外タンク貯蔵所、移送取扱所の定期保安検査(第14条の３)
　　　製造所、貯蔵所、取扱所の定期自主点検(第14条の３の２)
　　　製造所、貯蔵所、取扱所の自衛消防組織(第14条の４)
　　　危険物の運搬(第16条)、移動タンク貯蔵所による移送(第16条の２)

を出せますし、許可を受けないで変更等があった場合には設備の**使用停止命令**も出せます。このように、消防法によって市町村長等は、非常に強い権限をもっています。さらに屋外タンク貯蔵所、移送取扱所（パイプラインが該当）は、技術上の基準に従って維持されているかどうか（不等沈下などがないか）について、定期的に市町村長等が行う検査を受けなければなりません。

　大きな一定規模以上の危険物を取り扱う事業所では**保安防災組織**を設置する必要があります。**危険物保安統括管理者**や**危険物保安監督者**の選任届出が必要です。危険物を取り扱うには**危険物取扱者**の資格が必要です。資格のない人が危険物を取り扱うときには、危険物取扱者の立会いが必要です。大学で技術系の学部を卒業して工場などに配属された場合に、最初に取得しなければならない**国家資格**が危険物取扱者です。危険物取扱者試験では、化学物質の性質に関する事項だけでなく、法律規制に関することもたくさん出題されるので、消防法はしっかり勉強する必要があります。

　高圧ガス保安法（**第4-8表**参照）も高圧ガスについて消防法と同様の規制を行っています。一定規模以上の高圧ガスの**製造**（第1種製造者）、**貯蔵**は、事業所ごとに知事の**許可**が必要ですし、製造所や貯蔵所の工事完成後、**完成検査**を受けて技術上の基準に適合との認定を受けなければ使用できません。ただし一定規模に満たない製造者や販売業者は、設備設置に関して知事への事前届出で済みます。

　第1種製造者の特定施設（省令による指定施設）については、知事による定期保安検査を受けなければなりません。このため、高圧ガスを扱う化学工場では、この時期には設備を停止する必要があるので、**定期修理**をこの時期に集中します。昔は毎年定期修理と定期保安検査が行われていました。しかし、設備維持技術が進歩し、数年連続してプラントを運転できるようになったので、規制緩和によって経済産業大臣が認定した優良工場では**定期保安検査期間の延長**が図られるようになっています。

　消防法と同様に高圧ガス保安法も、**保安防災組織**を設置する必要があります。製造者では、規模などに応じて**保安統括者**、**保安技術管理者**、保安係員、**保安主任者**及び保安企画推進員など様々な担当を置く必要があります。販売業者も**販売主任者**を置く必要があります。これらの組織担当者は、国家資格である**製造保安責任者免状**や**販売主任者免状**を交付されている者から選任し

【第４－８表】高圧ガス保安法のポイント

総則（第一章）

 目的（第１条）

  高圧ガスや容器の製造等を規制するとともに、民間事業者の自主的な保安活動を促進し、公共の安全を確保すること

 用語の定義（第２条） 高圧ガスとは

 適用除外（第３条） ボイラー内の高圧蒸気（労働安全衛生法による）等

事業（第二章）

 製造の許可等（第５条）、製造のための施設の変更等（第14条）

  第１種製造者（一定容量以上の規模の高圧ガス製造設備で製造しようとする者）は、事業所ごとに知事の許可

  第２種製造者（それ以下の規模の高圧ガス製造設備で製造しようとする者）は、事業所ごとに知事に事前届出

 許可基準（第８条） 施設の位置、構造及び設備、製造方法が、技術上の基準に適合

 貯蔵（第15条） 技術上の基準に適合

 貯蔵所の許可（第16条）

  容積300㎥以上は知事の許可。ただし、第１種製造所内は除外

 完成検査（第20条）

  製造所、貯蔵所の許可者が工事完成のときは、知事の完成検査で技術上の基準適合の認定を受けるまで使用禁止

 販売事業の届出（第20条の４）、販売の方法（第20条の６）

 輸入検査（第22条）

  輸入者は高圧ガス及び容器について知事の輸入検査により技術上の基準適合の認定を受けるまで移動禁止

 消費（第24条の２）

  特定高圧ガス（政令指定）を一定規模以上貯蔵し、またはパイプラインで受けて消費する者は知事に事前届出

保安（第三章）

 危害予防規程（第26条） 第１種製造者は作成して知事に届出

 保安教育（第27条）

 保安統括者、保安技術管理者及び保安係員（第27条の２）

  第１種、第２種製造者は、保安統括者選任、高圧ガス保安責任者免状交付者から保安技術管理者と保安係員を選任

 保安主任者及び保安企画推進員（第27条の３）

 販売主任者及び取扱主任者（第28条）

 製造保安責任者免状及び販売主任者免状（第29条）

  甲種、乙種、丙種化学、甲種、乙種機械、第１種～３種冷凍機械の製造保安責任者免状、第１種、第２種の販売主任者免状

 保安検査（第35条）

  第１種製造者の特定施設は、定期的に知事による保安検査を受ける。ただし経済産業大臣認定者は特例あり

 定期自主検査（第35条の２）

 火気等の制限（第37条）

完成検査及び保安検査に係る認定（第三章の２）

容器（第四章）

 容器検査（第44条）

  容器の製造・輸入者は、経済産業大臣指定容器検査機関の検査合格（刻印）必要

なければならないことが多く、高圧ガスを扱う工場、販売所に配属されると
この試験も受ける必要があります。高圧ガスの試験は、消防法の試験に比べ
て難しいといわれます。

　なお化学工場では可燃物が多いので直火を扱う設備はできるだけボイラー
に限定し、反応や蒸留のための加熱はボイラーからの高圧蒸気を使います。
ボイラーや高圧蒸気の安全は、高圧ガス保安法の適用除外とされ、**労働安全
衛生法**で規制されています。**ボイラー技士**の国家資格は、労働安全衛生法に
よります。

　石油・石油化学コンビナートは、その地域に多くの石油精製工場、化学工
場が集積し、危険物、高圧ガスも大量になります。1973年に全国のコンビ
ナート地区で大規模な事故が多発しました。消防法や高圧ガス保安法によっ
て、個々の製造所などの安全性をチェックするだけでは対応が不足するとの
反省から**石油コンビナート等災害防止法**が1975年に制定され、地域全体で
の規制もかけられるようになりました。石油の貯蔵・取扱量や高圧ガスの処
理量が一定規模以上の区域をこの法律の政令で**石油コンビナート等特別災害
防止区域**に指定します。石油の貯蔵・取扱量や高圧ガスの処理量について、
政令で定める基準量で除した数値の合計が1以上になる場合（第1種事業所）
には主務大臣に届出が必要となります。届出があった場合には、主務大臣は
関係行政機関、関係知事、市町村長に連絡し、意見を聞き、施設の面積、配置、
連絡導管、連絡道路の配置が災害発生の拡大防止に支障が生じるかどうかを
審査し、事業者に新増設の計画変更や中止の指示を行うことができます。ま
た、この間は消防法や高圧ガス保安法の新設、変更の許可もでません。

　地方公共団体が、特別防災区域における災害がその周辺の地域に及ぶこと
を防止するための緩衝地帯として緑地等を設置しようとするときは、その費
用の3分の1をその地域にいる第1種事業所に負担させることができます。

　石油コンビナート等特別災害防止区域内の事業者は、**自衛防災組織**を設置
し、化学消防自動車、泡放水砲、消火用薬剤、油回収船等の防災資機材を備
えることが必要です。事業者の全部あるいは一部で**共同防災組織**が設置され
た場合には、個々の自衛防災組織が備える防災要員、防災資機材が軽減され
ます。災害が発生したときには、防災規程や共同防災規程にしたがって自衛
防災組織、共同防災組織が応急措置に当たります。この法律ができる以前は、

他の工場の災害に近隣工場の自衛消防組織が入ってくることはほとんどなかったのですが、石油コンビナート等特別災害防止区域では、共同防災組織が活動して、近隣工場の自衛消防車が入ってくることも珍しくなくなりました。

危険物等の輸送に関する規制

危険物、高圧ガス、毒物、放射性物質などについては、消防法などで規制されているほかに、**船舶安全法**とその下の**危険物船舶運送及び貯蔵規則**（国土交通省令）、**道路運送車両法及び道路運送車両の保安基準**（国土交通省令）、**航空法**による規制もあります。航空法では、爆発性または易燃性の物質の航空機による輸送を禁止しています。

5. 工場操業上の環境保全に関係ある法律

環境基本法

　環境基本法は、1993年に制定された環境政策の根幹を定めている法律です。1967年に制定された**公害対策基本法**では地球環境問題に対応するのに不十分との認識から、**自然環境保全法**の一部を取り込んで公害対策基本法を全面改正してつくられました。環境基本法は、多くの基本法と同様に政策の基本理念や政策体系を述べています。しかし、それだけに止まらず、**環境基準**のような明確な数値を定めることにまで踏み込んだ基本法です。環境基準は、大気や水質などに関して、人の健康を保護し、生活環境を保全する上で維持されることが望ましい基準です。この基準を達成するように、大気汚染防止法とか水質汚濁防止法など個別の規制法により**排出基準**が決められます。したがって環境基準の改正は、工場に間接的に関連してきます。

　環境基本法は、公害が著しい、あるいは人口・産業が集中して公害が著しくなるおそれがある地域においては、知事に公害防止計画を定める指示を出すことにしています。多くの化学工場が立地している地域では、1970年代から数次にわたって公害防止計画が立てられてきました。環境基本法では**環境影響評価（環境アセスメント）**の推進を謳っています。これに基づいて1997年に**環境影響評価法**が制定され、大規模な公共事業などでは事前に環境アセスメントを実施することになりました。これにより環境アセスメントの実施が普及してきました。

　環境基本法は、1972年に経済協力開発機構（OECD）が採択した**汚染者負担原則（PPP）**を取り込んでいます。この規程に基づいて、**公害健康被害補償法**や**公害防止事業費事業者負担法**などが制定されました。公害健康被害補償法は大気汚染、水質汚濁などの公害による住民の健康被害を補償したり、予防事業を実施したりすることにより、被害者の迅速かつ公正な保護を図ることを目的とした法律です。地域と疾病を国が指定し、被害者を国が認定し、認定患者の療養費や障害補償費などを知事が支払い、この費用を**汚染負荷量**

428

賦課金や特定賦課金として公害発生事業者に負担させるという仕組みです。

　化学産業は、**4大公害病裁判**（水俣病、四日市ぜんそく、新潟水俣病、イタイイタイ病）に多くの化学会社が関与してきた歴史をもつので、公害健康被害補償法は現在でも目をそむけてはならない法律です。

　工場立地法は、工場立地が環境の保全を図りつつ適正に行われるように規制している法律です。工場立地法では、工場の敷地面積に対する生産施設、**緑地、環境施設**（緑地＋広場、運動場、教養文化施設、池等の修景施設等）の割合を定め、工場内に緑地・環境施設が増えるようにしています。街中に古くから立地している化学工場は、この規制を守ることに苦労します。

　カルタヘナ法（正式名「遺伝子組換え生物等の使用等の規制による生物の多様性の確保に関する法律」）は遺伝子組換え生物等の使用による生物多様性への影響を防止する基本的事項を定めた法律です。2004年に施行されました。**生物多様性条約カルタヘナ議定書**の実施を確保しています。承認が必要な第1種使用と環境中への拡散を防止した方法で使用できる第2種使用があります。最近の第1種承認案件としては、遺伝子組換えウィルスを使用した医薬品、スギ花粉ポリペプチド含有遺伝子組換えイネ、特定の除草剤耐性にした遺伝子組換え作物、さまざまな色蛍光タンパク質含有絹糸や染色性を改良した絹糸を生産する遺伝子組換えカイコなどがあります。

大気環境に関する規制法

　大気に関する環境基準を達成するため**大気汚染防止法**（**第4－9表**参照）によって、1970年代にばい煙（硫黄酸化物、ばいじん、塩素及び塩化水素、窒素酸化物など）が規制されました。煙突等から出る排ガスの規制です。硫黄酸化物については高い煙突によって拡散すればよいとの考えから、煙突の高さを考慮した排出量規制（**K値規制**）が採用されました。ばいじん、有害物質（塩素、窒素酸化物等）については、排出口での**濃度規制**です。

　1970年代当時に、国の設定した**排出基準**に対して都道府県知事による**上乗せ基準**の設定を認めた点は非常にユニークな法律でした。また排出基準に違反した場合には、知事が**改善命令**や**使用停止命令**が出せます。それとともに排出基準違反自体がただちに懲役・罰金刑の対象になる**直罰制**が採用された点でも環境法のなかでは水質汚濁防止法と並んで最も先行した法律でし

【第4−9表】大気汚染防止法のポイント

総則（第一章）

目的（第1条）　工場、事業場の事業活動、建築物等の解体等に伴うばい煙、揮発性有機化合物及び粉じんの排出等を規制し、自動車排出ガスに係る許容限度を定めることにより、国民の健康保護、生活環境の保全を図ること

用語の定義（第2条）

ばい煙＝いおう酸化物、ばいじん（スス）、有害物質〔カドミウム、塩素・塩化水素、フッ素・フッ化水素・フッ化ケイ素、鉛・鉛化合物、窒素酸化物〕

ばい煙発生施設＝ボイラー、加熱炉、溶解炉、乾燥炉など32施設（一定規模以上）

揮発性有機化合物（VOC）＝浮遊粒子状物質、メタン、7種類のフロン類以外の大気に排出される有機化合物

揮発性有機化合物排出施設＝年間50t以上の潜在排出を目安に1,000kℓ以上の石油等のタンク、有機溶剤使用の化学製品製造の乾燥施設、塗装施設、印刷・接着の乾燥施設

粉じん＝物の破砕、選別等の機械的処理やたい積に伴い発生し、飛散する物質

有害大気汚染物質＝低濃度であっても長期的な摂取により健康影響が生ずるおそれのある物質として248物質指定。ベンゼンなど23物質が優先取組物質になっている

ばい煙の排出の規制等（第二章）

排出基準（第3条）　硫黄酸化物は煙突高さを考慮したK値（量）規制、他のばい煙は排出口での濃度規制

特別排出基準（第3条③）　施設集合施設において新設される施設に適用可能。いおう酸化物とばいじんのみ

上乗せ基準（第4条）　知事が設定、ばいじんと有害物質のみ

総量規制基準（第5条の2）　知事が大規模工場単位に設定、いおう酸化物と窒素酸化物のみ

ばい煙発生施設の設置の事前届出（第6条）、60日間の実施制限（第10条）、計画変更命令（第9条）

ばい煙の排出の制限（第13条）、指定ばい煙の排出の制限（第13条の2）　排出基準、総量規制基準とも超えてならない

改善命令・使用停止命令（第14条）

ばい煙量等の測定義務（第16条）、立入検査・報告徴収（第26条）

事故時の措置（第17条）　ばい煙発生施設及び特定物質を発生する特定施設の設置者は事故でばい煙、特定物質が大気に大量排出されたらその応急措置と知事への通報

特定物質はアンモニア、メタノール、一酸化炭素、硫化水素、ホルムアルデヒド、フェノール、ホスゲン、臭素など28物質

直罰（第33条の2）　排出基準違反（第13条、第13条2）は、即、刑事罰を課せられる

揮発性有機化合物の排出の規制等（第二章の二）

排出基準（第17条の3）　炭素換算の濃度規制

揮発性有機化合物排出施設の設置の届出（第17条の4）、実施の制限（第17条の8）、計画変更命令（第17条の7）

排出基準の遵守義務（第17条の9）　ばい煙と違って排出基準違反が直罰にはならない

改善命令・使用停止命令（第17条の10）

揮発性有機化合物濃度の測定（第17条の11）、立入検査・報告徴収（第26条）

（第4－9表　続き）

粉じんに関する規制（第二章の三）
　　　一般粉じん発生施設の設置等の届出（第18条）
　　　一般粉じん発生施設に対して、構造・使用・管理・基準遵守義務（第18条の2）、基準適合命令・
　　　使用停止命令（第18条の4）
　　　特定粉じん（石綿）発生施設の設置等の届出（第18条の6）
　　　特定粉じん発生施設に対して、敷地境界基準（第18条の5）、敷地境界基準の遵守義務
　　　（第18条の10）
　　　特定粉じん排出等作業の規制基準（第18条の4）　　石綿吹きつけ建物等の解体工事
有害大気汚染物質対策の推進（第二章の四）
　　　事業者の責務（第18条の21）　　排出状況の把握、排出抑制
　　　指定物質排出抑制基準（環境省告示）　ベンゼン、トリクロロエチレン、テトラクロロエ
　　　チレンについて、指定排出施設ごとに抑制基準（濃度規制）

た。1970年代の改正以前は、基準に違反しても事業者は改善命令を受ける
だけで、それに従わなかったときに初めて**刑事罰**の対象となりました。その
意味では直罰制は、規制される事業者にとって非常に厳しい制度です。

　K値規制や濃度規制、直罰制によって、1970年代に大気環境は順調に改
善しましたが、硫黄酸化物と窒素酸化物については、環境基準を達成できな
い地域がたくさんありました。このため排出源が集中している地域には**総量
規制**が導入されました。その地域で環境基準を達成するために必要な総排出
量を**環境シミュレーション**などによって算出し、それを地域の大規模工場に
割り振る方法です。規制を受ける工場側からすると、個々の排出口における
K値規制や濃度規制に加えて、さらに工場全体として総排出量が決められた
ことになります。

　船舶は大気汚染防止法の対象外でしたが、改正**マルポール条約**（海洋汚染
防止条約）の発効に合わせて**海洋汚染防止法**による規制が2005年から始ま
りました。規制方法は固定排出源のそれとは異なります。窒素酸化物につい
ては、国際大気汚染防止原動機証書の交付を受けた原動機の設置が義務づけ
られています。硫黄酸化物については燃料油中の硫黄酸化物濃度が決められ
ています。しかし、日本や欧米先進国の固定発生源からの硫黄酸化物排出量
が1970年代をピークにして大きく減少したのに対し、国際海運船舶からの
排出量は増加を続け、2010年代には先進国の固定発生源からの排出量を超
えるようになりました。このため国際海事機関（ＩＭＯ）は2008年にマルポ
ール条約を改正し、2020年から船舶燃料油中の硫黄分濃度を3.5%以下から

0.5%以下に強化しました。なお、北米及び北海・バルト海等の海域ではすでに2015年から0.1%になっています。

　1980年代以後は煙突以外の乾燥装置、洗浄装置、反応・蒸留・貯蔵装置等から発生する**有害大気汚染物質**（ベンゼン、トリクロロエチレンなど）の排出抑制が大気汚染防止法により進められています。有害大気汚染物質とは、低濃度であっても継続的に摂取される場合には人の健康を損なうおそれがある物質です。該当する化学物質として248種類が指定され、そのうちアクリロニトリル、アセトアルデヒド、塩化ビニルモノマー、クロロホルム、酸化エチレン（エチレンオキシド）、ジクロロメタン、テトラクロロエチレン、トリクロロエチレン、1,3-ブタジエン、ベンゼン、ホルムアルデヒドなど工業的にも重要な化学物質23種類が優先的に対策に取り組むべき物質とされています。有害大気汚染物質については、十分な科学的知見が整っているわけではありません。しかし、未然防止の観点から、早急に排出抑制を行わなければならない物質として、ベンゼン、トリクロロエチレン、テトラクロロエチレンが指定され、環境省告示によって排出抑制基準が定められています。ただし、有害大気汚染物質については、ばい煙と違って厳しい排出規制よりも、事業者の自主的な排出抑制対策を主体にしています。

　一方、**浮遊粒子状物質**（SPM）や**光化学オキシダント**対策として、2004年法改正により**揮発性有機化合物**（VOC）に対する規制が大気汚染防止法に導入され、2006年から施行されました。塗料、接着剤、インキを使った際に、独特の臭いがすることをしばしば経験します。これは有機溶剤として使われている有機化合物が大気中に蒸発飛散したからです。同様なことは、もっと大規模な工業製品の塗装工程、接着工程、印刷工程でも発生します。また揮発性の有機化合物をタンクに貯蔵した場合には、液面が下がるとタンクの空間内に有機化合物の蒸気が充満します。次にタンクに有機化合物を追加投入すると、普通はタンクの通気孔からこの蒸気が大気に逃げます。ちょっと注意してみると、街中のガソリンスタンドにも地下タンクの通気孔のパイプを隅に見かけると思います。

　揮発性有機化合物の規制は、事業者の自主的な取組みを期待して始まりました。排出基準が適用される排出施設も容量1,000kℓ以上の**タンク**（浮き屋根式、密閉式を除く）（既設タンクでは容量2,000kℓ以上）や送風機の送風

能力が一定規模以上の**塗装施設**や**乾燥施設**に限定されています。しかもばい煙と違って直罰がかかりません。この規制によって、第2－3－23表に示すように塗料生産量の構成として溶剤系塗料が減少し、水系塗料が増加しました。

　近年中国の大気汚染によって、浮遊粒子状物質の中でも特に粒径の小さな**PM2.5**の日本での健康影響が懸念されています。環境省は2009年9月にPM2.5に関する環境基準を設定しました。しかし測定強化を述べるだけで、中国に遠慮して有効な対策をとっていません。

　フロン対策は、地球環境問題のなかでも早くから手をつけられました。オゾン層を破壊するフロン類については、1988年オゾン層保護のための**ウィーン条約**、**モントリオール議定書**が作成されて本格的な対策が国際的な足並みをそろえて始まりました。日本でも同年**オゾン層保護法**が制定され、オゾン層破壊物質の生産、輸入規制が始まりました。さらに既存の製品（エアコンディショナー、冷蔵・冷凍機器）に使われているフロン類を回収し、破壊するために2001年に**フロン回収破壊法**が制定されました。この法律は、フロン類を使用している業務用機器からフロン類を回収する業者を登録制にし、またフロン類の破壊業者は許可制にして、フロン回収・破壊作業を確実なものとすることをねらっていました。また冷媒として充填されているフロン類を大気中に放出することを禁止するとともに、違反には懲役・罰金刑がかかりました。しかし、法施行後10年間の回収率は3割程度に低迷し、さらに既存の冷凍空調機器の整備不良・経年劣化によって想定以上の使用時漏洩も判明しました。このため従来の回収・破壊に加えてフロン類の製造から廃棄までのライフサイクル全体にわたる対策を行うために法改正して2015年度から**フロン排出抑制法**（正式名はフロン類の使用の合理化及び管理の適正化に関する法律）を施行しました。フロン類やその使用製品の製造者には、代替フロンから低GWP（温室効果が低い冷媒）やノンフロンへの切り替えを促すとともに、冷凍空調機器使用者には定期点検や冷媒漏洩量の報告を義務づけることにより漏洩防止を図りました。また2019年法改正によって、冷媒を回収せずに機器を廃棄した場合や行程管理票の未記載、虚偽記載、保存違反に対してただちに罰金刑を課す直罰制が導入され、2020年度から施行されました。

悪臭に関する規制法

総務省公害等調整委員会では1965年から公害苦情件数を集計して発表しています。2018年度には、典型7公害のうち、騒音が33％、大気汚染が30％、悪臭が20％、水質汚濁が12％を占めています。悪臭はかつて畜産農業と製造工場からの発生が大部分を占めていましたが、これらは次第に減少し全件数が減少してきました。近年は従来のものに代わって野焼きや飲食店、住居からの発生など都市・生活型が急激に増加し、1995年ころから悪臭苦情件数総数は再び増加しました。しかし、2005年ころから減少に転じ、2018年度は最近のピーク時（2004年度）の7割レベルにまで減少しました。個人による野焼きが大気汚染及び悪臭の苦情のトップを占めています。

悪臭防止法は、知事が指定する地域内にある工場から発生する悪臭について規制する法律です。特定悪臭物質として、スチレンモノマー、各種アルデヒド、硫化水素、メルカプタンなどが指定され人間が感じる臭いを数値化した臭気指数によって規制基準が定められています。規制基準は、工場の敷地境界線、気体排出口、排出水について定められ、規制基準に適合せず、周辺住民の生活環境が損なわれていると市町村長が認めるときに改善勧告・命令が出されます。しかしながら悪臭防止法は最近の苦情件数の動向からみた悪臭公害の構造変化に十分な対応ができていないともいえます。

水環境に関する規制法

工場排水は水質汚濁防止法、下水道法によって規制されています。排水を公共用水域に排出する場合に水質汚濁防止法が、下水道に排出する場合には下水道法が適用されます。

水質汚濁防止法（第4-10表参照）は、水銀、カドミウム、6価クロム、シアンなど28種類の健康項目（有害物質）と生物化学的酸素要求量（BOD）・化学的酸素要求量（COD）、浮遊物質量（SS）、窒素またはリン、水素イオン濃度など15の生活環境項目について、排水基準（環境省令）が定められ、これを超えてはならないとされています。都道府県知事による上乗せ基準の設定も可能です。大気汚染防止法の排出基準と同様に違反には直罰が適用されます。水質汚濁防止法が制定された1970年代に比べると、生活環境項目

【第4－10表】水質汚染防止法のポイント

総則（第一章）
　　目的（第1条）　工場、事業場から公共用水域に排出される水の排出及び地下に浸透する
　　　　水の浸透を規制し、国民の健康を保護するとともに生活環境を保全すること
　　用語の定義（第2条）
　　　　公共用水域＝河川、湖沼、港湾、沿岸海域その他公共用水域、これに接続する公共溝渠、
　　　　　かんがい用水路その他公共の用に供される水路
　　　　特定施設＝有害物質、生活環境項目に該当する汚水を排出する業種別に指定された
　　　　　施設
　　　　有害物質＝カドミウム化合物、シアン化合物、有機リン化合物、鉛化合物、ヒ素化合物、
　　　　　水銀・アルキル水銀、1,4-ジオキサン等指定された28種類
　　　　生活環境項目＝水素イオン濃度、BOD、COD、SS、n-ヘキサン抽出物（油分）、大腸
　　　　　菌群数、窒素又はりんなど12種類
　　　　汚水等＝特定施設から排出される汚水、廃液
　　　　排出水＝特定施設を設置する工場から公共用水域に排出される水
　　　　生活排水＝炊事、洗濯、入浴等人の生活に伴い公共用水域に排出される水
　　　　特定地下浸透水＝有害物質使用特定事業場から地下に浸透する水
　　　　貯油施設＝石油、動植物油の貯蔵施設、油水分離施設
排出水の排出の規制等（第二章）
　　排水基準（第3条）　有害物質の物質ごとに、生活環境項目の項目ごとに定める
　　上乗せ基準（第3条③）　知事が設定
　　総量規制基準（第4条の5）　人口産業の集中で環境基準達成困難な水域、COD・窒素また
　　　はりん、環境省の総量削減方針、知事の総量削減計画、知事が大規模工場の汚濁負荷量
　　　を決める。
　　特定施設、有害物質使用特定施設の設置の事前届出（第5条）、60日間の実施制限（第9条）、
　　　計画変更命令（第8条）
　　排出水の排出の制限（第12条）　工場の排水口において排出基準を超えてならない
　　総量規制基準の遵守義務（第12条の2）大気総量規制と違って、水質総量規制は遵守義務特
　　特定地下浸透水の浸透制限（第12条の3）
　　改善命令・使用停止命令（第13条）
　　排出水の汚染状態の測定義務（第14条）
　　事故時の措置（第14条の2）　特定施設や貯油施設の設置者は事故で有害物質や油を含む水
　　　が大量排出されたらその応急措置と知事への通報
　　地下水の水質浄化措置命令（第14条の3）　有害物質の地下浸透により人の健康被害のおそ
　　　れがあるとき、知事は地下水の水質浄化措置命令
　　直罰（第31条）　排出基準違反（第12条）は、即、刑事罰を課せられる

は変わっていませんが、健康項目は8から28に大幅に増えました。健康項目に関する有害物質として、PCBやトリクロロエチレンなどの多数の塩素系化合物、三つの農薬類、ベンゼン、セレン、ホウ素化合物、フッ素化合物、アンモニア性・亜硝酸性・硝酸性窒素、1,4-ジオキサンが追加されました。
　人口・産業の集中した水域で排水基準・上乗せ基準だけでは環境基準の達

成が困難と考えられるときには、水域を指定し、CODや窒素・リンについて総量削減規制を行います。この場合、その水域に関係する大規模工場には、排水基準・上乗せ基準に加えて総量規制基準が適用されます。しかし、水質の**総量規制基準**は遵守義務であって、直罰制は適用されません。

　水質汚濁防止法の対象となる工場は、法律で定める**特定施設**を設置している工場です。化学産業については、非常に細かな業種ごとに特定施設が施行令別表第1で指定されています。それをみると、必ずしも反応施設が指定されているわけではなく、蒸留施設や洗浄施設など工程に応じて汚水の出そうな施設が指定されています。特定施設の設置についての事前届出制などの規制は、大気汚染防止法と同じです。

　瀬戸内海やいくつかの湖沼については、水質汚濁防止法の特別法ともいえる**瀬戸内海環境保全特別措置法**、**湖沼水質保全特別措置法**により、さらに規制がかけられています。瀬戸内海環境保全特別措置法は、人口・産業の集中地域に囲まれた大きな閉鎖性海域である瀬戸内海を対象にCODの総量削減を図ろうとする法律です。水質汚濁防止法の総量規制と同様な排水基準が設定されますが、特定施設の設置・変更に当たっては、事前届出制でなく、許可制になっている点が大きな違いです。

　湖沼水質保全特別措置法は、琵琶湖、霞ヶ浦、諏訪湖、宍道湖、印旛沼、手賀沼など11湖沼が指定されています。COD、窒素、りんについて総量規制を実施し、また水質汚濁防止法の特定施設以外にも対象を拡大して規制しています。

　化学工場は、有害物質を含む原料や触媒などを使うことが多いので、他の産業に比べて排水には特に注意が必要です。**水俣病**など悲惨な公害を起こした歴史を化学産業関係者は忘れてはなりません。新たに化学産業に携わる人には、水俣病が起きてしまった化学的なメカニズムをしっかり伝え、同様なことを起こさないための教訓を得ていくことが非常に重要です。

　第2次世界大戦後、1940年代後半の化学産業復興過程では、**アセチレン化学**が基礎化学品工業の一つの柱になりました。石炭からコークスをつくり、水力発電による電力を使い、電気炉で生石灰と反応させて、カーバイドにし、これを水と反応させてアセチレンを得ます。アセチレンは反応性の高いガスなので、塩化ビニル、アセトア

ルデヒド、酢酸ビニルなどをつくることができます。ここから塩化ビニル樹脂、ビニロンなど最初の合成高分子工業や合成繊維工業が生まれました。石炭、水力発電、石灰石という国産原料を使った新しい化学産業には、海外から原料・燃料を買う資金のなかった戦後の苦しい状況のなかで多くの期待が寄せられました。

　しかし、アセチレンの反応には、しばしば水銀塩が触媒として使われました。アセトアルデヒドを生産する工程で水銀塩からメチル水銀が微量に副生し、気づかぬうちにこれが排水中に排出されました。排出されたメチル水銀は食物連鎖により魚、さらには人に濃縮されて1950年代前半に水俣病を起こしました。水俣病の原因については1950年代を通じて様々な化合物が候補にあがりました。1959年に熊本大学研究班が有機水銀説を発表しますが、原因論争はなかなか決着しませんでした。1960年代末になってようやく原因物質と原因企業に関する政府統一見解が発表されました。1973年には水俣病裁判の第1次判決が出るとともに、環境庁長官の立会いのもとで原因企業と患者団体の間で補償協定が締結されました。しかしこれで全面解決したわけではなく、発生から50年以上経った現在でも様々な問題が起こり報道されています。

　化学産業にとっては、水俣病の問題は水俣地域だけに止まらず、広く大きな問題に発展しました。1973年には全国的に魚の水銀汚染パニックが起こりました。これに怒った漁民の抗議行動によって、本来、水俣病とは関係のない多くの水銀法か性ソーダ工場が一時生産停止に追い込まれました。この問題解決のためにか性ソーダの製法転換という大きな負担を多くの化学会社が負うことになりました。水銀法か性ソーダの非水銀法への転換にはその後ほぼ15年もかかりました。

　その後に起きた**PCB**や**フロン問題**も同様ですが、化学産業の公害問題の解決には大変に長い年月が必要になることを忘れてはなりません。

　有害物質（健康項目）による**地下水汚染**を未然に防止するために、2011年水質汚濁防止法が改正され、2012年から施行されました。この改正により、水質汚濁防止法は排水を公共用水域に排出することを規制するだけでなく、有害物質使用特定事業場から地下に浸透する水（有害物質を含有する排水も含む）も規制対象になりました。この改正は、1980年代から始められた全国規模の地下水調査により、硝酸性窒素が約8割の試料から検出され、1割が水道水基準を超過したこと、さらにトリクロロエチレンなどの揮発性有機塩素化合物も環境基準値以上検出されたためでした。有害物質を製造、使用、処理する施設、有害物質を含む水を貯蔵する施設は、事前届出が必要である

とともに、施設の構造等に関する基準の遵守義務、もし地下浸透が起こり、人の健康被害のおそれが生じた場合に地下水浄化措置を行う義務などが定められました。

　下水道法は、国土交通省が所管する法律です。下水道法では、公共下水道の設置、管理は市町村が行うこととなっています。公共下水道の供用が開始された場合には、公共下水道の排水区域内の土地所有者、使用者、占有者は、その土地の下水を公共下水道に流入させるための排水管などの排水設備を設置しなければなりません。これは工場にも適用されます。ただし、1日当たり50㎥以上排水する者や水質汚濁防止法の特定施設の設置者は公共下水道管理者に事前に届出なければなりません。特定施設を設置している工場から公共下水道へ排水を流す場合には、水質汚濁防止法で規制されている健康項目については、アンモニア化合物・亜硝酸化合物・硝酸化合物以外は水質汚濁防止法の排水基準と同じものが適用され、これを超える水質の下水を流すことは禁止されています。生活環境項目についても、フェノール類、銅、亜鉛、鉄、マンガン、総クロム、ヘキサン抽出物質については水質汚濁防止法の排水基準と同じです。しかし、**第4－11表**に示す項目については、下水道法の方がゆるい規制になっています。下水処理場は、SSやBOD・COD、大腸菌、窒素、リンについてはある程度の濃度の下水までは処理できることを前提に建設されているのに対して、有害物質や生活環境項目にあるフェノール類や溶解金属類を処理するようにはつくっていないからです。なお、下水道終末処理施設は、水質汚濁防止法の特定施設になっているので、公共下水道は水質汚濁防止法の規制を受けています。

　化学工場に出入りする船舶が規制の対象となる法律として**海洋汚染防止法**があります。船舶からは、**船倉の洗浄水やバラスト水**（船舶の安定を図るために積荷の量の多寡に応じて積み下ろし調整する水、海水）が発生します。このような水の排出を放置すると**オイルボール**などの海洋汚染が発生します。外洋を航行する船舶の海洋汚染防止と船舶の安全航行のために、マルポール条約をはじめとしていくつもの国際条約が締結されてきました。海洋汚染防止法はこれらの条約を日本が批准し、実施するための法律です。

　海洋汚染防止法は、船舶、航空機等から、海洋や海底に油、有害液体物質等、廃棄物を排出すること、船舶から大気中に排出ガス（窒素酸化物）を放

【第4－11表】下水道法の下水排除基準と水質汚濁防止法の排水基準が異なる項目

項　目　名		下水道法	水質汚濁防止法
		施行令第9条の5	環境省令
健康項目	アンモニア、アンモニウム化合物、亜硝酸化合物及び硝酸化合物	380mg／ℓ	100mg／ℓ
生活環境項目	水素イオン濃度（pH）	5－8	海域以外 5.8－8.6
	BOD、COD	5日間600mg／ℓ	160mg／ℓ（日間平均120mg／ℓ）
	浮遊物質量（SS）	600mg／ℓ	200mg／ℓ（日間平均150mg／ℓ）
	大腸菌群数	規定なし	日間平均3,000個／c㎥
	窒素含有量	240mg／ℓ	120mg／ℓ（日間平均60mg／ℓ）
	りん含有量	32mg／ℓ	16mg／ℓ（日間平均8mg／ℓ）
	温度　注2	45℃未満	規定なし
	ヨウ素消費量　注2	220mg／ℓ	規定なし
注3	ダイオキシン類	10pg-TEQ/ℓ以下	規定なし

〔注1〕 水質汚濁防止法は一般基準を示す。
〔注2〕 温度とヨウ素消費量は下水道法施行令第9条による。水質汚濁防止法の特定施設からに限らない。
　　　温度は下水道管内の作業を危険にしないため、ヨウ素消費量は還元性物質による下水道管内作業の酸欠防止や硫化水素発生防止のため。
〔注3〕 ダイオキシン類対策特別措置法に規定する水質基準対象施設の設置者に適用

出すること、船舶等で油、有害液体物質、廃棄物を焼却することを規制しています。有害液体物質は、いくつかに区分されていますが、大変に多くの液体化学物質が対象となります。

廃棄物・土壌汚染に関する規制法

　街中の廃棄物ばかりでなく、工場、建設工事などからの廃棄物を広く規制している法律が**廃棄物処理法**です。廃棄物は事業活動にともなって生じた産業廃棄物とそれ以外の一般廃棄物に分けられます。**一般廃棄物**は、市町村が処理（分別、保管、収集、運搬、再生、処分等）します。これに対して**産業廃棄物**は事業者が自ら処理しなければなりません。事業者が、産業廃棄物の運搬、処分を他に委託する場合には、産業廃棄物管理票を交付しなければな

りません。受託者は運搬や処分が終了したら管理票に記載して委託者に回答しなければなりません。事業者は管理票に関する報告書を作成し、知事に提出します。

　産業廃棄物の処理業は、知事の許可制です。また自ら行う場合を含めて産業廃棄物処理施設を設置する際にも、知事の許可が必要です。このような仕組みで産業廃棄物の無責任な処理を防いでいます。また産業廃棄物の輸入を行おうとする場合には環境大臣の許可が、輸出を行おうとする場合には環境大臣の確認が必要です。

　有害廃棄物の国境を越える移動及びその処分の規制に関する**バーゼル条約**を国内で実施するための法律として、**特定有害廃棄物輸出入規制法**があります。1976年イタリア・セベソの農薬工場で爆発により広範囲にダイオキシンが飛散する事故が起きました。ところが保管していた汚染土壌がその後行方不明になり、1983年に北フランスで発見されたため、国際紛争になりました。この結果1989年に**バーゼル条約**が採択され、日本でも1992年に発効となりました。特定有害廃棄物の輸出、輸入を行おうとする者は外国為替及び外国貿易管理法による承認を受けなければならないことをはじめとして、運搬、処分に関して厳しく規制されます。

　産業廃棄物の処分のみならず、ひろく土壌の汚染に関して規制する法律が**土壌汚染対策法**です。水質汚濁防止法で指定されている健康項目に関する有害物質（アンモニア性・亜硝酸性・硝酸性窒素を除く）を製造したり、使用したりした工場については、使用が廃止された後に土壌を調査し、知事に報告しなければなりません。知事は基準に適合しないと認めるときは、その土地を汚染されている区域として指定し、事業者や土地所有者に対して汚染の除去等の措置命令が出せます。土壌汚染は、かなり時間が経ってから判明することもあるので、土壌汚染が有害物質を過去に使用した者によるときは、土地所有者が汚染の除去費用等を過去に有害物質を使用した者に請求できることも認めています。

　廃棄物問題の解決には、廃棄物の規制だけでなく、廃棄物を減らすための対策も重要です。廃棄物を減らすための方法としてリサイクルの促進が図られています。廃棄物法における再生利用に関する特例措置をはじめとして、**資源有効利用促進法、容器包装リサイクル法、家電リサイクル法、自動車リ**

サイクル法など多くの法律が制定されています。

　プラスチックは、自然界でなかなか分解されず、海洋漂流物や漂着ゴミとして大きな問題になっています。そのうち化学工場から出荷等の際に河川や海洋に漏出する**プラスチックペレット（レジンペレット）**は、鳥などの誤食の原因にもなることから日本プラスチック工業連盟を中心に1990年代から漏出防止対策が図られてきました。プラスチックペレットは、プラスチック製造工場や再生工場で成形され、出荷される数㎜のプラスチック粒です。プラスチック成形加工製品をつくるための原料です。一方、最近、海洋ごみ問題で注目されている**マイクロプラスチック**は、通常1mm以下のプラスチック粒子です。マイクロプラスチックには二種類あります。一つはもともとマイクロサイズにつくられ、研摩材や洗顔料などに使われる**マイクロビーズ**です。もう一つは大きなプラスチック成形加工製品が自然環境中で破砕され細分化したものです。

　近年、日本の海岸に国内や周辺国から大量の漂着物が押し寄せ、海岸の環境の悪化、漁業への影響等の被害が生じていることから2009年に**海岸漂着物処理推進法**が公布・施行されました。この法律は海岸漂着物の円滑な処理を促進する第一歩として処理の責任を明確化するとともに地域外からの漂着物への対応を明確にしました。しかし、法施行後10年経過しても海岸漂着物や海底に溜まったごみの処理が進まず、近年は海洋プラスチックごみやマイクロプラスチックが生態系に与える影響について世界的な関心が高まり、地球規模の課題になりました。化学業界では海洋プラスチック問題対応協議会を設置し、2018年9月に事業計画を発表しました。また、日本政府はプラスチックのリデュースを進める象徴としてプラスチック製買い物袋の有料化義務化（無料配布禁止等）を2019年12月に打ち出し、法整備を行って2020年7月から実施しました。

公害防止組織や紛争・被害者救済の法律

　労働安全衛生法、消防法、高圧ガス保安法などでは、おのおのの法律で災害防止組織、管理体制の設立を規定していますが、公害に関しては、大気や水質のような各分野の規制法ではなく、**特定工場公害防止組織整備法**によって一括して規定しています。

441

一定規模以上のばい煙発生施設、汚水排出施設、騒音発生施設、粉じん発生施設、振動発生施設、ダイオキシン類発生施設を設置する事業者は、**公害防止統括者、公害防止主任管理者、公害防止管理者**を選任して公害防止業務にあたらせなければなりません。公害防止主任管理者、公害防止管理者は、国家試験を受けた資格者から選任します。**大気関係第一種公害防止管理者、水質関係第一種公害防止管理者**は、化学系学科を卒業して化学工場勤務になった人に求められる資格です。かなり難しい試験をパスしなければなりません。

　公害罪法（公害罪処罰法）は、公害が刑事事件であることを明確にした基本法です。大気汚染防止法、水質汚濁防止法では、規制基準違反により直ちに罰則を科する規定がありますが、公害罪法では、違反した個人だけでなく法人も罰金刑にする両罰規定や公害事件の因果関係の証明のむずかしさを考慮して推定規定を設けているなどの特徴があります。過去にこの法律で起訴された化学会社はありますが、適用事例は少ないのが実態です。

　公害紛争処理は過去に有名な**裁判**がいくつもありました。非常に長期間にわたることが欠点です。このため、総務省傘下の公害等調整委員会による**あっせん、調停、仲裁、裁定**による迅速な解決を図ることを目的とした**公害紛争処理法**があります。

　同様に公害が発生した場合、被害者は裁判によって補償を求めます。相当範囲にわたって被害が多発している場合や公害による特定の疾病が多数発生している場合に被害者の健康被害の補償、健康被害の予防措置実施のために**公害健康被害補償法**が制定されました。その内容については、環境基本法の項で説明したので省略します。

6．化学品の事故・犯罪防止に関係ある法律

毒物劇物に関する規制法

　化学物質には致死量LD$_{50}$に代表される毒性の強いものがあります。このような物質による事故や犯罪の発生防止の観点から**毒物劇物取締法**が制定されています。毒物劇物取締法では「保健衛生上の見地」とあいまいな表現が使われています。このような規制は大変に古くからあり、日本では1874年（明治7年）毒薬販売取締り規則、1877年（明治10年）毒薬劇薬取締規則が制定されています。これらは、医薬品医療機器法にもつながっていく法律です。

　毒物、劇物は、**経口、経皮、吸入**による**LD$_{50}$**（**半数致死量**、投与した実験動物の半数が死亡する体重kg当たり投与量mg）や**皮膚粘膜刺激性**によって判定され、毒物劇物取締法の別表に掲示されます。毒物の方が劇物よりもLD$_{50}$は小さく、毒性が強いものです。

　毒物劇物取締法は、**第4−12表**に示すように、毒物、劇物の製造・輸入・販売を登録制にし、登録には技術上の基準を満たさなければならないことにしています。毒物劇物取扱責任者を薬剤師、応用化学に関する学科修了者または知事が行う毒物劇物取扱者試験合格者の中から選任し、届け出なければなりません。毒物劇物の取扱にあたっては、盗難、漏出、誤飲の防止、表示の義務、販売する場合に購入者の氏名、住所の記録、18歳未満者への販売禁止など事故、犯罪防止の観点からの規制が定められています。

　毒物劇物を含有した製品が家庭に入り、事故を起こすことを消費者安全の観点から防止しようとしているのが**有害物質含有家庭用品規制法**です。この法律で指定された家庭用品については、指定基準（含有量、溶出量、発散量）を超えた製品の販売・授与・陳列が禁止され、販売したら回収命令が出されます。化学製品では、家庭用・住宅用洗浄剤（塩酸、硫酸、水酸化ナトリウム、トリクロロエチレンなどを一定濃度以下に）、エアロゾル製品（消臭剤、帯電防止剤など）（メタノールは一定濃度以下に、塩化ビニルを検出せず）、

【第4－12表】毒物及び劇物取締法のポイント

目的（第1条）　　保健衛生上の見地から必要な取締を行うこと

定義（第2条）
　　　　　　毒物とは別表第1に、劇物とは別表第2に掲げるもの
　　　　　　いくつかの経口、経皮の急性毒性（半数致死濃度LD$_{50}$）から判定。毒物のが毒性大

禁止規定（第3条）
　　　　　　毒物、劇物の製造業登録を受けたもの以外は製造禁止
　　　　　　毒物、劇物の輸入業登録を受けたもの以外は輸入禁止
　　　　　　毒物、劇物の販売業登録を受けたもの以外は販売・授与禁止

営業の登録（第4条）、登録品目の変更には登録の変更（第9条）、氏名・住所・設備の変更時には届出（第10条）
　　　　　　製造業、輸入業の登録は厚生労働大臣、販売業の登録は知事
　　　　　　製造業、輸入業の登録は5年ごと、販売業の登録は6年ごとに更新

登録基準（第6条）　　厚生労働省令で定める技術上の基準に合致する必要

毒物劇物取扱責任者（第7条）　　選任し、届出

毒物劇物取扱責任者の資格（第8条）　　薬剤師、省令指定学校で応用化学履修者、毒物劇物取扱者試験合格者

毒物、劇物の取扱（第11条）　　盗難紛失防止措置、飛散漏出防止措置、飲食物容器の使用禁止

毒物、劇物の表示（第12条）　　容器等へ医薬用外及び毒物または劇物の表示

毒物、劇物の譲渡手続き（第14条）　　営業者は販売・授与ごとに、名称数量、相手名、職業、住所を記載

毒物、劇物の交付制限（第15条）　　18歳未満者、麻薬中毒者等には交付禁止

立入検査（第17条）　　大臣、知事から指定された毒物劇物監視員による製造所、営業所、取扱う場所への立入調査権

業務上取扱者の届出（第22条）　　メッキ業等でシアン化ナトリウムなどを使用するものは事業場ごとに届出

家庭用接着剤・塗料・ワックス・靴クリーム（有機水銀を検出せず）、靴下・かつら・つけまつげ用の接着剤（ホルムアルデヒドを一定濃度以下に）が指定されています。このほか規制される有害物質として、24種の特定芳香族アミンを生成するアゾ化合物を含有する染料（繊維製品や革製品に使用）、防虫加工剤DTTB、ディルドリン（繊維製品、家庭用毛糸に使用）、防炎加工剤APO、TDBPP、BDBPP（いずれもリン化合物で寝衣、寝具、カーテン及び床敷物に使用）、防菌・防かび剤トリブチル錫化合物、トリフェニル錫化合物、有機水銀化合物（繊維製品、家庭用接着剤・塗料・ワックス、靴墨・靴クリームに使用）が指定されています。

　このほか、保健衛生上の危害防止を目的とした化学物質関連の法律として

薬物4法と呼ばれる**麻薬取締法**、**あへん法**、**大麻取締法**、**覚せい剤取締法**があります。乱用薬物に対する厳しい規制法です。2006年法改正により**医薬品医療機器法**にも**指定薬物の規制**が導入されました。これは**薬物4法**を脱法して、芳香剤、防臭剤などの日用雑貨品や工業用試薬という名目で販売しながら幻覚作用などをもつ化学製品（**脱法ドラッグ**、2014年夏に**危険ドラッグ**に呼称変更）を迅速に規制するために従来の医薬品医療機器法とはまったく異質な規制として導入されました。

火薬類に関する規制法

火薬は、災害を防止し、公共の安全確保を目的として、**火薬類取締法**で製造、販売、貯蔵、消費のすべてにわたって規制されています。火薬類には、火薬、爆薬、火工品（雷管、導火線、実包、信号焔管、煙火、自動車用エアバッグのインフレータなど）を含みます。火薬は銃弾の発射のような推進的爆発の用途に、爆薬は岩盤の破壊のような破壊的爆発の用途に供せられるものです。黒色火薬、無煙火薬が火薬に、雷こう、硝安爆薬、ニトログリセリン、ダイナマイト、TNTなどのニトロ化合物が爆薬に該当します。煙火とは打ち上げ花火のことです。

火薬類の製造業、販売業を始めようとするときは事業所、販売所ごとに許可を取らなければなりません。製造施設等の変更についても許可が必要です。製造施設、火薬庫の設置基準が定められており、許可を得て建設しても完成検査を受けて基準適合を認められた後でなければ使用できません。この点は消防法や高圧ガス保安法と同じです。保安防災組織やその活動についても同様です。危害予防規程を作成し、保安教育を行うこと、火薬類製造保安責任者、副責任者を、**火薬類取扱保安責任者免状**をもつ者から選任すること、国や知事の定期保安検査を受けること、定期自主検査を行うこと、帳簿をつけることなど、消防法などと同じような規制が行われています。

火薬類取締法の特有の規制は、所持も規制している点です。製造業者、販売業者その他法律で指定されたもの以外は、火薬類を所持することが禁止されています。

産業火薬でない武器としての爆発物は、**武器等製造法**でさらに厳しく規制されています。

化学兵器禁止法

化学兵器禁止条約、テロリスト爆弾使用防止条約を日本も実施するために1995年に**化学兵器禁止法**が制定されました。化学兵器の製造、所持、譲渡を禁止するとともに化学兵器の原料となる化学物質の製造、使用についても規制しています。

化学兵器として使用されうる毒性物質ばかりでなく、その**前駆体**、さらに前駆体の原料物質までも対象となるので、意外にも化学産業で普通に使われたり、製品となっていたりする化学物質も**特定物質**に指定されて規制対象になります。

たとえば毒性物質としては、ポリウレタンやポリカーボネートの生産に使われるホスゲンやアクリロニトリル製造の際に副生する青酸ガスが対象です。原料物質としては、合成洗剤原料など化学産業の様々な分野で幅広く使われているエタノールアミンや医薬品、染料の生産に使われる3塩化リン、5塩化リンです。

これらの特定物質の製造には**許可**が必要です。許可の基準は製造能力が化学兵器禁止条約で定める限度を超えないことになっています。特定物質の使用も**許可**制です。許可の基準は、化学兵器向けに使われないことです。製造、使用量の**届出**、**記録**をつけることも義務付けられます。さらに法律で指定された毒性物質や原料物質を取り扱う場所には**国際機関の立入検査**もあります。このような規制は、従来の化学品規制にはまったくなかったものです。また特定化学物質以外のほとんどすべての有機化学品、無機化学品に対しても製造実績数量区分を届け出ることが義務付けられています。

輸出貿易管理令・外国為替令

外国為替及び外国貿易法（外為法）に基づく政令です。2019年7月に日本政府が韓国向け輸出管理の運用見直しを発表し、まずレジスト、フッ化ポリイミド、フッ化水素の3品目について包括輸出許可から個別輸出許可に切り替え、さらに8月には韓国をグループA国（当時のホワイト国）から除外しましたが、この措置の根拠となった法令です。

外為法は、対外取引に対し必要最小限の管理・調整を行うことにより、対

外取引の正常な発展と日本・国際社会の平和・安全の維持を図ることを目的とした法律です。外為法の下にはいくつかの政令がありますが、そのうち**輸出貿易管理令**は主に貨物の安全保障貿易管理を目的としています。**外国為替令**は技術輸出に関連しています。武器や軍事転用可能な貨物や技術が、日本の安全を脅かす国家やテロリストに渡ることを防ぐためです。

このような輸出管理は先進国を中心とした4つの枠組みに基づいています。核不拡散を目的とした原子力供給国会合NSG、生物・化学兵器不拡散を目的としたオーストラリアグループAG、大量破壊兵器運搬手段となるミサイル及び関連汎用品・技術の不拡散を目的としたミサイル技術管理レジームMTCR、通常兵器及び関連汎用品・技術の移転に関するワッセナー・アレンジメントWAです。WAは、東西冷戦時代にあった旧共産圏諸国に対する戦略物資統制**ココム**の後継として1995年12月につくられました。日本はすべての枠組みに参加しています。なお、これら4つの枠組みは法的拘束力をもつ条約ではなく、申し合わせの性格をもちます。

輸出貿易管理令や外国為替令では輸出者が貨物・技術の輸出の前に、規制リストに該当するか否かを判定し、**リスト規制**の1〜15項(武器、原子力、化学兵器、生物兵器、ミサイル、通常兵器の関連)に該当すれば経済産業省に申請して許可を得なければなりません。リスト規制の1〜15項に該当しない場合（16項）、グループA国向けであれば許可不要で輸出できますが、それ以外の国向けの場合にはキャッチオール規制の対象になります。**キャッチオール規制**に該当する場合でも、大量破壊兵器等の開発等に用いられるおそれがなければ許可不要で輸出できますが、それ以外はすべて許可が必要です。リスト規制の対象には、炭素繊維、アラミド繊維及びそれらやガラス繊維のプリプレグ、化学兵器の原料物質、ミサイル製造の原料となる複合材料、人造黒鉛、フッ素化合物、スーパーエンジニアリングプラスチック、レジスト、有機アルミニウム、炭化ケイ素など多くの化学製品が載っています。またキャッチオール規制では、輸出先の需要者について、懸念される外国ユーザーリストが経済産業省から公表されており、常に最新版によるチェックが必要です。輸出貿易管理令や外国為替令の許可を得なければならないか、不要かの判定において、輸出者には十分な注意が求められます。

7. 化学物質の安全に関係ある法律

医薬品医療機器法（旧・薬事法）

　医薬品医療機器法は、医薬品、医薬部外品、化粧品、医療機器、再生医療等製品に関する規制法です。従来の**薬事法**の改正により、2014年11月25日から**医薬品、医療機器等の品質、有効性及び安全性の確保等に関する法律**（略称：**医薬品医療機器法**）に名称変更されました。

　医薬品医療機器法の目的は、**第4−13表**に示すとおり、これらの製品の品質、有効性、安全性の確保に必要な規制を行うことです。化学品の安全性について国が関与する規制はたくさんありますが、品質、有効性にまで深く介入している規制は医薬品医療機器法、農薬取締法、肥料品質確保法、食品衛生法など少数です。

　現行の法律規制をまずしっかり勉強することは重要です。しかし、それとともに規制の意義、必要性を常に問う姿勢をもつことも重要です。製造販売業、製造業、販売業の許可から、製品ごとの製造承認、広告表示に至るまで何でも規制という医薬品医療機器法は規制の意義を自ずと考えさせる法律です。最近は化粧品については、規制緩和が進みました。

　医薬品医療機器法はほとんど毎年改正がある法律です。規制強化や規制緩和の視点からだけでなく、医薬品工業の構造変化や日本の医療行政の変化に伴う改正も多いので、法律改正の背景も理解しないと条文だけではよくわからないこともあります。

　最近では2002年、2006年、2013年、2019年に大改正がありました。2002年大改正（2005年全面施行）によって、いわゆる医薬品元売行為を対象とした**製造販売業**という概念が導入されました。海外の医薬品会社で医薬品を海外で生産して日本に輸入し、販売する場合も、元売行為として製造販売業になりました。その一方で医薬品の製造を受託するだけの会社が認められました。医薬品事業活動のなかで研究開発と医薬品の販売を行うが、医薬品の生産は別の会社に委託するという産業構造の変化に対応した法律改正

です。それとともに医薬品製造販売会社は、品質管理や製造販売後の安全管理の責任も負うことが明確に規定されました。

2006年大改正（2009年全面施行）は、医薬品の販売に対する規制緩和のための改正でした。この背景には増大する医療費を抑制するために必要以上に病院にかかることをやめさせて**セルフメディケーション**（健康の自己管理）を拡大したいという政府の意向があります。

このために2006年大改正に先立って、1999年にビタミン含有保健剤（栄養ドリンク剤）などが一般用医薬品から医薬部外品（**新指定医薬部外品**）に移行されました。さらに2004年には37品目の一般用医薬品が医薬部外品（**新範囲医薬部外品**）に移行されました。一般用医薬品の販売には薬剤師などの資格者が必要ですが、医薬部外品の販売には資格は不要です。さらにこれまでは医師の処方箋が必要であった医療用医薬品のなかで使用実績が長く、副作用の心配も少ないものを一般用医薬品に変更すること（**スイッチOTC医薬品**、OTCはオーバーザカウンターの略で薬剤師がカウンター越しに説明して販売することから来た用語）も行われました。

2006年大改正により**一般用医薬品**に**第1類**から**第3類**まで3区分を設けました。それまでは薬剤師の関与が必ず必要であった一般用医薬品販売に、**登録販売者**という新たな資格を導入し、登録販売者がいれば第2類、第3類一般用医薬品の販売を許可することにしました。第1類一般用医薬品の販売には従来どおり薬剤師が必要です。第1類一般用医薬品は上記のスイッチOTC医薬品などが含まれますが、一般用医薬品のうち少数にすぎません。多くの一般用医薬品が第2類、第3類に分類されました。2013年改正では、一般用医薬品の**インターネット販売**が原則として解禁されました。ただしスイッチ直後品目（原則3年）と劇薬については**要指導医薬品**として**対面販売**が必要です。

薬剤師の資格は、大学薬学部6年制の正規課程卒業の上に、**薬剤師国家試験**に合格しなければ取得できません。これに対して登録販売者は、高校卒であって1年以上の医薬品販売の実務経験者なら、都道府県知事が行う試験を受けられ、これに合格すれば資格を取得できます。試験内容は、薬剤師国家試験に比べてはるかにやさしいものになっています。これによって一般用医薬品の販売に多くの小売業からの新規参入が期待されています。

第4部　関連法規の概要

【第4－13表】医薬品医療機器法のポイント

総則（第一章）

　　目的（第1条）医薬品等（医薬品、医薬部外品、化粧品、医療機器及び再生医療等製品）の品質、
　　　　有効性、安全性の確保に必要な規制を行うとともに、指定薬物の規制、医薬品・
　　　　医療機器・再生医療等製品の研究開発の促進により、保健衛生の向上を図ること

　　定義（第2条）

　　　　医薬品とは、①薬局方の収載品、②人・動物の診断治療予防の目的に使用される物、
　　　　③人・動物の身体の構造・機能に影響を及ぼすことが目的とされている物

　　　　医薬部外品とは、①口臭体臭の防止、あせもただれの防止、脱毛防止、育毛・除毛
　　　　に使われる物、②ネズミ・はえ等の防除に使われる物、③その他厚生労働大臣が
　　　　指定する物

　　　　化粧品とは、人の身体を清潔・美化し、魅力を増し、容貌ぼうを変え、又は皮膚・
　　　　毛髪を健やかに保つために、身体に塗擦、散布する方法で使用されることが目的
　　　　とされている物

　　　　医療機器とは、人・動物の疾病の診断・治療・予防に使用されること等が目的とさ
　　　　れている機械器具で政令指定の物（化学産業関係では、様々な人工臓器（呼吸補
　　　　助器、内臓機能代用器など）、X線フィルム、縫合糸、避妊具、手術用手袋、歯
　　　　科用材料など）

　　　　　　　　　　高度管理医療機器、管理医療機器、一般医療機器

　　　　再生医療等製品とは、①人・動物の細胞に培養その他加工を施したもので、身体の
　　　　構造・機能の再建・修復・形成、疾病の治療・予防に使用される目的の物、②人・
　　　　動物の細胞に導入され、体内で発現する遺伝子を含有させたもので、疾病の治療・
　　　　予防に使用される目的の物

　　　　体外診断用医薬品とは、専ら疾病の診断に使用されることが目的とされている医薬
　　　　品のうち、人・動物の身体に直接使用されることのないもの

　　　　指定薬物とは、中枢神経系の興奮・抑制、幻覚の作用を有する蓋然性が高く、かつ
　　　　保健衛生上の危害が発生するおそれがある物として大臣が指定

　　　　薬局とは、薬剤師が販売又は授与の目的で調剤の業務を行う場所

　　　　製造販売とは、その製造等（他への委託製造を含み、他からの受託製造を含まない。）
　　　　をし、又は輸入をした医薬品（原薬たる医薬品を除く。）等を販売・賃貸・授与
　　　　すること

　　　　治験とは、医薬品等の製造販売の承認をえるために提出すべき資料のうち臨床試験
　　　　の試験成績に関する資料の収集を目的とする試験の実施

薬局（第三章）

　　開設の許可（第4条）　　所在地知事の許可が必要
　　薬局の管理（第7条）　　薬剤師による管理
　　薬剤を販売する場合等における情報提供（第9条の3）　薬剤師による書面を用いた情報提
　　　供

（第４－13表　続き）

医薬品等の製造販売業及び製造業（第四章、第五章、第六章）

　　　　製造販売業の許可（第12条、第23条の２、第23条の20）　医薬品、医薬部外品、化粧品、医療機器、体外診断用医薬品、再生医療等製品の種類に応じて大臣許可が必要

　　　　許可の基準（第12条の２、第23条の２の２，第23条の21）　品質管理、安全管理の方法が技術上の基準に合致

　　　　製造業の許可（第13条、第23条の22）　医薬品、医薬部外品、化粧品、再生医療等製品は製造所ごとに大臣許可が必要　構造設備が技術上の基準に合致

　　　　製造業の登録（第23条の２の３）医療機器、体外診断用医薬品は、製造所ごとに登録

　　　　製造販売の承認（第14条、第23条の２の５、第23条の25）　医薬品、医薬部外品、化粧品、高度管理医療機器、管理医療機器、体外診断用医薬品、再生医療等製品は、品目ごとに製造販売の大臣承認が必要。申請書に臨床試験の試験成績に関する資料その他の資料を添付。承認の詳細な手続き等は省略。　ウラ読み：一般医療機器は除く、登録認証機関から認証を得た医療機器も除外、化粧品基準に合致した成分のみからなる化粧品は全成分表示により承認不要

　　　　特例承認（第14条の３、第23条の２の８、第23条の28）　未承認の新薬、新医療機器、新体外診断薬、新再生医療等製品を通常よりも簡略化された手続きで承認し、使用を認める

　　　　条件及び期限付承認（第23条の26）　３条件（不均質、効能効果が推定有、効能効果を打ち消す有害な副作用なし）を満たす場合

　　　　総括製造販売責任者等の設置（第17条、第23条の２の14、第23条の34）　品質管理及び製造販売後安全管理を行う

医薬品、医療機器、再生医療等製品の販売業（第七章）

　（ウラ読み：医薬部外品、化粧品、一般医療機器の販売業は許可・届出の対象外）

　　　　医薬品の販売業の許可（第24条）、医薬品の販売業の許可の種類（第25条）店舗、配置、卸売の３種　販売方法等の制限（第37条）

　　　　一般用医薬品の区分（第36条の３）第１類、第２類、第３類　　販売従事者（第36条の５）第１類　薬剤師のみ　第２類、第３類　登録販売者も可

　　　　高度管理医療機器等の販売業及び賃貸業の許可（第39条）

　　　　管理医療機器の販売業及び賃貸業の届出（第39条の３）

　　　　医療機器の修理業の許可（第40条の２）

　　　　再生医療等製品の販売業の許可（第40条の５）

医薬品等の基準及び検定（第八章）

　　　　日本薬局方（第41条）　大臣が医薬品について定める　　医療機器、体外診断薬、再生医療等製品について製法、性状、品質等の基準を必要に応じて定める

　　　　検定（第43条）　大臣指定の医薬品、医療機器、再生医療等製品は、大臣が指定した検定機関の検定合格でなければ販売禁止

（第4－13表　続き）

医薬品等の取扱い（第九章）
　　　医薬品の中で毒薬、劇薬に該当するものは表示（第44条）、開封販売等の制限（第45条）
　　　処方せん医薬品の販売（第49条）　指定医薬品は処方箋なしでの販売は原則禁止
　　　直接容器等への記載（第50条）、添付文書への記載（第52条）、虚偽誤解等の記載禁止事項（第
　　　54条）、記載なし医薬品の販売陳列の禁止（第55条）
　　　医薬部外品は容器に医薬部外品の文字記載（第59条）
　　　　医薬部外品の直接容器等への記載事項（第59条）　医薬部外品の文字、指定成分を含
　　　　有する場合その名称など
　　　化粧品の直接容器等への記載事項（第61条）　全成分の名称表示
　　　医療機器の直接容器・被包への記載事項（第63条）
　　　再生医療等製品の直接容器・被包への記載事項（第65条の2）
医薬品等の広告（第十章）
　　　誇大広告等の禁止（第66条）
　　　承認前医薬品等の広告禁止（第68条）
指定薬物の取り扱い（第十四章）
　　　製造・販売・輸入・所持・譲受等の禁止（第76条の4）、
希少疾病用医薬品、医療機器、再生医療等製品の指定等（第十五章）
　　　大臣指定（第77条の2）、試験研究への支援（第77条の3，第77条の4）

　このほか、2006年大改正のもう一つの柱が、すでに毒物劇物の規制のな
かで述べた**脱法ドラッグ（危険ドラッグ）**に対応するための**指定薬物規制**で
す。指定薬物の製造・輸入・販売が禁止されました。2013年改正で指定薬
物規制が強化され、原則所持・使用が禁止となり、違反には罰則となりました。
　2013年大改正では、薬事法の題名を医薬品医療機器法に改めるとともに、
医療機器と**体外診断薬**を医薬品とは別のものとして独自の条文群による規制
体系（製造販売業の許可制、製造業の登録制、品目ごとの承認制等）が導入
されました。医療機器は、法律上、**高度管理医療機器**、**管理医療機器**、**一般
医療機器**に区分されています。その考え方と具体例は第2－3－8表医療機
器の分類を参照して下さい。また、幹細胞やiPS細胞、遺伝子等の移植治療
などが行われるようになった技術進歩に対応して**再生医療等製品**が新たな規
制対象となり、独自の条文群による規制体系（形式は医薬品とほぼ同等です
が、再生医療等製品の複雑さに対応した有効性・安全性の独自の審査基準や
条件・期限付き承認制度が新設されました）が導入されました。法律で定義
された再生医療等製品については第2－4－8表を参照して下さい。
　従来の薬事法の章立ても大幅に変更され、製造販売業や製造業の許可、品
目の承認に関しては、医薬品・医薬部外品・化粧品に対して、医療機器・体

外診断用医薬品と再生医療等製品が独立した章となり、医薬品中心の規制から医薬品、医療機器、再生医療等製品の三本立てになりました。

なお、2013年大改正と同時に**再生医療等安全性確保法**が制定されました。この法律と対比すると、2013年大改正による再生医療等製品の導入の意義が分かりやすいと思います。すなわち、従来は**医師法・医療法**の下で医療機関・医師が**遺伝子治療**や**細胞加工製品**を使って治療・研究が進められてきました。再生医療等安全性確保法では、再生医療等技術を第一種（ES細胞やiPS細胞を使うなどヒトに未実施の高リスク）、第二種（体性幹細胞を使うなど中リスク：自己脂肪幹細胞を使う乳房再建術が一例）、第三種（体細胞を使うなど低リスク：活性化リンパ球を使う癌治療が一例）に区分し、各々の種類に応じて、再生医療等を行う医療機関の人員、施設、細胞等の入手方法、製造、品質管理方法、健康被害への補償方法等に関する再生医療等提供基準を厚生労働大臣が定めます。医療機関はこの基準に従わなければなりません。さらに厚生労働大臣に再生医療等計画を提出しなければ再生医療等を提供できないこととしました。再生医療等計画は、再生医療等の種類に応じ、厚生労働大臣の認可を受けた専門家からなる委員会が審査して再生医療等を行う医療機関に意見を述べます。第一種再生医療等の提供については、必要に応じて厚生労働大臣は計画変更命令を出すことができます。また、再生医療等を行う医療機関は、特定細胞加工物製造事業者（厚生労働大臣の許可）に、**特定細胞加工製品**（人又は動物の細胞に培養その他の加工を施した細胞加工製品のうち、医薬品医療機器法の再生医療等製品以外のもの）の製造を委託できることとしました。

医薬品医療機器法の承認を得た再生医療等製品と、再生医療等安全性確保法の特定細胞加工製品の違いは何でしょう。医薬品医療機器法の承認を得た再生医療等製品は、その製造販売者が言わば「自由に」製造量を決めることも、販売先を決めることも可能です。これに対して、再生医療等安全性確保法の特定細胞加工製品はあくまでも再生医療等を行う医療機関から製造委託を受けた範囲でしか製造できず、納入先も委託先に限定されます。医薬品医療機器法による再生医療等製品の製造販売業許可制度、製品の承認制度は、再生医療等製品事業を興そうという企業の参入ルールを決め、参入促進を図っているといえましょう。

　2019年大改正では、先駆的医薬品等（世界に先駆けて開発され、早期の治験段階で顕著な有効性の見込みがある）と特定用途医薬品等（小児の用法用途の設定等）についても、希少疾病用医薬品（1993年改正で導入）に対すると同様の指定・支援・優先審査制度（先駆け審査指定制度）が導入されました。さらに2019年改正では医療上特にその必要性が高い医薬品等に条件付き早期承認制度も導入されました。2020年に新型コロナの治療薬としてアメリカでレムデシビル（本来はギリアドサイエンシズ社のエボラ出血熱治療薬）が承認されると、医薬品医療機器法第14条の3（特例承認）を適用して日本でもあまり間を置かずに承認されました。この特例承認は1996年改正で「承認前の特別許可」として導入され、その後改訂されてきた制度です。疾病蔓延の可能性が大きく緊急に対応が必要、これ以外に適切な方法がない、海外で販売が認められているという要件を満たした場合に通常より簡略化された手続きで承認する制度です。2010年1月に新型インフルエンザワクチンを特例承認したのが最初の例です。

　以上で最近の法律大改正の説明は終わり、ここからは医薬品医療機器法全体のポイントを説明します。医薬品医療機器法は**法律**、**施行令**だけでも相当な量になりますが、**施行規則**その他数多くの**省令**、**告示**はさらに膨大な量があります。医薬品医療機器法を本格的に勉強するには、最新の解説本を読んで規制の骨格をしっかりつかんだ上で、厚生労働省ホームページの法令等データベースで必要な省令、告示まで追いかけていくことが必要です。告示は**日本薬局方**をはじめとして、**化粧品基準**、**人工血管基準**、**医療用接着剤基準**、**視力補正用コンタクトレンズ基準**など、分野ごとに細かく規定されています。本書ではごく簡単な説明に止めます。

　まず、医薬品医療機器法は**目的規制**であることをしっかり押さえることが第1のポイントです。医薬品医療機器法の対象となる医薬品とは、人又は動物の「疾病の診断、治療又は予防に使用されることが目的とされている物」「身体の構造又は機能に影響を及ぼすことが目的とされている物」になります。こういう物のなかから、日本薬局方に収載された物も医薬品になります。**酸素は日本薬局方に収載されています**。しかし、工事現場で使っている酸素は医薬品に該当しません。疾病の治療などに使われることが**目的**となった酸素だけが医薬品になります。医療機器とは、人又は動物の「疾病の診断、治療

若しくは予防に使用されること」、「身体の構造若しくは機能に影響を及ぼすことが目的とされている機械器具等であって政令で定めるもの」です。同じ塩化ビニル樹脂製袋であっても、治療用血液バッグに使用するなら医薬品医療機器法の対象ですが、飲料保管用に使用するなら医薬品医療機器法の対象になりません。再生医療等製品とは、人又は動物の「身体の構造又は機能の再建、修復又は形成」「疾病の治療又は予防」に使用されることが目的とされている物のうち、「人又は動物の細胞に培養その他の加工を施したもの」、または「疾病の治療に使用されることが目的とされている物のうち、人又は動物の細胞に導入され、これらの体内で発現する遺伝子を含有させたもの」であって、政令で定めるものです。ゲノム編集により遺伝子を導入して筋肉量を増大させた養殖マダイは、疾病治療が目的でないので医薬品医療機器法の対象になりません。新型コロナ用ワクチンとして、従来からの無毒化／弱毒化したウイルスを使った製品のほかに、ウイルスのDNAまたはRNAの一部を使う新しいタイプのワクチンが話題になっています。人の体内でウイルスの外壁の一部となるタンパク質をつくらせて、人に抗体をつくらせることを狙った遺伝子治療用再生医療等製品です。再生医療等製品が意外にもすでに身近な製品になりつつあることを実感させます。

　医薬部外品は、日本語としてわかりにくい言葉ですが、医薬品医療機器法の対象です。医薬品ではないが、医薬品に準ずる物です。これも**目的規制**です。「吐きけその他不快感又は口臭若しくは体臭の防止」「あせも、ただれ等の防止」「脱毛の防止、育毛又は除毛」「人又は動物の保健のためにするねずみ、はえ、蚊、のみ等の駆除又は防止」が目的とされ、かつ人体に対する作用が**緩和なもの**と法律で定義されています。さらにこれらに準ずる物で厚生労働大臣が指定するものも医薬部外品です。衛生用の紙綿類、肌荒れ防止剤、染毛剤、浴用剤などに加えて、最近の法律大改正のなかで説明した**新指定医薬部外品**（栄養ドリンク類、のど飴、胸焼け改善剤など）、**新範囲医薬部外品**（整腸薬、消化薬、ビタミン保健薬、健胃薬、生薬を主成分とする保健薬、コンタクトレンズ装着薬、うがい薬など）も加わりました。

　医薬品、医薬部外品とまぎらわしいものに食品添加物や健康食品があります。L-アスコルビン酸（ビタミンC）は、ビタミン欠乏症の人の治療を目的として使われるなら医薬品です。当然のことながら日本薬局方に収載されて

います。栄養ドリンク剤に加えられているなら、医薬部外品の一部です。食品の栄養強化や風味保持のために使われているならば食品添加物です。これも当然のことながら食品添加物の指定リストに載っています。

　最近、**トクホ**という言葉を時々耳にすると思います。**特定保健用食品**の略号です。これは2002年に制定された**健康増進法**のなかにある**特別用途表示の許可を得た食品**のことです。身体の生理学的機能等に影響を与える保健機能成分を含んでいて、「お腹の調子を整える」など、特定の保健の目的が期待できることを表示できる**食品**を対象にします。表示されている効果や安全性について消費者庁が審査を行い、食品ごとに消費者庁長官が**許可**します。

　さらに分かりにくい制度が栄養機能食品と機能性表示食品です。**栄養機能食品**とは特定の栄養成分を補給するために利用される食品です。栄養成分を基準量以上含む食品（生鮮食品、加工食品）であれば届出しなくても消費者庁が定めた表現によって栄養機能食品である旨の表示ができます。一方、**機能性表示食品**とは事業者の責任において科学的根拠に基づいた機能性を表示した食品です。販売の60日前までに安全性と機能性の根拠を消費者庁長官に届け出ます。消費者庁は届出内容を公表します。特定保健用食品、栄養機能食品、機能性表示食品の3つを**保健機能食品**と消費者庁は呼んでいます。疾病の治療、予防が目的ではない、食品であるとして区別しているようですが、非常にわかりにくい、誤解を生みやすい制度です。

　医薬品医療機器法の第2のポイントは、**製造販売業の許可**、**製造業の許可**、**製造販売の承認**などのまぎらわしい用語をしっかり区別して理解することです。

　医薬品医療機器法では、第2条に「製造販売とは、その製造（他に委託して製造をする場合を含み、他から委託を受けて製造をする場合を除く。）をし、又は輸入をした医薬品（原薬たる医薬品を除く。）、医薬部外品、化粧品、医療機器若しくは再生医療等製品を、それぞれ販売等すること」となっています。製造販売者とは製造または輸入したものを販売する元売り業者です。一方、第13条には「医薬品、医薬部外品又は化粧品の製造業の許可を受けた者でなければ、業として製造してはならない」となっています。したがって、製造販売業と製造業は厳密に区別されています。製造販売業の許可を得た会社が自社で医薬品を製造しようとする場合には製造業の許可も得なければな

りません。もっぱら受託生産だけを行う業者は、製造業の許可だけを受ければよいことになります。こういう点が法律を読む場合の難しさです。

製造販売業の許可制は、医薬品、医薬部外品、化粧品、医療機器、体外診断用医薬品、再生医療等製品のすべてにわたって適用されます。ただし、医薬品、医療機器については、さらに第1種、第2種等に細分されて許可基準が異なります。一方、**製造業の許可制**は、医薬品、医薬部外品、化粧品、再生医療等製品に適用され、医療機器、体外診断用医薬品の製造業は登録制です。許可に比べて登録は審査の厳しさが少し減ります。

医薬品の販売業、高度管理医療機器（特定保守管理医療機器を含む）の販売業と貸与業、医療機器の修理業、再生医療等製品の販売業も許可制です。管理医療機器の販売業と貸与業は届出制です。届出は上記の登録よりさらに審査の厳しさが減り、決まった書類に記載して役所に提出すればよいことになります。一方、医薬部外品、化粧品、一般医療機器、体外診断用医薬品の販売業については法律の条文がありませんので、原則として販売業への参入は自由ということになります。ただし、遵守事項などが定められている場合もあるので注意が必要です。

このように医薬品、化粧品等の業者になろうとする場合には、業の種類に応じて、許可・登録・届出・参入自由に区分されていることをしっかり押さえる必要があります。

次に製造販売業の許可と製造販売の承認という、まぎらわしい言葉をしっかり理解することも重要です。製造販売業の許可は、製造販売しようとする者の管理能力を審査して認める制度です。これに対して、製造販売の承認とは、品目ごとに医薬品等としての効能があって、安全であることを役所が審査して認める制度です。役所が認める対象がまったく異なるので、用語を混乱して使わないように留意する必要があります。

医薬品だけに限定してまとめますと、医薬品に関わる業者は、**製造販売業**、**製造業**、**販売業**（卸と小売を含む一般販売業、薬種販売業、配置販売業、特例販売業）、**薬局**の開設のいずれも許可が必要です。製造販売業というコンセプトは、すでに説明したように医薬品の元売ということです。製造販売業者が自身で医薬品を製造することもあるし、製造専門の受託業者に任せることもあるという産業構造を前提につくられた制度です。

　医薬品医療機器法の第3のポイントは、様々な**許可基準**が厚生労働省令で定められていることです。製造販売業許可制度の導入とともに、製造販売業者には製造販売後の安全管理が義務付けられました。製造販売の承認までに様々な試験を行いますが、それに加えて製造販売後も品質、有効性、安全性等に関する情報収集と対応処置の方法を明確にした**危機管理システムの基準**が定められています。**GVP**（Good Vigilance Practice）と呼ばれます。

　このような危機管理ではなく、一定の計画のもとに実施される**製造販売後調査及び試験の方法**についても基準が定められています。**GPSP**（Good Post－marketing Study Practice）です。製造販売業者は**製品品質管理の方法**についても規制されています。この基準が**GQP**（Good Quality Practice）です。

　医薬品及び医薬部外品の製造者に対しては、製造管理及び品質管理の基準が定められています。この基準を**GMP**（Good Manufacturing Practice）と呼んでいます。ただし医療機器及び体外診断用医薬品についての省令は特別に**QMS**（Quality Management System）と呼ばれています。また、再生医療等製品については、規格によって品質をすべて把握することが困難なことから**GCTP**（Good Gene, Cellular and Tissue-based products Manufacturing Practice）という GMP とは異なる考え方による独自の基準が定められています。

　医薬品の製造販売の承認を得るまでの手続きにおいて、**非臨床試験**段階についての**実施基準**は**GLP**（Good Laboratory Practice）、**臨床試験（治験）**段階についての**実施基準**は**GCP**（Good Clinical Practice）といわれます。

　このように、医薬品等は、研究の初期段階から販売後まで、医薬品医療機器法に基づいて決められた方法にしたがって行動することが求められています。

　医薬品医療機器法では、薬局や医薬品の販売に関しても規制が行われていますが、すでに2006年大改正の説明において一般用医薬品の販売に関する規制緩和について述べたので、それ以上の詳細は省略します。

　医薬部外品については、定義はすでに述べました。医薬部外品の製造販売の許可については、医薬品と同様です。ただし医薬品の**総括販売責任者**（品質管理と製造販売後の安全管理）が薬剤師でなければならないのに対して、医薬部外品では大学等で薬学、化学を履修したものでよいとされています。

製造業の許可も医薬品と同様であり、GMPが適用されます。医薬部外品の製造販売の承認についても、品目ごとにとる必要があります。このように医薬部外品の製造販売、製造については、医薬品とほぼ同様です。しかし、**販売に関しては**、すでに述べたように医薬品とまったく異なり**許可は不要**です。ただし製造販売後の安全管理基準GVPは、医薬部外品の製造販売業者に適用されます。

　以上述べた医薬品医療機器法のポイントを化粧品について述べます。**化粧品**は、「人の身体を清潔にし、美化し、魅力を増し、容貌を変え、又は皮膚若しくは毛髪を健やかに保つために、身体に塗布、散布その他これらに類似する方法で使用することが目的とされている物で、人体に対する作用が緩和なもの」と定義されています。ここにも医薬品医療機器法の第1のポイントである**目的規制**が明確に表れています。**薬効を謳った歯磨き**はもはや化粧品ではなく、**医薬品か医薬部外品**になります。整髪だけを目的とするなら化粧品ですが、**発毛や育毛**を効能として述べれば**医薬部外品**になります。また、化粧品の使い方はあくまでも身体への塗布、散布などに限られます。飲むことによってきれいになる化粧品は、定義上ありえません。男性型脱毛内服薬フィナステリドのような商品は、育毛効果云々の議論は別にして、化粧品ではなく、定義上から医薬品または医薬部外品になります。

　医薬品医療機器法の第2のポイントである化粧品の**製造販売業、製造業の許可制度**、**製造販売の承認**制度は医薬品と同じです。ただし、何度かの改正を経て現在では、化粧品は医薬品や医薬部外品に比べて大幅に規制緩和されています。2001年から**化粧品の全成分の名称を表示**した場合には、**承認が不要**とされました。これは流行が激しく変化する化粧品にとっては画期的な規制緩和でした。ただし**化粧品基準**が定められ、化粧品への**配合禁止成分**や**特定成分の最大配合量**が定められています。化粧品用に新しい成分を開発し、それの表示を望まない場合には、医薬品と同様に化粧品も品目ごとの承認を得る必要があります。化粧品の**販売業**に関しては**許可が不要**です。

　化粧品の規制緩和は単純に喜んでいられる問題ではありません。それは安全性に関する責任が大きく企業に移ったことを意味します。2013年に起こった**美白化粧品による白斑問題**は、このことをはっきり示しました。この化粧品の美白成分ロドデノール自体は、2008年に医薬部外品として**承認さ**れ

ています。したがってこの成分を配合した化粧品は、新しい化粧品品目ごとに承認を得なくても全成分を表示すれば製造販売できました。白斑問題が大きくなったので、2013年7月には製造販売業者による**自主回収**が始まり、被害者に対する医療費・交通費・慰謝料等の支払いも行われるようになって、企業は大きなダメージを受けました。一方、厚生労働省は、「現時点で、医学的に**因果関係**を結論づけるのは難しい」と逃げ、2013年10月に厚生労

【第4－14表】農薬取締法のポイント

（2018年改正により条文番号が全面改訂されました）

目的（第1条）　農薬について登録の制度、販売・使用の規制により、農薬の品質適正化と安全適正な使用の確保を図る　農業生産の安定と国民健康の保護

用語の定義（第2条）　農薬とは、殺菌剤、殺虫剤、除草剤その他の薬剤　農作物の病害虫の防除に用いられる
　　成長促進剤、発芽抑制剤　農作物等の生理機能の増進又は抑制に用いられる
　　製造者とは、農薬を製造し、又は加工する者
　　販売者とは、農薬を販売（販売以外の授与を含む）する者

農薬の登録（第3条）製造者、輸入者は、製造、加工、輸入にあたって農薬の登録必要
　　申請書、農薬の安全性その他品質に関する試験成績の書類と農薬見本を添えて農水大臣に登録申請

特定農薬の登録不要（第3条）　その原材料に照らし農作物等、人畜及び水産動植物に害を及ぼすおそれがないことが明らかなものとして農水・環境大臣が指定する特定農薬（天敵、エチレン、次亜塩素酸水、重曹、食酢が告示指定済み）は登録不要

ジェネリック農薬登録申請の簡素化（第3条②）　試験データの一部免除

農薬再評価（第8条）　農水大臣が公示したとき再評価を受ける。再評価までの期間は、同一有効成分を含む農薬の登録から15年（規則第13条）

製造者及び輸入者の農薬容器への表示（第16条）

販売者の届出（第17条）
　　　　販売者についての農薬の販売の制限、禁止等（第18条）　第16条の表示のある農薬および特定農薬以外の販売禁止。違反には回収命令（第19条）

帳簿（第20条）　製造、輸入、販売者は記載義務。3年保存（規則第16条）

農薬の使用禁止（第24条）　第16条の表示のある農薬及び特定農薬以外の農薬の使用禁止

農薬の使用の規制（第25条）　農林水産・環境大臣は農薬の種類ごとに、使用時期、方法等の基準を定め、使用者は遵守義務

報告・検査（第29条）　農水・環境大臣は製造者、販売者、使用者等に対して、報告を命じたり、農薬等を集取したり、立入り検査したりできる

外国製造農薬の登録（第34条）　外国の製造業者も国内管理人を選任した上で、登録を受けることができる

外国製造農薬の輸入者の届出（第36条）

働省では白斑症状の原因究明・再発防止に関する研究班の設置を行って問題を先送りしただけでした。2014年春には、製造販売業者に対する被害者の集団訴訟（**製造物責任法**に基づく）も始まりました。2020年11月末時点で企業による白斑症状確認者数19,606人、和解合意者数18,732人、対象商品回収数約70万個と、ほとんどすべてが企業の責任で対応がとられ、医薬部外品を承認した厚生労働省の責任はあいまいなままです。

農薬取締法

農薬も医薬品と同じく製品の品質、有効性、安全性について**農薬取締法（第4−14表**参照）によって詳細に規制されています。しかし、医薬品医療機器法の規制が許可制・承認制など厳しいものであるのに対して、農薬取締法はかなり違った規制体系です。まず製造者、輸入者、販売者など業への参入に対する許可制などの規制はありません。農薬の個々の製品については、**製造、輸入**にあたって**登録**を受けなければなりません。医薬品等が承認であるので、この点も異なります。しかし申請書類は医薬品等の場合と同じです。**薬効、薬害、毒性及び残留性**に関する試験成績を添えて申請しなければなりません。医薬品等と違って農薬は環境中に散布される化学物質なので、人間のみならず、**環境生物に対する毒性**や**蓄積性、残留性**の試験も必要です。残留性試験は、農薬及びそれから化学的変化で生成する化学物質が農作物と土壌に残留する性質を調べます。1948年に農薬取締法が制定されたころに比較して、試験項目は著しく増加しました。この点は毒物劇物取締法とは著しく異なります。農薬取締法の**毒性試験（急性、慢性、発がん性、変異原性**など）、**残留性試験（分解性、蓄積性）**の研究蓄積は、あとで述べる環境汚染防止のための化学物質規制に大変に役立ちました。なお、農林水産大臣・環境大臣が指定する特定農薬は登録が不要です。今までに告示されている**特定農薬**は天敵、エチレン、次亜塩素酸水、重曹、食酢です。エチレンは馬鈴薯の萌芽抑制、バナナやキウイフルーツ等の追熟促進に使われます。次亜塩素酸水は次亜塩素酸ソーダではありません。新型コロナの殺菌消毒に有効か否かで話題になりました。特定農薬として、きゅうりのうどんこ病等の散布用殺菌剤に使われます。重曹も野菜等のうどんこ病、さび病、灰色かび病の散布用殺菌剤です。食酢は稲もみの消毒用殺菌剤です。

　農薬の販売者になるには知事への**届出**が必要です。登録された農薬及び特定農薬以外の農薬の販売は禁止です。農薬の製造者、輸入者、販売者が取引において帳簿をつける点は毒物劇物取締法と似ています。

　農薬の使用にあたっては、散布者の健康のみならず、農作物残留農薬の観点から**使用基準**が定められています。農薬散布時期や散布量を間違って**残留農薬基準**を超えた農作物は、**食品衛生法**で出荷できなくなります。登録された農薬及び特定農薬以外の農薬の使用は禁止されています。この規定は、2002年に起こった無登録農薬の販売・使用問題（44都道府県約270営業所，約4000農家）に対処するために2003年法改正で導入されました。

肥料品質確保法

　1950年制定の**肥料取締法**が、2019年12月公布の改正法によって、**肥料品質確保法**に名称が変更されました。肥料は見た目では成分の判別がしにくく品質をごまかすことができるため、1950年に品質の確保と公正な取引を主な目的として肥料取締法が制定されました。その後、カドミウム米騒動など食の安全への関心が高まったことを反映して有害成分を含まないなどの安

【第4－15表】普通肥料の種類と代表的な製品

普通肥料の種類	代表的な製品
窒素質肥料	硫酸アンモニア、塩化アンモニア、硝酸アンモニア、尿素、石灰窒素、被覆窒素肥料、液状窒素肥料、混合窒素肥料
りん酸質肥料	過りん酸石灰、重過りん酸石灰、りん酸苦土肥料、熔成りん肥、鉱さいりん酸肥料、被覆りん酸肥料、液体りん酸肥料、混合りん酸肥料
加里質肥料	硫酸加里、塩化加里、硫酸加里苦土、被覆加里肥料、混合加里肥料
有機質肥料	魚かす肥料、干魚肥料粉末、生骨粉、蒸製骨粉、大豆油かす及びその粉末、なたね油かす及びその粉末、混合有機質肥料
複合肥料	化成肥料、配合肥料、混合堆肥複合肥料、混合汚泥複合肥料、液状複合肥料、家庭園芸用複合肥料
石灰質肥料	生石灰、消石灰、炭酸カルシウム肥料、貝化石肥料
けい酸質肥料	けい灰石肥料、鉱さいけい酸質肥料、シリカゲル肥料
苦土肥料、マンガン質肥料、ほう素質肥料	硫酸苦土肥料 水酸化苦土肥料、硫酸マンガン肥料、ほう酸塩肥料、加工ほう素肥料
微量要素複合肥料	熔成微量要素複合肥料、液体微量要素複合肥料
汚泥肥料等	下水汚泥肥料、し尿汚泥肥料、工業汚泥肥料、汚泥発酵肥料、水産副産物発酵肥料、硫黄及びその化合物

全性確保に主な目的が移りました。2019年名称変更は、生産等に関する規制は続けるものの「取締法」という時代錯誤的な表現を改めたものと考えられます。

　肥料品質確保法では、肥料を**普通肥料**と**特殊肥料**に分類します。特殊肥料とは、魚かすや米ぬかのように農家の経験と五感により品質を識別できる単純な肥料と、その価値や施用量が必ずしも主成分の含有量のみに依存しない肥料で農林水産大臣が指定したもの（堆肥、動物の排せつ物、骨灰など）があります。普通肥料は特殊肥料以外のすべての肥料で、化学肥料、汚泥を原料とした肥料などがあります（**第4−15表**参照）。

　そもそも肥料とは、植物の栄養に供する又は植物の栽培に資するため土壌に化学的変化をもたらすことを目的として**土地に施される物**と定義されていましたが、葉面散布肥料が増加したので、植物の栄養に供することを目的として**植物に施される物**も定義に加わりました。

　肥料は品質、有効性、安全性の視点から規制されています。しかし、医薬品、農薬の規制に比較するとはるかに緩やかなものになっています。特殊肥料については品質の保全や公正な取引の確保のための特別な措置を要しないと考えられることから、生産や輸入にあたっては都道府県知事への届出だけです。ただし、堆肥と動物の排泄物については品質表示が義務づけられています。品質表示のうち、主成分の含有量は保証値ではなく、単なる含有量です。

　一方、普通肥料については、登録、保証票添付による規制が行われます。農林水産省告示により肥料の製品（種類）ごとに主成分（窒素、リン酸、カリなど）の最小量、有害成分（ヒ素、亜硝酸、ウレット性窒素、カドミウム、ニッケル、クロムなど）の含有を許される最大量を定めた**公定規格**が示されています。普通肥料の生産・輸入業者は、普通肥料製品ごとに農林水産大臣か知事の登録を受けなければなりません。製品が公定規格に適合すれば**登録**されます。登録業者は、生産・輸入した肥料の容器包装に保証票を付けなければなりません。保証票のない肥料の流通は禁止されます。普通肥料の中でも汚泥肥料等の公定規格には、含有すべき主成分の最小量はなく、有害物質の最大量だけが指定されています。また、登録を受けた普通肥料だけを規則に従って配合した肥料を指定混合肥料といいます。指定混合肥料は届出だけで生産、輸入することができます。

　水田への堆肥投入量がこの 30 年間で 4 分の 1 に減少し、地力低下が懸念される事態になっています。このため、産業副産物を堆肥等の原料に活用しやすくするために、2019 年法改正により、利用可能な産業副産物の範囲を明確化するとともに、肥料の生産・輸入業の帳簿付けをすべき項目の中に原料を導入しました。また取り扱いの面倒な堆肥を使いやすくするために、指定混合肥料の範囲を拡大して、堆肥と化学肥料との配合を可能にし、また指定混合肥料を造粒してつくられる肥料も指定混合肥料に含めました。

バイオスティミュラント

　近年欧米でバイオスティミュラント（生物刺激剤）と呼ばれている資材が注目されています。2018 年 1 月に日本でも 8 社により日本バイオスティミュラント協議会が設立され、2020 年 7 月現在では 26 社、法人賛助会員 58 社になっています。既存の農薬会社や肥料会社も会員や賛助会員になっています。

　バイオスティミュラント協議会のホームページでは、バイオスティミュラントについて、次のように説明しています。作物は、もともと、種子の時点で、収穫時の最大収穫量が遺伝的に決まっています。ところが、発芽時や、苗の時期、開花期、結実期、収穫直前などに、非生物的ストレス（干害、高温障害、塩害、冷害、霜害、活性酸素による酸化的ストレス、雹や風などの物理的障害、農薬による薬害）と生物ストレス（病虫害、雑草）によって収穫量が減少していき、本来、収穫できるはずだった収量が減少します。このうち、非生物的なストレスによる収量減少を軽減することがバイオスティミュラントの役割としています。

　しかし、バイオスティミュラントには、まだ確定した定義はないとし、日本バイオスティミュラント協議会が最も信頼をもって参照できるヨーロッパバイオスティミュラント協議会が提唱する定義を次のように紹介しています。；バイオスティミュラントとは、作物の活力、収量、品質および収穫後の保存性を改善するために、栄養素とは異なる経路を通じて植物生理に作用するものであり、作物の生理学的プロセスを制御・強化するために、植物または土壌に施用される化合物、物質および他の製品の多様な製剤が含まれる。

　バイオスティミュラントの具体的な効果として、活性酸素の抑制、光合成

の活性化、開花・着果の促進、蒸散のコントロール、浸透圧の調節、根圏環境の改善、根量の増加、根の活性向上などがあり、これらを通じて、増収と活力向上、栄養素の吸収促進、収穫物の品質向上、非生物的ストレスへの耐性向上が図られるとしています。

　バイオスティミュラントを資源別に分類すると、①腐植質、有機酸資材（腐植酸、フルボ酸）、②海藻および海藻抽出物、多糖類、③アミノ酸およびペプチド資材、④微量ミネラル、ビタミン、⑤微生物資材（トリコデルマ菌、菌根菌、酵母、枯草菌、根粒菌など）、⑥その他（動植物由来機能性成分、微生物代謝物、微生物活性化資材など）があります。

　既存の国内法との関係では、病害虫雑草の防除を管轄する農薬（農薬取締法）や、植物に栄養を供給し土壌に化学的変化をもたらす肥料(肥料品質確保法)、さらには土壌に物理的改変を与える土壌改良材(地力促進法)のいずれの法的範疇にも収まらないとしていますが、農薬取締法の「農作物等の生理機能の増進又は抑制に用いられる成長促進剤、発芽抑制剤その他の薬剤」、肥料品質確保法の「肥料とは、植物の栄養に供すること又は植物の栽培に資するため土壌に化学的変化をもたらすことを目的として土地にほどこされる物及び植物の栄養に供することを目的として植物にほどこされる物」という定義に該当するものが多いようにも感じられます。現に会員欄に紹介されている製品には、農薬取締法や肥料品質確保法の登録を得ている製品も多数存在します。農薬や化学肥料という用語に伴う悪いイメージを払拭することが、本来の狙いかも知れません。

食品衛生法

　食品の安全性確保を目的に公衆衛生の見地から規制する法律が**食品衛生法**（**第4−16表参照**）です。食品を経由する伝染病や食中毒の防止等食品の安全性を確保することを目的に1947年に制定されました。その後、しばしば改正が繰り返されてきました。食品のみならず、食品に使われる食品添加物、食品中に残留する農薬等、食品に使われる器具・包装材料、食品用洗浄剤、さらに乳幼児が口に入れたり，舐めたりする可能性のあるおもちゃまで規制対象になっています。食品に使うことができる食品添加物の種類・量、農薬等の食品残留基準量ばかりでなく、器具・包装材料に使うことが許される合

【第4－16表】食品衛生法のポイント（化学産業に深く関連する部分）

体系　　法律 － 施行令 － 施行規則 － 昭和34年12月告示第370号（食品、添加物等の規格基準）
（食品添加物公定書の主要部分）

総則（第一章）
　　目的（第1条）　食品の安全性の確保のために公衆衛生の見地から規制措置を講じ、国民
　　　　の健康の保護を図ること
　　定義（第4条）
　　　　食品とは、すべての飲食物。ただし、医薬品医療機器法の医薬品、医薬部外品及び
　　　　　再生医療等製品は含まない
　　　　添加物とは、食品の製造の過程で食品の加工・保存の目的で、添加、混和、浸潤に
　　　　　より使用する物
　　　　器具とは、食品・添加物の採取、製造、加工、調理、貯蔵、運搬、陳列、授受・摂
　　　　　取の用に供され、食品・添加物に直接接触する機械、器具その他の物
　　　　容器包装とは、食品・添加物を入れ、包んでいる物で、食品・添加物をそのままで
　　　　　引き渡すものをいう
食品及び添加物（第二章）
　　　　指定成分等含有食品による健康被害の届出義務（第8条）
　　　　一部の食品・添加物はHACCPに基づく衛生管理されたもの以外は輸入禁止、輸出国政府
　　　　　発行の衛生証明書の添付義務（第11条）
　　　　指定添加物以外の使用の禁止（第12条）
　　　　食品、添加物の規格制定と規格に合わないものの製造販売使用の禁止（第13条①、②）
　　　　食品に残留できる農薬量規格の設定と超える食品の販売使用等の禁止（第13条③）
器具及び容器包装（第三章）
　　　　器具、容器包装およびそれらの原材料についての規格制定（合成樹脂のポジティブリスト）
　　　　　と規格に合わないものの販売、使用等の禁止（第18条）
表示及び広告（第四章）
　　　　食品、添加物、器具、容器包装の表示基準の制定（第19条）
　　　　食品添加物公定書（第21条）　　第11条に基づく食品、添加物等の規格基準（告示）に第
　　　　　19条の表示基準を加えたもの
検査（第七章）
　　　　検査（第25条）　　政令指定の食品、添加物、器具、容器包装は検査合格及び合格表示が
　　　　　必要

　成樹脂の種類、コモノマーの種類、樹脂添加物の種類・使用量、洗浄剤に含
まれてはならない物質や使用できる香料／着色料、おもちゃから溶出する重
金属の基準量など様々な規制が行われるため、幅広い化学製品に関連する法
律です。食品衛生法は、法律、施行令、施行規則によって規制の骨格が示さ
れていますが、個別の化学製品・化学物質に関する具体的な規制基準やその
試験法は、**食品、添加物等の規格基準**（昭和34年厚生省告示第370号）と

いう厚生労働省告示を参照しなければ実務上の役に立ちません。これは厚生労働省のホームページでみることができます。しかし、第2部第4章3 食品添加物で述べたように、この告示は膨大で必要箇所を探し出すだけでも苦労します。

　食品衛生法は当然のことながら食品自体に関して多くの規制が行われていますが、ここでは化学製品に関連する食品衛生法の規制を中心に説明します。

　食品添加物については食品衛生法施行規則別表1で指定されたもの（**指定添加物**）以外は使用禁止です。指定された食品添加物には合成化合物だけでなく天然物もあります。その使用基準についても食品、添加物等の規格基準（告示）に詳細に規定されています。また、**食品添加物公定書**としてまとめられ、おおむね5年ごとに改訂されています。厚生労働省ホームページでみることができます。

　このほか指定を受けずに使用できる食品添加物に類似したものとして**既存添加物、天然香料、一般飲食物添加物**が認められています。それぞれ既存添加物名簿、天然香料基原リスト、一般飲食物添加物リストとしてまとめられており、これらも厚生労働省ホームページでみることができます。これらの内容については、第2部第4章3において説明しましたので省略します。ただし、既存添加物は1995年食品衛生法改正により天然物も指定添加物の対象になったことから設定されたものです。長い食経験から使用・販売が認められた添加物類似のものですが、逐次、安全性の確認が行われています。問題のある場合には既存添加物名簿から外され、製造・輸入・販売の禁止措置が行われています。2020年に外された品目には、魚類の上皮部から抽出して得られる魚鱗箔、イチョウ及びヘゴの葉からの抽出物、イタコン酸、フェリチンなどがあります。

　次に食品に残留する農薬等（**農薬、飼料添加物、動物用医薬品**）に関しては、食品衛生法に基づき、食品、添加物等の規格基準（告示）の中に農薬等の農産物・畜産物・魚介類の種類／食品となる部位ごとに残留基準が具体的に設定されています。

　農薬取締法で触れたように、特定農薬を除いて登録された農薬以外の農薬の使用は禁止されています。登録された農薬ごとに定められた残留基準を超える食品は食品衛生法によって販売禁止です。しかし、輸入食品の増大に伴

って、海外で使用された日本では無登録の農薬が輸入食品に残留している事例が多発するようになりました。従来の食品衛生法による**ネガティブリスト規制**（原則としてリスト化したものだけを規制し、リストにないものは規制なし）では、このようなケースにおいて食品の販売禁止を行うことができない事態に陥りました。これに対処するために食品衛生法が改正され、2006年から**ポジティブリスト規制**（原則として農薬等の食品中への残留は一切禁止とし、一定量の残留まで安全性が確認された農薬等のみをリスト化して残留基準により規制）に切り替えられました。国内で登録されていない農薬に関しても、国際基準や欧米の基準を参照してできるだけ多くの農薬に残留基準を設定し、それでも基準のない農薬に対しては一律基準（0.01ppm）を設定し、すべてに規制の網をかけました。さらにポジティブリスト規制には、農薬だけでなく飼料添加物と動物用医薬品も加えました。この結果、残留基準が定められた農薬等の数は、2006年以前の農薬250、動物用医薬品等33に対して、2006年以後は著しく増加し、農薬等合計で799になりました。

　調理器具・食品包装材料、おもちゃについても、食品、添加物等の規格基準（告示）によって、有害物質の含有量、溶出量などを基礎にして基準が示されてきました。**ネガティブリスト規制**でした。これに対して、調理器具、食品包装材料に使われる合成樹脂以外の材料（金属、ゴム、紙等）及び合成樹脂着色料に関する規制とおもちゃに関する規制は従来どおりですが、調理器具、包装材料に使われる合成樹脂に関しては、2018年法改正により従来のネガティブリスト規制（使ってはならないものをリストアップ）から**ポジティブリスト規制**（原則使用を禁止した上で、使用を認める物質と量をリストアップして、それのみ使用を認める）に180度変換されました。ポジティブリスト制度を採用している国が米国、ＥＵ、インド、中国、オーストラリア，ブラジルなど多くを占めることから国際的な整合を図るためです。

　2018年改正では食品に触れる可能性のある合成樹脂だけが規制対象となりました。容器やフィルムのような合成樹脂だけから成る成形品ばかりでなく、牛乳紙パックの内側に貼ってある合成樹脂や金属缶の内側のコーティング樹脂も対象になります。また、合成樹脂製品中に残存することを意図して用いられる樹脂添加剤（重合触媒や開始剤は除く）や塗布剤も対象になります。ただし、同じ合成高分子でも熱可塑性エラストマーは対象になりますが、

加硫する熱硬化性の合成ゴムはポジティブリスト規制の対象になっていません。

　食品用器具・容器包装のポジティブリスト制度は2020年4月28日に食品、添加物等の規格基準の一部改正として具体的に告示され、2020年6月1日から施行されました。ただし、5年間の経過措置が付けられています。経過措置後は、ポジティブリストに載っていない合成樹脂や樹脂添加剤を新たに開発した場合には、ポジティブリストに追加掲載されない限り食品容器・包装用途には使えなくなります。食品用器具・容器包装は合成樹脂の最大の用途であり、この改正は化学産業に広く影響するものなので、ポジティブリストの内容について、やや詳しく説明します。

　食品、添加物等の規格基準（告示）「第3　器具及び容器包装　A 器具若しくは容器包装又はこれらの原材料一般の規格」の第8号に合成樹脂の材質ごとの規格が別表第1に示されました。合成樹脂の材質の98wt%超を構成するものを**基ポリマー**と呼んでいます。別表第1（1）には器具及び容器包装の本体となる基ポリマー 71樹脂、約960項目が、別表第1（2）には塗膜（コーティング）としてのみ使うことができる基ポリマー 17樹脂、それらへの架橋反応剤・架橋用等の高分子成分を含めて約1,030項目が掲げられています。この約2,000項目ごとに5種類の**使用可能食品区分**（酸性、油性及び脂

【第4－17表】食品衛生法合成樹脂ポジティブリスト樹脂区分

区分	想定樹脂	構成モノマー	ガラス転移温度または融点	吸水率
5	ポリエチレン	EL50w%以上		
6	ポリプロピレン	PL50w%以上		
7	PET	PTA＋EG50mol%以上		
4	ポリ塩化ビニル、ポリ塩化ビニリデン	MVC、MVDC50w%以上		
1	エンジニアリングプラスチック、架橋ポリマー		150℃以上	
2	ポリスチレン、オレフィン系樹脂等			0.1%以下
3	ポリエステル、ポリアミド等			0.1%超

〔注1〕EL：エチレン、PL：プロピレン、PTA：テレフタル酸、EG:エチレングリコール、MVC：塩化ビニル、MVDC：塩化ビニリデン
〔注2〕熱硬化性樹脂は主に区分1、一部は区分3

肪性、乳・乳製品、酒類、その他で使用可能なら○、使用不可なら−）、**使用許容最高温度**（Ⅰ：70℃、Ⅱ：100℃、Ⅲ：100℃超のいずれか）及び**合成樹脂区分**（**第4−17表**）が示されています。たとえば、別表第1（1）でポリエチレンは単独重合体のほか、直鎖状低密度ポリエチレンLLDPEが該当する1-アルケン・エチレン共重合体、マレイン酸化合物で修飾されたエチレン単独重合体など11項目が示されています。さらにエチレン・酢酸ビニル共重合体EVA、エチレン・ビニルアルコール共重合体、多種類のアクリル酸化合物・エチレン共重合体、塩素化ポリエチレンなど様々なエチレン共重合体や変性品がポリエチレンとは異なる合成樹脂として掲示され、それらがまたいくつかの項目に分けられています。別表第1（2）ではアクリルポリマー、エポキシポリマー、ポリウレタンなど塗料、コーティング材料に使われる合成樹脂17種類がそれぞれ数十項目に分けられて掲示され、さらにこれらをプレポリマーとした際に使われる架橋剤や架橋高分子成分がそれぞれ数十項目にわたって示されています。

　なお、混合樹脂（ポリマーブレンド等）は混合する各ポリマーが別表第1に掲載されていれば新たな収載を行わなくても使用可能です。ただし、混合時に化学反応が起こる場合には混合とは認められません。

　次に別表第1（3）には基ポリマーの物性を修正するために合成樹脂全重量に対して2wt％以下の微量に加えられる**微量モノマー**が10区分（非芳香族有機酸類、アルコール類、有機窒素化合物、炭化水素化合物等）265種類掲載されています。これら微量モノマーは、企業秘密に関わる場合もあるので別表第1（1），（2）の項目ごとに示されるのではなく、微量モノマー全体として示されています。

　別表第2は使用できる樹脂添加剤等約2,450種類が掲載されています。別表第1（1），（2）の合成樹脂・各項目に併記されている合成樹脂区分（**第4−17表**）ごとに樹脂添加剤等の使用制限量（重量％）が示されており、これ以上の使用は許されません。また、この欄に−がある場合には、その区分の合成樹脂にはその樹脂添加剤等は使用できません。このほか、必要に応じて特記事項も記載されているので注意する必要があります。

　自社が提供する多種類の合成樹脂グレードが、これらの掲示のどれに該当するのかチェックするだけでも相当の知識と手間が必要になります。

　一方、合成樹脂や合成樹脂製品の製造過程で用いられるものの、製品中に残存することを意図しない重合触媒、重合開始剤、製造中にのみ使用され、その後除去される溶媒等及び着色料については、従来からのネガティブ規制（食品、添加物の規格基準告示 第3　器具及び容器包装Ａの5）が適用されます。

化学物質の安全性評価と安全基準のつくり方

　食品衛生法だけでなく、医薬品医療機器法、化学物質審査規制法、農薬取締法など化学物質の安全に関係ある法律において、安全基準を作成する基本となる**毒物学**のポイントを知っておくことは重要です。

　無農薬作物とか、食品添加物無添加の食品とか、防腐剤無添加の化粧品など、化学物質、とくに合成化学物質を非常に毛嫌いする人、それをあおるマスコミ関係者や一部の学者がいます。化学物質に限らず、自然食品であろうと、加工食品であろうと、すべての物質も食品も一定量を超えて摂取すれば身体に悪影響を与えます。毒性とは、量との兼ね合いの問題なのです。米国では1958年に**デラニー条項**が制定され、動物実験で発がん性ありとされた化学物質は食品添加物としての使用が一切禁止されました。発がん性は量と関係ないので、ゼロリスクにしなければならないとの発想でデラニー条項は

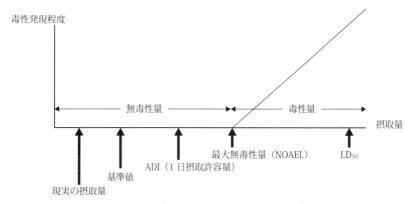

【第4−1図】食品添加物、残留農薬等の基準作成の考え方

つくられました。しかし、発がん性も量との兼ね合いであることがわかり、この条項は1996年に削除されました。

第4−1図に摂取量と毒性発現の模式図を示します。ここでいう毒性とは、毒物劇物取締法の**急性毒性**ばかりでなく、さまざまな**長期毒性**も含みます。具体的な長期毒性試験としては**亜急性毒性試験、慢性毒性試験、1年間反復投与毒性試験、発がん性試験、変異毒性試験、繁殖試験、催奇性試験、体内動態試験**などがあります。砂糖でも食塩でも極端に多量に投与し、摂取させれば致死に至ります。そこまで行かなくても何らかの毒性を示す領域があります。その領域よりさらに低い量であれば作用（毒性）を示さなくなります。この有害な影響が認められない最大投与量、すなわち無毒性領域と毒性領域の境目となる投与量を**最大無毒性量**（NOAEL）と呼びます。動物試験でNOAELを求める場合には、第4−1図の摂取量の目盛りは、しばしば対数表示が使われ、外挿によりmg/kg体重として求められます。NOAELから、動物と人間の差、個人差などを考慮して**安全係数**（しばしば100が使われます）で割り算して**1日許容摂取量**（ADI）が求められます。さらに残留基準などの規制基準値は平均的日本人の食事メニュー等から種類別食品の摂取量などを考慮して、1日のその物質の摂取量合計がADIを超えないように、食品の種類・食品となる部位ごとに決められます。事業者は規制基準値を超えることがないように、規制基準値より相当に低いレベルで食品添加物の使用量を管理し、また残存農薬量をキープするように農薬使用基準が設定されるので、現実の摂取量はADIより相当に低いレベルになります。

環境汚染防止のための化学物質規制に関する法律

農薬取締法、各種の公害規制法、事故・犯罪防止を目的とした化学物質の規制法では、化学物質による世界的に広範な環境汚染の防止には不十分であることが1960年代初めに**DDT汚染**によって、次いで1960年代末に**PCB汚染**によって明らかになりました。

DDTなどの塩素系農薬による環境汚染を訴えた『**沈黙の春**』は、1962年に**レイチェル・カーソン**によって書かれました。化学産業に携わる人は是非読んでおくべき名著です。文庫本（新潮文庫）も出ています。PCBは、1968年に日本で起きた**カネミ油症事件**をきっかけにして、世界中に広く環

境汚染が進んでいることが1970年代に判明しました。それまでは有機物など
の化学物質は環境中で分解しているものと考えられていました。しかし、

【第４－18表】化学物質審査規制法のポイント

総則（第一章）
  目的（第１条）　化学物質による環境汚染防止のため、新規化学物質の事前審査制度を設
　　置し、性状等に応じ必要な規制を実施する
  用語の定義（第２条）
    ②第一種特定化学物質　　難分解性あり、高蓄積性あり、長期毒性あり
      毒性とは人への長期毒性か、高次捕食動物への毒性
    ③第二種特定化学物質　　環境残留、長期毒性あり
    ④監視化学物質　　難分解性あり、高蓄積性あり、長期毒性が不明確
    ⑤優先評価化学物質　　環境残留、長期毒性不明確なため優先的に評価
    ⑥新規化学物質　　届出後公示された化学物質、第一種、第二種特定化学物質、優
      先評価化学物質、既存化学物質以外のもの
        一般化学物質＝優先評価化学物質、監視化学物質、第一種特定化学物質、第
        二種特定化学物質、新規化学物質以外の化学物質（すなわち
        既存化学物質＋届出後公示された化学物質＋旧第二種監視化学物質＋旧第三
        種監視化学物質＋優先評価化学物質を取り消されたもの）
        特定一般化学物質　　一般化学物質のうち長期毒性あり
新規化学物質に関する審査及び規制（第二章）
  製造等の届出（第３条）　新規化学物質の製造、輸入者は届出
    年間環境排出数量が1トン以下、試験研究用、試薬用、環境汚染のおそれがないと指定（中
    間物等）されているものの確認を受けたとき、低懸念ポリマーの確認基準該当と確認
    された高分子化合物は届出必要なし
  審査（第４条）　国は３カ月以内に特定・監視化学物質に該当可否を判定し、届出者に通知。
  該当なら指定、該当せずならその旨を公示
  低生産量新規（10トン以下）における審査の特例等（第５条）
  製造等の制限（第６条）　通知を受けるまで製造・輸入の禁止
一般化学物質に関する届出（第三章）
  製造数量等の届出（第８条）　1トン以上の一般化学物質の製造、輸入者は数量を事後届出
優先評価化学物質に関する措置（第四章）
  製造数量等の届出（第９条）　1トン以上の優先評価化学物質の製造、輸入者は数量を事後
    届出
  有害性等の調査指示（第10条）　大臣は必要と認めるとき、製造、輸入者に有害性試験成
    績の提出を求められる
第一種特定化学物質に関する規制等（第五章）
  監視化学物質の製造数量等の届出（第13条）　監視物質の製造・輸入者は前年度数量を届
    出
  監視化学物質に係る有害性の調査指示（第14条）　大臣は必要と認めるとき、製造、輸入
    者に有害性試験成績の提出を求められる
  第一種特定化学物質の製造の許可（第17条）輸入の許可（第22条）　第一種特定化学物質
    の製造・輸入は許可制（事実上禁止）
  第一種特定化学物質の使用の制限（第25条）使用の届出（第26条）

ある種の化学物質は、環境中で容易に分解せず、また動植物への蓄積性も
あることから食物連鎖により高濃度になることもあることがわかってきまし
た。

　このような化学物質による環境汚染はOECD（経済協力開発機構）を中心
に検討が進み、日米欧で足並みをそろえて対策が進められました。こうして
1973年に日本で制定されたのが**化学物質審査規制法**（**第4−18表**参照）で
す。法律制定後、1986年、2003年、2009年、2017年に大きな改正が行
われてきました。この法律は、分解性、蓄積性、毒性の三つの観点からすべ
ての化学物質を**第一種特定化学物質、監視化学物質、第二種特定化学物質、
優先評価物質、特定一般化学物質、一般化学物質**に分類し、分類に対応して
製造、輸入、販売、使用の規制を行います。毒性については、法律制定当初
は人に対する長期毒性のみでしたが、その後、環境生物に対する毒性も追加
されました。

　難分解性、高蓄積性、人への長期毒性または**高次捕食動物への長期毒性**あ
りと判定される場合に**第一種特定化学物質**と指定されます。環境中への放出
を回避するために、**製造・輸入の許可**（事実上禁止）、**使用制限**（原則禁止）、
回収等の措置命令の規制がかけられます。現在ではDDTなどの塩素系農薬、
PCB、BHC、DDTなど33物質が指定されています。ハロゲンを多く含む物
質が多くありますが、2,4,6-トリ-*tert*-ブチルフェノール、ビス(トリブチル
スズ)=オキシドのようなハロゲンを含まない物質もあります。

　難分解性、高蓄積性があると認められるが、人や高次捕食動物への長期毒
性が不明の場合には**監視化学物質**となります。酸化水銀（Ⅱ）、シクロドデ
カンなど38物質が指定されています。監視化学物質は2003年法改正で導
入されました。使用状況を詳細に把握する必要があるために前年度の製造・
輸入実績数量の**届出**が必要です。

　人または生活環境動植物への長期毒性があり、しかもその性状、数量から
みて相当広範な地域に相当程度残留しているか、その見込みがある場合に
は**第二種特定化学物質**となります。トリクロロエチレンなどの塩素系溶剤、
有機スズ化合物など23物質が指定されています。第二種特定化学物質は、
1986年法改正で導入されました。環境中への放出を抑制するために製造・
輸入の年度予定数量の**事前届出**、**実績数量の届出**が必要です。必要に応じて

予定数量の変更命令を受ける可能性があります。環境汚染が起きないように、製造・使用時における技術上の指針が公表されています。

　法律公布時に製造や輸入が行われていた化学物質は**既存化学物質**名簿に掲載され公表されています。2009年法改正により既存化学物質を含むすべての化学物質について、一定数量以上製造・輸入した事業者に対して数量等の届出制度が導入されました。その中から**優先評価化学物質**を指定しています。すなわち人又は生活環境動植物への長期毒性がないことが明らかとは認められず、製造・輸入数量が大きいことから相当程度残留しているか、その見込みがあるために詳細な安全性評価（とくに長期毒性に関する評価）を優先的に行うべき物質が優先評価化学物質です。アクリル酸エステル、アクリロニトリル、エチレンオキシド、ベンゼン、トルエン、キシレン、スチレンなど生産数量の大きな、ありふれた化学製品を含め229物質が指定されています。優先評価化学物質は、製造・輸入の実績数量、詳細用途別出荷数量の届出が必要な上に、国から有害性調査の指示を受ける可能性があります。また取引時において優先評価化学物質である旨の情報伝達をする努力義務が課せられます。

　特定化学物質、監視化学物質、優先評価化学物質以外のすべての物質が**一般化学物質**です。約2万8000物質あります。2017年法改正により、一般化学物質の中から**一般特定化学物質**が新設されました。製造・輸入数量が小さいので優先評価化学物質にはならないものの、人又は環境動植物への長期毒性がある物質を一般特定化学物質とします。後で述べる新規化学物質の審

【第4−19表】化学物質審査規制法の物質区分

	難分解性 高蓄積性	人・動物への 長期毒性	残留 環境排出量
第一種特定化学物質	○	○	
監視化学物質	○	不明	
第二種特定化学物質		○	相当広域に 相当程度残留
優先評価化学物質		ないことが 明らかでない	相当程度残留
特定一般化学物質 特定新規化学物質		○	環境排出量小
一般化学物質			環境排出量大

査において、この要件に該当する場合には**特定新規化学物質**と通知され、5年後に公示される際に一般特定化学物質になります。特定一般化学物質、特定新規化学物質には，取引時において長期毒性が強いものである旨の情報伝達の努力義務が課されます。その他の一般化学物質には、すでに述べた数量・用途等の届出義務が課せられます。以上述べた物質の区分を**第4-19表**にまとめて示します。

　既存化学物質ばかりでなく、法律施行以後、特定化学物質などと指定されたもの及び指定されないで、いわば白判定が出た一般化学物質についても、すべて公表されています。たとえば**製品評価技術基盤機構NITE**のホームページにある**化学物質総合検索システム（CHRIP）**でみることができます。

　既存化学物質名簿に掲載の化学物質と法律施行後指定された化学物質、白判定で公示された化学物質以外の物質を**新規化学物質**と呼びます。新規化学物質については、これを製造、輸入しようとする者は**届出**が必要です。最近では年間600件程度の届出があります。届出にはあらかじめ新規化学物質について、分解性、蓄積性、毒性の試験を行い、この結果を添付することが求められます。新規の化学物質をつくっていくことが重要な化学会社にとって、これは大変な負担です。届け出られた新規化学物質を国は3カ月以内に判定し、第一種特定化学物質該当ならその旨の政令指定が行われ、それ以外は公示されます。これによって同じ物質を製造・輸入しようとする後続者には新規物質でなくなります。判定では、難分解性・高蓄積性が大きなポイントです。この段階では残留状況の判断まで行えないため、第二種特定化学物

【第4-20表】化学物質審査規制法の物質区分

種類	手続き	提出資料	数量上限
通常新規	届出→判定	分解性、蓄積性、長期毒性、用途、数量	なし
低生産量新規	届出→判定 申出→確認	分解性、蓄積性、（長期毒性）、用途、数量	全国環境排出量10t
少量新規	申出→確認	用途、数量	全国環境排出量1t
低懸念高分子	申出→確認	分子量、物理化学的安定性	なし
中間物等	申出→確認	取扱方法、施設設備図面	なし
少量中間物等	申出→確認	簡素化	1社1t

質や優先評価化学物質であるか否かの判定はできないからです。ただし、特定新規化学物質である旨の公示は行われます。

　新規化学物質の届出・判定制度（通常新規制度）が事業者にとって大きな負担であることを考慮して、一定の条件（長期毒性のおそれがない等）を満たす場合には特例が認められています。これらを**第4−20表**に示します。

　低生産量新規制度は、全国の環境排出量が1年間で10 t以下の場合に適用されます。事業者は通常新規と同等（長期毒性データはあれば提出）の届出をしますが、高蓄積性がない旨の判定を受けた場合には長期毒性データがなくても製造・輸入が可能となります。この通知を受けた者は、翌年度からは製造・輸入予定数量を申し出て、環境排出量の合計数量が10 t以上にならないとの確認を国が行えば、製造・輸入を行うことが可能となります。日本の化学産業が少量多品種生産に移行していることを反映した措置です。

　少量新規制度は、全国の環境排出量が1年間で1 t以下の場合に適用されます。用途、数量の申出を行ったものは、国の確認によって製造・輸入を行えます。日本の化学産業が研究開発型産業に移行していることを反映しています。

　低懸念高分子（低懸念ポリマー）制度は、高分子化合物が細胞膜を透過しないことからつくられた制度です。分子量、物理化学的安定性に関する試験データを添えて申出を行ったものは、国の確認によって製造・輸入を行えます。

　中間物等制度では、取扱方法等に関する申出を行い、予定されている製造等取扱方法が中間物として製造、閉鎖系用途、輸出専用品など、環境汚染を生ずるおそれがないと国が確認した場合に、製造・輸入を行うことが可能となります。少量中間物等制度は、中間物と輸出専用品のそれぞれについて、年度ごとの製造・輸入数量が1t以下の場合に適用され、申出・確認手続きの簡素化により迅速に手続きが行われます。

　化学物質審査規制法は、何度も改正が行われ、制度が複雑化したので、法律条文が分かりにくくなっています。経済産業省のホームページには、法令集だけでなく逐条解説まで載っているので参考にしてください。

　このように法律公布以後の新規化学物質については、すべて**審査**されています。一方、1973年時点で製造、輸入されていた既存化学物質については、

国が環境汚染状況等を考慮して順次試験を行い、審査してきました。これを**既存化学物質点検**と呼びました。日本だけの作業でなく、アメリカ、ヨーロッパも分担して行ってきました。しかし日本だけでも約2万ある既存化学物質のうち、2010年度までに分解・蓄積性評価を終了したものは1,573、毒性評価については300未満の状態でした。毒性評価は動物試験なので、大変に時間とお金がかかります。アメリカ、ヨーロッパも似たような状況でした。既存物質点検は、いつ終わるのか、目処の立たない作業でした。

　これを打開することを狙ってEUが2008年6月から**REACH規制**を始めました。EU域内で年間1 t以上のすべての化学物質の製造・輸入を行う事業者ごとに登録が必要になりました。登録に際して化学物質に関する情報提供が求められます。今まで審査の終了していない既存化学物質についても、情報を求められるので事業者が試験し、情報をそろえておかなければなりません。政府が行ってきた既存化学物質の評価を事業者に転嫁しようとする規制です。EU当局は登録情報を評価し、高懸念物質（認可対象候補物質）のうち認可対象物質になると、製造、輸入、使用が許可制になります。さらに制限対象物質になると製造、輸入が禁止となります。

　REACH規制の内容や運用の詳細については、すでに多くの成書などがあるので省略します。日本の化学物質規制も2009年化学物質審査規制法改正によって大きく変わりました。既存化学物質を含めた**包括的管理制度**が導入され、既存化学物質を含むすべての**一般化学物質**について、1 t以上の製造・輸入事業者に毎年度数量届出義務が課せられました。一方、優先的に安全性評価を行う必要がある**優先評価化学物質**の指定が始まり、国の必要に応じて製造・輸入事業者に優先評価化学物質の**有害性情報**の提出を求めることができるようになりました。

　化学物質が環境中にどの地域からどの程度排出されているのかを把握し、また事業者間で化学物質の取引があった際に性状や取扱に関する情報が確実に流れるようにすることを目的とした法律が、**化学物質排出把握管理促進法（PRTR法）**です。対象となる化学物質は、取扱量の多い化学物質、有毒物質、オゾン層破壊が懸念される物質など多数が指定されており、事業者はこれら物質の環境への排出量を毎年国に届け出なければなりません。対象となる事業者は、化学物質を製造する化学会社だけでなく、広く製造業、金属鉱業、

電気・ガス・下水道業、鉄道業、倉庫業、石油卸売業、燃料小売業、自動車・機械修理業、廃棄物処理業、高等教育機関などが含まれます。また、化学物質の取引の際に、性状や取扱いに関する文書（SDS）を提供しなければなりません。

　届け出られた化学物質量は、国で集計されて毎年発表されます。環境省、経済産業省のホームページでみることができます。届出対象物質が2010年度に354物質から462物質に拡大したにも関わらず、2003年度の53万tから2018年度の39万tまで排出量が減少しましたが、2008年度以降は横ばい状態です。排出先の内訳は2018年度では大気が14万t、廃棄物が24万tと、この二つで96％を占めます。化学物質としては、トルエンが8.7万tと大きく、次いでマンガン化合物6.1万t、キシレン3.3万t、クロム化合物2.3万t、エチルベンゼン1.9万tになっています。大気汚染防止法によるVOC規制強化により2000年代後半から2010年度までにトルエン、キシレンの大気への排出量が大きく減少しましたが、その後は横ばいです。一方、2010年度以降マンガン化合物、クロム化合物の廃棄物への排出量の著しい増加が目に付きます。

8. 倫　　理　　等

　第4部では化学産業で仕事をするときに関係の深い法律について説明して
きましたが、法律以前の問題として最近は**倫理**がしばしば言われるようにな
ったので説明します。実は、これは非常に難しい問題です。たとえば、第4
部1．で説明したように、戦後の日本の雇用構造の特徴といわれた**終身雇用**
が1990年代以後崩れ、**リストラクチャリング（リストラ）** という名目で、
企業の都合により定年前の技術者・研究者を大量に退職させることが普通に
行われるようになりました。「勝ち組」「負け組」という嫌な風潮が日本社会
に蔓延しました。韓国、中国などの新興企業が、リストラされた日本人技術
者を積極的に採用したために、日本へのキャッチアップが急速に進んだと言
われます。第4部3．の**営業秘密と特許**で述べたように、そのような技術者
が**営業秘密**を漏らせば**不正競争防止法**の罰則の対象になります。しかし日本
企業のなかで長年培った技術者の力量を他社や他国で生かすことまで法律で
規制することはできません。リストラを断行する企業経営者も、リストラさ
れた人も、倫理の問題に直面せざるを得なくなっています。

コンプライアンス

　最近、**コンプライアンス**という言葉をよく聞くようになりました。皆さ
んが働く会社や団体にも、コンプライアンス推進室があるかもしれません。
「**企業の法令遵守**」という日本語をあえて使わずに、なじみのない英語を使
うのには理由があるからと思います。それは、外部の法令のみならず、企業
内で定めた規則や**行動指針**を遵守し、さらには**企業倫理や企業の社会的責任**
（CSR） までも含めたいと考えているためです。
　最近は、コンプライアンスやCSRの領域を超えて、国連が2015年に採択
した**SDGs（持続可能な開発目標）** を会社活動の中にどのように取込んで行
くのかに関心が高まっています。

技術者倫理・工学倫理

　2000年代に**技術者倫理・工学倫理**教育が、一部の日本の大学でも行われるようになりました。しかし、化学産業で働いている多くの人はそのような教育を受けていません。化学産業でも、必要な安全対策を取らなかったため、あるいは危険がある、危害が発生しているとの情報を得ながら放置したため、重大な事故、事件を起こした事例は多数存在します。そのような場合に技術者倫理が問われますが、反面、組織人であることの板挟みもあります。

　日本化学会の**会員行動指針**では、企業所属の技術者の現実に即した技術者倫理として次の点を述べています。

1．被雇用者の立場の会員として
　1）雇用者との契約内容を正確に理解し、契約を遵守して誠実に行動する。
　2）業務上知り得た情報の機密保持の責任があるが、人類社会や環境に対して重大な影響が予測される場合には、**公共の利益を優先**する。ただし契約者間で対応を話し合い、情報公開の了解を得るなど、事前に雇用者との利益相反の発生を回避することに努める。
　3）自己の能力を認識し、その能力を超えた業務を行う場合、その行為によって社会に重大な危害を及ぼすことがないように慎重に業務を遂行する。チャレンジは技術ならびに自己の飛躍のために重要であるが、常に高い能力の指導者に意見を求め、他者の協力を得ることに努める。

2．経営的・指導的な立場の会員として
　1）企業内の法令遵守体制の整備とともに、倫理的問題を含めて不正行為に関する情報の報告や相談に適切に対応できる仕組みを整備する。
　2）倫理的な問題発生の種が生じないように、日常的に組織内で話し合い、点検する仕組みを整備し、適切に運用することに努める。

研究者倫理

　2014年理化学研究所のSTAP細胞論文事件では、他の研究者による追試によってSTAP細胞ができず、STAP細胞が本当にできていたのかどうかが問われることになりました。しかし、それ以前の問題として、論文作成にお

けるいくつかの不正・疑問が指摘され、論文作成における研究者倫理も問われることになりました。この問題に限らず、最近は大学教授の研究資金流用、論文盗用など研究者倫理を問われる問題が多発しています。企業研究者の場合には、論文発表で終了ということはなく商業化まで求められること、研究費の大部分が自社内から捻出されることなどから、大学や学術研究機関の研究者の環境とはまったく異なりますが、広く研究者としての倫理として、**日本化学会**では次のような**会員行動規範**を定めています。

   1．人類に対する責務（人類の発展に奉仕）
   2．社会に対する責務（社会の利益と福祉に貢献）
   3．職業に対する責務（正確な実験・実施記録、信頼性確保）
   4．環境に対する責務
   5．教育に対する責務

　詳しくは、日本化学会ホームページに掲載されている会員行動規範と行動指針をご覧ください。

行政手続法・パブリックコメント

　法律は国会で制定され、法律を施行するための政省令、告示等は行政府で決められます。国民一人一人は投票権を持っていても、個別の法律実施内容に意見を述べる場がなく、行政が決めることを受け入れるだけでした。しかし、1999年に「規制の設定又は改廃に係る意見提出手続」が閣議決定され、**パブリックコメント**制度が始まり、さらに2005年**行政手続法**改正によって意見公募手続の規定が設定されました。自分の仕事に関係ある法規制等の制定・改正がある場合には、積極的に関心を持ち、意見募集期間に注意して、国民の権利として必要な意見を述べることを忘れないでください。

第5部 化学産業の課題と今後の展望

1. 化ける産業

　本書はこれから化学産業で働こうとしている人を対象に、現代の日本の化学産業を紹介してきました。したがって、現在の日本の化学産業が直面する課題と展望をくどくど述べても意味がないと思います。そのようなことは、現在の化学会社のトップが解決すべき問題です。これから化学産業で仕事を始める皆さんが活躍される40年以上にわたる期間での課題と展望を簡単に述べようと思います。

　すでに本書で何度も述べてきたように、化学産業は、ほぼ20年間で主要製品が入れ替わり、大きく産業構造を変えてきました。したがって、化学産業で働く出発点に立っている皆さんにとっては、今後40年間以上働く間に最低でも2回は、化学産業に大きな変動を起こすチャンスをもつことができます。1回目のチャンスに失敗しても、もう一度挑戦するだけの時間があります。

　どのような変動が起きるのかについては、あとで筆者の考えを述べます。しかし、何よりも必要なことは、筆者が述べる将来展望を金科玉条に思わないことです。1980年代に非常にもてはやされた**バイオテクノロジー**による新産業創出の期待は、その後の40年間をみたときに日本では見事に裏切られました。筆者はバイオインダストリーの創出に人生を賭けて失敗した人を周囲にたくさんみてきました。多くの人が同じような夢を描き、努力しても、それが成功する保証はどこにもありません。アメリカがすでに着手していたことを、後から日本の研究者が始めても、もはや新産業には結び付けられない時代になりました。

　しかし、化学会社は新産業・新事業の創出に挑戦しなければ、じりじりと衰退していくだけです。皆さんは、化学産業で働く経験を通して、他人に頼らず、自分の頭で考え、しっかりした夢をもつことが重要です。

　その際に注意しなければならないこととして、**グローバルな発想**、**ドメイン**、**規模**の三つをアドバイスしたいと思います。

　第1に**グローバルな発想**をもつことが重要です。1990年代から始まったグローバルな時代を迎えて、日本だけでなく、世界の役に立つ事業を始めることを発想の基本にすることが重要です。

　伝統的に日本の化学会社は、欧米の会社ばかりを競争相手として意識してきました。しかし、今後はアジアの会社、とりわけ中国化学会社に注目すべきです。改革開放政策への転換によって、1980年代から続いてきた中国の高度経済成長は、いつまでも続けられるものではありません。筆者はすでに中国の高度成長の時代は終わったと考えています。中国経済は一本道の成長の時代から変動の大きな時代に入ります。需要も多角化します。そのような時代には、現在のような大艦巨砲式の巨大国営化学会社は行き詰まります。しかし、中国共産党政府は、逆に巨大国営会社を守る政策を強めています。すでに台湾にはＦＰＣ、韓国にはＬＧ、ＳＫ、ロッテなどの大手民間化学会社があり、グローバルに活動しています。1970年代、1980年代に頭角を現した会社です。中国には世界のトップ10に入る国営化学会社がありますが、いつまでも国営企業が産業を牛耳っていられるわけではありません。競争企業として注意しておくべきなのは民間会社です。電子産業分野における韓国のサムスンのような強力な巨大民間会社が、化学産業分野でも競争相手として生まれてくることを想定しておいてください。

　グローバルな発想とは、この30年間日本企業が金科玉条にしてきた**グローバル化の推進（海外投資）**ばかりではありません。グローバル化推進の危険性、負の側面も、グローバルな発想で考えなければなりません。最近の米国の中国共産党政府への批判は、この30年来のグローバル化の風向きをはっきり変えました。南シナ海、東シナ海をはじめとする中国の昂然たる海洋軍事進出、平時に平然と行われたロシアのウクライナ領土奪取のような世界の軍事情勢、政治情勢は、この40年間のベルリンの壁崩壊から始まった大きなグローバル化推進の流れが、すでに変わり目に来たことを示しています。

　筆者はこの変わり目を日本経済にとって良いことと捉えています。1990年代以来、日本経済は失われた10年が、失われた20年になり、さらに低成長の30年になりました。その大きな要因は、高齢化と人口減少によって日本の国内需要は期待できないといわれ、企業が海外投資にばかり成長機会を求めてきたためです。しかし、単純な海外投資信奉の危険性、とりわけ中国への投資の危険性が明らかとなったため、日本企業は国内投資回帰、国内需要の掘り起こしに正面から向き合わざるを得なくなりました。ちょうど、20世紀初めの日露戦争後に始まった日本の海外領土拡張、朝鮮／中国への投資熱が、1945年の敗戦によって、海外領土も海外資産もすべて失われ、「狭い」日本列島に閉じ込められた当時と同じ状況です。

　高齢化だ、人口減少だといっても、日本の労働生産性の低さ、一人当たり所得は、米国、欧州各国はもちろん、アジアのシンガポール、香港にもはるかに及びません。韓国、台湾に抜かれつつある状況です。逆にみれば、こういう点を改善することによって、日本国内には大きな成長機会があります。日本の中に「常識」を超えた新需要を生みだし、高い労働生産性によって、新需要に見合う供給を日本の中に築き上げることが重要です。これもグローバルな発想に裏付けられています。

　第2に、現在の化学産業や皆さんが働き始めた**会社のドメイン（事業活動範囲）**だけにとらわれない発想が必要です。本書の化学産業のドメインは、第1部の冒頭で日本標準産業分類の「化学工業」「プラスチック製品製造業」「ゴム製品製造業」の三つを合わせた範囲とすると述べました。この設定したドメインに沿って、本書では、化学産業の産業分析を行い、商品説明を行ってきました。それによって「化学工業」だけをドメインとした化学産業の分析や説明に比べて、現代の化学産業の活動をはるかによくとらえることができたと思います。

　実は、本書のようなドメインの設定は、2000年ころまでは異端でした。多くの人が「化学工業」のみを化学産業の範囲ととらえていました。しかし、化学産業が1980年代以後、機能製品化を追求していくならば、プラスチック製品製造業やゴム製品製造業を化学産業でないと考えることは非常に愚かなことです。当然のことながらドメインの変更が必要でした。同様に、たとえば、化学産業がエネルギー・地球環境問題を今後の重要課題ととらえ、太

陽電池や超伝導材料・デバイスなどを視野にとらえるならば、化学産業のド
メインのさらなる変更が必要なはずです。今回の改訂においても、医療機器
（医療用樹脂加工製品）や再生医療等製品、オートケミカル製品の章や節を
新たに追加しました。iPS細胞やES細胞の研究が進んだ時に、これを使って
どのように新事業、新産業をつくっていくか、そのためには会社のドメイン
をいかに変えるかが重要です。生物学や医学の領域と考えてはなりません。
物理系出身の科学史研究者は量子物理学者シュレディンガーが「生命とは何
か」を著わしたことをきっかけに分子生物学が生まれ、現在のバイオテクノ
ロジーの発展につながっていると主張します。しかし、分子生物学やバイオ
テクノロジーは、生物現象を「化学の言葉」で記述しているのであって、「物
理の言葉」で述べているわけではありません。この分野は、化学会社がすぐ
に馴染める領域です。国がつくった産業分類などに囚われる必要はまったく
ありません。こういうものは、実態が変わってから、後追いで修正されてく
るものです。

　一方、ドメインの変更など簡単でないかと思えるかもしれませんが、現在
の企業のトップは、今までのドメインのなかで育ち、**成功体験**を積んできた
人たちです。既存のドメインの範囲ならば実力を発揮できるが、新しいドメ
インにおいては、皆さんと同じ立場に立つしかありません。心理的にドメイ
ンの変更を嫌います。化学会社の事業として今までのドメインの範囲内のこ
とは許すが、それを外れたことは危険と考えて研究開発計画を却下する可能
性は大いにあります。このためにドメインの変更は、実行をともなう現実問
題としてはそれほど容易ではありません。しかし、しっかりした夢を描くこ
とと、それを実現するにはどのようなステップを踏めばよいかは別問題と考
えてください。まず将来の夢を考える際には、既存のドメインにだけとらわ
れてはなりません。

　この点で、筆者は日本の医薬品会社の将来を非常に懸念しています。最近
のグローバル競争の激化に対して事業の集中・選択を図るうちに、医薬品会
社はあまりにドメインを限定しすぎてしまったように思えます。既存の医薬
品工業のドメインでしか考えられない人ばかりになってしまったようです。
もっと様々な異分子の従業員を抱え、様々な化学事業や他の事業も抱えてい
ないと、創造性が枯渇し、長期的な時代の変化に対応できなくなるように思

えてなりません。

　医薬品会社を含めて日本の化学会社は、この30年来のグローバル化の時代の中で、グローバル競争に生き残るために、事業の選択と集中によりドメインを狭める方向にひたすら舵を切ってきました。しかし、グローバル化の風向きが変わっており、少なくともこれからの20年間は、ドメインを拡張する方向に舵を切る時代になります。化学産業の範疇かと先輩方が文句を言うような新事業に挑戦する時代です。

　第3に、現在の**売上規模**、**付加価値規模**にとらわれすぎない発想が必要です。最初から皆が将来を期待しているような分野は、すでに取り組んでいる先行者がたくさんいると考えるべきです。今は小さくても将来大きくなると自分で考えられる事業、自信をもって賭けられる事業を探すことが重要です。最近でも、20年もあれば、ほとんど何もない状態から大きな事業に育った例はたくさんあります。

　日本ではバイオテクノロジーで成功したといえるほどの事業が起きていませんが、米国では日本のトップ10に入る規模にまで急成長した会社がいくつかあります。新事業、新会社の創成物語は、昔の話ではなく、現在も将来も生まれつつある話です。日本の化学会社でも、1980年代から取り組んだ電子情報材料事業については同様のことがいえます。当時の会社を支えていた既存事業部門の人からみれば、電子情報材料事業は研究開発費ばかり使う割に売上規模も小さく、利益も出せないムダ飯食いでした。バイオテクノロジーに比べると、電子情報材料事業は社内にあった技術や素材を活用できた場合が多く、どちらかと言えば漸進的な事業拡大でした。それでも潜在需要をいち早くつかみ、まったく新規な製品、新規な顧客を開拓していかなければならず、小さな売上規模から始まりました。その経験は、日本の多くの化学会社に蓄積されています。

　新事業・新製品に挑戦する場合、いきなり大きな規模を追いすぎて、赤字を垂れ流すよりも、それなりの期間内に黒字を出せるようなところから始めていくことが肝心です。日本のバイオテクノロジーの研究・開発者の失敗は、研究開発期間が長すぎる計画を立てたことにあると思います。製品化の出口として政府の介入が強い医薬品や農作物を選んだためですが、大風呂敷を広げすぎ、長期間にわたる赤字の垂れ流しを当然と考えすぎたように思えます。

会社内で研究・開発を行うには、小さな規模でも黒字であることが、研究開発を継続していくためには重要です。**ホームランよりも、ヒットを積み重ねる**開発計画、研究計画が必要です。

2．化学産業の課題と今後の展望

エネルギー・地球環境問題

19世紀の終わりの時点での化学産業の課題は、人口増加に対して**食糧危機**を回避する方法を開発することでした。それにまず応えた事業が、ノルウェー硝石（アーク法による空中窒素固定化）であり、石灰窒素（カーバイドによる空中窒素固定化）でした。そして1913年の**アンモニア直接合成**（水素による空中窒素固定化）の工業化成功によって、最終回答が得られました。

現在、日本はもちろん、世界の化学産業にとっての最大の課題は、**エネルギー・地球環境問題**への対応です。中国経済の発展によりエネルギー消費量が急激に増加し、米国の消費量をも追い抜くことは明らかです。景気が少しよくなると、すぐに原油価格が高騰する現象は、今後しばしば現れると思います。米国で始まったシェールガス革命が、世界第1位のシェールガス埋蔵量といわれる中国に波及するのには、掘削技術の問題だけでなく、パイプライン網整備などの問題もあるので時間がかかると思います。

これに対して、化学産業が提供できる回答は、エネルギーをつくること、エネルギー転換効率、貯蔵効率、輸送効率を上げること、エネルギー消費効率を上げることの三つの面にあります。すでに様々な回答が試みられているので、ここでくどくど説明することは省略し、いくつかの例を示します。

人類が利用できる**エネルギーをつくる**こととしては**太陽電池**があります。日本も含めて各国の政策支援によってシリコン太陽電池は普及時代に入りました。その結果、現在までにわかったことは、シリコン太陽電池に関連した事業のうち化学産業のドメインに取り込むことができる部分、とくに**機能性化学事業部分**が意外に小さかったことです。もっとも、現在実用化しているシリコン太陽電池は、まだまだ改良の余地が大きく、化学産業が活躍できる可能性は大きく残っていると思いますが、機能性化学事業として大きな夢は持たない方が無難と考えます。

エネルギーの転換については、化学産業が大いに活躍できる分野です。石

炭や**重質油**を、炭酸ガスを放出することなく、使いやすいエネルギーに効率よく転換する方法を開発することは大きな課題です。20世紀に様々な試みが行われましたが、当時は「炭酸ガスを放出することなく」という条件がなかったにもかかわらず成功しませんでした。21世紀の現在では、ハードルがもう一段高くなりました。**シェールガス革命**によって、安価な天然ガスの供給が続くことになったためにアメリカの会社はこの分野の技術開発を行いにくくなりました。むしろ中国で様々な挑戦が行われていることが目立ちます。

　また、近年、日本の大学や公的研究機関の研究者が次々にヒットを飛ばしている**アンモニアの低圧・常圧合成法**は、エネルギー転換の省エネルギー化という面だけでなく、後述するエネルギーの貯蔵技術、輸送技術、消費技術という面からも注目され、日本の化学会社による実用化技術の完成が期待されます。工業化されれば本項冒頭で述べたアンモニア直接合成技術が百年ぶりに大きく変わるとともに、世界各地に散在する小規模天然ガス田の有効利用につながることも期待されます。

　石油・天然ガスを発電所でコジェネレーションにより電気に転換することは、現在、大規模なエネルギー転換のなかでもっとも高効率な領域に達した技術です。**燃料電池**は、エネルギー転換効率を向上させる技術であり、コジェネレーションが達成している転換効率の壁を超える技術として大きな期待がかけられています。しかし現在、実用化にもっとも近い水素と酸素を反応させる方法は、あくまでも当面の回答であり、最終回答ではないと思います。天然ガスと空中の酸素を直接反応させて電気に変える燃料電池の実現こそが、40年の視野の下での最終回答ではないでしょうか。その前の段階として、天然ガスを液化して輸送するエネルギーロスを考慮するならば、メタノールと空中の酸素を直接反応させる燃料電池、あるいは常圧で合成できる可能性が強まっているアンモニアと酸素を直接反応させる燃料電池の開発もありえましょう。

　エネルギーの貯蔵技術の開発についても、化学産業に課せられた大きな課題です。リチウムイオン2次電池をはじめ、最近多くの**2次電池**が開発され、活用されています。しかし、様々な規模、利用形態に対応したエネルギー貯蔵技術の開発が求められており、化学産業にとっても大きなビジネスチャンスです。太陽発電を有効に活用するような固定した用途にも、また電気自動

車のような移動する用途にも、さらに携帯型ディスプレー商品などのためにも、より高性能な2次電池が必要です。それに応えるひとつの候補として、急速充電可能な全固体電池の実用化も遠い将来の夢ではなくなりつつあります。その場合、化学産業が単なる素材の提供者に止まるのか、付加価値を得られる部材供給者や電池供給者になることができるのかが重要なポイントです。

エネルギーの輸送技術も、常温超伝導材料による電線の開発をはじめとして、化学産業として様々な夢が描ける分野です。

エネルギーの消費技術として、すでに実用化に入ったのが照明革命です。エジソンの電球の発明から130年余になる照明は、LEDや有機ELによる革命期に入りました。ここでも**化学会社のドメインの変更**の成否が問われる競争がすでに始まっています。有機化学か無機化学かというばかりでなく、材料提供にとどまるのか、部材なのか、デバイスまでも化学産業のドメインに取り込むのかという課題です。

自動車は、広く普及するようになって100年目の現在、大きな転換期を迎えていることは皆さんもご存知のことと思います。駆動力が、ガソリンエンジンから電池・モーターに切り替わるという点です。化学産業にとって、自動車産業はその発生以来、重要なユーザー産業でした。駆動力の変更は、化学産業にとっても大きなビジネスチャンスであり、すでに多くの化学会社が事業を得る機会を探っています。

エネルギーの消費効率が悪い分野は、照明、自動車の他にもたくさんあります。他人が気付かない分野、注目しない分野こそ新しい事業機会を見いだすチャンスがあると思って探してください。すでに多くの人が注目している分野にフレッシュマンが注目しても手遅れです。

なお、詳しくは述べませんが、世界が直面する課題として、日本ではエネルギー・環境問題に比べて、水・食糧問題への関心が低いのが実情です。海水淡水化技術などでは、日本企業は世界最先端にいますが、食糧技術に関しては、欧米の動きを見ているだけでした。この辺りにも大いに挑戦しがいのあるテーマがたくさんあるように思えます。今までの日本社会の常識、お上の規制などの殻を破るか、またはグローバルに乗り越えていくことが必要と思います。

海洋プラスチックごみ問題

　地球規模の環境問題のひとつとして、2010年代後半から海洋プラスチックごみ問題が急にクローズアップされるようになりました。日本でも2020年7月からレジ袋有料化が法制化され、実施されました。

　現在使われているほとんどの合成高分子は、自然界に放置しても紙や木材のように数年で分解するものではないことは事実です。しかし、それは日本で廃プラスチックが問題となった1970年代初頭からわかりきったことでした。日本での廃プラスチックは、プラスチック廃棄物がかさばるために埋立て処分場が不足するという形で表面化しました。このために日本では1970年代から着々と廃プラスチックの**リサイクル**に取り組んできました。PETボトルに代表されるように、使われているプラスチックの種類が少ない分別収集された廃プラスチックについては、**マテリアルリサイクル**も進んでいます。しかし、多数の種類が使われ、その中には貼り合せ製品もある一般の廃プラスチックでマテリアルリサイクルを行うことは困難です。このために廃プラスチックリサイクルの中心となったのは地方自治体によるごみ焼却炉の更新に合わせた発電等による焼却熱の有効利用でした。**サーマルリサイクル**です。50年以上にわたる廃プラスチックのリサイクル推進により**第5－1図**に示すように、日本では2018年に廃プラスチックのリサイクルは84%に到達し、未利用廃プラスチック（単純焼却と埋め立て）は16%に過ぎません。これは埋立てや単純焼却が多い欧州や米国に比べて誇るべきことです。

　廃プラスチックの焼却は、炭酸ガスを発生させ、地球温暖化を加速するとの批判が欧州や環境保護論者から行われています。しかしながら、大部分のプラスチックが石油・天然ガスからつくられているのですから、すでに材料としての役目を終えた廃プラスチックを焼却し、そこから発生するエネルギーを有効利用することは、その分だけフレッシュな石油・天然ガスの燃焼分を抑制するという二度目の役目を果たしているわけです。自然界に放置または埋立てても分解しないプラスチックを有効に活用しているのです。

　それでも川岸や海岸にうち捨てられたごみの中でプラスチックは目立ちます。正確な数字は分かりませんが、このような海洋プラスチックごみになる割合は、毎年日本で発生する廃プラスチックの0.1%～0.8%と推定されます。

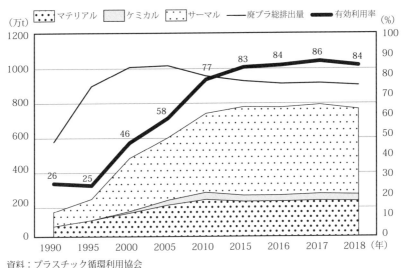

資料：プラスチック循環利用協会

【第５－１図】廃プラスチック総排出量とリサイクルの推移

　その多くの原因は、ポイ捨てに代表される不法投棄とプラスチック製漁具・養殖器具等の台風に伴う破損流出です。この処理には多くのボランティアの参加によるプラスチックごみの回収しかありません。しかし、廃棄物法をはじめとして日本の法律体系が入り組んでおり、せっかく善意によって回収したプラスチックごみも、その後の処理を誰が責任をもって行うのかについては未整備です。このために日本では2001年に**海岸漂着物回収促進法**が公布施行されました。しかし、海洋に流出するごみの多くが河川を通じて発生することから**河川法**の改正が必要であり、さらにポイ捨て防止のためには公共心の向上に頼るだけでなく、**廃棄物処理法の運用改善**による取り締まり強化が必要と筆者は考えます。一罰百戒です。

　世界の海洋プラスチックごみ問題を発生させている主役は、**中国を筆頭に東南アジア・南アジア、一部のアフリカ諸国**などです。これらの上位10カ国だけで海洋に流出する廃プラスチックの７割を占め、中国の長江、黄河、インドのガンジス川、インダス川など主要10河川だけで９割を占めるという報告もあります。急激な経済成長に伴うプラスチック利用増加に、国として廃棄物処理対策が追いついていないことが原因です。２年前に主要７カ国

首脳会議(G7)において海洋プラスチック憲章への署名可否でもめた先進7カ国は合計で海洋に流出する廃プラスチックの約2％、日本は0.5％以下に過ぎません。したがって、海洋プラスチックごみ問題を本当に解決するためには、大量に排出している主要10カ国の国際的な責任を問うべきことが第一なのです。プラスチック製品を大量に使うほど経済成長しているならば廃棄物処理ルートを整備するとともに、処理ルートから外れる廃棄物をなくすような対策を行わせるべきなのです。いつまでも発展途上国という隠れ蓑に甘えさせるべきではありません。

　近年の海洋プラスチックごみ問題において、先進国の環境保護論者は脱プラスチックを唱え、また欧州各国政府はプラスチックのリユース・リサイクルの推進やバイオプラスチックの普及を主張しています。しかし、海洋プラスチックごみの排出実態をみれば、そのようなことを先進国が行っても世界の海洋プラスチックごみ問題の解決にはほとんど役に立たないことは明らかです。海洋プラスチックごみ問題の解決には本質を見誤ってはなりません。

高齢化問題

　今後40年以上を視野においた場合、世界が直面するもう一つの大きな課題として、高齢化の問題があります。日本の高齢化が急速に進み、日本だけが高齢化によって没落していくような印象を受けると思います。しかしながら、高齢化は、先進国はもちろん、広くアジア各国でも21世紀前半に大きく進んでいきます。日本だけの問題ではありません。むしろ、日本は今後世界が直面する課題にもっとも早く直面する**機会**を得ていると考えるべきです。新産業は、世界に先駆けて課題に直面したところから生まれます。日本の高齢化の進展は、新産業を生み出す原動力になると考えるべきです。

　日本の化学産業では、高齢化の進行、国民医療費の増大とともに、この40年間、医薬品工業が大きく成長してきました。しかし医薬品工業は、もともと日本よりも高齢先進国であった欧州で発展してきました。ようやくこの20年間で日本の医薬品会社も世界に販売できる新薬を開発できる段階に入った程度です。そうこうしているうちに、最先端の新薬開発は、バイオテクノロジーを活用した**バイオ医薬品**に移ってしまいました。日本の化学会社はバイオ医薬品、とくに第2世代バイオ医薬品開発に完全に立ち遅れ、第1

部で指摘したように2000年代以後、**医薬品の貿易赤字額**は急速に増加しています。数少ない国内需要増加分野を輸入品に奪われており、早急に挽回することが必要です。

　そもそも、医薬品の開発方法、評価方法などは、すべて欧米で開発されたものです。化学産業の新製品・新事業開発の視点から医薬品工業をみると、医薬品工業の新薬開発は、他の化学産業分野に比べて**市場との対話の機会**が少ない、あるいは迅速な対話が行われにくい点が、筆者には大きな課題であると思えてなりません。新薬候補物質の絞込み時期が早すぎる上に、試験期間が長すぎること、しかも１かゼロかという判定だけで、**市場との対話による改良**ができない点が筆者には大変に不満です。日本の会社の得意とするユーザーとの密接な対話による**改善積み重ね手法**がまったく使えません。現在のような非臨床試験、臨床試験という欧米医薬品工業で発展してきた新製品開発プロセスが本当に最良のものなのかという点から根本的に疑ってみることも必要ではないかと思います。個別化医療の進展に伴って、医薬品開発、承認システムの変更が求められるようになると思います。

　高齢化の問題に、化学産業はこの20年間で、医薬品以外にも、様々な人工臓器（医療機器のひとつです）、紙おむつのようなケア製品を開発してきました。これらは、１かゼロかという開発方法ではなく、少しずつの改良の積み重ねから生まれてきました。高齢化先進国となる日本では、このような手法が使える分野を伸ばしていくことが重要であると思います。高齢化は、医薬品のみが成長市場を享受する課題ではありません。化学産業にとって多くの市場開拓の可能性があります。

　バイオテクノロジーは、医薬品と農作物の出口を見いだすことによって、今までに新産業の創出に成功したのは、ほとんどアメリカのみでした。日本のバイオテクノロジー研究者・開発者が巻き返しを図るには、日本の得意とする**市場対話**を通じた改良を積み重ねて**高齢化需要**に対応した製品を生み出すことができるかどうかにかかっているように思います。

索　引

※化学製品名、会社名（いずれも略号を含めて）を除く重要用語を掲げます。
ただし、章・節・小見出しになっている用語は原則として除いています。

496

図 表 索 引

[図]

［表］

◎著者略歴◎

田島 慶三（たじま けいぞう）

1948年東京都中央区築地生まれ。都立上野高校、東京大学工学部合成化学科、同大学院工学研究科修士課程修了。1974年通産省入省。1987年化学会社に転職、工場、本社勤務。2008年11月定年退職。日本化学会フェロー。『日本ソーダ工業百年史』（共著、日本ソーダ工業会、1982年）、『現代化学産業論への道』（化学工業日報社、2008年）、『化学製品が一番わかる』（技術評論社、2012年）、『世界の化学企業』（東京化学同人、2014年）、『（共訳）工業有機化学　上・下』（東京化学同人、2015年・16年）、『石油化学の技術系統化調査』（国立科学博物館、2016年）、『コンパクト化合物命名法入門』（東京化学同人、2020年）、『図解入門業界研究　最新化学業界の動向とカラクリがよ～くわかる本』（秀和システム、2021年2月第7版）ほか

「ケミカルビジネスエキスパート」養成講座　改訂2版
新「化学産業」入門

2010年 4 月20日	初版 1 刷発行	
2014年10月21日	改訂 1 版発行	
2021年 4 月 6 日	改訂 2 版 1 刷発行	

著　者　田　島　慶　三

発行者　織田島　　修

発行所　化学工業日報社

〒103-8485　東京都中央区日本橋浜町 3-16-8

電話　　03（3663）7935（編集）

　　　　03（3663）7932（販売）

振替　　00190-2-93916

支社 大阪　支局 名古屋、シンガポール、上海、バンコク

ISBN978-4-87326-736-4　C2034